U0792763

合肥工业大学教材出版专项基金资助项目

数字信号处理

齐美彬　陈雁翔　主编

合肥工業大學出版社

内容简介

本书的内容属于经典数字信号处理范畴，其理论基础是以傅里叶变换为代表的各种频域分析方法。除绪论以外，本书共9章，包括时域离散信号和系统的时域分析、时域离散信号和系统的频域分析、离散傅里叶变换及其应用、快速傅里叶变换、数字系统的网络结构和量化效应、无限脉冲响应数字滤波器的设计、有限脉冲响应数字滤波器的设计、数字信号处理应用以及实验等。

教材中安排了频谱分析、雷达测距等信号处理典型案例，大部分章节都配置了可以用MATLAB编程来完成的例题和习题。另外，最后一章挑选了一些设计性、综合性的实验，这些内容既可以作为随课实验，也可以作为课程设计大作业。读者可以选择其中部分实验进行设计和研究，提高自己分析问题和解决问题的能力。

本书适合作为普通高校电子信息类专业和相近专业本科生的教材以及非电子信息类专业硕士研究生的教材，也可以作为科技人员的参考用书。

图书在版编目(CIP)数据

数字信号处理/齐美彬，陈雁翔主编．—合肥：合肥工业大学出版社，2023.6(2024.3重印)
ISBN 978-7-5650-6358-9

Ⅰ.①数… Ⅱ.①齐… ②陈… Ⅲ.①数字信号处理 Ⅳ.①TN911.72

中国国家版本馆CIP数据核字(2023)第097532号

数字信号处理

SHUZI XINHAO CHULI

齐美彬 陈雁翔 主编　　责任编辑 汪 钵

出 版	合肥工业大学出版社	版 次	2023年6月第1版
地 址	合肥市屯溪路193号	印 次	2024年3月第2次印刷
邮 编	230009	开 本	787毫米×1092毫米 1/16
电 话	理工图书出版中心：0551-62903004	印 张	21.25
	营销与储运管理中心：0551-62903198	字 数	478千字
网 址	press.hfut.edu.cn	印 刷	安徽昶颉包装印务有限责任公司
E-mail	hfutpress@163.com	发 行	全国新华书店

ISBN 978-7-5650-6358-9　　定价：45.00元

如果有影响阅读的印装质量问题，请与出版社营销与储运管理中心联系调换。

编 委 会

主　编　齐美彬　陈雁翔

副主编　郝世杰　杨艳芳

　　　　庄　硕　董张玉

编　委　李晓辉　吴东升

　　　　倪　伟　方　刚

　　　　王恩亮　周元元

前　言

数字信号处理在频谱分析、语音和图像处理、音视频编码、通信传输、雷达探测、振动及地震检测、生物信号处理等众多领域应用广泛。电子信息类专业一般将数字信号处理列为专业必修和骨干课程。

数字信号处理理论丰富、技术发展迅速，对数学工具的要求较高，课程学习难度较大。本教材以数字信号处理经典理论和技术为基础，适当拓宽前沿知识，加强工程案例和 MATLAB 编程应用，侧重信号处理过程物理含义的理解，较适合学生自学，能满足电子信息类专业学生继续深造和就业的需要。

本教材编写着重要达到以下目标：

(1)加强基本概念的理解，使得读者即使忘记了具体公式和计算过程，也能根据实际需要查阅文献、选择合适的信号分析及处理方法来解决问题。

(2)教材编写理论联系实际，增加数字信号处理在后续课程和工程领域应用的案例，激发读者的学习兴趣，培养学生的实践创新能力。

(3)加强带通信号采样、最小相位系统、群延时与相延时、模拟滤波器频率转换、序列的抽样与内插等重点、难点内容的阐述，提升学生运用信号分析原理分析问题、解决问题的能力。

根据以上目标，本教材各章节主要内容及特点介绍如下。

绪论：简要介绍信号基本参数、信号分类等基本概念，数字信号处理系统的基本组成以及数字信号处理技术的优点、应用领域和课程学习方法。

第 1 章，时域离散信号和系统的时域分析：本章是数字信号处理的基础知识，包括典型序列及其运算，时域离散系统的定义、性质、时域表示和输出求解，模拟信号的采样和重建等。本章加强了对数字域频率 ω 的物理意义、序列线性卷积结果的有效性、相关函数等知识点的讨论和分析，增加了带通信号和解析信号的采样与重建等内容。

第 2 章，时域离散信号和系统的频域分析：本章是数字信号处理的经典内容，包括序列的傅里叶变换、周期序列的离散傅里叶级数和傅里叶变换、序列的 Z 变换、用极点分析系统的因果稳定性、用零极点大致分析系统的频率特性等。本章对矩形脉冲序列 $R_N(n)$ 的幅频特性进行了详细分析，为后续讨论谱分析中的截断效应和窗函数法有限脉冲响应滤波器设计中的吉布斯效应做好准备。在介绍实序列离散时间傅里叶变换的共轭对称性时指出，一般数字系统的单位脉冲响应都是实序列，因此系统传输函数的模都是关于原点或者 π 偶对称。另外，明确模拟信号的频谱、采样信号的频谱、序列的频谱之间的关系，分析了全通系统、最小相位系统、最大相位系统的组成特点和意义。

第 3 章，离散傅里叶变换及其应用：本章是数字信号处理的核心内容之一，包括离散傅里叶变换的定义和性质、频域采样定理以及离散傅里叶变换的多种应用等。详细介绍了长序列线性卷积的两种计算方法——重叠相加法和重叠保留法，引入离散傅里叶变换窄带滤波器组、短时傅里叶变换等前沿内容，为后续专业课程学习打下基础。

第 4 章，快速傅里叶变换：本章以时域抽取基 2 FFT 算法为主，介绍算法原理和实现要点。详细介绍了快速傅里叶变换算法规律，以增强学生的算法思想和编程能力。另外，介绍了基 4 FFT 等算法，以开阔学生的思路。

第 5 章，数字系统的网络结构和量化效应：先分析无限脉冲响应系统和有限脉冲响应系统典型结构的性能差异，再讨论信号的量化误差、系统参数量化误差以及乘法运算误差和系统结构差异导致的量化效应问题。本章内容对数字信号处理技术的工程应用具有指导意义。

第 6 章，无限脉冲响应数字滤波器的设计：先介绍数字滤波器和模拟滤波器的基本概念和技术指标，然后介绍模拟滤波器的设计方法，再介绍将模拟滤波器转换为数字滤波器的两种间接设计法，即脉冲响应不变法和双线性变换法。另外，介绍了零极点累试法、频域幅度平方误差最小法和广义巴特沃斯滤波器等设计方法。在模拟滤波器设计中，推导了高通、带通、带阻滤波器的归一化频率与低通滤波器的归一化频率之间的转换关系，消除了读者对频率转换关系的疑惑。设计低通、带通和高通巴特沃斯数字滤波器时，取滤波器通带的 3 dB 带宽来进行频率归一化；设计带阻巴特沃斯数字滤波器时，取滤波器阻带的 3 dB 带宽来进行频率归一化，以保证滤波器参数与 MATLAB 信号处理工具箱函数的设计结果相同。

第 7 章，有限脉冲响应数字滤波器的设计：先介绍有限脉冲响应滤波器的线性相位条件和意义，重点分析了系统群延时和相延时的含义和作用；再介绍有限脉冲响应滤波器的常用设计方法，即窗函数法、频率采样法和等波纹逼近法。

第 8 章，数字信号处理应用：本章介绍了信号的多采样率处理、语音信号中的基音周期检测及脉冲压缩雷达测距等案例，通过这些典型应用培养学生运用数字信号处理理论方法分析问题并解决问题的能力。

第 9 章，实验：安排了信号的时域采样与重建、信号的频谱分析、系统的时域响应和频率特性等三个基础实验，以及 IIR 数字滤波器设计及应用、FIR 数字滤波器设计及应用、心电信号的滤波三个综合性实验。强调学生要自主设计实验方案及相关参数，对实验结果进行分析、对比，并得出有效结论。

本书由齐美彬、陈雁翔策划。齐美彬编写了绪论、第 3 章、第 5 章、第 8 章的 8.3 节、第 9 章以及附录；杨艳芳编写了第 2 章；郝世杰编写了第 4 章；董张玉编写了第 6 章；陈雁翔编写了第 7 章和第 8 章的 8.1、8.2 节；齐美彬和庄硕编写了第 1 章；齐美彬和陈雁翔对全书各章节内容进行统稿和校对。编委会其他成员对全书内容组织、结构安排等方面提出了许多合理的建议。

数字信号处理理论丰富、技术发展迅速，加上作者水平有限，书中疏漏之处在所难免，恳请读者在使用本书过程中提出宝贵意见和建议，以供编者在以后修订时参考。

本书是合肥工业大学数字信号处理课程组长期从事数字信号处理教学和相关科研工作的总结，课程组在编写过程中参考了大量文献，在此一并表示感谢。

编者

2023 年 5 月

教学建议

本书授课学时建议 48～56 学时，其中授课 40～48 学时、实验 8 学时。各章节学时建议如下。

绪论：1 学时。

第 1 章：4 学时，带通及解析信号的采样和重建可以作为课后自学内容。

第 2 章：6 学时，如果 Z 变换已经在“信号与系统”课程中学习过，可以安排学生课外自学。

第 3 章：6～8 学时，离散傅里叶变换滤波器组和短时傅里叶变换可以安排学生自学。

第 4 章：4 学时，基 4 FFT 算法可以安排学生自学。快速傅里叶变换算法的编程实现可以作为课程设计大作业。

第 5 章：5 学时，可以选讲量化效应的部分内容，让学生初步了解量化效应。

第 6 章：6～8 学时，带通、带阻数字滤波器的设计步骤与高通数字滤波器相同，可以简单介绍。

第 7 章：5～7 学时，重点是线性相位的意义和窗函数设计法。对于频率采样法和等波纹逼近法，侧重于用 MATLAB 函数来设计滤波器。

第 8 章：3～5 学时，着重理解序列抽取和内插对序列频率特性的影响。语音信号的基音周期检测和脉冲压缩雷达测距可以作为课程设计大作业完成。

第 9 章：8 学时，建议将信号的时域采样与重建、信号的频谱分析、IIR 数字滤波器设计及应用、FIR 数字滤波器设计及应用这四个实验作为必做实验，系统的时域响应和频率特性实验选做，心电信号的滤波作为课程设计大作业。

不同专业可以根据具体情况适当调整各部分内容的学时数。

目　录

绪　论

0.1　信号处理基本概念

信号是信息的载体,信号处理是电子信息领域必不可少的技术之一。信号的形式多种多样,有表示物理量、化学量和生物量等变化的非电信号,还有表示电流、电压等变化的电信号。信号一般来源于自然界和生产过程,比如,温度、压力、浓度、流速等随时间或空间的变化就构成了信号。信号还可以由电路或者计算机合成等多种方式来产生,可以用传感器将非电信号转换为电信号、光信号,以便信号处理和信息传输。

信号可以分为确定性信号和随机信号两大类。对于信号$x(t)$,如果它在任一时刻的取值都是确定的,则称为确定性信号;反之,则称为随机信号。由于存在各种噪声,所有来源于自然界的信号一般是随机信号,但是在噪声较小时可以将随机信号当作确定性信号,从而简化信号分析和处理过程。本书主要研究确定性信号的分析和处理方法,除非特别说明,本书中的信号都是指确定性信号。

0.1.1　信号的基本参数

根据频率成分的不同,信号可以分为单色信号和复合信号。单色信号只包含一个频率分量,可用式(0-1-1)表示一个单色的实信号$x(t)$,该信号主要由幅度A、频率f、相位φ三个特征参数来表示,可以通过幅度、频率、相位的变化来传递信息。复合信号含有多个频率分量,各频率分量的幅度和相位可由傅里叶变换求得。

$$x(t)=A\cos(2\pi f t+\varphi) \qquad (0-1-1)$$

在通信系统和雷达系统中常常使用复信号,式(0-1-2)表示一个单色的复指数信号。该信号的实部为$A\cos(2\pi f t+\varphi)$,虚部为$A\sin(2\pi f t+\varphi)$。

$$x(t)=A\mathrm{e}^{\mathrm{j}(2\pi f t+\varphi)} \qquad (0-1-2)$$

根据信号自变量的个数,信号可以分为一维信号和多维信号。式(0-1-1)和式(0-1-2)所示信号只有一个自变量t,因此是一维信号。图像信号$I=f(x,y)$就是典型的二维信号,其中,x、y是图像中某像素点的横坐标和纵坐标,I是该点的灰度值。视频信号是由多帧图像构成的,记为$I=f(x,y,t)$,I是t时刻点(x,y)的灰度值,可见I是三维信号。三维空间的温度场分布是一个三维信号,而温度场随时间的变化就构成了一个四维信号。

信号还可以分成功率信号和能量信号。设信号为$x(t)$,能量E和功率P的定义如下：

$$E=\lim_{T\to+\infty}\int_{-T}^{T}|x(t)|^{2}\mathrm{d}t \tag{0-1-3}$$

$$P=\lim_{T\to+\infty}\frac{1}{2T}\int_{-T}^{T}|x(t)|^{2}\mathrm{d}t \tag{0-1-4}$$

能量有限且不为零、功率为零的信号为能量信号。能量无限、功率有限且不为零的信号为功率信号。有限长信号是能量信号，周期信号是功率信号。

0.1.2 模拟信号与数字信号

对于信号，如果其自变量是连续的，该信号称为连续信号；若自变量是离散的，该信号称为离散信号。如果自变量是时间，连续信号和离散信号分别称为时域连续信号和时域离散信号。本书提到的信号的自变量一般都是时间，可以通过采样将连续信号转换为离散信号。

如果信号的幅度和自变量都是连续的，则称之为模拟信号(Analog Signal)。来源于自然界的信号一般是模拟信号。

时间和幅度都取离散值的信号称为数字信号(Digital Signal)。一般通过时间轴等间隔采样将模拟信号转换为离散时间信号，再把离散时间信号的幅度值进行量化得到离散的幅度值，并利用有限位二进制编码来表示幅度值，就得到了数字信号。此过程称为模数转换。可采用模数转换芯片来实现模数转换。

信号处理(Signal Processing)的目的是提取信号携带的信息。模拟信号处理主要利用电阻、电容、电感、三极管、运算放大器等电子元器件组成模拟电路(系统)对模拟信号进行放大、滤波、调制、解调等处理。数字信号处理(Digital Signal Processing，DSP)利用数字电路、数字信号处理器(Digital Signal Processor，DSP)或者计算机等构成数字系统对数字信号进行分析和处理。随着大规模集成电路技术、信号处理技术、计算机和网络等技术的发展，数字信号处理系统的功能越来越强大。在工程应用中，常常把模拟信号转换为数字信号进行处理，处理后再转化为模拟信号。也就是说，数字信号处理系统既可以处理数字信号，也可以处理模拟信号，不过要先把模拟信号转换为数字信号。

在工程应用中，模数转换器的编码字长和处理器的字长有限，数字信号处理和时域离散信号处理有一定差别。随着模数转换器精度和编码字长的提升以及处理器字长的提升，数字信号处理和时域离散信号处理的误差越来越小，理论分析时可以不区分时域离散信号和数字信号。除非特别说明，本书中的时域离散信号等同于数字信号。

0.2 数字信号处理系统

0.2.1 数字信号处理系统的组成

数字信号处理就是采用数学计算的方法对数字信号进行各种运算、分析和处理，抑制噪声和干扰，提取有用信息。如图 0-2-1 所示，数字信号处理系统一般包括预滤波、A/D 转换、数字信号处理、D/A 转换、平滑滤波 5 个部分。预滤波电路利用电阻、电容、电感和运算放大器等器件组成模拟低通滤波器，滤除输入信号 $x_a(t)$ 中的高频分量和噪声，主要目的是避免后续采样中发生频谱混叠。低通滤波器的阻带截止频率 f_c 要小于抽样频率 f_s 的一半，即 $f_c \leqslant \frac{f_s}{2}$。A/D 转换器实现模数转换，得到数字信号 $x(n)$。A/D 转换器内部一般包含抽样、保持、量化、编码等部分。数字信号处理系统实现信号处理功能，得到输出信号 $y(n)$。D/A 转换器先将数字信号反量化得到信号的幅度值，再采用零阶保持器将离散信号转变成连续信号。但是，零阶保持器引入了高频噪声，需要用平滑滤波器对其进行低通滤波得到 $y_a(t)$。

图 0-2-1　数字信号处理系统组成框图

实际的信号处理系统可以只包含其中部分环节，比如包含预滤波、A/D 转换、数字信号处理的前向处理系统，或者包含数字信号处理、D/A 转换、平滑滤波的后向处理系统，以及无须进行 A/D 转换和 D/A 转换的纯数字信号处理系统。

0.2.2　数字信号处理系统的实现方式

数字信号处理系统的实现方式可以分为纯硬件系统、纯软件系统以及混合系统。

(1) 纯硬件系统。纯硬件系统主要由普通数字逻辑器件、可编程逻辑器件(如 CPLD、FPGA)、专用信号处理芯片(如 FFT 芯片)等组成，系统处理速度快，稳定可靠，但是功能单一，系统灵活性差，系统的设计、更新成本高。

(2) 纯软件系统。纯软件系统通过软件编程实现全部信号处理，系统设计灵活、更新方便、功能强大。如果采用单片机等低性能的计算机来实现，则系统实时性较差。如果采用高性能计算机来实现，则存在系统体积大、功耗高、价格高、可靠性低等问题，工程应用受限。纯软件系统适合进行信号处理算法研究和仿真实验。

近年来，云计算技术的发展大大拓宽了纯软件系统的应用领域，基于云计算的智能信息处理研究及应用是重要的发展方向。

(3) 混合系统。混合系统是软硬件相结合的系统，有些功能由软件模块实现，有些功能由硬件模块实现。混合系统既有软件系统的灵活性和强大功能，又有硬件系统的高速性。特别是数字信号处理器，专门针对数字信号处理典型算法的需要设计了硬件乘法器和专用功能单元，速度快、功耗低，特别适合于构建实际的数字信号处理系统。FPGA(Field Programable Gate Array)芯片由于其丰富的硬件计算资源、硬件可编程结构和内在的并行机制，特别适用于完成高并行性、高实时性、高重复性的数字信号处理任务。不过，FPGA 芯片的编程开发难度比纯软件系统和 DSP 系统要大得多。

0.3 数字信号处理的特点、应用及学习方法

0.3.1 数字信号处理系统的特点

模拟系统由电阻、电容、电感、三极管、运算放大器等模拟器件构成，系统相对简单。另外，模拟器件参数的精度一般较低，并且容易受温度、湿度、电源、电磁噪声等因素的影响，模拟系统性能提升的难度大。与模拟信号处理相比，数字信号处理具有很多优点，部分优点总结如下。

(1) 运算精度高。普通的电阻、电容等模拟器件的标称值精度很难达到 10^{-2}，由多个模拟器件组合而成的模拟电路的运算精度也不高。目前主流的 DSP、MCU、ARM 处理器的字长都达到了 16 位或者 32 位，计算机处理器的字长达到了 64 位。即使是 16 位处理器，其计算精度也达到了 2^{-16}，约 1.53×10^{-5}。因此，数字信号处理的精度更高。

(2) 抗噪声干扰能力强。模拟信号的幅度取值可以是最小值和最大值中间的任意值，抗噪声能力弱。而数字信号一般只有低电平“0”和高电平“1”两种状态，在 TTL 逻辑电路中，高、低电平之间的电压差一般超过 2 V，普通强度的噪声很难将低电平干扰为高电平，也很难将高电平干扰为低电平。因此，正常情况下，数字信号处理系统的抗噪声干扰能力强。

需要说明的是，模拟系统中没有计算机等处理器，噪声虽然会污染模拟系统的处理结果，但是一般不会损坏电路系统，一旦干扰结束，模拟系统输出又能恢复正常。而数字系统一般有处理器和存储器，强噪声可能损坏系统中的数据或者指令码，导致系统运行失常，甚至不可恢复。因此，数字信号处理系统的抗干扰是其在工程应用中的一个重要问题。

(3) 便于集成。模拟集成电路中的晶体管一般要在线性放大状态下工作，模拟集成电路的工艺复杂，难以大规模集成。数字电路中的晶体管一般在开关状态下工作，开关电路设计简单，便于大规模集成。麒麟 980 芯片面积不到一平方厘米，晶体管数量达到了 69 亿只，麒麟 990 芯片的晶体管数量则达到了 103 亿只。

(4) 系统实现方式灵活。模拟信号处理系统电路固定、功能单一，而数字信号处理系统常常基于 DSP、MCU 和计算机编程实现，不同的程序对应不同的功能，程序修改方便，系统灵活性强。对于式(0-3-1)所示系统，当 $b>0$ 时，该系统为低通滤波器，当 $b<0$ 时，该系统为高通滤波器。可见，更改一个参数就实现了不同的功能。

$$H(z)=\frac{1}{1-bz^{-1}},\ |z|>|b| \tag{0-3-1}$$

(5) 系统保密性好。模拟系统的功能可以通过测绘电路进行推测，而数字系统的功能实现则是隐藏在芯片内部，对于代码可以加密存储，数字系统的保密性远强于模拟系统。

(6) 复用功能强。数字系统可以在时分复用模式下工作，同时与多个数字系统接口，实现分时处理、分时传输。而模拟系统功能单一，难以实现时分复用。现代移动通信技术正是依赖时分复用、频分复用、码分复用以及多址技术而得到迅速发展。

(7) 功能强大。数字系统能实现模拟系统无法实现的功能,比如数字系统能实现音视频编码、高维特征提取、语音识别、图像匹配等复杂功能,甚至能近似实现非因果系统。

0.3.2　数字信号处理的应用领域

正是由于数字信号处理所具有的强大优越性,数字信号处理技术发展迅速并在工程领域得到了广泛的应用。数字信号处理在电子信息领域的典型应用有信号滤波,频谱分析和时频分析,语音信号处理,数字图像处理,音视频编码,数字通信,雷达探测,信息对抗,振动检测,地震检测,脑电、心电信号等生物信号采集及处理等。

数字信号处理技术可以分为经典数字信号处理和现代数字信号处理两类。经典数字信号处理的研究对象是确定性信号,其理论基础就是以傅里叶变换为代表的各种频域分析方法。主要内容包括离散时间信号和系统的时域分析,信号采样与重建,基于离散傅里叶变换、快速傅里叶变换等技术的频域分析,数字系统的网络结构和量化效应,选频型数字滤波器的设计和应用等。现代数字信号处理则以随机信号为研究对象,以概率论和随机过程分析为理论基础,在有用信息和噪声的频段重叠的前提下讨论、研究随机信号的滤波、预测、功率谱估计和时频分析等问题。本书仅限于讨论研究经典数字信号处理理论和技术。

0.3.3　数字信号处理的学习方法

数字信号处理理论丰富,需要以数学为基础,学习难度大。另外,信号处理过程具有丰富的物理含义,必须理论联系实际、勤于思考、重视实践,才能学习好本门课程。利用工具软件 MATLAB 进行仿真是学好本门课程的有效途径之一。

教材中安排了频谱分析、正交调制、雷达测距、语音识别等信号处理典型案例,大部分章节都配置了可以用 MATLAB 编程来完成的例题和习题,最后一章挑选了一些设计性、综合性的实验,这些实验既可以作为随课实验内容,也可以作为课程设计大作业。读者可以选择其中部分实验进行设计和研究,以提高自己分析问题和解决问题的能力。

第 1 章　时域离散信号和系统的时域分析

本章内容包括典型序列及其运算、时域离散系统的性质、时域离散系统的表示、系统输出的求解以及模拟信号采样和重建等。本章内容是后续章节学习的基础。

1.1　时域离散信号

自然界的信号一般是随时间连续变化的连续信号，也称作模拟信号。在时间域对模拟信号进行等间隔采样就得到了时域离散信号，对离散信号的幅度进行量化、编码就得到了数字信号。本书一般假定编码字长足够长，可以忽略量化误差的影响，因此时域离散信号等价于数字信号。

假设模拟信号为 $x_a(t)$，对其进行等间隔采样，采样间隔为 T，得到时域离散信号 $x_a(nT)$：

$$x_a(nT) = x_a(t)\mid_{t=nT} \tag{1-1-1}$$

$x_a(nT)$ 为一串先后排列的数据，简记为 $x(n)$，$x(n)$ 称作序列。n 代表 nT 时刻，n 只能为整数，$x(n)$ 在非整数处无定义。当 T 未知时，n 只表示序列值的先后顺序，习惯上称之为 n 时刻。序列的常用表示方式有公式法、集合法和图示法。

(1) 公式法。序列的值可以用一个自变量为 n 的公式来表达。例如：

$$x(n) = a^n, n = 0, \cdots, N-1$$

对于无法用公式表达的序列，可以用集合或者波形图来表示。

(2) 集合法。把序列 $x(n)$ 的全部取值用一个数学集合 $x(n) = \{x_n, N_0 \leqslant n \leqslant N_1\}$ 来表示，称为集合表示法。比如，$x(n) = \{\underline{1}, 2, 3, 4, 0, 0, 0, 0\}$ 表示长度为 8 的一个有限长序列，集合中带下划线的元素是 $n=0$ 的序列值 $x(0)$。序列 $x(n)$ 其实是一个向量，也常常表示为 $x(n) = [\underline{1}, 2, 3, 4, 0, 0, 0, 0]$。本书默认集合中第一个元素对应 $n=0$。

(3) 图示法。图示法就是画出序列的杆状图，一般用顶端为圆点的线段来表示序列的取值。序列的图示法如图 1-1-1 所示。图 1-1-1(a) 所示为序列 $x(n) = 0.9^n$；图 1-1-1(b) 所示为长度为 4 的矩形脉冲序列 $R_4(n)$；图 1-1-1(c) 所示为正弦序列 $x(n) = \cos\left(\frac{\pi}{4}n\right)$。

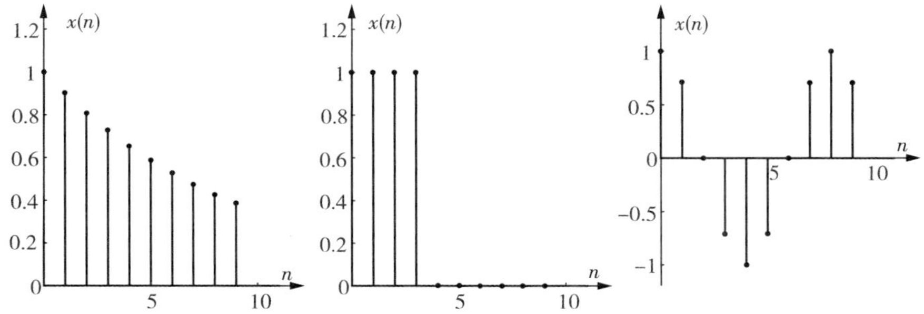

(a) 序列$x(n)=0.9^n$　(b) 长度为4的矩形脉冲序列$R_4(n)$　(c) 正弦序列$x(n)=\cos(\frac{\pi}{4}n)$

图 1-1-1　序列的图示法

1.1.1　典型序列

1. 单位脉冲序列 $\delta(n)$

单位脉冲序列也叫单位采样序列或者单位样值序列，其取值如式(1-1-2)所示：

$$\delta(n)=\begin{cases}1, n=0\\0, n\neq 0\end{cases}\tag{1-1-2}$$

$\delta(n)$ 与冲击信号 $\delta(t)$ 既相似，又有区别。单位脉冲序列与单位冲击信号如图 1-1-2 所示，$\delta(n)$ 在 $n=0$ 时取值为 1，而冲击信号 $\delta(t)$ 在 $t=0$ 时取值为 $+\infty$、对时间 t 的积分为 1。$\delta(n)$ 与 $\delta(t)$ 的作用类似，可以用于信号的时域分解，可以作为系统输入来求解系统的单位脉冲响应、单位冲击响应。

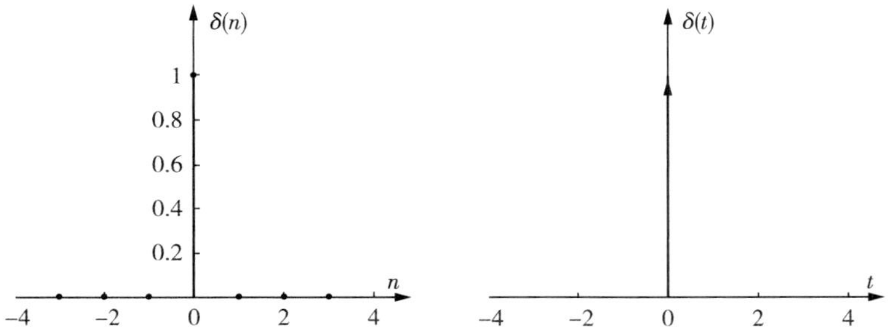

(a) 单位脉冲序列$\delta(n)$　(b) 单位冲击信号$\delta(t)$

图 1-1-2　单位脉冲序列与单位冲击信号

任意序列都可以表示成 $\delta(n)$ 的移位加权和的形式，权值就是该序列在各时刻的取值，具体表达如式(1-1-3)所示，这个公式在信号时域分解及卷积运算中非常有用。式(1-1-3)中 $\delta(n-m)$ 是由 $\delta(n)$ 右移 m 位得到的，其取值见式(1-1-4)。

$$x(n)=\sum_{m=-\infty}^{+\infty}x(m)\delta(n-m)\tag{1-1-3}$$

$$\delta(n-m)=\begin{cases}1, n=m\\0, n\neq m\end{cases}\tag{1-1-4}$$

2. 单位阶跃序列 $u(n)$

$$u(n)=\begin{cases}1, n\geqslant 0\\0, n<0\end{cases} \tag{1-1-5}$$

$u(n)$ 可以由阶跃信号 $u(t)$ 抽样得到，$u(n)=u(t)\mid_{t=nT}$。单位阶跃序列和单位阶跃信号如图 1-1-3 所示。

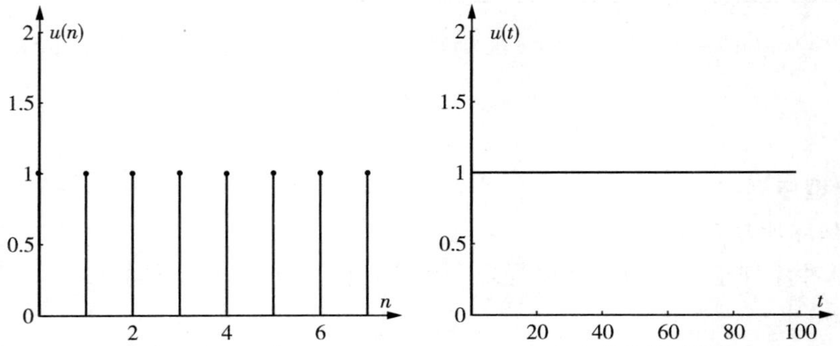

(a) 单位阶跃序列$u(n)$　(b) 单位阶跃信号$u(t)$

图 1-1-3　单位阶跃序列与单位阶跃信号

$u(n)$ 可以由 $\delta(n)$ 来表示，$\delta(n)$ 也可以由 $u(n)$ 来表示，二者关系如下：

$$u(n)=\sum_{i=0}^{+\infty}\delta(n-i) \tag{1-1-6}$$

$$\delta(n)=u(n)-u(n-1) \tag{1-1-7}$$

式(1-1-6)就是用 $\delta(n)$ 对序列进行时域分解的一个例子。

3. 矩形序列 $R_N(n)$

$$R_N(n)=\begin{cases}1, n=0,1,\cdots,N-1\\0,\text{其他}\end{cases} \tag{1-1-8}$$

$R_N(n)$ 长度为 N，当 $n=0,1,\cdots,N-1$ 时取值均为1。当 $N=8$ 时，矩形序列 $R_N(n)$ 如图 1-1-4 所示。

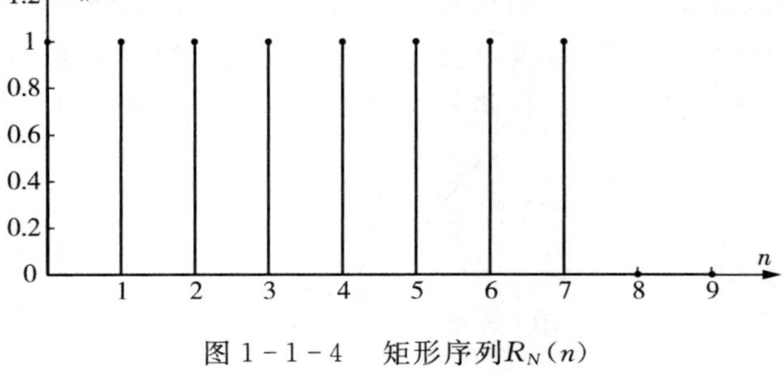

图 1-1-4　矩形序列$R_N(n)$

$R_N(n)$ 也可以由 $\delta(n)$ 来表示：

$$R_N(n)=\sum_{i=0}^{N-1}\delta(n-i) \tag{1-1-9}$$

4. 实指数序列

$$x(n)=a^n u(n),a\text{ 为实数} \tag{1-1-10}$$

当 $|a|<1$ 时，该序列收敛；当 $|a|>1$ 时，该序列发散。实指数序列如图 1-1-5 所示。

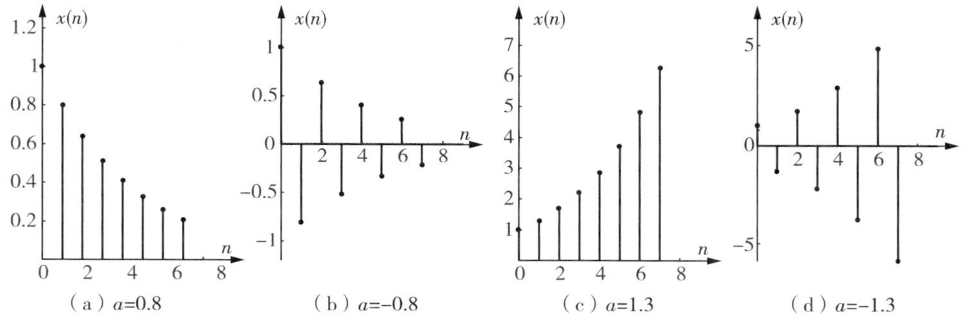

图 1-1-5　实指数序列

5. 正弦序列

$$x(n)=\sin(\omega n) \tag{1-1-11}$$

式(1-1-11)中，ω 为数字角频率(也简称数字频率)，单位是弧度(rad)，它表示正弦序列相邻两个时刻的相位差。ω 越大，序列变化越快，因此 ω 代表序列变化的快慢。序列 $\sin(\omega n)$ 称为正弦序列，正弦序列可以由连续正弦信号采样得到：

$$x(n)=\sin(\Omega t)\big|_{t=nT}=\sin(\Omega nT)\overset{\text{def}}{=\!=}\sin(\omega n) \tag{1-1-12}$$

从式(1-1-12)可见，数字频率 ω 与模拟角频率 Ω 之间的关系为

$$\omega=\Omega T \tag{1-1-13}$$

T 为大于 0 的常数，ω 与 Ω 成正比。可见，如果模拟信号变化快，则对应序列的变化也快。式(1-1-13)具有普遍意义，它表明 ω 和 Ω 的物理含义相同，都表示信号变化的快慢，只不过是二者的单位不同。ω 表示正弦序列相邻两个时刻的相位差，单位是弧度，而 Ω 表示正弦信号每秒变化的相位差，单位是弧度 / 秒。

图 1-1-6 所示为不同频率的正弦序列，$x(n)$ 变化一周(2π rad)要 8 个时刻，$y(n)$ 变化一周要 16 个时刻，可见 $x(n)$ 的变化比 $y(n)$ 快，$x(n)$ 的频率是 $y(n)$ 的两倍。

序列 $\cos(\pi n)$ 如图 1-1-7 所示，该序列相邻两个时刻的取值分别是最大值和最小值，可见 $\cos(\pi n)$ 是变化最快的序列。由于 $\sin(\pi n)\equiv 0$，$e^{j\pi n}=\cos(\pi n)$，因此 $e^{j\pi n}$ 也是变化最快的序列。因此，从物理意义上来讲，数字频率 π 是 $[0,2\pi]$ 内的最高频率(虽然从数值

上看 π 并不是最大的）。而对于模拟信号 $\sin(\Omega t)$、$e^{j\Omega t}$ 等来说，其角频率 Ω 可以趋近无限大。

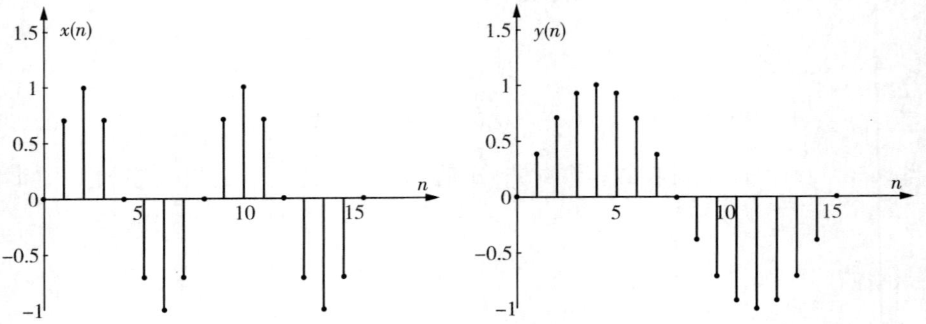

（a）$x(n)=\sin(\frac{\pi}{4}n)$ （b）$y(n)=\sin(\frac{\pi}{8}n)$

图 1－1－6 不同频率的正弦序列

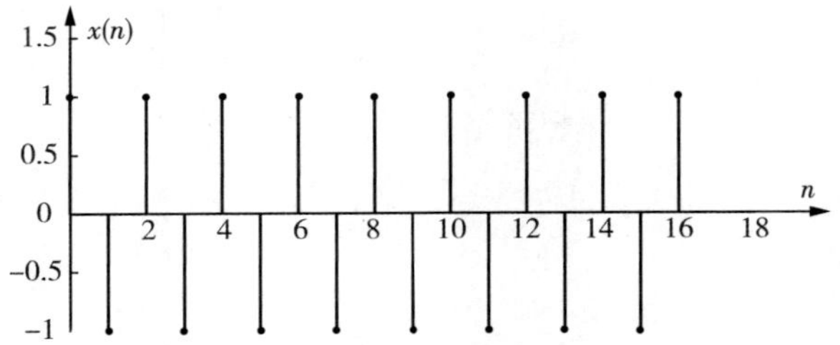

图 1－1－7 序列 $\cos(\pi n)$

设 f_s 为采样频率，式(1－1－13) 可以改写为

$$\omega = \frac{\Omega}{f_s} \tag{1-1-14}$$

f_s 为常数，可以将 ω 看成是 Ω 关于 f_s 的归一化。设 f_c 为模拟信号最高截止频率，即 $-2\pi f_c \leqslant \Omega \leqslant 2\pi f_c$，而采样频率一般要满足 $f_s > 2f_c$，由式(1-1-14) 可得 $-\pi \leqslant \omega \leqslant \pi$。因此无论模拟信号的频率有多高，经过采样以后，序列的频率范围都限于 $[-\pi,\pi]$ 或者 $[0,2\pi]$。

6. 复指数序列

$$x(n) = e^{(\sigma + j\omega) n} \tag{1-1-15}$$

式(1-1-15) 中，ω 为数字频率，e^{σ} 表示序列的幅度大小。令 $\sigma=0$，复指数序列可以表示为

$$x(n) = e^{j\omega n} = \cos(\omega n) + j\sin(\omega n) \tag{1-1-16}$$

$e^{j\omega n}$ 的幅度为常数 1，但是其实部和虚部都随 n 变化。复指数序列 $e^{j\omega n}$ 具有下述性质。

(1) 频域周期性

由于 n 取整数,下面等式恒成立:

$$e^{j\omega n}=e^{j(\omega+2k\pi)n}$$

$$\cos(\omega n)=\cos[(\omega+2k\pi)n]$$

$$\sin(\omega n)=\sin[(\omega+2k\pi)n]$$

上式中 k 为整数。对于数字域频率 ω 来说,复指数序列和正弦序列都是以 2π 为周期,因此可以在 $[-\pi,\pi]$ 或者 $[0,2\pi]$ 范围内对序列进行频率特性分析。

(2) 时域正交性

假设 $e^{j\omega_0 n}$ 和 $e^{j\omega_1 n}$ 为周期序列,N 为二者周期的最小公倍数,有下式成立:

$$\frac{1}{N}\sum_{n=0}^{N-1} e^{j\omega_0 n}\cdot(e^{j\omega_1 n})^*=\frac{1}{N}\sum_{n=0}^{N-1} e^{j(\omega_0-\omega_1)n}=\begin{cases}1,\omega_0=\omega_1+2k\pi\\0,\omega_0\neq\omega_1+2k\pi\end{cases}\tag{1-1-17}$$

式(1-1-17)表明 $e^{j\omega n}$ 具有正交性。序列的傅里叶变换就是将 $\{e^{j\omega n},-\infty<\omega<+\infty\}$ 作为正交基对序列进行频域分析。

(3) 实部与虚部正交

对于 $e^{j\omega n}$,$\omega\neq 0$,有下式成立:

$$\sum_{n=-\infty}^{+\infty}\cos(\omega n)\sin(\omega n)=\frac{1}{2}\sum_{n=-\infty}^{+\infty}\sin(2\omega n)=0\tag{1-1-18}$$

利用 $e^{j\omega n}$ 实部与虚部的正交性可以实现正交振幅调制(Quadrature Amplitude Modulation,QAM)。设 $x(n)=a(n)e^{j\varphi(n)}=i(n)+jq(n)$,$i(n)=a(n)\cos(\varphi(n))$ 称为同相分量,$q(n)=a(n)\sin(\varphi(n))$ 称为正交分量。设载波信号为 $\cos(\omega_c n)$,正交振幅调制信号为实信号:

$$s(n)=i(n)\cos(\omega_c n)-q(n)\sin(\omega_c n)=a(n)\cos[\omega_c n+\varphi(n)]\tag{1-1-19}$$

由于 $\cos(\omega_c n)$ 与 $\sin(\omega_c n)$ 正交,虽然 $s(n)$ 为实信号,但是 $i(n)$、$q(n)$ 并不会混淆。可以利用 $s(n)$ 恢复出 $i(n)$ 和 $q(n)$,此过程称为解调。对 $s(n)$ 乘以 $\cos(\omega_c n)$ 得到 $s_i(n)$:

$$s_i(n)=s(n)\cos(\omega_c n)=\frac{1}{2}a(n)\cos[\varphi(n)]+\frac{1}{2}a(n)\cos[2\omega_c n+\varphi(n)]$$

再通过低通滤波器对 $s_i(n)$ 进行滤波,易得到同相分量 $i(n)=a(n)\cos[\varphi(n)]$。

对 $s(n)$ 乘以 $\sin(\omega_c n)$ 得到 $s_q(n)$:

$$s_q(n)=s(n)\sin(\omega_c n)=\frac{1}{2}a(n)\sin[2\omega_c n+\varphi(n)]-\frac{1}{2}a(n)\sin[\varphi(n)]$$

同样,通过低通滤波器对 $s_q(n)$ 进行滤波,得到正交分量 $q(n)=a(n)\sin[\varphi(n)]$。

可见,正交振幅调制利用实信号 $s(n)$ 实现了复信号 $x(n)$ 的实部 $i(n)$ 和虚部 $q(n)$ 的同时传输(即实现了复信号 $x(n)$ 的幅度 $a(n)$ 和相位 $\varphi(n)$ 的同时传输),提高了传输效率。

7. 周期序列

假设序列 $x(n)$ 对于任意整数 n 都存在一个最小正整数 N 使得式(1-1-20)成立，则 $x(n)$ 为周期序列，且周期为 N。

$$x(n)=x(n+N),-\infty<n<+\infty \tag{1-1-20}$$

显然，周期序列是无限长序列。对于正弦序列 $\cos(\omega n)$，要想满足 $\cos(\omega n)=\cos[\omega(n+N)]$，则要求 $\omega N=2k\pi$，且 k 为整数。如果能找到这个最小正整数 N，则 $\cos(\omega n)$ 为周期序列。根据 $N=\frac{2k\pi}{\omega}$，正弦序列 $\cos(\omega n)$ 的周期性分三种情况，讨论如下：

(1) $\frac{2\pi}{\omega}$ 为整数：令 $k=1$ 则得到周期 N；

(2) $\frac{2\pi}{\omega}=\frac{q}{p}$，且 p、q 为互素的整数：令 $k=p$ 得到 $N=q$，即序列周期为 q；

(3) $\frac{2\pi}{\omega}$ 是无理数：无论 k 取任何整数，$\frac{2\pi}{\omega}k$ 都是无理数，因此该序列不是周期序列。

显然，如果 $\omega=\alpha\pi$ 且 α 是有理数，则 $\cos(\omega n)$ 肯定为周期序列。$\sin(\omega n)$、$e^{j\omega n}$ 的周期性判别与 $\cos(\omega n)$ 相同。

可以推导出，如果将多个正弦序列相加得到一个新的序列，则新序列的周期是各周期序列周期的最小公倍数。此外注意，$\cos n$ 是非周期序列，而 $\cos t$ 是周期信号，周期是 2π。

1.1.2 序列的运算

序列的常用运算有加法、乘法、差分、积分、移位、翻转、尺度变换、卷积、相关等。数字信号处理中会用到除法运算，但是两个序列之间的除法运算比较少见。

1. 加法和乘法

两个序列的加法和乘法运算就是将同序号的序列值相加或者相乘。需要注意，两个序列的长度要相等，否则要对短序列补零。

2. 差分和积分

对连续信号可以进行微分和积分运算，对序列可以进行差分和积分运算。式(1-1-21)称为前向差分，式(1-1-22)称为后向差分。前向差分是下一时刻的序列值减去当前时刻的序列值，而后向差分是当前时刻的序列值减去前一时刻的序列值。

$$\Delta x(n)=x(n+1)-x(n) \tag{1-1-21}$$

$$\Delta x(n)=x(n)-x(n-1) \tag{1-1-22}$$

式(1-1-23)称为积分运算。

$$y(n)=\sum_{m=-\infty}^{n}x(m) \tag{1-1-23}$$

3. 移位、翻转及尺度变换

序列的移位、翻转及尺度变换分别如式(1-1-24)至式(1-1-26)所示。

$$y(n)=x(n-m) \tag{1-1-24}$$

$$y(n)=x(-n) \tag{1-1-25}$$

$$y(n)=x(mn) \tag{1-1-26}$$

式(1-1-24)中，m 为整数。若 $m>0$，则表示将 $x(n)$ 右移 m 位得到 $y(n)$，称 $y(n)$ 为 $x(n)$ 的延迟序列；若 $m<0$，则表示将 $x(n)$ 左移 $|m|$ 位得到 $y(n)$，称 $y(n)$ 为 $x(n)$ 的超前序列。

式(1-1-25)表示以 $n=0$ 为对称中心，对 $x(n)$ 进行对称翻转得到 $y(n)$。

式(1-1-26)中，如果 m 为整数，$x(mn)$ 表示对 $x(n)$ 进行下采样得到 $y(n)$，$y(n)$ 的长度是 $x(n)$ 的 $\frac{1}{m}$。更一般的情况是 m 为有理数，$m=\frac{q}{p}$，$x(mn)$ 表示先对 $x(n)$ 进行上采样得到 $x\left(\frac{n}{p}\right)$，再对 $x\left(\frac{n}{p}\right)$ 进行下采样得到 $x\left(\frac{nq}{p}\right)$。相关内容可以参阅本书 8.1 节中的多采样率数字信号处理。

【例 1-1-1】　序列 $x(n)$ 如图 1-1-8(a) 所示，请画出 $y_1(n)=x(n-3)$，$y_2(n)=x(2n-3)$，$y_3(n)=x(2-n)$ 的波形图。

解：(1) 直接将 $x(n)$ 右移 3 位就得到 $x(n-3)=y_1(n)$，如图 1-1-8(b) 所示。

(2) 先将 $x(n)$ 右移得到 $x'(n)=x(n-3)$，再对 $x'(n)$ 进行下采样，得到 $x'(2n)=x(2n-3)=y_2(n)$，如图 1-1-8(c) 所示。

(3) 先将 $x(n)$ 左移得到 $x'(n)=x(n+2)$，再对 $x'(n)$ 进行对称翻转，得到 $x'(-n)=x(-n+2)=y_3(n)$，如图 1-1-8(d) 所示。

注意：要先进行移位，再进行抽样或者翻转，抽样和翻转的顺序任意。

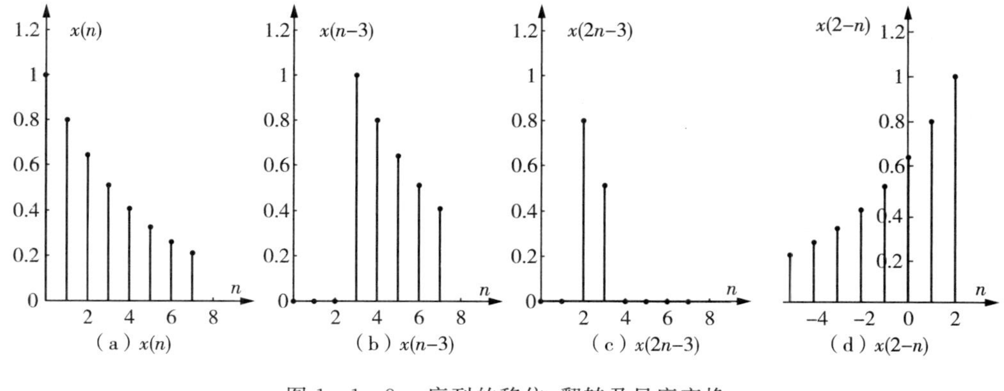

图 1-1-8　序列的移位、翻转及尺度变换

4. 线性卷积

卷积是自然过程中普遍存在的一种处理过程。比如，拍照时相机抖动导致照片模糊，模糊照片是由清晰照片与表示相机抖动的卷积核进行卷积得到的。卷积是非常重要的运算，序列的卷积有线性卷积和循环卷积两种。这里先介绍线性卷积，循环卷积将在第三章中介绍。

序列 $x_1(n)$ 和 $x_2(n)$ 的线性卷积序列 $y(n)$ 定义为

$$y(n)=x_1(n)*x_2(n)=\sum_{m=-\infty}^{+\infty}x_1(m)x_2(n-m) \qquad (1-1-27)$$

序列的线性卷积是通过求和来实现的，故也称为卷积和。该卷积计算过程包括“卷、移、乘、积”四个步骤。“卷”就是将 $x_2(m)$ 翻转得到 $x_2(-m)$，“移”就是将 $x_2(-m)$ 右移 n 位得到 $x_2(n-m)$，“乘”就是将 $x_2(n-m)$ 与 $x_1(m)$ 相乘，“积”就是将乘积序列的所有元素相加得到 $y(n)$。可通过作图来辅助计算线性卷积。

设 $x_1(n)$ 长度为 N，式(1-1-27) 可以展开如下：

$$y(n)=x_1(0)x_2(n)+x_1(1)x_2(n-1)+\cdots+x_1(N-1)x_2(n-N+1) \qquad (1-1-28)$$

按式(1-1-28) 计算卷积的方法称为解析法。

根据式(1-1-27) 和式(1-1-3) 不难得到：

$$x(n)*\delta(n)=\sum_{m=-\infty}^{+\infty}x(m)\delta(n-m)=x(n) \qquad (1-1-29)$$

$$x(n)*\delta(n-n_0)=\sum_{m=-\infty}^{+\infty}x(m)\delta(n-m-n_0)=x(n-n_0) \qquad (1-1-30)$$

可见，序列 $x(n)$ 与 $\delta(n)$ 的卷积等于该序列自身；序列 $x(n)$ 与 $\delta(n-n_0)$ 卷积，序列被延迟。

不难证明卷积满足以下规律：

(1) 交换律：$x_1(n)*x_2(n)=x_2(n)*x_1(n)$。

(2) 结合律：$[x_1(n)*x_2(n)]*x_3(n)=x_1(n)*[x_2(n)*x_3(n)]$。

(3) 分配律：$x_1(n)*[x_2(n)+x_3(n)]=x_1(n)*x_2(n)+x_1(n)*x_3(n)$。

卷积计算方法有解析法、作图法和列表法，下面通过例题来介绍卷积的三种计算方法。

【例 1-1-2】 序列 $x_1(n)=R_6(n)$，$x_2(n)=R_4(n)$，计算二者的线性卷积。

解：(1) 解析法。

$$y(n)=x_2(n)*x_1(n)=\sum_{m=0}^{3}R_4(m)R_6(n-m)=\sum_{m=0}^{3}R_6(n-m)$$

$$=R_6(n)+R_6(n-1)+R_6(n-2)+R_6(n-3)=\{1,2,3,4,4,4,3,2,1\}$$

此计算过程可以用竖式乘法来实现。竖式乘法计算序列卷积如图1-1-9所示，先将 $x_1(n)$ 和 $x_2(n)$ 最后单元对齐排列；从 $x_2(n)$ 的最后单元开始，依次做乘法得到 $x_2(3)x_1(n-3)$，$x_2(2)x_1(n-2)$，$x_2(1)x_1(n-1)$ 和 $x_2(0)x_1(n)$ 四行序列值；最后将这四行序列值按同序号相加得到 $y(n)$。

$x_1(n)$				1	1	1	1	1	1
$x_2(n)$						1	1	1	1
$x_2(3)x_1(n-3)$				1	1	1	1	1	1
$x_2(2)x_1(n-2)$			1	1	1	1	1	1	
$x_2(1)x_1(n-1)$		1	1	1	1	1	1		
$x_2(0)x_1(n)$	1	1	1	1	1	1			
$y(n)$	1	2	3	4	4	4	3	2	1

图 1-1-9 竖式乘法计算序列卷积

如果 $x_1(n)$ 或者 $x_2(n)$ 是非因果序列，则

$y(n)$ 也是非因果序列。假设 $x_1(n)$ 和 $x_2(n)$ 的首序列值为 $x_1(-n_1)$ 和 $x_2(-n_2)$，则 $y(n)$ 的首序列值为 $y(-n_1-n_2)$。

（2）作图法。

作图法计算序列卷积如图 1-1-10 所示，分成如下三步：

① 画出 $x_1(m)$ 和 $x_2(m)$ 的波形图；

② 将 $x_2(m)$ 翻转，得到 $x_2(-m)$；

③ 从 $n=0$ 开始，$x_2(n-m)$ 与 $x_1(m)$ 相乘并累加，得到 $y(n)$，直到 $y(n)$ 等于 0 为止。

注意，本题 $x_1(m)$、$x_2(m)$ 的非 0 区间都是从 $m=0$ 开始的，因此从 $n=0$ 开始求 $y(n)$。如果 $x_1(m)$、$x_2(m)$ 的非 0 区间分别从 $-n_1$、$-n_2$ 开始，就要从 $n=-n_1-n_2$ 开始计算 $x_2(-n_1-n_2-m)$ 与 $x_1(m)$ 的乘积并累加得到 $y(-n_1-n_2)$。

（3）列表法。

列表法思想与作图法完全相同，只是计算过程更加简洁，列表法计算序列卷积见表 1-1-1 所列。

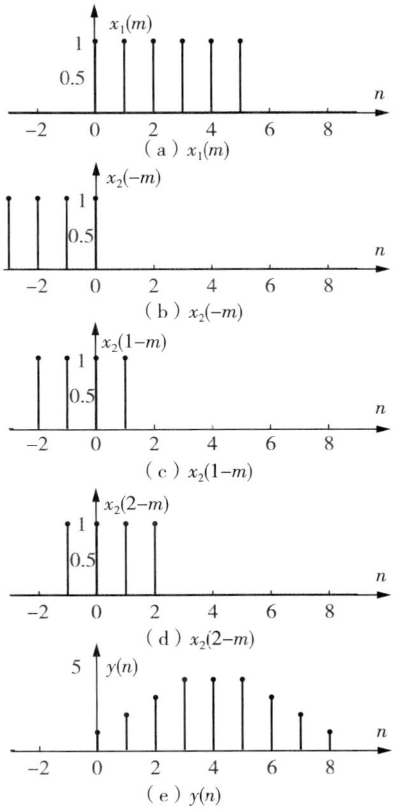

图 1-1-10　作图法计算序列卷积

表 1-1-1　列表法计算序列卷积(表中空格都为 0)

m	-3	-2	-1	0	1	2	3	4	5	6	7	8	$y(n)$
$x_1(m)$				1	1	1	1	1	1				—
$x_2(-m)$	1	1	1	1									1
$x_2(1-m)$		1	1	1	1								2
$x_2(2-m)$			1	1	1	1							3
$x_2(3-m)$				1	1	1	1						4
$x_1(4-m)$					1	1	1	1					4
$x_2(5-m)$						1	1	1	1				4
$x_2(6-m)$							1	1	1	1			3
$x_2(7-m)$								1	1	1	1		2
$x_2(8-m)$									1	1	1	1	1

观察卷积结果可知，线性卷积的长度为两个序列长度之和减 1。另外，$y(n)$ 的前 3 个

值和后 3 个值是变化的，而中间的 $y(3)$、$y(4)$、$y(5)$ 都为 4，为什么呢？因为计算 $y(0) \sim y(2)$ 时用到了 $x_1(-3) \sim x_1(-1)$，计算 $y(6) \sim y(8)$ 时用到了 $x_1(6) \sim x_1(8)$，但是 $x_1(-3) \sim x_1(-1)$ 和 $x_1(6) \sim x_1(8)$ 都取无效的数据“0”，因此得到的 $y(n)$ 也是无效的。而计算 $y(3)$、$y(4)$、$y(5)$ 时，$x_2(n-m)$ 和 $x_1(m)$ 相乘用的都是 $x_1(0) \sim x_1(5)$ 中的有效数据，因此 $y(3)$、$y(4)$、$y(5)$ 是有效的。不难得到如下一般性结论：

设两个序列长度分别为 M、N，且 $M \geqslant N$，两个序列的线性卷积长度为 $M+N-1$，但是线性卷积的前 $N-1$ 个值和后 $N-1$ 个值都无效，只有中间的 $M-N+1$ 个值有效。

利用分段卷积计算长序列和短序列的线性卷积时，要用到上述结论，具体内容见第 3 章。

MATLAB 计算卷积的函数有 conv(u,v)和 conv(u,v,'option')，简单介绍如下。

(1) w=conv(u,v)，返回向量 u 和 v 的全卷积。如果 u 和 v 是多项式的系数向量，则对它们进行卷积相当于将两个多项式相乘，乘积的系数也就是向量 u 和 v 的线性卷积。

(2) w=conv(u,v,'same')，仅返回卷积的中心部分，u 与 v 的长度相同。

(3) w=conv(u,v,'valid')，仅返回卷积的有效部分。设向量 u 和 v 的长度分别为 M、N，且 $M \geqslant N$，两个序列的线性卷积长度为 $M+N-1$，线性卷积的前 $N-1$ 个值和后 $N-1$ 个值都无效，只有中间的 $M-N+1$ 个值有效。

5. 二维卷积

对于二维序列 $x(m,n)$ 和 $h(m,n)$，定义二维线性卷积如下：

$$
\begin{aligned}
y(m,n) = x(m,n) * h(m,n) &= \sum_{i=-\infty}^{+\infty} \sum_{j=-\infty}^{+\infty} x(i,j)h(m-i,n-j) \\
&= \sum_{i=-\infty}^{+\infty} \sum_{j=-\infty}^{+\infty} x(m-i,n-j)h(i,j) \qquad (1-1-31)
\end{aligned}
$$

常用二维线性卷积对图像进行滤波。设图像为 $x(m,n)$，图像大小为 $M_1 \times M_2$，滤波器为 $h(m,n)$，大小为 $N \times N$，常见取值为 3×3、5×5 等。图像滤波常用式(1-1-32)表示：

$$
y(m,n) = x(m,n) * h(m,n) = \sum_{i=-\frac{N-1}{2}}^{\frac{N-1}{2}} \sum_{j=-\frac{N-1}{2}}^{\frac{N-1}{2}} x(m-i,n-j)h(i,j) \qquad (1-1-32)
$$

式(1-1-32)的实质是用点(m,n)及其周围共 $N \times N$ 个像素点的值与 $h(i,j)$ 的对应元素相乘并累加，此累加值就是滤波后点(m,n)的值。卷积得到的图像大小为 $(M_1+N-1) \times (M_2+N-1)$，一般舍弃边缘点，以保持滤波后的图像大小不变。

MATLAB 函数中 conv 可以计算二维卷积，其使用方法请读者查阅 MATLAB 的帮助文档。

6. 相关函数

信号处理中经常要分析两个信号之间的相似性，可以利用相关函数来衡量两个信号的相似性。信号可以是连续信号和离散信号，也可以是确定性信号和随机信号。本书仅讨论有限长的、确定性离散信号之间的相关函数。

对于有限长的能量序列 $x(n)$ 和 $y(n)$，定义二者的互相关函数如下：

$$r_{xy}(n)=\sum_{m=-\infty}^{+\infty}x(m)y(m-n)=\sum_{m=-\infty}^{+\infty}x(m+n)y(m) \qquad (1-1-33)$$

式(1-1-33)中的两种计算方法是等价的。利用$r_{xy}(n)$的最大值可以来判断二者的相似性。如果 $x(n)$ 是由 $y(n)$ 延时得到的，$r_{xy}(n)$ 最大值所对应的序号n_0 就是 $x(n)$ 相对 $y(n)$ 的延时。

如果 $x(n)=y(n)$，则定义序列的自相关函数如下：

$$r_x(n)=r_{xx}(n)=\sum_{m=-\infty}^{+\infty}x(m)x(m-n) \qquad (1-1-34)$$

显然$r_x(0)=\sum(x(m))^2$ 为最大值，信号和其自身的相关性最大。

如果 $x(n)$、$y(n)$ 是功率信号，则定义互相关函数如下：

$$r_{xy}(n)=\lim_{N\to+\infty}\frac{1}{2N+1}\sum_{m=-N}^{N}x(m)y(m-n) \qquad (1-1-35)$$

如果 $x(n)$ 是周期为 N 的周期序列，定义其自相关函数为

$$r_x(n)=\frac{1}{N}\sum_{m=0}^{N-1}x(m)x(m-n) \qquad (1-1-36)$$

用 $N+n$ 代替 n，因为 $x(n)$ 是周期序列，因此有

$$r_x(N+n)=\frac{1}{N}\sum_{m=0}^{N-1}x(m)x[m-(N+n)]=r_x(n) \qquad (1-1-37)$$

式(1-1-37)表明周期序列的自相关函数也是周期序列，且周期仍然为 N。

从式(1-1-33)可知，$r_{xy}(n)$ 的计算包括“移、乘、积”三个步骤，比线性卷积少了“卷”这个步骤。

【例 1-1-3】 序列 $x(n)=R_4(n-6)$，$y(n)=R_4(n)$，用互相关函数法求二者的延迟。

解：

$$\begin{aligned}r_{xy}(n)&=\sum_{m=0}^{3}R_4(m-6+n)R_4(m)\\&=R_4(n-3)+R_4(n-4)+R_4(n-5)+R_4(n-6)\\&=\delta(n-3)+2\delta(n-4)+3\delta(n-5)+4\delta(n-6)+3\delta(n-7)+\\&\quad 2\delta(n-8)+\delta(n-9)\end{aligned}$$

可见最大值是$r_{xy}(6)=4$，也就是说 $x(n)$ 比 $y(n)$ 延时了 6 个时刻，符合题意。

【例 1-1-4】 序列 $x(n)=\cos(\omega n)$，周期为 N，求$r_x(n)$。

解：

$$r_x(n)=\frac{1}{N}\sum_{m=0}^{N-1}\cos(\omega m)\cos(\omega m-\omega n)$$

$$=\frac{1}{N}\sum_{m=0}^{N-1}\{\cos(\omega m)[\cos(\omega m)\cos(\omega n)+\sin(\omega m)\sin(\omega n)]\}$$

$$=\frac{1}{N}\cos(\omega n)\sum_{m=0}^{N-1}\cos^2(\omega m)+\frac{1}{N}\sin(\omega n)\sum_{m=0}^{N-1}\cos(\omega m)\sin(\omega m)$$

因为 $\cos(\omega m)$ 和 $\sin(\omega m)$ 正交，上式第二项为零。第一项中

$$\sum_{m=0}^{N-1}\cos^2(\omega m)=\frac{1}{2}\sum_{m=0}^{N-1}[1+\cos(2\omega m)]=\frac{N}{2}$$

所以

$$r_x(n)=\frac{1}{2}\cos(\omega n) \tag{1-1-38}$$

可见，余弦序列的自相关函数也是同频的余弦序列。

假如 $x(n)$ 受到随机噪声的污染，由于噪声之间的相关性小，计算 $r_x(n)$ 能起到滤波作用。通过 $r_x(n)$ 两个相邻最大值之间的间距得到周期 N，比直接利用 $x(n)$ 求得的周期准确。

自相关函数的定义与线性卷积的定义比较类似，二者之间具体是什么关系呢？为便于对比，重新定义 $x(n)$、$y(n)$ 的互相关函数 $r_{xy}(\tau)$：

$$r_{xy}(\tau)=\sum_{n=-\infty}^{+\infty}x(n+\tau)y(n) \tag{1-1-39}$$

定义 $x(n)$、$y(n)$ 的线性卷积为 $g(\tau)$：

$$g(\tau)=x(n)*y(n)=\sum_{n=-\infty}^{+\infty}x(\tau-n)y(n) \tag{1-1-40}$$

将式(1-1-40)最右端中的 n 换成 $-n$，有

$$x(n)*y(n)=\sum_{n=-\infty}^{+\infty}x(\tau+n)y(-n) \tag{1-1-41}$$

将式(1-1-41)中的 $y(n)$ 和 $y(-n)$ 互换，有

$$x(n)*y(-n)=\sum_{n=-\infty}^{+\infty}x(\tau+n)y(n) \tag{1-1-42}$$

对比式(1-1-39)和式(1-1-42)，得到

$$r_{xy}(\tau)=x(n)*y(-n) \tag{1-1-43}$$

得到重要结论：两序列的互相关函数等于一个序列与另一个序列的翻转序列的线性卷积。

假设 $x(n)$、$y(n)$ 为复序列，定义二者的互相关函数为

$$r_{xy}(n)=\sum_{m=-\infty}^{+\infty}x(m)y^*(m-n)=x(n)*y^*(-n) \tag{1-1-44}$$

$y^*(m-n)$ 表示对 $y(m-n)$ 取共轭。定义复序列 $x(n)$ 的自相关函数为

$$r_x(n)=\sum_{m=-\infty}^{+\infty}x(m)x^*(m-n)=x(n)*x^*(-n) \tag{1-1-45}$$

MATLAB 计算相关的函数有 xcorr 和 autocorr。xcorr 是直接求序列的相关函数，autocorr 是先减去序列的均值再求相关函数。xcorr 的调用格式如下：

[r,k] =xcorr(x,y,'option'),

求自相关函数可用 xcorr(x)，求互相关函数用 xcorr(x,y)。

(1) option=none ,r 是互相关函数 r_{xy} 构成的数组，k 为数组的序号；

(2) option=baised ,r 是互相关函数的有偏估计；

(3) option=unbaised ,r 是互相关函数的无偏估计；

(4)option =coeff，r 是归一化的互相关函数，最大值等于 1。

MATLAB 是用快速傅里叶变换实现 xcorr 函数的。autocorr 函数的使用请读者查阅 MATLAB 的帮助文档。

【例 1-1-5】 已知 $x(n)=\sin(\omega n)+0.5v(n)$，$y(n)=\cos(\omega n)+0.5v(n)$，$x(n)$ 和 $y(n)$ 的长度分别为 200 和 60，$v(n)$ 是均值为零方差为 1 的高斯噪声。分别用 MATLAB 的 xcorr 函数和 conv 函数来计算二者之间的互相关函数。

MATLAB 代码如下：

```
n = 1:200;n1 = 1:60;f = 100;T = 1/1000;
x = sin(2 * pi * f * n * T) + 0.5 * randn(1, length(n));   % randn 产生高斯噪声
y = cos(2 * pi * f * n1 * T) + 0.5 * randn(1, length(n1));
subplot(2,2,1);plot(n,x,' - k');
subplot(2,2,2);plot(n1,y,' - k');
[r,k] = xcorr(x,y);   % 求 x 与 y 的互相关
subplot(2,2,3);plot(k,r,' - k');
y2 = fliplr(y);   % y2 是 y 的翻转,y2 = y(59 - n)
z = conv(x,y2);   % x(n) * y(59 - n)
subplot(2,2,4);  plot(z,' - k');
```

程序运行结果如图 1-1-11 所示。图 1-1-11(a) 为含噪声正弦序列；图 1-1-11(b) 为含噪声余弦序列；图 1-1-11(c) 为互相关函数 $r_{xy}(n)$，其非 0 值区间是 $-59\leqslant n\leqslant 199$；图 1-1-11(d) 为 $x(n)*y(59-n)$。因为 fliplr(y) 得到的不是 $y(-n)$，而是因果序列 $y(59-n)$，$x(n)*y(59-n)$ 的非 0 区间是 $0\leqslant n\leqslant 258$，该卷积左移 59 位才是 $x(n)*y(-n)$，可见 $r_{xy}(n)$ 等于 $x(n)*y(-n)$。另外，可以看到，互相关和卷积都较好地滤除了原序列中的随机噪声。

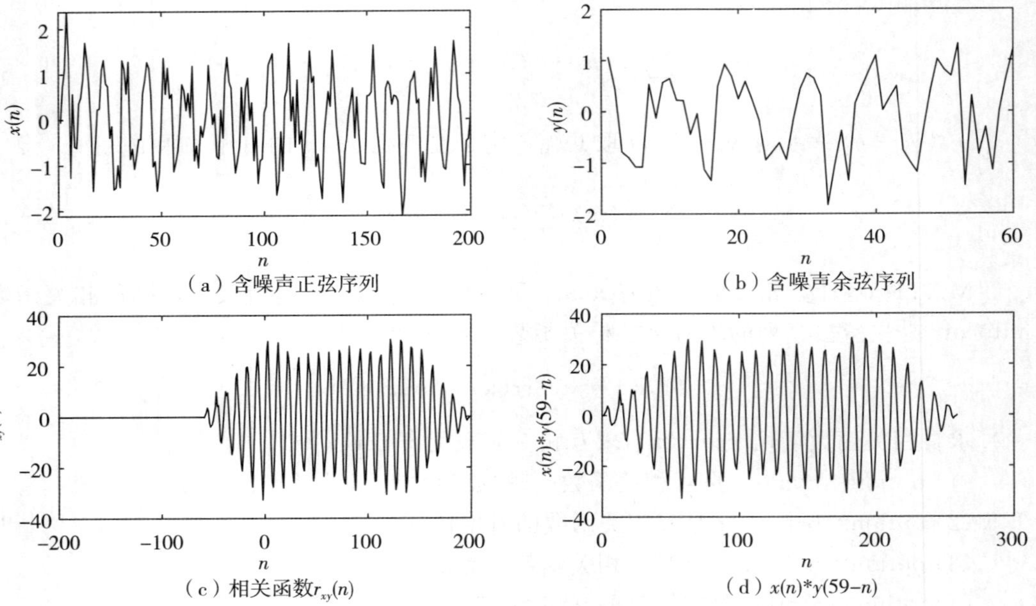

（a）含噪声正弦序列 （b）含噪声余弦序列

（c）相关函数$r_{xy}(n)$ （d）$x(n)*y(59-n)$

图 1-1-11　程序运行结果

【例 1-1-6】 复序列$s(n)$为雷达发射的脉冲信号，$s_o(n)=\alpha s(n-n_0)$为雷达接收到的回波脉冲，α为信号的幅度衰减系数，n_0为回波延迟。请用互相关函数法推导出匹配滤波器的单位脉冲响应，使得雷达接收机在n_0时刻的输出达到最大。

解：

$$r_{s_o s}(n)=\sum_{m=-\infty}^{+\infty} s_o(m)s^*(m-n)=\alpha\sum_{m=-\infty}^{+\infty} s(m-n_0)s^*(m-n)$$

$$=\alpha\sum_{m=-\infty}^{+\infty} s(m)s^*(m+n_0-n)$$

$$r_{s_o s}(n_0)=\alpha\sum_{m=-\infty}^{+\infty} s(m)s^*(m)=\alpha\sum_{m=-\infty}^{+\infty} |s(m)|^2$$

$r_{s_o s}(n)$在$n=n_0$时达到最大，可以将$r_{s_o s}(n)$看作接收机匹配滤波器的输出$y(n)$。而$y(n)=r_{s_o s}(n)=s_o(n)*s^*(-n)=s_o(n)*h(n)$，所以

$$h(n)=s^*(-n) \tag{1-1-46}$$

也就是说，把发送脉冲翻转并取共轭得到$s^*(-n)$作为接收滤波器的单位脉冲响应，接收机输出就能在n_0处达到最大值，从而测量出回波延迟n_0。

复序列的自相关函数在雷达信号处理中得到了广泛的应用。脉冲压缩雷达就是将雷达回波脉冲与发送脉冲进行相关运算得到回波延迟，再利用延迟得到雷达与目标的距离。雷达测距基本原理将会在第 8 章介绍。

1.2　时域离散系统

时域离散系统将输入序列 $x(n)$ 映射成输出序列 $y(n)$，记 $y(n)=T[x(n)]$。$T[\cdot]$ 代表时域的某种运算，常用的表达方式是系统差分方程。时域离散系统有多种类型，不同系统具有不同的性质，本节讨论因果稳定系统和线性时不变系统的有关性质和运算。

1.2.1　系统的线性和时不变性

1. 系统的线性

设 $x_1(n)$、$x_2(n)$ 是系统的两个输入，$y_1(n)$、$y_2(n)$ 是对应的系统输出，$y_1(n)=T[x_1(n)]$，$y_2(n)=T[x_2(n)]$。当输入为 $x(n)=ax_1(n)+bx_2(n)$ 且 a、b 为任意实数，若系统输出满足

$$y(n)=T[ax_1(n)+bx_2(n)]=ay_1(n)+by_2(n) \tag{1-2-1}$$

则该系统为线性系统。式(1-2-1)也称为叠加原理。满足叠加原理的系统称为线性系统。

【例 1-2-1】　证明差分方程 $y(n)=2x(n)+3$ 所代表的系统是非线性系统。

解：

$$y_1(n)=T[x_1(n)]=2x_1(n)+3,\quad y_2(n)=T[x_2(n)]=2x_2(n)+3$$

$$ay_1(n)+by_2(n)=2ax_1(n)+2bx_2(n)+3a+3b$$

$$T[ax_1(n)+bx_2(n)]=2[ax_1(n)+bx_2(n)]+3=2ax_1(n)+2bx_2(n)+3$$

显然 $T[ax_1(n)+bx_2(n)]\neq ay_1(n)+by_2(n)$，因此该系统是非线性系统。如果 $y(n)=2x(n)$，容易证明该系统是线性系统。

2. 系统的时不变性

如果系统的运算关系 $T[\cdot]$ 不随时间变化，则系统为时不变系统。设 $x(n)$ 是系统的输入，$y(n)=T[x(n)]$，若系统输出满足下式：

$$y(n-n_0)=T[x(n-n_0)] \tag{1-2-2}$$

则该系统为时不变系统。式(1-2-2)表明，若时不变系统的输入延时了 n_0，则输出也延时 n_0。

【例 1-2-2】　证明 $y(n)=nx(n)+3$ 所代表的系统是时变系统。

解：设 $x'(n)=x(n-n_0)$ 作为系统输入，有

$$T[x(n-n_0)]=T[x'(n)]=nx'(n)+3=nx(n-n_0)+3$$

将 $n=n-n_0$ 代入系统差分方程，有

$$y(n-n_0)=(n-n_0)x(n-n_0)+3$$

显然 $y(n-n_0)\neq T[x(n-n_0)]$，因此该系统是时变系统。从方程 $y(n)=nx(n)+3$ 也可以看出，$x(n)$ 的系数 n 是变化的，因此系统是时变系统。

【例 1-2-3】 证明 $y(n)=x(n^2)$ 所代表的系统是时变系统。

解：设 $x'(n)=x(n-n_0)$ 作为系统输入，有

$$T[x(n-n_0)]=T[x'(n)]=x'(n^2)=x(n^2-n_0)$$

将 $n=n-n_0$ 代入系统差分方程得

$$y(n-n_0)=x((n-n_0)^2)$$

显然 $y(n-n_0)\neq T[x(n-n_0)]$，因此该系统是时变系统。此题的关键是引入 $x'(n)=x(n-n_0)$，并代入系统方程求 $T[x(n-n_0)]$。同样可以证明，差分方程 $y(n)=x(-n)$、$y(n)=x(2n)$ 所代表的系统均为时变系统。

3. 线性时不变系统输入输出之间的关系

若系统同时满足线性和时不变性，则称之为线性时不变系统（Linear and Time Invariant System，LTI System）。虽然实际系统有很多是非线性时变系统，但是可以在一定条件下将非线性时变系统近似为线性时不变系统，而线性时不变系统的分析和计算较非线性时变系统方便，因此本书重点讨论线性时不变系统。

设系统的输入 $x(n)=\delta(n)$，系统初始状态为零，定义此时系统的输出为系统的单位脉冲响应，记为 $h(n)=T[\delta(n)]$。也就是说 $h(n)$ 是系统对 $\delta(n)$ 的零状态响应。$h(n)$ 与模拟系统的单位冲击响应 $h(t)$ 一样，在时域唯一地表示了系统的特性。下面推导线性时不变系统输入与输出之间的关系。

设系统输入 $x(n)$ 可以表示为 $x(n)=\sum\limits_{m=-\infty}^{+\infty}x(m)\delta(n-m)$，则系统输出为

$$y(n)=T[x(n)]=T\left[\sum_{m=-\infty}^{+\infty}x(m)\delta(n-m)\right] \tag{1-2-3}$$

线性系统满足叠加原理，因此有

$$y(n)=\sum_{m=-\infty}^{+\infty}T[x(m)\delta(n-m)]=\sum_{m=-\infty}^{+\infty}x(m)T[\delta(n-m)] \tag{1-2-4}$$

时不变系统满足 $h(n-m)=T[\delta(n-m)]$，因此

$$y(n)=\sum_{m=-\infty}^{+\infty}x(m)h(n-m)=x(n)*h(n) \tag{1-2-5}$$

式(1-2-5)表明线性时不变系统的输出是系统输入与系统单位脉冲响应的线性卷积。可见，单位脉冲响应完全代表了该系统的特性。

可以从两个角度来理解式(1-2-5)。为方便表述，假设 $x(n)$、$h(n)$ 是长度分别为 M、N 的因果序列。将式(1-2-5)展开如下：

$$y(n)=x(0)h(n)+x(1)h(n-1)+\cdots+x(M-1)h(n-M+1) \quad (1-2-6)$$

式(1-2-6)表明，m 时刻的一个输入 $x(m)$ 激发系统输出序列 $x(m)h(n-m)$，各个时刻的输入所激发的序列相加得到系统总的输出 $y(n)$。

根据卷积的交换律，$y(n)=h(n)*x(n)=\sum_{m=0}^{N-1}h(m)x(n-m)$，展开如下：

$$y(n)=h(0)x(n)+h(1)x(n-1)+\cdots+h(N-1)x(n-N+1) \quad (1-2-7)$$

式(1-2-7)表明，截取 n 时刻及之前 $(N-1)$ 个时刻的一共 N 个输入数据 $x(n)\sim x(n-N+1)$，分别与 $h(0)\sim h(N-1)$ 相乘并累加，得到 n 时刻的输出 $y(n)$。也就是说，对输入数据 $x(n)\sim x(n-N+1)$ 进行加权平均得到系统输出 $y(n)$，权值为 $h(0)\sim h(N-1)$。这个加权平均运算就是系统对输入序列的一种滤波，$h(0)\sim h(N-1)$ 就是代表滤波器的参数。

【例 1-2-4】 设滑动平均系统的系统差分方程为 $y(n)=\sum_{m=0}^{7}\frac{1}{8}x(n-m)$，系统输入为 $x(n)=\cos\left(\frac{\pi}{16}n\right)+0.5\cos\left(\frac{\pi}{4}n\right)$，用 MATLAB 编程求出系统的输出 $y(n)$。

解：将滑动平均系统的方程与式(1-2-7)比较，可知系统单位脉冲响应为 $\frac{1}{8}R_8(n)$，即滤波器的系数都是 1/8。MATLAB 提供函数 conv 来计算序列的线性卷积，相关程序如下：

```
clear all;close all
n = 0:1:127;
xn = cos((pi * n)/16) + 0.5 * cos((pi * n)/4);   % 产生序列向量 x(n)
hn = [1/8 1/8 1/8 1/8 1/8 1/8 1/8 1/8];   % 产生单位脉冲响应 h(n)
yn = conv(xn,hn);   % y(n) = x(n) * h(n)
subplot(1,2,1);
stem(n,xn,'.');   % 绘制 x(n) 的波形
xlabel('n');ylabel('x(n)');
axis([0,127, - 1.2 * max(xn),1.2 * max(xn)])
subplot(1,2,2);
stem(0:1:length(yn) - 1,yn,'.');   % 绘制 y(n) 的波形
xlabel('n');ylabel('y(n)');
axis([0,127, - 1.2 * max(yn),1.2 * max(yn)])
```

图 1-2-1 是滑动平均滤波系统的输入、输出波形。图 1-2-1(a) 为两个正弦序列的叠加，滑动平均滤波器衰减了频率大于 $\frac{\pi}{4}$ 的高频分量，保留了频率为 $\frac{\pi}{16}$ 的低频分量，滤波后的波形如图 1-2-1(b) 所示。可见，滑动平均滤波器是低通滤波器。

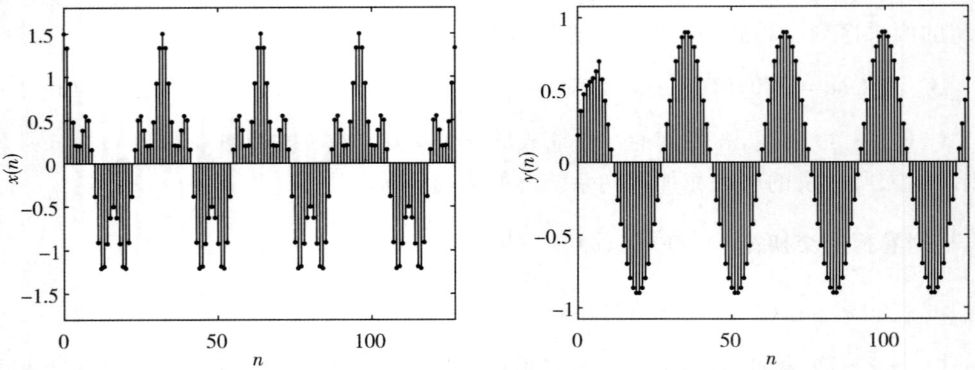

图 1-2-1 滑动平均滤波系统的输入、输出波形

1.2.2 系统的因果性和稳定性

1. 系统的因果性

如果系统 n 时刻的输出只与 n 时刻及 n 时刻之前的输入数据有关，而与 n 时刻之后的输入数据无关，则系统具有因果性，称之为因果系统。一般认为因果系统才是物理可实现的系统。

例 1-2-4 中的滑动平均系统就是一个因果系统。$y(n)=\sum_{m=-4}^{3}x(n-m)$ 则代表一个非因果系统，因为 $y(n)$ 还与 n 之后的输入数据 $x(n+1)\sim x(n+4)$ 有关。

线性时不变系统具有因果性的充分必要条件是系统单位脉冲响应为因果序列，即

$$h(n)=0,n<0 \tag{1-2-8}$$

充分性证明：$y(n)=\sum_{m=-\infty}^{+\infty}h(m)x(n-m)$，由于 $n<0$ 时，$h(n)=0$，因此有

$$y(n)=\sum_{m=0}^{+\infty}h(m)x(n-m) \tag{1-2-9}$$

式(1-2-9)表明 n 时刻的输出只与 n 时刻及 n 时刻之前的输入数据有关，所以该系统是因果系统。

必要性证明：因果系统满足 $y(n)=\sum_{m=0}^{+\infty}h(m)x(n-m)$，也就是说当 $n<0$ 时，$h(n)=0$。

如果已知系统是线性时不变系统，且系统单位脉冲响应已知，则可以根据式(1-2-8)来判断。否则，可以根据系统差分方程直接判断系统的因果性。

【例 1-2-5】 已知 $y(n)=b_0x(n)+b_1x(n-1)+a_1y(n-1)$，且 $n<0$ 时，$y(n)=0$。试判定该系统的因果性。

解：已知 $y(n)=b_0x(n)+b_1x(n-1)+a_1y(n-1)$，向后递推，有

$$y(0)=b_0x(0)+b_1x(-1)$$

$$y(1)=b_0x(1)+b_1x(0)+a_1y(0)=b_0x(1)+b_1x(0)+a_1b_0x(0)+a_1b_1x(-1)$$

$$\vdots$$

$$y(n)=b_0x(n)+b_1x(n-1)+a_1y(n-1)$$

可见 $y(n)$ 是由 $x(n)\sim x(-1)$ 确定的，因此判定该系统是因果系统。读者也可以递推求出系统的单位脉冲响应 $h(n)$ 来判断系统的因果性。

2. 系统的稳定性

若系统在输入有界的条件下，系统的输出也有界，则该系统是稳定系统。系统稳定的充分必要条件是系统单位脉冲响应绝对可和，即

$$\sum_{n=-\infty}^{+\infty}|h(n)|<+\infty \tag{1-2-10}$$

充分性证明：$|y(n)|=\left|\sum_{m=-\infty}^{+\infty}h(m)x(n-m)\right|\leqslant\sum_{m=-\infty}^{+\infty}|h(m)||x(n-m)|$，由于输入有界，即 $|x(n)|\leqslant B<+\infty$，所以

$$|y(n)|\leqslant B\sum_{m=-\infty}^{+\infty}|h(m)|$$

又因为 $\sum_{n=-\infty}^{+\infty}|h(n)|<+\infty$，所以 $|y(n)|<+\infty$。即系统输出有界，系统是稳定系统。

必要性证明：利用 $h(n)$ 构造一个输入序列如下：

$$x(n)=\begin{cases}\dfrac{h(-n)}{|h(-n)|}, & h(n)\neq 0\\ 0, & \text{其他}\end{cases}$$

系统的输出 $y(0)=\sum_{m=-\infty}^{+\infty}h(m)x(-m)=\sum_{m=-\infty}^{+\infty}\dfrac{h^2(m)}{|h(m)|}=\sum_{m=-\infty}^{+\infty}|h(m)|$。

因为系统是稳定系统，$y(0)<+\infty$，所以 $\sum_{m=-\infty}^{+\infty}|h(m)|<+\infty$，必要性得证。

如果线性时不变系统的 $h(n)$ 有限长，则 $h(n)$ 一定绝对可和，因此有限长单位脉冲响应系统一定是稳定系统。如果线性时不变系统的 $h(n)$ 无限长，则 $h(n)$ 不一定绝对可和，因此无限长单位脉冲响应系统不一定是稳定系统。

【例 1-2-6】 (1) 判定 $y(n)=x(n)-x(n-1)$ 所代表系统的稳定性；

(2) 判定单位脉冲响应为 $u(n)$ 的系统的稳定性。

解：(1) $|y(n)|=|x(n)-x(n-1)|\leqslant|x(n)|+|x(n-1)|\leqslant 2B$，因此该系统稳定。

(2) $\sum_{n=-\infty}^{+\infty}|h(n)|=\sum_{n=0}^{+\infty}|u(n)|=+\infty$，因此该系统不稳定。

1.2.3 线性常系数差分方程

对于时域离散系统，可以用差分方程来描述系统输出与输入之间的关系。根据系统差分方程和初始条件可以求出系统的单位脉冲响应和输出。一般用线性常系数差分方程来描述线性时不变系统。

1. 线性常系数差分方程

一个 N 阶的线性常系数差分方程如下：

$$y(n)=\sum_{i=0}^{M} b_i x(n-i)-\sum_{i=1}^{N} a_i y(n-i) \tag{1-2-11}$$

式(1-2-11)中，$x(n)$、$y(n)$ 分别为系统的输入和输出，a_i、b_i 为系统的常数系数，$x(n-i)$ 项和 $y(n-i)$ 项都只有一次幂，也没有二者的交叉相乘项，故称该方程为线性常系数差分方程。方程的阶数由 N 确定。若式(1-2-11)右端中的a_i 全为 0，则方程的阶数由 M 确定。

2. 线性常系数差分方程的求解

已知系统输入，通过差分方程可以得到系统输出，求取该输出的过程称为方程的求解。求解差分方程的基本方法有 4 种，具体如下。

(1) 经典法。该方法类似于模拟系统微分方程的求解，需要求齐次解和特解，由边界条件求待定系数，计算过程较复杂。

(2) 变换域法。将差分方程变换到 z 域进行闭式求解，该方法将在第 2 章介绍。

(3) 递推法。根据系统的输入和初始条件，按 n 从小到大递推得到 $y(n)$ 的数值解。该方法虽然难以给出输出的封闭表达式，但是便于计算机实现，适合于工程应用。

(4) 卷积法。先根据系统差分方程递推得到 $h(n)$，再计算 $y(n)=x(n)*h(n)$。

本小节只介绍递推法。递推法的思路就是根据系统的输入和初始条件，按 n 从小到大的顺序逐步递推得到 $y(0),y(1),\cdots,y(n)$。N 阶差分方程求解需要 N 个初始条件，即 $y(-1)\sim y(-N)$ 的具体取值。

【例 1-2-7】 因果系统的差分方程为 $y(n)=x(n)+ay(n-1)$，求系统的单位脉冲响应。

解：该系统是一阶系统，只需要一个初始条件 $h(-1)$。因为系统是因果系统，所以 $h(-1)=0$。单位脉冲响应就是 $x(n)=\delta(n)$ 时的输出。按 n 从小到大递推求解 $h(n)$ 的过程如下：

$$h(0)=\delta(0)+ah(-1)=1$$

$$h(1)=\delta(1)+ah(0)=a$$

$$h(2)=\delta(2)+ah(1)=a^2$$

$$\vdots$$

$$h(n)=\delta(n)+ah(n-1)=a^n$$

归纳以上输出，得到 $h(n)=a^n u(n)$，显然该系统是因果系统。

【例 1-2-8】 某系统差分方程为 $y(n)=x(n)+ay(n-1)$，初始条件 $y(-1)=1$，求

系统的单位脉冲响应，并判断系统的线性和时不变性。

解：$y(-1)=1$，求 $y_1(n)=T[\delta(n)]$ 如下：

$$y_1(0)=\delta(0)+ay_1(-1)=1+a$$

$$y_1(1)=\delta(1)+ay_1(0)=a(1+a)$$

$$y_1(2)=\delta(2)+ay_1(1)=a^2(1+a)$$

$$\vdots$$

$$y_1(n)=a^n(1+a)$$

归纳得到 $y_1(n)=(1+a)a^n u(n)$。

再求 $y_2(n)=T[\delta(n-1)]$ 如下：

$$y_2(0)=\delta(0)+ay_2(-1)=a$$

$$y_2(1)=\delta(1)+ay_2(0)=1+a^2$$

$$y_2(2)=\delta(2)+ay_2(1)=a(1+a^2)$$

$$\vdots$$

$$y_2(n)=a^{n-1}(1+a^2)$$

归纳得到 $y_2(n)=a\delta(n)+(1+a^2)a^{n-1}u(n-1)$。

(1) 判断系统的时变性。

由 $y_1(n)=(1+a)a^n u(n)$ 得到 $y_1(n-1)=(1+a)a^{n-1}u(n-1)$，而 $y_2(n)=T[\delta(n-1)]=a\delta(n)+(1+a^2)a^{n-1}u(n-1)$，可见，$y_1(n-1)\neq T[\delta(n-1)]$，所以该系统是时变系统。

(2) 判断系统的线性。

先求 $y_3(n)=T[\delta(n)+\delta(n-1)]$ 如下：

$$y_3(0)=\delta(0)+ay_3(-1)=1+a$$

$$y_3(1)=\delta(1)+ay_3(0)=1+a(1+a)=1+a+a^2$$

$$y_3(2)=\delta(2)+ay_3(1)=a(1+a+a^2)$$

$$\vdots$$

$$y_3(n)=a^{n-1}(1+a+a^2)$$

归纳得到

$$y_3(n)=(1+a)\delta(n)+(1+a+a^2)a^{n-1}u(n-1)$$

$$\begin{aligned}y_1(n)+y_2(n)&=(1+a)a^n u(n)+a\delta(n)+(1+a^2)a^{n-1}u(n-1)\\&=(1+a)\delta(n)+(a+a^2)a^{n-1}u(n-1)+a\delta(n)+(1+a^2)a^{n-1}u(n-1)\\&=(1+2a)\delta(n)+(1+a+2a^2)a^{n-1}u(n-1)\end{aligned}$$

可见

$$y_1(n)+y_2(n)\neq y_3(n)$$

所以该系统是非线性系统。

从上述两个例题的结果可以发现，同一个系统方程，初始条件不同，系统输出不同。初始条件不为零时，该系统为非因果、非线性、时变系统。只有在初始条件为零时，线性常系数差分方程表示的才是因果的线性时不变系统。

3. 用 MATLAB 工具求解线性常系数差分方程

MATLAB提供filter函数递推求解线性常系数差分方程。filter函数调用格式如下：

(1)yn=filter(B,A,xn)，计算系统的零状态响应。xn是输入序列，yn是系统的零状态响应，B、A分别为式(1-2-11)中 $x(n-i)$ 和 $y(n-i)$ 项的系数构成的向量，$B=[b_0,b_1,b_2,\cdots,b_M]$，$A=[a_0,a_1,a_2,\cdots,a_N]$，$a_0=1$。B、A就代表了系统。

(2)yn= filter(B,A,xn,xi)，计算系统全响应，包含零状态响应和零输入响应。xn是输入序列，xi是非零状态的等效输入，yn是系统的全响应。xi可由函数filtic(B,A,ys,xs)来计算。ys= $[y(-1),y(-2),\cdots,y(-N)]$，xs= $[x(-1),x(-2),\cdots,x(-M)]$。

【例 1-2-9】 系统某低通滤波器的差分方程为 $y(n)=\sum_{i=1}^{3}b_ix(n-i)-\sum_{i=1}^{4}a_iy(n-i)$，初始条件为 0，$B=[0,\ 0.0456, 0.1027,\ 0.0154]$，$A=[1,\ -1.9184,\ 1.6546,\ -0.6853,\ 0.1127]$。请编程对输入信号进行滤波。

解：利用 filter 函数对含有 0.05π、0.6π 两个分量的序列进行滤波，滤除 0.6π 分量。程序运行结果如图 1-2-2 所示。MATLAB 程序如下：

```
clear all;close all
n = 0:1:127;  xn = cos(0.05 * pi * n) + 0.5 * cos(0.6 * pi * n);  % 产生 x(n)
subplot(1,3,1);  stem(n,xn,'.k');  % 绘制 x(n)
xlabel('n');  ylabel('x(n)');
axis([0,63,1.2 * min(xn),1.2 * max(xn)])
xn2 = [1,zeros(1,127)];  % 产生单位脉冲序列
B = [0 0.0456 0.1027 0.0154];  % 低通滤波器
A = [1 - 1.9184 1.6546 - 0.6853 0.1127];
yn = filter(B,A,xn2);  % 得到系统的单位脉冲响应
HW = abs(fft(yn));  % 利用 FFT 得到系统的幅频特性
subplot(1,3,2);  plot(n * 2/128,HW,' - k');  % 滤波器幅频特性绘图
xlabel('w/π');  ylabel('| H(jw) |');
axis([0,2,1.2 * min(HW),1.2 * max(HW)])
yn = filter(B,A,xn);  % 对 x(n) 滤波
subplot(1,3,3);  stem(0:1:length(yn) - 1,yn,'.k');  % 绘制 y(n)
xlabel('n');  ylabel('y(n)');
axis([0,63,1.2 * min(yn),1.2 * max(yn)])
```

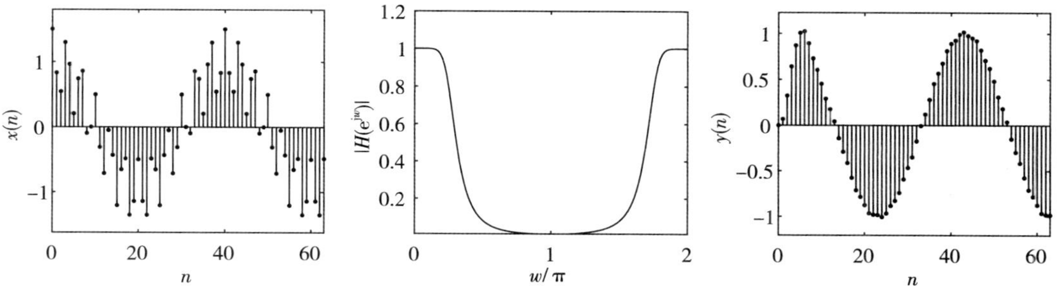

（a）输入序列　（b）低通滤波器幅频特性　（c）输出序列

图 1－2－2　程序运行结果

1.3　模拟信号的数字处理方法

数字信号处理与模拟信号处理相比，具有多方面的优点，常常把模拟信号转换成数字信号再进行数字信号处理。典型的模拟信号处理系统框图如图 0－2－1 所示。模拟信号 $x_a(t)$ 经过预滤波和模数转换（A/DC）得到数字信号 $x(n)$，$x(n)$ 经过数字信号处理得到 $y(n)$，$y(n)$ 经过数模转换（D/AC）和平滑滤波得到模拟信号 $y_a(t)$。下面具体分析该处理流程。

1.3.1　低通信号的采样及采样定理

采样就是将模拟信号转换为数字信号，重建就是将数字信号恢复成模拟信号。这里的采样是指时域采样，第 3 章还会介绍频域采样。模拟信号有低通信号和带通信号，本小节分析低通信号时域采样过程。

模拟信号的采样可以用一个受控的电子开关来实现，开关周期为 T，开关接通期间 $\hat{x}_a(t)=x_a(t)$，开关接通时间 $\tau \ll T$，开关断开期间 $\hat{x}_a(t)=0$，$\hat{x}_a(t)$ 称为采样信号，T 称为采样间隔或者采样周期。控制开关通断的矩形脉冲串记为 $p_T(t)$，$\hat{x}_a(t)=x_a(t)\ p_T(t)$。采样的开关模拟如图 1－3－1(a) 所示。若减小 $p_T(t)$ 的脉宽 τ，使之趋近于 0，矩形脉冲串就变成单位冲击串 $p_\delta(t)$：

$$p_\delta(t)=\sum_{n=-\infty}^{+\infty}\delta(t-nT) \tag{1-3-1}$$

将 $x_a(t)$ 与单位冲击串 $p_\delta(t)$ 相乘，得到理想采样信号：

$$\hat{x}_a(t)=x_a(t)\ p_\delta(t)=\sum_{n=-\infty}^{+\infty}x_a(t)\delta(t-nT)=\sum_{n=-\infty}^{+\infty}x_a(nT)\delta(t-nT) \tag{1-3-2}$$

式(1－3－2) 可以简单地表示为

$$\hat{x}_a(t)=\begin{cases}x_a(t), t=nT\\0, \quad t\neq nT\end{cases} \tag{1-3-3}$$

需要注意：在采样点上，$\hat{x}_a(nT)=x_a(nT)$，在非采样点上，$\hat{x}_a(t)=0$，而将$\hat{x}_a(nT)$转换成序列 $x(n)$ 后，n 只能取整数。

理想采样如图 1-3-1(b) 所示。从图 1-3-1 可见，采样间隔 T 越小（即采样频率 $f_s=\frac{1}{T}$ 越高），采样信号 $\hat{x}_a(t)$ 越逼近于原信号 $x_a(t)$，但是数据量也越大，不利于后续的数据处理、传输和存储，因此希望在保持 $x_a(t)$ 中有效信息的同时，尽量降低采样频率 f_s。

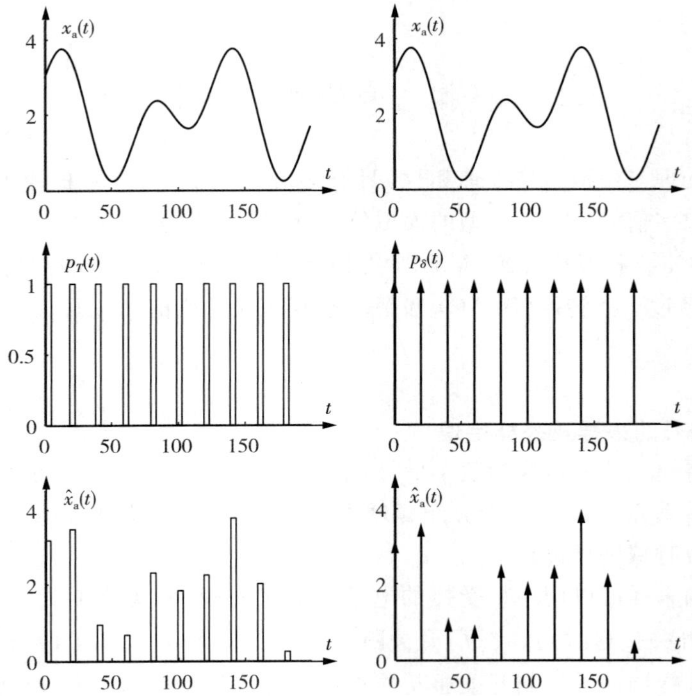

（a）采样的开关模拟　　（b）理想采样

图 1-3-1　模拟信号的采样

下面分析采样对信号频谱的影响，从而得到时域采样定理。

设 $X_a(\mathrm{j}\Omega)=\mathrm{FT}[x_a(t)]$，$\hat{X}_a(\mathrm{j}\Omega)=\mathrm{FT}[\hat{x}_a(t)]$，$P_\delta(\mathrm{j}\Omega)=\mathrm{FT}[p_\delta(t)]$。周期信号 $p_\delta(t)$ 可以展开成傅里叶级数形式：

$$p_\delta(t)=\sum_{k=-\infty}^{+\infty} a_k \mathrm{e}^{\mathrm{j}k\Omega_s t} \tag{1-3-4}$$

根据周期信号傅里叶级数定义，a_k 可以通过下式求得

$$a_k=\frac{1}{T}\int_{-\frac{T}{2}}^{\frac{T}{2}} p_\delta(t)\mathrm{e}^{-\mathrm{j}k\Omega_s t}\mathrm{d}t=\frac{1}{T}\int_{-\frac{T}{2}}^{\frac{T}{2}}\delta(t)\mathrm{e}^{-\mathrm{j}k\Omega_s t}\mathrm{d}t=\frac{1}{T}$$

因此$p_\delta(t)=\dfrac{1}{T}\sum\limits_{k=-\infty}^{+\infty}e^{jk\Omega_s t}$，$p_\delta(t)$的傅里叶变换为

$$P_\delta(j\Omega)=FT[p_\delta(t)]=\frac{1}{T}FT\left[\sum_{k=-\infty}^{+\infty}e^{jk\Omega_s t}\right]=\frac{2\pi}{T}\sum_{k=-\infty}^{+\infty}\delta(\Omega-k\Omega_s) \qquad (1-3-5)$$

时域相乘对应于频域卷积，根据式(1－3－2)，采样信号的傅里叶变换为

$$\begin{aligned}\hat{X}_a(j\Omega)&=\frac{1}{2\pi}X_a(j\Omega)*P_\delta(j\Omega)\\&=\frac{1}{2\pi}\cdot\frac{2\pi}{T}\int_{-\infty}^{+\infty}X_a(j\theta)\sum_{k=-\infty}^{+\infty}\delta(\Omega-\theta-k\Omega_s)\,d\theta\\&=\frac{1}{T}\sum_{k=-\infty}^{+\infty}\int_{-\infty}^{+\infty}X_a(j\theta)\delta(\Omega-k\Omega_s-\theta)\,d\theta\end{aligned}$$

利用冲击函数的性质得

$$\hat{X}_a(j\Omega)=\frac{1}{T}\sum_{k=-\infty}^{+\infty}X_a(j\Omega-jk\Omega_s) \qquad (1-3-6)$$

式(1－3－6)表明理想采样信号的频谱是模拟信号频谱沿Ω轴、以Ω_s为周期进行频谱搬移并相加得到的周期函数，即$\hat{X}_a(j\Omega)$是$X_a(j\Omega)$的周期延拓，延拓周期为$\Omega_s=\dfrac{2\pi}{T}$。另外，$\hat{X}_a(j\Omega)$幅度是$X_a(j\Omega)$幅度的$\dfrac{1}{T}$倍。更简洁的表述为时域采样导致频域周期延拓。

设模拟信号的截止角频率为Ω_c，按照式(1－3－6)进行周期延拓，$k=1$时，频带$[-\Omega_c,\Omega_c]$中的$X_a(j\Omega)$要复制到$[\Omega_s-\Omega_c,\Omega_s+\Omega_c]$处，得到$X_a(j\Omega-j\Omega_s)$。希望$X_a(j\Omega-j\Omega_s)$的下边带与$X_a(j\Omega)$的上边带不要重叠，因此要求$\Omega_s-\Omega_c\geqslant\Omega_c$，从而得

$$\Omega_s\geqslant 2\Omega_c \qquad (1-3-7)$$

而$\Omega=2\pi f$，因此式(1－3－7)等价于下式：

$$f_s\geqslant 2f_c \qquad (1-3-8)$$

式中f_s为采样频率，f_c为模拟信号的最高截止频率(信号在截止频率f_c处的幅度为0)。

图1-3-2所示为采样信号的频谱。设模拟信号是带限的低通信号，最高截止频率是Ω_c，即$|X_a(j\Omega_c)|=0$，模拟信号的频谱如图1-3-2(a)所示。图1-3-2(b)是冲击串函数的傅里叶变换，也是周期函数，周期为$\Omega_s=\dfrac{2\pi}{T}$。当$\Omega_s\geqslant 2\Omega_c$时，频谱的周期延拓无混叠，如图1-3-2(c)所示。当$\Omega_s<2\Omega_c$时，频谱的周期延拓发生混叠，如图1-3-2(d)所示。混叠发生在$\Omega=k\Omega_s\pm\dfrac{\Omega_s}{2}$处，$k$取$-\infty\sim+\infty$。

模拟信号的恢复如图1-3-3所示，可以用一个通带为$-\dfrac{\Omega_s}{2}\sim\dfrac{\Omega_s}{2}$、通带增益为$T$的理

想低通滤波器 $G(\mathrm{j}\Omega)$ 对采样信号 $\hat{x}_a(t)$ 进行滤波，滤波器的输出记为 $y_a(t)$。显然，当 $\Omega_s \geqslant 2\Omega_c$、采样信号频谱未混叠时，可以用图 1-3-3(b) 所示的理想低通滤波器无失真地恢复出原模拟信号的频谱，即 $Y_a(\mathrm{j}\Omega)=X_a(\mathrm{j}\Omega)$，如图 1-3-3(c) 所示。当 $\Omega_s < 2\Omega_c$ 时，采样信号频谱混叠，$Y_a(\mathrm{j}\Omega) \neq X_a(\mathrm{j}\Omega)$，频谱混叠如图 1-3-3(d) 所示。通过理想低通滤波器得到 $y_a(t)$ 的过程称为理想恢复或者理想重建。理想恢复可以用公式表示如下：

$$G(\mathrm{j}\Omega)=\begin{cases} T, & |\Omega| \leqslant \dfrac{\Omega_s}{2} \\ 0, & |\Omega| > \dfrac{\Omega_s}{2} \end{cases} \tag{1-3-9}$$

$$y_a(t)=\mathrm{IFT}[Y_a(\mathrm{j}\Omega)]=\mathrm{IFT}[\hat{X}_a(\mathrm{j}\Omega)G(\mathrm{j}\Omega)] \tag{1-3-10}$$

$$\begin{cases} y_a(t)=x_a(t), \Omega_c \leqslant \dfrac{\Omega_s}{2} \\ y_a(t) \neq x_a(t), \Omega_c > \dfrac{\Omega_s}{2} \end{cases} \tag{1-3-11}$$

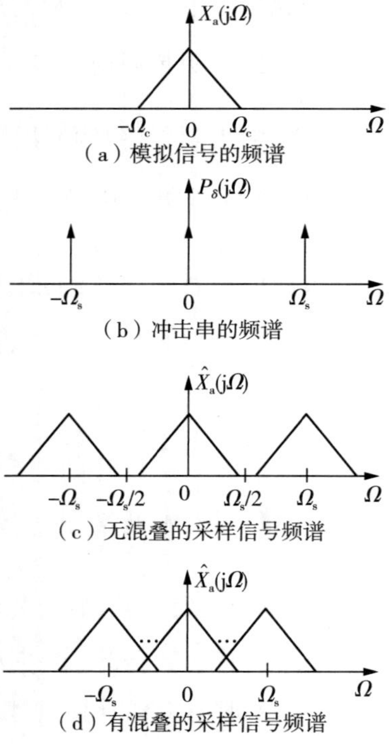

（a）模拟信号的频谱

（b）冲击串的频谱

（c）无混叠的采样信号频谱

（d）有混叠的采样信号频谱

图 1-3-2 采样信号的频谱

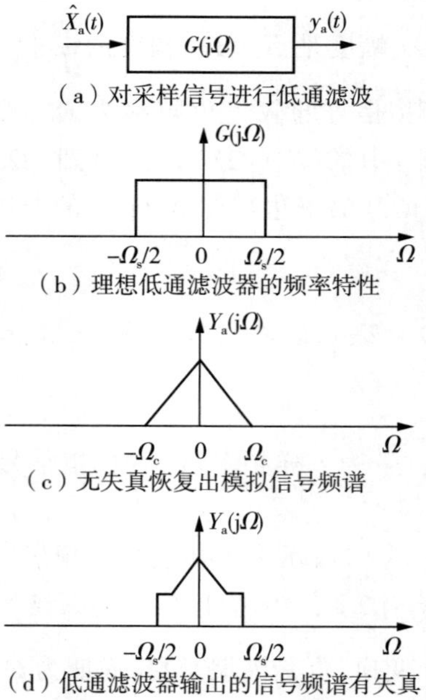

（a）对采样信号进行低通滤波

（b）理想低通滤波器的频率特性

（c）无失真恢复出模拟信号频谱

（d）低通滤波器输出的信号频谱有失真

图 1-3-3 模拟信号的恢复

根据以上分析，总结时域采样定理如下：

(1) 等间隔采样信号的频谱是原模拟信号频谱的周期延拓，延拓的周期为 $\Omega_s=\dfrac{2\pi}{T}$，采样信号频谱幅度是原模拟信号频谱幅度的$\frac{1}{T}$倍。

(2) 对于最高截止角频率为Ω_c的低通信号，只有满足$\Omega_s \geqslant 2\Omega_c$，才能用理想低通滤波器从采样信号无失真地恢复出原模拟信号。

1928 年，美国电信工程师奈奎斯特(1889—1976) 推导出采样定理，因此称为奈奎斯特采样定理，$\frac{f_s}{2}$也称为奈奎斯特频率。1933 年，苏联工程师科捷利尼科夫(1865—1944) 首次用公式严格地表述这一定理，因此在苏联文献中称为科捷利尼科夫采样定理。1948 年，美国数学家、信息论创始人香农(1916—2001) 对这一定理加以明确地说明并正式作为定理引用，因此又称为香农采样定理。采样定理在数字通信、语音处理、图像处理、雷达信号处理、遥感、遥测等领域得到了广泛的应用。在实际工程应用中，f_s一般取f_c的 3 倍到 5 倍。

需要注意的是，在$f_s \geqslant 2f_c$中，f_c是指模拟信号的最高截止频率，即$X_a(\mathrm{j}f_c)=0$。比如，$x_a(t)=\cos(2\pi f_0 t)$的最高频率是f_0，$X_a(\mathrm{j}f)=\pi\delta(f-f_0)+\pi\delta(f+f_0)\neq 0$，其频谱如图 1-3-4(a) 所示。可见$f_0$是最高频率，但不是截止频率，因此$f_s$必须大于$2f_0$，此时采样信号的频谱如图 1-3-4(b) 所示。如果取$f_s=2f_0$，$f_s-f_0=f_0$，区间$[0,f_s]$上的两根谱线就会混叠成f_0处的一根谱线，且强度增加 1 倍，此时的频谱如图 1-3-4(c) 所示。

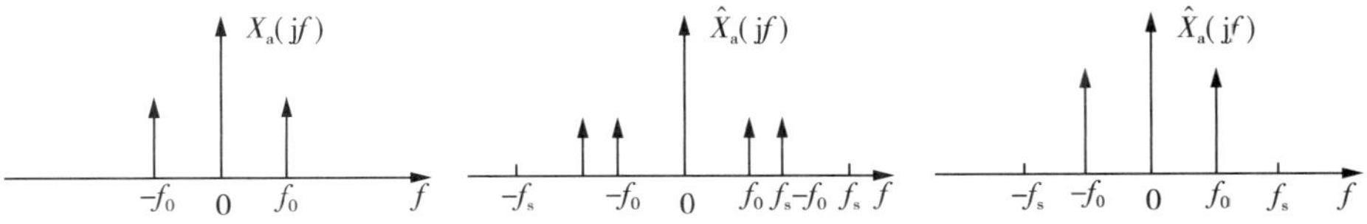

图 1-3-4　余弦信号频谱与其采样信号频谱的对比

对于$x_a(t)=\sin(2\pi f_0 t)$，如果取$f_s=2f_0$，$x_a(t)=\sin(\pi n)=0$，显然f_s不能取$2f_0$。

1.3.2　将模拟信号转换为数字信号

模拟信号由 A/D 转换器经过采样、量化、编码才能转换成数字信号。

1. 模拟信号的预滤波

模拟信号进行 A/D 转换之前为什么要进行预滤波呢？ 工程应用中，系统采样频率f_s一般是固定的，但是输入模拟信号的截止频率f_c可能是变化的，存在$f_c>\frac{f_s}{2}$的情况。为了避免采样时发生频谱混叠，需要用模拟低通滤波器滤除高于$\frac{f_s}{2}$的频谱分量。另外，预滤波也可以滤除部分高频噪声。因此，预滤波的作用是滤除高于$\frac{f_s}{2}$的频谱分量。

2. 采样频率的选取

对于低通信号，理论上采样频率可以取$f_s \geqslant 2f_c$。但是，即使经过低通滤波，信号在f_c的幅度还是大于 0，因此在实际应用中，采样频率f_s一般取f_c的 3 倍到 5 倍，进一步减小频谱混叠。

3. 量化

量化就是将采样信号的幅度值映射为离散的、有限精度的数值。采样得到的时域离散序列用 $\hat{x}(nT)$ 表示，量化后数值用 $x(nT)$ 表示。假设，$-A \leqslant \hat{x}(nT) < A$，A/D 转换器是双极性的，字长为 $(b+1)$ bit，最高位 d_b 表示数的正负，其余 b 位 $(d_{b-1} \cdots d_1\, d_0)_2$ 表示数据的大小。$(b+1)$ 位二进制数能表示 2^{b+1} 个数，因此量化步长为

$$q = \frac{2A}{2^{b+1}} = A \cdot 2^{-b} \tag{1-3-12}$$

A/D 转换器的量化步长 q 由 A/D 转换器的字长和模拟信号的幅度决定。q 也称为量化单位。量化过程可以用式(1-3-13)表示：

$$x_a(nT) = q \cdot [\hat{x}_a(nT)/q]_R \tag{1-3-13}$$

$[\cdot]_R$ 代表四舍五入操作或者舍去全部小数位的截断操作。比如，A/D 转换器字长为 8 bit，$A=5$，$q=5 \cdot 2^{-7}$，如果 $\hat{x}(nT)=2.15$，采用四舍五入操作，则

$$\begin{aligned} x_a(nT) &= 5 \cdot 2^{-7} \cdot [2.15/(5 \cdot 2^{-7})]_R \\ &= 0.0390625 \cdot [55.04]_R = 0.0390625 \cdot 55 = 2.1484375 \end{aligned}$$

对除法结果的舍入操作，引入了量化误差：

$$e(n) = x(nT) - \hat{x}(nT) = 2.1484375 - 2.15 = -0.0015625$$

舍入处理的量化误差满足 $-\frac{q}{2} \leqslant e(n) \leqslant \frac{q}{2}$，截断处理的量化误差满足 $-q \leqslant e(n) \leqslant 0$。显然，$b$ 越大，量化步长越小，量化误差就越小。量化误差对数字信号处理系统的影响请阅读本书第 5 章相关内容。

以上介绍的是均匀量化，均匀量化对不同大小的采样值采用相同的量化步长，小于量化步长的采样值就被量化为零了，小信号损失严重。为克服此问题，可以采用非均匀量化，对小样值采用小的量化步长，对大样值采用大的量化步长。工程上采用 A 律或 μ 律编码来实现非均匀量化，A 律和 μ 律编码请查阅通信原理教材或其他文献。

4. 编码

编码就是用二进制数表示 $[\hat{x}_a(nT)/q]_R$，得到数字信号 $x(n)$，$x(n)$ 为 $(b+1)$ 位。编码方式一般采用补码二进制编码。正数的补码等于其原码；负数的补码等于其绝对值的原码按位取反加 1。因为 $[\hat{x}_a(nT)/q]_R$ 是整数，因此 $x(n)$ 是二进制整数。

对图像和语音信号编码举例如下：

(1) 数字图像像素值的编码。图像灰度值一般为正数，范围是 0 到 255，可以采用 8 bit 无符号数来表示灰度值的大小。比如灰度值 100 的二进制编码为 $(01100100)_2$。

(2) 音频信号采样值的编码。音频信号一般是双极性的，常用音频 A/D 转换器的输出范围是 -32768 到 32767，需要进行 16 bit 编码，最高位表示数据的正负，其余 15 位表示数据的大小，并且采用补码来表示。比如，样值 1200 的二进制编码为

$(0000010010110000)_2$，样值 -1200 的二进制编码为 $(1111101101010000)_2$。

对于数字系统自身的参数，也需要进行量化、编码。假设系统字长为 16 bit，d_{15} 为符号位，$d_{14}\cdots d_7$ 共 8 bit，代表整数部分，$d_6\cdots d_0$ 共 7 bit，代表小数部分，则该 16 bit 能表示的数的范围是 $[-2^8, 2^8-2^{-7}]$，即 $A=2^8$。按照式(1-3-12)，量化步长 $q=\dfrac{2A}{2^{16}}=\dfrac{2\cdot 2^8}{2^{16}}=2^{-7}$。比如参数 12.78，其量化值为 $[12.78/\ 2^{-7}\ ]_R=1636$，对应 16 bit 二进制编码 $(0000011001100100)_2$。该二进制编码代表的十进制数是 $1636\times 2^{-7}=12.78125$。可以根据数据动态范围及精度的需要选择合适的整数位数和小数位数，对系统参数进行量化编码。

为了提高小数的表示精度，可以用小数点位置不固定的浮点数来表示小数。关于浮点数的表示方法和运算方法，请读者查阅相关文献。

1.3.3　将数字信号转换为模拟信号

1. 模拟信号的理想重建

式(1-3-9)～式(1-3-11)表明采样信号经过频域滤波可以恢复得到原模拟信号。本小节从时域角度来讨论如何恢复模拟信号。

理想低通滤波器的单位冲击响应为

$$g(t)=\mathrm{IFT}[G(\mathrm{j}\Omega)]=\frac{1}{2\pi}\int_{-\frac{\pi}{T}}^{\frac{\pi}{T}} T\mathrm{e}^{\mathrm{j}\Omega t}\,\mathrm{d}\Omega=\frac{\sin(\pi t/T)}{\pi t/T} \tag{1-3-14}$$

式(1-3-14)中的 $\dfrac{\pi}{T}$ 就是低通滤波器的截止角频率，对应的频率为 $\dfrac{f_s}{2}$。频域相乘等价于时域卷积，理想滤波器输出可表示为

$$y_a(t)=\hat{x}_a(t)*g(t)=\int_{-\infty}^{+\infty}\hat{x}_a(\tau)g(t-\tau)\mathrm{d}\tau$$

将 $\hat{x}_a(t)=\sum\limits_{n=-\infty}^{+\infty}x_a(nT)\delta(t-nT)$ 代入，得

$$\begin{aligned}y_a(t)&=\int_{-\infty}^{+\infty}\sum_{n=-\infty}^{+\infty}x_a(nT)\delta(\tau-nT)g(t-\tau)\mathrm{d}\tau\\&=\sum_{n=-\infty}^{+\infty}\int_{-\infty}^{+\infty}x_a(nT)\delta(\tau-nT)g(t-\tau)\mathrm{d}\tau\\&=\sum_{n=-\infty}^{+\infty}x_a(nT)g(t-nT)\end{aligned}$$

将式(1-3-14)代入上式，有

$$y_a(t)=\sum_{n=-\infty}^{+\infty}x_a(nT)\frac{\sin[\pi(t-nT)/T]}{\pi(t-nT)/T} \tag{1-3-15}$$

式(1-3-15)称为内插公式，$g(t-nT)$ 称为内插函数。式(1-3-15)表示，离散的采样值 $x_a(nT)$ 经过连续函数 $g(t-nT)$ 进行内插，得到连续信号 $y_a(t)$。离散的序列值能

转换为连续信号 $y_a(t)$，是因为 $g(t-nT)$ 是连续函数。

$g(t)$ 的波形如图 1-3-5 所示，$g(0)=1$ 为唯一最大值点，$g(nT)\,|_{n\neq 0}=0$。$g(t-nT)$ 的最大值点在 $t=nT$ 处，零点在 $t=\cdots,(n-2)T,(n-1)T,(n+1)T,(n+2)T,\cdots$ 处。

根据式(1-3-15)，$y_a(t)$ 在 $t=nT$ 处的值为

$$y_a(nT)=\sum_{n=-\infty}^{+\infty} x_a(nT)\frac{\sin[\pi(t-nT)/T]}{\pi(t-nT)/T}\bigg|_{t=nT}=\sum_{n=-\infty}^{+\infty} x_a(nT)\delta(t-nT) \qquad (1-3-16)$$

也就是说，在 $t=nT$ 处，$y_a(t)$ 等于采样点值 $x_a(nT)$。$y_a(t)$ 在非采样点处的值是由 $g(t)$ 的全部移位加权再求和得到，$g(t-nT)$ 的权值为 $x_a(nT)$。时域内插重建模拟信号如图 1-3-6 所示。

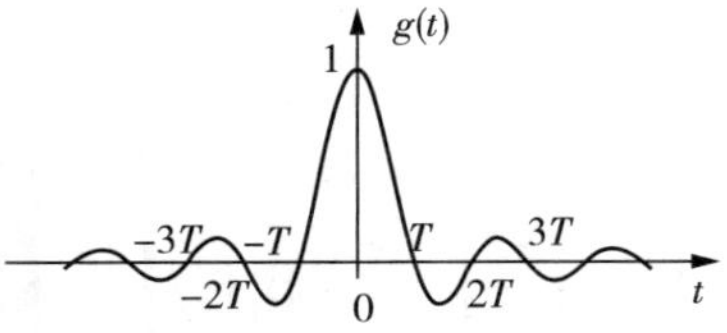

图 1-3-5　$g(t)$ 的波形

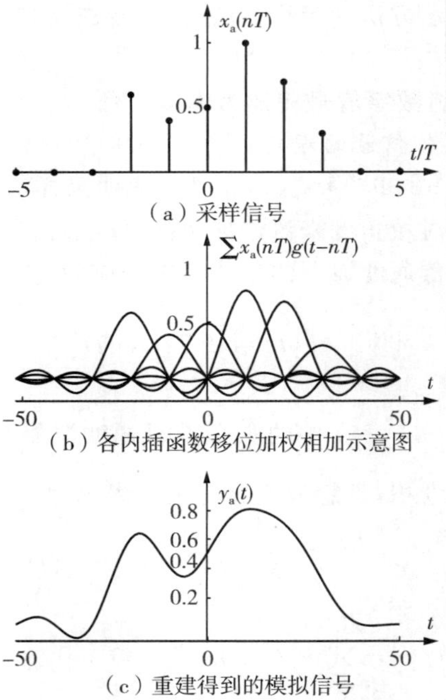

图 1-3-6　时域内插重建模拟信号

2. 模拟信号的实际重建

实际应用中用数模转换器(D/AC)完成模拟信号的重建。D/AC 一般包括解码器、零阶保持器和平滑滤波器 3 个部分。解码器就是将二进制编码序列值 $x(n)$ 转换为信号的幅度值 $x_a(nT)$，零阶保持器就是将 $x_a(nT)$ 转换成连续信号 $x'_a(t)$，转换方式如下：

$$x'_a(t)=x_a(nT),\ nT\leqslant t<(n+1)T \qquad (1-3-17)$$

零阶保持器重建信号如图 1-3-7 所示。从图 1-3-7(c) 可见，$x'_a(t)$ 中含有较多的高频分量，因此要用低通滤波器对 $x'_a(t)$ 进行平滑滤波得到 $x_a(t)$。

下面分析零阶保持器的频率特性，以便理解 $x'_a(t)$ 为什么会含有较多的高频分量。根据图 1-3-7(b)，零阶保持器的傅里叶变换为

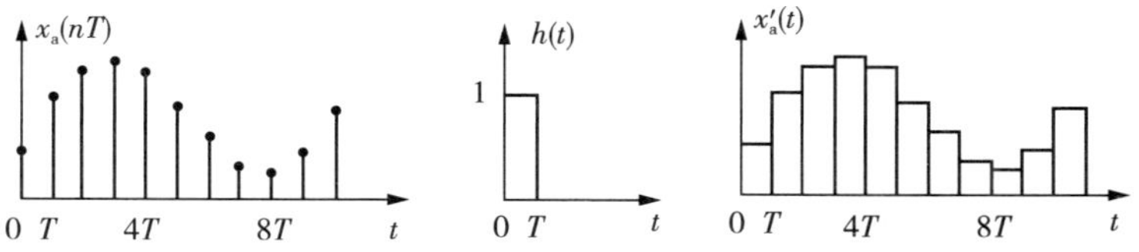

（a）时域离散信号　（b）保持器冲击响应　（c）保持器输出

图 1-3-7　零阶保持器重建信号

$$H(\mathrm{j}\Omega)=\int_{-\infty}^{+\infty}h(t)\mathrm{e}^{-\mathrm{j}\Omega t}\mathrm{d}t=\int_{0}^{T}\mathrm{e}^{-\mathrm{j}\Omega t}\mathrm{d}t=T\frac{\sin(\Omega T/2)}{\Omega T/2}\mathrm{e}^{-\frac{\mathrm{j}\Omega T}{2}} \tag{1-3-18}$$

零阶保持器的幅频特性 $|H(\mathrm{j}\Omega)|$ 和相频特性 $\arg[H(\mathrm{j}\Omega)]$ 如图 1-3-8 所示。从图 1-3-8(a) 可见，$|H(\mathrm{j}\Omega)|$ 在 $\left[-\frac{\pi}{T},\frac{\pi}{T}\right]$ 之外存在幅度较大的高频分量，也就是说零阶保持器虽然具有低通特性，但是阻带衰减不足，导致输出信号中存在较多高频分量。因此需要平滑滤波器进行低通滤波，衰减 $|\Omega|>\frac{\pi}{T}$ 的高频分量。显然，该平滑滤波器是模拟低通滤波器。

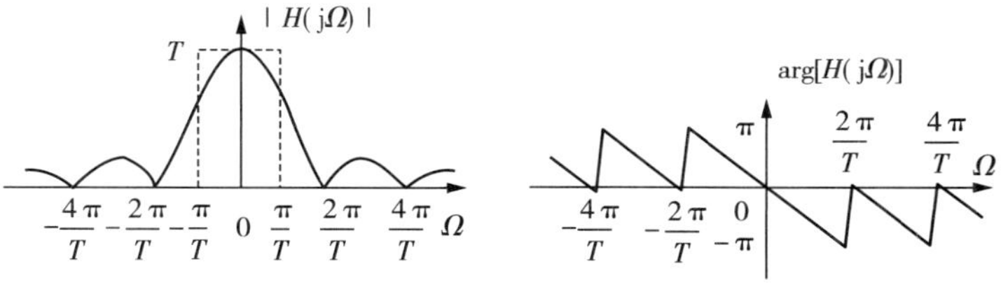

（a）幅频特性 $|H(\mathrm{j}\Omega)|$　（b）相频特性 $\arg[H(\mathrm{j}\Omega)]$

图 1-3-8　零阶保持器的幅频特性和相频特性

1.3.4　带通信号的采样和重建

在无线传输过程中，将基带信号调制在载波上进行传输，已调信号的频谱集中在载波频率附近的某个频段，因此已调信号是一种带通信号。假设带通信号通带为 $[f_L,f_H]$，按照低通信号进行采样，可取 $f_s>2f_H$。由于带通信号的 f_H 较高，因此 f_s 偏高，增加了采样电路的成本，并且采样得到的数据量大。在保证采样信号的频谱不混叠前提下，是否可以降低 f_s 呢？带通信号采样定理回答了这个问题。

带通信号时域采样定理：一个频带限制在 $[f_L,f_H]$ 内的带通模拟信号 $x_a(t)$，信号带宽 $B=f_H-f_L$，M 为 $\frac{f_H}{B}$ 下取整得到的整数，即 $M=\left\lceil\frac{f_H}{B}\right\rceil$。如果采样频率 f_s 满足条件：

$$\frac{2f_H}{m+1}\leqslant f_s\leqslant\frac{2f_L}{m},0\leqslant m\leqslant M-1 \tag{1-3-19}$$

则可以由采样信号无失真地重建原模拟带通信号。

进一步有如下推论：

(1) 若 f_H 为带宽的整数倍，即 $f_H = MB$ 时，最低采样频率 $f_{s\_min} = 2B$。

(2) 若 f_H 不为带宽的整数倍，即 $f_H = MB + kB$，且 $0 < k < 1$ 时，最低采样频率 $f_{s\_min} \approx 2B$。

时域采样引起频域周期延拓，要想利用采样信号无失真恢复 $x_a(t)$，就要求频域周期延拓时不发生频谱混叠。下面以频谱周期延拓不混叠为目标来推导带通信号采样频率的取值范围。

带通信号频谱如图 1-3-9(a) 所示，有 $[-f_H, -f_L]$ 和 $[f_L, f_H]$ 两个频带。采样信号 $\hat{x}(t)$ 的频谱 $\hat{X}(\mathrm{j}f)$ 就是这两个频带内的频谱 $X(\mathrm{j}f)$ 以 f_s 为周期进行周期延拓得到的，带通采样信号频谱如图 1-3-9(b) 所示。

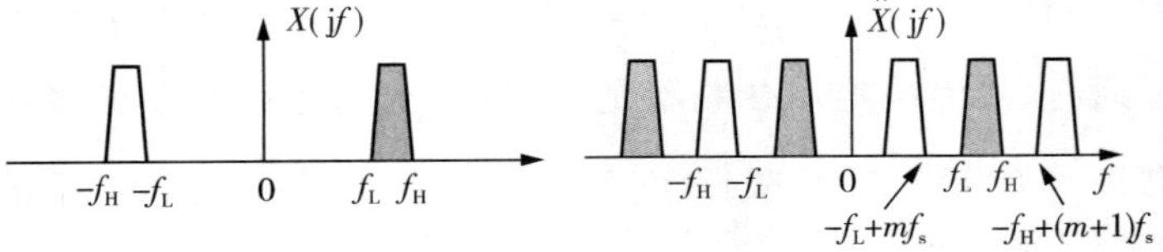

(a) 带通信号频谱　　(b) 带通采样信号频谱

图 1-3-9　带通采样信号频谱的周期延拓

从图 1-3-9 可见，频带 $[-f_H, -f_L]$ 第 m 次右移和第 $m+1$ 次右移分别产生频带 $[-f_H + mf_s, -f_L + mf_s]$ 和频带 $[-f_H + (m+1)f_s, -f_L + (m+1)f_s]$，要想这两个频带不与频带 $[f_L, f_H]$ 混叠，须满足 $-f_H + (m+1)f_s \geqslant f_H$，$-f_L + mf_s \leqslant f_L$，即

$$(m+1)f_s \geqslant 2f_H \tag{1-3-20}$$

$$mf_s \leqslant 2f_L \tag{1-3-21}$$

上面两式相减得 $f_s \geqslant 2(f_H - f_L)$，即

$$f_s \geqslant 2B \tag{1-3-22}$$

整理、合并式(1-3-20) 和式(1-3-21)，有

$$\frac{2f_H}{m+1} \leqslant f_s \leqslant \frac{2f_L}{m} \tag{1-3-23}$$

式(1-3-23) 表明 f_s 并不能取大于 $2B$ 的任意频率，而是要在若干频率区间内取值，频率区间由 f_L、f_H 和 m 决定。m 如何取值呢？

假设 $f_L = 0$，下边带 $[-f_H, -f_L]$ 无须移动就与上边带 $[f_L, f_H]$ 邻接了，所以 m 最小取 0，此时 $f_s \geqslant 2f_H$，就是按低通信号采样定理确定采样频率。

m 最大取多少呢？根据式(1-3-21) 有 $m \leqslant \frac{2f_L}{f_s}$，而 $f_s \geqslant 2B$，所以有

$$m \leqslant \frac{2f_L}{2B} = \frac{f_L}{B} = \frac{f_H - B}{B} = \frac{f_H}{B} - 1$$

移位次数 m 只能取整数，所以 $m \leqslant \left\lceil \frac{f_H}{B} \right\rceil - 1 = M - 1$。

可见，m 最小取 0、最大取 $M-1$ 时，式(1-3-23)成立。

当 $f_H = MB$ 时，将 $m = M-1$ 代入式(1-3-23)，有

$$\frac{2f_H}{M} = 2B \leqslant f_s \leqslant \frac{2f_L}{M-1} = 2B$$

即 $2B \leqslant f_s \leqslant 2B$，得到推论(1)：最低采样频率 $f_{s\_min} = 2B$。

工程应用中，更常见的情况是 $f_H = MB + kB$，此时可以稍微减小 f_L，使得 $f_H = MB'$，显然 B' 略大于 B，从而得到推论(2)：$f_{s\_min} = 2B' \approx 2B$。

由于 $\frac{2f_H}{m+1} < \frac{2f_H}{m+0.5}$，$\frac{2f_L}{m+0.5} < \frac{2f_L}{m}$，采样频率 f_s 可以取 $\frac{2f_H}{m+0.5}$ 和 $\frac{2f_L}{m+0.5}$ 的均值：

$$f_s = \frac{1}{2}\left(\frac{2f_H}{m+0.5} + \frac{2f_L}{m+0.5}\right) = \frac{2f_H}{2m+1} + \frac{2f_L}{2m+1} = \frac{2(f_H + f_L)}{2m+1}$$

设 $f_0 = \frac{1}{2}(f_H + f_L)$ 为通带中心频率，则有

$$f_s = \frac{4f_0}{2m+1}, 0 \leqslant m \leqslant M-1 \tag{1-3-24}$$

在雷达和通信接收系统中，常采用上述采样频率进行采样接收，交替得到信号的同相分量和正交分量。

【例 1-3-1】 非载波抑制调幅信号为

$$y(t) = 0.5\cos[2\pi(f_0 - f_1)t] + \cos(2\pi f_0 t) + 0.5\cos[2\pi(f_0 + f_1)t]$$

其中，载波频率 $f_0 = 102.5$ kHz，基带信号频率 $f_1 = 2.5$ kHz，请用低通信号采样及带通信号采样两种方法分析调幅信号的频谱，并编写 MATLAB 程序绘出幅频特性。

解：低通采样信号频率为 $f_{s1} > 2(f_0 + f_1)$。带通信号带宽 $B = 2f_1$，恰好满足 $\frac{f_0 + f_1}{B}$ 为整数，因此带通采样频率取 $f_{s2} > 2B = 4f_1$。需要注意，$(f_0 + f_1)$ 不是截止频率，因此两个采样频率都要略大于计算值。相关 MATLAB 程序如下：

```
clear all;close all;
f1 = 2.5e3;  % 基频
f0 = 102.5e3;  % 载频
N = 1024;  n = 0:1023;
fs1 = 2*(f1 + f0 + 2000);
fs2 = 2*(2*f1) + 15; % 带通采样频率
xt = 0.5*cos(2*pi*(f0 - f1)*n/fs1) + cos(2*pi*f0*n/fs1) + 0.5*cos(2*pi*(f0
+ f1)*n/fs1);
XTW = abs(fft(xt)); % 低通采样信号的傅里叶变换
xn = 0.5*cos(2*pi*(f0 - f1)*n/fs2) + cos(2*pi*f0*n/fs2) + 0.5*cos(2*pi*(f0
```

```
+ f1) * n/fs2);
    XNW = abs(fft(xn)); % 带通采样信号的傅里叶变换
    f = n/N * fs1/1000;
    subplot(1,2,1);plot(f,XTW,' - k');xlabel(' f/kHz ');
    axis([0.3 * fs1/1000,0.5 * fs1/1000,0,1.2 * max(XTW)]);
    subplot(1,2,2);f = n/N * fs2/1000;plot(f,XNW,' - k');
    xlabel(' f/kHz ');axis([0,0.5 * fs2/1000,0,1.2 * max(XNW)]);
```

低通采样信号的频谱和带通采样信号的频谱如图 1-3-10 所示。可见，带通采样信号的带宽远小于低通采样信号的带宽。

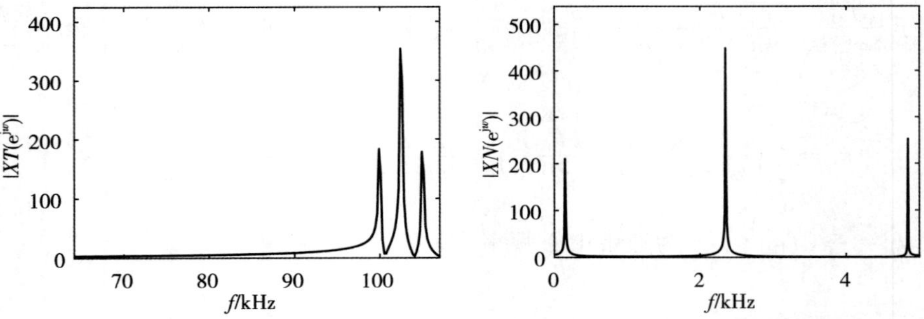

（a）低通采样信号的频谱　　（b）带通采样信号的频谱

图 1-3-10　低通采样信号的频谱和带通采样信号的频谱

可以从带通采样信号重建出原带通信号，重建方法有频域重建和时域重建。频域重建就是将采样信号 $\hat{x}_a(t)$ 的傅里叶变换 $X(j\Omega)$ 乘以理想带通滤波器频率特性函数 $H(j\Omega)$，再进行反变换得到原带通信号：

$$y_a(t)=\mathrm{IFT}[\hat{X}(j\Omega)\cdot H(j\Omega)] \tag{1-3-25}$$

其中

$$H(j\Omega)=\begin{cases}T, \Omega_L\leqslant|\Omega|\leqslant\Omega_H\\0, 其他\end{cases} \tag{1-3-26}$$

当 f_H 为带宽 B 的整数倍时，可取 $f_s=2B$ 对带通信号进行采样，此时带通采样信号的时域重建公式如下：

$$y_a(t)=\sum_{n=-\infty}^{+\infty}x_a(nT)\frac{\sin\left[\frac{\pi}{2T}(t-nT)\right]}{\frac{\pi}{2T}(t-nT)}\cos[2\pi f_0(t-nT)] \tag{1-3-27}$$

式(1-3-27)中，T 为采样间隔，$T=\frac{1}{2B}$，f_0 为信号的通带中心频率，$f_0=\frac{f_L+f_H}{2}$。式(1-3-27)的推导过程较为繁杂，下面仅解释其物理意义。式(1-3-27)可以改写为

$$y_a(t)=\sum_{n=-\infty}^{+\infty}x_a(nT)g(t-nT) \tag{1-3-28}$$

其中

$$g(t)=g_1(t)\cdot g_2(t),g_1(t)=\frac{\sin(\pi t/2T)}{\pi t/2T},g_2(t)=\cos(2\pi f_0t)$$

根据式(1-3-14)可知，$g_1(t)$ 对应通带为 $\left[-\frac{\pi}{2T},\frac{\pi}{2T}\right]$ 的理想低通滤波器，记为 $G_1(\mathrm{j}\Omega)$。因为 $T=\frac{1}{f_s}$，$f_s=2B$，所以 $G_1(\mathrm{j}\Omega)$ 通带为 $\left[-\frac{B}{2},\frac{B}{2}\right]$。根据傅里叶变换的性质，得

$$G(\mathrm{j}\Omega)=\mathrm{FT}[g(t)]=\frac{1}{2}[G_1(\mathrm{j}\Omega-\mathrm{j}2\pi f_0)+G_1(\mathrm{j}\Omega+\mathrm{j}2\pi f_0)] \tag{1-3-29}$$

可见 $G(\mathrm{j}\Omega)$ 是通带分别为 $\left[f_0-\frac{B}{2},f_0+\frac{B}{2}\right]$ 和 $\left[-f_0-\frac{B}{2},-f_0+\frac{B}{2}\right]$ 的带通滤波器。在采样未发生频域混叠的情况下，该带通滤波器恰好将原带通信号的频谱保留下来，从而重建出原带通信号。

1.3.5　解析信号的采样与重建

上面对低通和带通信号的采样都假设信号是实信号，而实信号的频谱是关于 $f=0$ 共轭对称的，对实信号采样时要考虑正、负频谱之间的混叠问题。如果能消除负频率区间 $[-f_H,-f_L]$ 上的频谱，那么采样时只要正频率区间 $[f_L,f_H]$ 上的频谱与其左移 f_s 的频谱和右移 f_s 的频谱不发生混叠即可，即

$$f_L+f_s\geqslant f_H \tag{1-3-30}$$

$$f_H-f_s\leqslant f_L \tag{1-3-31}$$

从式(1-3-30)与式(1-3-31)都可以推导出

$$f_s\geqslant f_H-f_L=B \tag{1-3-32}$$

由(1-3-32)可知，消除负频率区间 $[-f_H,-f_L]$ 上的频谱后，采样频率可以降低一半。

实信号的频谱一般是共轭对称的，含有负频率部分。对于实信号，可以用希尔伯特变换构造其解析信号，从而消除负频率部分。实信号 $x(t)$ 的解析信号记为 $z(t)$，表示如下：

$$z(t)=x(t)+\mathrm{j}\hat{x}(t) \tag{1-3-33}$$

其中，$\hat{x}(t)$ 是 $x(t)$ 经过希尔伯特变换得到的。希尔伯特变换定义如下：

$$\hat{x}(t)=x(t)*\frac{1}{\pi t}=\frac{1}{\pi}\int_{-\infty}^{+\infty}\frac{x(\tau)}{t-\tau}\mathrm{d}\tau=\frac{1}{\pi}\int_{-\infty}^{+\infty}\frac{x(t-\tau)}{\tau}\mathrm{d}\tau \tag{1-3-34}$$

式(1-3-34)中的$\frac{1}{\pi t}$称为希尔伯特变换器。解析信号的一个熟悉例子是$e^{j\Omega t}=\cos\Omega t+j\sin\Omega t$。

根据傅里叶变换,得到希尔伯特变换器的频率特性如下:

$$H(j\Omega)=FT\left[\frac{1}{\pi t}\right]=\begin{cases}-j,\Omega\geqslant 0\\ j,\quad \Omega<0\end{cases} \tag{1-3-35}$$

对式(1-3-33)进行傅里叶变换,得

$$Z(j\Omega)=X(j\Omega)+jX(j\Omega)H(j\Omega)=\begin{cases}2X(j\Omega),\Omega\geqslant 0\\ 0,\quad \Omega<0\end{cases} \tag{1-3-36}$$

式(1-3-36)表明解析信号只包含原信号的正频率部分,可以根据式(1-3-32)对解析信号进行采样。

解析采样信号的重建过程与带通采样信号类似,其频域重建公式为

$$y_a(t)=IFT[Z(j\Omega)\cdot G(j\Omega)] \tag{1-3-37}$$

$$G(j\Omega)=\begin{cases}T,\Omega_L\leqslant\Omega\leqslant\Omega_H\\ 0,\text{其他}\end{cases} \tag{1-3-38}$$

当$\Omega_L=0$时,式(1-3-38)实现低通解析信号的重建;当$\Omega_L>0$时,式(1-3-38)实现带通解析信号的重建。

假设$x(t)$是带通信号,频带为$[-f_L-B,-f_L]$,$[f_L,f_L+B]$,其解析信号$z(t)$的频带为$[f_L,f_L+B]$,设采样频率$f_s\geqslant B$,带通解析采样信号的时域重建公式为

$$y_a(t)=\sum_{n=-\infty}^{+\infty}z(nT)\frac{\sin[\pi(t-nT)/T]}{\pi(t-nT)/T}e^{j2\pi\left(f_L+\frac{f_s}{2}\right)(t-nT)} \tag{1-3-39}$$

式(1-3-39)中,T为采样间隔。与式(1-3-27)类似,式(1-3-39)可以解释如下:

$$y_a(t)=\sum_{n=-\infty}^{+\infty}z(nT)g(t-nT) \tag{1-3-40}$$

其中

$$g(t)=g_1(t)\cdot g_2(t),g_1(t)=\frac{\sin(\pi t/T)}{\pi t/T},g_2(t)=e^{j2\pi\left(f_L+\frac{f_s}{2}\right)t}$$

$g_1(t)$是通带为$\left[-\frac{f_s}{2},\frac{f_s}{2}\right]$的理想低通滤波器。根据傅里叶变换的频移性质,有

$$G(j\Omega)=FT[g(t)]=G_1\left[j\Omega-j2\pi\left(f_L+\frac{f_s}{2}\right)\right] \tag{1-3-41}$$

可见$G_1(j\Omega)$ 右移 $2\pi\left(f_L+\frac{f_s}{2}\right)$ 得到 $G(j\Omega)$，$G(j\Omega)$ 是通带为$[f_L, f_L+f_s]$的带通滤波器。$z(t)$ 频带为$[f_L, f_L+B]$，$z(nT)$ 的频谱是 $z(t)$ 频谱的周期延拓。因为 $f_s \geqslant B$，频带$[f_L, f_L+f_s]$内无混叠，因此 $G(j\Omega)$ 能从 $z(nT)$ 重建带通解析信号 $z(t)$ 的频谱，从而有 $y_a(t)=z(t)$。

令 $f_L=0$，式(1-3-39) 就转换为低通解析抽样信号的重建公式：

$$y_a(t)=\sum_{n=-\infty}^{+\infty} z(nT)\frac{\sin[\pi(t-nT)/T]}{\pi(t-nT)/T}e^{j2\pi\left(\frac{f_s}{2}\right)(t-nT)} \tag{1-3-42}$$

1.3.6　频谱稀疏信号的欠采样与重建

一般称采样频率大于奈奎斯特采样频率的采样为过采样。而某些情况下，采样频率可取带宽的十分之一，甚至更低，这种情况称为欠采样。欠采样减小了数据量，对数据存储、传输和处理的要求大大降低，但是不可避免地造成了信号频谱的混叠。如果原模拟信号的频谱是稀疏的，则可以利用混叠频谱来基本恢复原信号频谱，下面讨论频谱的恢复方法。

根据式(1-3-6)，过采样信号的频谱为

$$\hat{X}_a(j\Omega)=\frac{1}{T}\sum_{k=-\infty}^{+\infty} X_a(j\Omega-jk\Omega_s) \tag{1-3-43}$$

式(1-3-43) 中，$X_a(j\Omega)$ 为原模拟信号 $x_a(t)$ 的傅里叶变换，Ω_s 为采样角频率，采样间隔 $T=\frac{2\pi}{\Omega_s}$。

设欠采样角频率为$\frac{\Omega_s}{D}$，欠采样信号的频谱为

$$\hat{X}_d(j\Omega)=\frac{1}{DT}\sum_{k=-\infty}^{+\infty} X_a\left(j\Omega-\frac{jk\Omega_s}{D}\right) \tag{1-3-44}$$

令 $k=m+rD$，式(1-3-44) 改写如下：

$$\hat{X}_d(j\Omega)=\frac{1}{D}\sum_{m=0}^{D-1}\frac{1}{T}\sum_{r=-\infty}^{+\infty} X_a\left(j\Omega-\frac{jm\Omega_s}{D}-jr\Omega_s\right) \tag{1-3-45}$$

用$\left(\Omega-\frac{m\Omega_s}{D}\right)$代替式(1-3-43) 中的 Ω，得到

$$\hat{X}_a(j\Omega-jm\Omega_s/D)=\frac{1}{T}\sum_{r=-\infty}^{+\infty} X_a\left(j\Omega-\frac{jm\Omega_s}{D}-jr\Omega_s\right) \tag{1-3-46}$$

对比式(1-3-45) 和式(1-3-46)，得到

$$\hat{X}_d(j\Omega)=\frac{1}{D}\sum_{m=0}^{D-1}\hat{X}_a\left(j\Omega-\frac{jm\Omega_s}{D}\right) \tag{1-3-47}$$

式(1-3-47)表明,欠采样信号频谱$\hat{X}_{\mathrm{d}}(\mathrm{j}\Omega)$是过采样信号频谱$\hat{X}_{\mathrm{a}}(\mathrm{j}\Omega)$经过$D$次频域移位和相加得到的,移位间隔为$\frac{\Omega_{\mathrm{s}}}{D}$。

在欠采样系统中,$\hat{X}_{\mathrm{d}}(\mathrm{j}\Omega)$是已知的,如何利用$\hat{X}_{\mathrm{d}}(\mathrm{j}\Omega)$来恢复$\hat{X}_{\mathrm{a}}(\mathrm{j}\Omega)$呢?在频谱稀疏条件下,可以用 BigBand 算法来恢复模拟信号的频谱。其思想是对模拟信号进行多路欠采样,用FFT得到各路欠采样信号的频谱$\hat{X}_{\mathrm{d}}(\mathrm{j}\Omega)$,代入式(1-3-47)构成方程组,通过最小二乘法解出过采样信号的频谱$\hat{X}_{\mathrm{a}}(\mathrm{j}\Omega)$。下面简要介绍该算法原理。

设有C段过采样信号和C段欠采样信号,过采样信号长度为N点,欠采样信号长度为$\frac{N}{D}$点。各段过采样延时$\tau_{\mathrm{s}}=s\cdot\tau, s=0,1,\cdots,C-1$。第$s$段过采样信号的DFT简记为$X_k^{\tau_s}, k=0\sim N-1$。第$s$段欠采样信号的DFT简记为$\hat{X}_i^{\tau_s}, i=0\sim\frac{N}{D}-1$,$i$对应频率$i\cdot\frac{f_{\mathrm{s}}}{N}$。根据式(1-3-47),欠采样频谱$\hat{X}_i^{\tau_s}$由过采样频谱$X_k^{\tau_s}$经过$D$次移位、相加得到,移位间隔为$\frac{N}{D}$,即

$$\hat{X}_i^{\tau_s}=\frac{1}{D}\sum_{m=0}^{D-1}X^{\tau_s}_{\left(i+m\left(\frac{N}{D}\right)\right)\frac{f_s}{N}}=\frac{1}{D}\sum_{m=0}^{D-1}X^{\tau_s}_{f_{i,m}} \tag{1-3-48}$$

$\hat{X}_i^{\tau_s}$称为信号桶,$f_{i,m}=\left[i+m\left(\frac{N}{D}\right)\right]\frac{f_{\mathrm{s}}}{N}, i=0\sim\frac{N}{D}-1, m=0\sim D-1$。式(1-3-48)表明,信号桶$i$的值$\hat{X}_i^{\tau_s}$是由$D$个过采样频谱值混叠得到的,$D$个过采样频谱值的频率为$f_{i,m}, m=0\sim D-1$。

设过采样信号中频率$f_{i,m}$对应的频谱为$X_{f_{i,m}}$,延时τ采样的频谱值用$X^{\tau}_{f_{i,m}}$表示,则有

$$X^{\tau}_{f_{i,m}}=X_{f_{i,m}}\mathrm{e}^{\mathrm{j}2\pi\tau f_{i,m}} \tag{1-3-49}$$

利用式(1-3-49),将式(1-3-48)改写为

$$\hat{X}_i^{\tau_s}=\frac{1}{D}\sum_{m=0}^{D-1}\mathrm{e}^{\mathrm{j}2\pi\tau_s f_{i,m}}X_{f_{i,m}} \tag{1-3-50}$$

令$\omega_m^s=\mathrm{e}^{\mathrm{j}2\pi\tau_s f_{i,m}}$,由式(1-3-50)可以列出如下方程组:

$$\begin{bmatrix}\hat{X}_i^{\tau_0}\\ \hat{X}_i^{\tau_1}\\ \vdots\\ \hat{X}_i^{\tau_{C-1}}\end{bmatrix}=\frac{1}{D}\begin{bmatrix}1 & \cdots & 1\\ \omega_0^1 & \cdots & \omega_{D-1}^1\\ \vdots & & \vdots\\ \omega_0^{C-1} & \cdots & \omega_{D-1}^{C-1}\end{bmatrix}\begin{bmatrix}X_{f_{i,0}}\\ X_{f_{i,1}}\\ \vdots\\ X_{f_{i,D-1}}\end{bmatrix} \tag{1-3-51}$$

对于某个确定的i,式(1-3-51)中$\hat{X}_i^{\tau_s}$全部已知,ω_m^s也是已知的。要根据C个方程解

出 D 个未知数 $X_{f_{i,m}}$。因为 C 小于 D，因此该方程有无穷多解，可以用最小二乘法求出最优解 $X_{f_{i,m}}$。i 的取值为 $0\sim\frac{N}{D}-1$，式(1-3-51)所示的方程组有$\frac{N}{D}$个，算法运算量较大。

习　题

1. 已知 $x(n)=nR_6(n)$，请完成以下各题：

(1) 用集合法表示 $x(n)$，画出 $x(n)$ 的波形，并用 $\delta(n)$ 来表示 $x(n)$；

(2) 画出 $y_1(n)=x(n-2)$ 的波形；

(3) 画出 $y_2(n)=x(n+2)$ 的波形；

(4) 画出 $y_3(n)=2x(2n-2)$ 的波形；

(5) 画出 $y_4(n)=x(2-n)$ 的波形；

(6) 求 $x(n)$ 的前向差分序列和后向差分序列。

2. 判断下面的序列是否是周期序列，若是周期序列，求其周期。

(1) $x(n)=\cos\frac{\pi}{5}n$；　　(2) $x(n)=e^{j\frac{\pi}{8}n}$；

(3) $x(n)=\sin\frac{n}{8}$；　　(4) $x(n)=\cos\frac{\pi}{5}n+\sin\frac{\pi}{8}n$。

3. 请判断下述各差分方程所描述的系统是否是线性时不变系统。

(1) $y(n)=x(n)+2$；　　(2) $y(n)=\cos\left(\frac{\pi}{8}n\right)x(n)$；

(3) $y(n)=x^2(n)$；　　(4) $y(n)=x(-n)$；

(5) $y(n)=x(n^2)$；　　(6) $y(n)=\sum\limits_{m=0}^{n}x(m)$。

4. 分析下述各差分方程所表示系统的因果性和稳定性。

(1) $y(n)=\frac{1}{8}\sum\limits_{i=0}^{7}x(n-i)$；　　(2) $y(n)=\frac{1}{2M}\sum\limits_{i=-M}^{M-1}x(n-i)$；

(3) $y(n)=e^{x(n)}$；　　(4) $y(n)=x(mn)$，m 为整常数；

(5) $y(n)=\sum\limits_{i=0}^{N-1}a^i x(n-i)$，$|a|<1$；

(6) $y(n)=b_0x(n)+b_1x(n-1)+a_1y(n-1)$，$y(-1)=1$。

5. 已知 $x(n)=\{1,1,\underline{1},1,1,1,1,1,1\}$，$h(n)=\{4,\underline{3},2,1\}$，集合中带下标的序列值对应 $n=0$。请分别用解析法、竖式乘法、作图法和列表法计算二者的线性卷积。

6. 已知 $x(n)=\{1,1,\underline{1},1,1,1,1,1,1\}$，$y(n)=\{4,\underline{3},2,1\}$，集合中带下标的序列值对应 $n=0$。请计算二者的互相关函数$r_{xy}(n)$。

7. 已知 $x(n)=\sin(\omega n)$，求 $x(n)$ 的自相关函数。

8. 证明线性卷积运算满足交换律、结合律和分配律。

9. 某系统由下面的差分方程描述：

$$y(n)=x(n)+\frac{1}{2}x(n-1)+\frac{1}{2}y(n-1)$$

(1) 假设系统是因果的，即 $y(-1)=0$，利用递推法求系统的单位脉冲响应，并分析系统是否是线性系统；

(2) $y(-1)=1$，利用递推法求系统的单位脉冲响应，并分析系统是否是线性系统。

10. 连续信号 $x_a(t)=\cos(2\pi f t+\varphi)$，其中，$f=20$ Hz，$\varphi=\frac{\pi}{2}$。

(1) 求出 $x_a(t)$ 的周期及其傅里叶变换；

(2) 对 $x_a(t)$ 进行采样，采样频率为 100 Hz，试写出采样信号 $\hat{x}_a(t)$ 的表达式，并求出 $\hat{x}_a(t)$ 的傅里叶变换；

(3) 写出序列 $x(n)$ 的表达式，并求出 $x(n)$ 的周期。

11. 已知 $x(n)=\sin\left(\frac{\pi}{16}n\right)+0.5v(n)$，$v(n)$ 是均值为 0、方差为 1 的高斯噪声，请用 MATLAB 的 xcorr 函数先求出 $r_x(n)$，再分析得到 $r_x(n)$ 的周期。

12. 连续信号 $x_a(t)=\cos(2\pi f_1 t)\cos(2\pi f_c t)$，其中，$f_1=1$ kHz，$f_c=1000$ kHz。

(1) 请根据带通信号采样定理的要求，对 $x_a(t)$ 进行采样，确定最低采样频率；

(2) 利用 MATLAB 编程画出采样信号 $\hat{x}_a(t)$ 的幅频特性图。

第 2 章　时域离散信号和系统的频域分析

对于模拟信号和系统,时域分析用连续时间函数来表示模拟信号、用微分方程描述模拟系统;频域分析则用连续信号傅里叶变换和拉普拉斯变换来分析信号和系统的特性。对于时域离散信号和系统,信号用时域离散信号表示,系统则用差分方程描述;在频域,则用时域离散信号的傅里叶变换或 Z 变换来表示、分析信号和系统的特性。

2.1　时域离散信号的傅里叶变换

时域离散信号傅里叶变换和模拟信号傅里叶变换的定义有较大差别,但二者本质上是相同的,都是线性变换,性质也是相同的,只是表述方式不同而已。

2.1.1　时域离散信号傅里叶变换的定义

序列 $x(n)$ 的傅里叶变换定义为

$$X(\mathrm{e}^{\mathrm{j}\omega})=\mathrm{FT}[x(n)]=\sum_{n=-\infty}^{+\infty}x(n)\mathrm{e}^{-\mathrm{j}\omega n} \tag{2-1-1}$$

为了和连续时间信号傅里叶变换 (Continue Time Fourier Transform,CTFT)区分,序列的傅里叶变换也称为离散时间傅里叶变换(Discrete Time Fourier Transform,DTFT)。式(2-1-1)中,ω 为数字域频率,单位是弧度(rad)。$\mathrm{FT}[x(n)]$ 存在的充分条件是 $x(n)$ 绝对可和,即 $x(n)$ 要满足:

$$\sum_{n=-\infty}^{+\infty}|x(n)|<+\infty \tag{2-1-2}$$

为了得到傅里叶反变换公式,对式(2-1-1)两边同乘以 $\mathrm{e}^{\mathrm{j}\omega n}$,并进行积分、整理:

$$\int_{-\pi}^{\pi}X(\mathrm{e}^{\mathrm{j}\omega})\mathrm{e}^{\mathrm{j}\omega n}\mathrm{d}\omega=\sum_{m=-\infty}^{+\infty}x(m)\int_{-\pi}^{\pi}\mathrm{e}^{\mathrm{j}\omega(n-m)}\mathrm{d}\omega$$

由于

$$\int_{-\pi}^{\pi}\mathrm{e}^{\mathrm{j}\omega(n-m)}\mathrm{d}\omega=\begin{cases}2\pi, m=n\\0,\ m\neq n\end{cases}$$

$$=2\pi\delta(m-n)$$

所以

$$\int_{-\pi}^{\pi} X(e^{j\omega})e^{j\omega n}d\omega = \sum_{m=-\infty}^{+\infty} x(m)2\pi\delta(m-n) = 2\pi x(n)$$

可得傅里叶反变换公式如下：

$$x(n) = \text{IFT}[X(e^{j\omega})] = \frac{1}{2\pi}\int_{-\pi}^{\pi} X(e^{j\omega})e^{j\omega n}d\omega \tag{2-1-3}$$

常用 $x(n)\leftrightarrow X(e^{j\omega})$ 表示为二者为一对傅里叶变换对。

式(2-1-2)是傅里叶变换存在的充分条件。周期序列不满足式(2-1-2)，不能按照式(2-1-1)来求它的傅里叶变换，可以引入冲激函数 $\delta(\omega)$ 来表示其傅里叶变换，这部分内容将在 2.2 节介绍。

$X(e^{j\omega})$ 一般为复数，可以写成如下形式：

$$X(e^{j\omega}) = |X(e^{j\omega})|e^{j\varphi(\omega)} \tag{2-1-4}$$

$$\varphi(\omega) = \arg[X(e^{j\omega})] = \arctan\frac{\text{Im}[X(e^{j\omega})]}{\text{Re}[X(e^{j\omega})]} \tag{2-1-5}$$

其中，$|X(e^{j\omega})|$ 称为幅频特性，$\varphi(\omega)$ 称为相频特性。Re[•]表示取复数的实部，Im[•]表示取复数的虚部。利用 $|X(e^{j\omega})|$ 和 $\varphi(\omega)$ 就能分析序列和系统的频域特性，以克服时域分析的不足。

【例 2-1-1】 求以下序列的傅里叶变换：(1) $x(n)=\delta(n)$；(2) $x(n)=R_N(n)$。

解：(1) 按照DTFT的定义，$X(e^{j\omega})=\text{FT}[\delta(n)]=\sum_{n=0}^{+\infty}\delta(n)e^{-j\omega n}=1$，即 $\delta(n)\leftrightarrow 1$。也就是说，$\delta(n)$ 的 DTFT 是常数 1，是整个频域上的均匀分布。

(2) 按照 DTFT 的定义得

$$X(e^{j\omega}) = \sum_{n=-\infty}^{+\infty} R_N(n)e^{-j\omega n} = \sum_{n=0}^{N-1} e^{-j\omega n}$$

$$= \frac{1-e^{-j\omega N}}{1-e^{-j\omega}} = \frac{e^{\frac{-j\omega N}{2}}\left(e^{\frac{j\omega N}{2}} - e^{\frac{-j\omega N}{2}}\right)}{e^{\frac{-j\omega}{2}}\left(e^{\frac{j\omega}{2}} - e^{\frac{-j\omega}{2}}\right)} = e^{\frac{-j(N-1)\omega}{2}}\frac{\sin\left(\frac{\omega N}{2}\right)}{\sin\left(\frac{\omega}{2}\right)} = |X(e^{j\omega})|e^{j\varphi(\omega)}$$

其中，$|X(e^{j\omega})| = \left|\frac{\sin\left(\frac{\omega N}{2}\right)}{\sin\left(\frac{\omega}{2}\right)}\right|$，$\varphi(\omega) = -\frac{(N-1)\omega}{2} + \arg\left[\frac{\sin\left(\frac{\omega N}{2}\right)}{\sin\left(\frac{\omega}{2}\right)}\right]$。

矩形窗的幅度特性和相位特性非常重要，在频谱分析、滤波器设计中都会用到矩形窗，读者要掌握其计算方法及特性。

矩形序列的幅频特性和相频特性如图 2-1-1 所示，不同长度矩形序列的频率特性基本相似。幅度谱的峰值点在 $\omega=0$ 处，峰值 $|X(e^{j0})|=N$。幅度谱的过零点在 $\omega_k=\frac{2\pi}{N}k$ 处，N 为奇数时，$k=\pm1,\pm2,\cdots,\pm\frac{N-1}{2}$；$N$ 为偶数时，$k=\pm1,\pm2,\cdots,\pm\frac{N}{2}$。其中，

$-\frac{2\pi}{N}$ 至 $\frac{2\pi}{N}$ 之间幅度谱称为主瓣，主瓣宽度为 $\frac{4\pi}{N}$，其他过零点之间的幅度谱统称为副瓣，最靠近主瓣的副瓣称为第一副瓣，其余副瓣依次称为第二副瓣、第三副瓣等。随着频率增大，副瓣幅度逐渐减小。序列长度 N 越大，则主瓣越窄，峰值 $|X(e^{j0})|$ 越大，能量更集中在低频部分。相频特性曲线是分段线性的。相频特性曲线的间断点频率与幅频特性曲线的过零点频率相同。

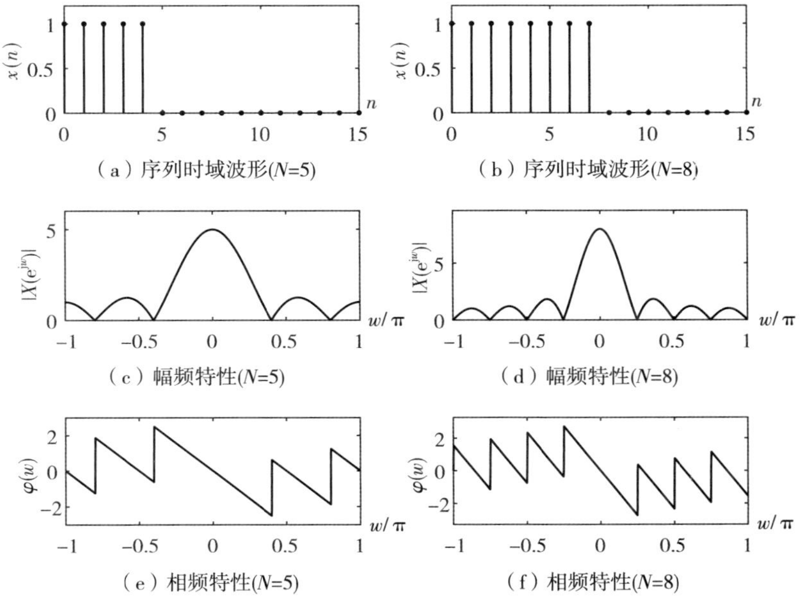

图 2-1-1　矩形序列的幅频特性和相频特性

2.1.2　离散信号傅里叶变换的性质

1. DTFT 的周期性

根据式(2-1-1)，有下式成立：

$$X(e^{j\omega})=\sum_{n=-\infty}^{+\infty}x(n)e^{-j\omega n}=\sum_{n=-\infty}^{+\infty}x(n)e^{-j(\omega+2\pi M)n}=X(e^{j(\omega+2\pi M)})\qquad(2-1-6)$$

式(2-1-6)中，M 为整数。可见，序列的傅里叶变换是 ω 的周期函数，周期为 2π，这一点不同于模拟信号的傅里叶变换。$|X(e^{j2M\pi})|$ 表示 $x(n)$ 的直流分量大小，离开这些频率点越远，频率越高，最高频率 $\omega=(2M+1)\pi$。直流序列和变化最快序列的时域波形如图 2-1-2 所示。

$\omega=2M\pi$ 时，$x(n)=1$，其序列值如图 2-1-2(a) 所示，它代表一个不随 n 变化的序列，即直流序列。当 $\omega=(2M+1)\pi$ 时，$x(n)=\cos(\pi n)$，其波形如图 2-1-2(b) 所示，它代表最高频率序列，是一种变化最快的正弦序列。由于 DTFT 的周期是 2π，一般只分析 $-\pi\sim\pi$ 或 $0\sim2\pi$ 范围内的频谱特性，$-\pi\sim\pi$ 或 $0\sim2\pi$ 范围内的最高频率就是 π。

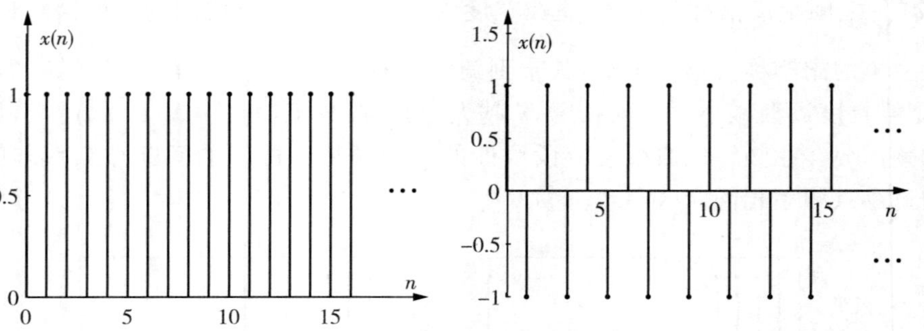

（a）直流序列（$\omega=2M\pi$） （b）变化最快的序列（$\omega=(2M+1)\pi$）

图 2-1-2 直流序列和变化最快序列的时域波形

2. DTFT 的线性性质

设 $X_1(e^{j\omega})=FT[x_1(n)]$，$X_2(e^{j\omega})=FT[x_2(n)]$，那么

$$FT[ax_1(n)+bx_2(n)]=aX_1(e^{j\omega})+bX_2(e^{j\omega}) \tag{2-1-7}$$

式(2-1-7)中，a、b 是任意常数。线性性质表明时域的线性组合对应于频域的线性组合，该性质方便了 DTFT 的应用。

3. 时移与频移性质

设 $X(e^{j\omega})=FT[x(n)]$，那么

$$FT[x(n-n_0)]=e^{-j\omega n_0}X(e^{j\omega})=|X(e^{j\omega})|e^{j[\varphi(w)-\omega n_0]} \tag{2-1-8}$$

$$FT[e^{j\omega_0 n}x(n)]=X(e^{j(\omega-\omega_0)}) \tag{2-1-9}$$

式(2-1-8)表明，时域的延时($n_0>0$)导致频域相位滞后(即相位减小 ωn_0)。式(2-1-9)表明，时域的复调制对应于频域的移位，即 $X(e^{j\omega})$ 整体右移了ω_0。

4. DTFT 的对称性

(1) 共轭对称与共轭反对称

设复序列 $x_e(n)$ 满足式(2-1-10)：

$$x_e(n)=x_e^*(-n) \tag{2-1-10}$$

则称 $x_e(n)$ 为共轭对称序列。复序列 $x_e(n)$ 可表示如下：

$$x_e(n)=x_{er}(n)+jx_{ei}(n)$$

将上式两边的 n 用 $-n$ 代替，并取共轭，得到：

$$x_e^*(-n)=x_{er}(-n)-jx_{ei}(-n)$$

对比上面两式，因左边相等，因此得到

$$x_{er}(n)=x_{er}(-n) \tag{2-1-11}$$

$$x_{ei}(n)=-x_{ei}(-n) \tag{2-1-12}$$

式(2-1-11)与式(2-1-12)表明共轭对称序列的实部是偶函数,虚部是奇函数。

定义满足式(2-1-13)的复序列为共轭反对称序列:

$$x_o(n)=-x_o^*(-n) \tag{2-1-13}$$

将 $x_o(n)$ 表示成实部与虚部:

$$x_o(n)=x_{or}(n)+jx_{oi}(n)$$

可以得到

$$x_{or}(n)=-x_{or}(-n) \tag{2-1-14}$$

$$x_{oi}(n)=x_{oi}(-n) \tag{2-1-15}$$

即共轭反对称序列的实部是奇函数,虚部是偶函数。

【例 2-1-2】 分析 $x(n)=e^{j\omega n}$ 的对称性。

解: 因为 $x^*(-n)=e^{j\omega n}=x(n)$,满足式(2-1-8),所以 $x(n)$ 是共轭对称序列。此外,$e^{j\omega n}=\cos\omega n+j\sin\omega n$,显然,该序列实部是偶函数、虚部是奇函数,具有共轭对称性。

任意一个序列可表示成共轭对称序列与共轭反对称序列之和,即

$$x(n)=x_e(n)+x_o(n) \tag{2-1-16}$$

$x_e(n)$ 和 $x_o(n)$ 可以由 $x(n)$ 求出。将式(2-1-16)中的 n 用 $-n$ 代替,再两边取共轭,得到

$$x^*(-n)=x_e^*(-n)+x_o^*(-n)=x_e(n)-x_o(n) \tag{2-1-17}$$

利用式(2-1-16)和式(2-1-17),得到

$$x_e(n)=\frac{1}{2}[x(n)+x^*(-n)] \tag{2-1-18}$$

$$x_o(n)=\frac{1}{2}[x(n)-x^*(-n)] \tag{2-1-19}$$

对于频域函数 $X(e^{j\omega})$,也有和上面类似的概念和结论:

$$X(e^{j\omega})=X_e(e^{j\omega})+X_o(e^{j\omega}) \tag{2-1-20}$$

$$X_e(e^{j\omega})=X_e^*(e^{-j\omega}) \tag{2-1-21}$$

$$X_o(e^{j\omega})=-X_o^*(e^{-j\omega}) \tag{2-1-22}$$

$$X_e(e^{j\omega})=\frac{1}{2}[X(e^{j\omega})+X^*(e^{-j\omega})] \tag{2-1-23}$$

$$X_o(e^{j\omega})=\frac{1}{2}[X(e^{j\omega})-X^*(e^{-j\omega})] \tag{2-1-24}$$

$X_e(e^{j\omega})$ 与 $X_o(e^{j\omega})$ 分别称为 $X(e^{j\omega})$ 的共轭对称分量和共轭反对称分量。

(2) 复序列 DTFT 的对称性

性质 1:将序列 $x(n)$ 及其傅里叶变换写成如下形式:

$$x(n)=x_r(n)+jx_i(n)$$

$$X(e^{j\omega})=X_e(e^{j\omega})+X_o(e^{j\omega})$$

那么有下式成立:

$$\begin{cases}X_e(e^{j\omega})=FT[x_r(n)]\\X_o(e^{j\omega})=FT[jx_i(n)]\end{cases}\tag{2-1-25}$$

证明:

$$FT[x_r(n)]=FT\left[\frac{1}{2}(x(n)+x^*(n))\right]=\frac{1}{2}(FT[x(n)]+FT[x^*(n)])$$

$$=\frac{1}{2}[X(e^{j\omega})+X^*(e^{-j\omega})]=X_e(e^{j\omega})$$

$$FT[jx_i(n)]=FT\left[\frac{1}{2}(x(n)-x^*(n))\right]=\frac{1}{2}(FT[x(n)]-FT[x^*(n)])$$

$$=\frac{1}{2}[X(e^{j\omega})-X^*(e^{-j\omega})]=X_o(e^{j\omega})$$

其中 $FT[x^*(n)]=\sum_{n=-\infty}^{+\infty}x^*(n)e^{-j\omega n}=\left[\sum_{n=-\infty}^{+\infty}x(n)e^{j\omega n}\right]^*=X^*(e^{-j\omega})$。

可见式(2-1-25)成立。也就是说,序列实部(即实序列)的傅里叶变换是共轭对称的,序列的虚部乘以 j(即纯虚序列)的傅里叶变换是共轭反对称的。

性质 2:将序列 $x(n)$ 及其傅里叶变换写成如下形式:

$$x(n)=x_e(n)+x_o(n)$$

$$X(e^{j\omega})=X_r(e^{j\omega})+jX_i(e^{j\omega})$$

那么有下式成立:

$$\begin{cases}X_r(e^{j\omega})=FT[x_e(n)]\\jX_i(e^{j\omega})=FT[x_o(n)]\end{cases}\tag{2-1-26}$$

证明:对式(2-1-18)和式(2-1-19)分别做傅里叶变换得到

$$FT[x_e(n)]=\frac{1}{2}[X(e^{j\omega})+X^*(e^{-j\omega})]=X_r(e^{j\omega})$$

$$FT[x_o(n)]=\frac{1}{2}[X(e^{j\omega})-X^*(e^{-j\omega})]=jX_i(e^{j\omega})$$

所以式(2-1-26)成立。该式表明,共轭对称部分 $x_e(n)$ 对应实部 $X_r(e^{j\omega})$,共轭反对称部分 $x_o(n)$ 对应 $jX_i(e^{j\omega})$。也就是说,共轭对称序列的傅里叶变换是实函数,共轭反对称序列的傅里叶变换是纯虚函数。

上面两条性质即傅里叶变换的“实 — 偶、虚 — 奇”性。简单总结如下：

“实 — 偶”性：$x_r(n) \leftrightarrow X_e(e^{j\omega}), X_r(e^{j\omega}) \leftrightarrow x_e(n)$。

“虚 — 奇”性：$jx_i(n) \leftrightarrow X_o(e^{j\omega}), jX_i(e^{j\omega}) \leftrightarrow x_o(n)$。

(3) 实序列 DTFT 的共轭对称性

下面分析实序列 $h(n)$ 傅里叶变换的对称性，并推导 $h(n)$ 与其偶对称序列 $h_e(n)$ 和奇对称序列 $h_o(n)$ 之间的关系。

因为 $h(n)$ 是实序列，其 FT 只有共轭对称部分，共轭反对称部分为零。因此实序列的 FT 是共轭对称函数：

$$H(e^{j\omega}) = H^*(e^{-j\omega}) \tag{2-1-27}$$

即 $H(e^{j\omega})$ 实部是偶函数，虚部是奇函数：

$$H_r(e^{j\omega}) = H_r(e^{-j\omega}), H_i(e^{j\omega}) = -H_i(e^{-j\omega})$$

显然有以下结论：

① $|H(e^{j\omega})| = \sqrt{H_r^2(e^{j\omega}) + H_i^2(e^{j\omega})}$ 是偶函数；

② $\arg[H(e^{j\omega})] = \arctan[H_i(e^{j\omega}) / H_r(e^{j\omega})]$ 是奇函数。

图 2-1-1 中的幅频曲线和相频曲线符合上述结论。实模拟信号傅里叶变换也具有相同性质。

$h(n)$ 为实序列，$h(n) = h^*(n)$，代入式(2-1-18) 和式(2-1-19) 得到

$$h_e(n) = \frac{1}{2}[h(n) + h(-n)], h_o(n) = \frac{1}{2}[h(n) - h(-n)]$$

若 $h(n)$ 为因果实序列，按照上面两式，$h_e(n)$ 和 $h_o(n)$ 可用下式表示：

$$h_e(n) = \begin{cases} h(0), & n = 0 \\ \dfrac{h(n)}{2}, & n > 0 \\ \dfrac{h(-n)}{2}, & n < 0 \end{cases} \tag{2-1-28}$$

$$h_o(n) = \begin{cases} 0, & n = 0 \\ \dfrac{h(n)}{2}, & n > 0 \\ -\dfrac{h(-n)}{2}, & n < 0 \end{cases} \tag{2-1-29}$$

式(2-1-28) 表明由 $h_e(n)$ 就可以唯一恢复出因果序列 $h(n)$，式(2-1-29) 表明由 $h_o(n)$ 恢复因果序列 $h(n)$ 时，还要另外补充 $h(0)$。

【例 2-1-3】 $x(n) = a^n u(n), 0 < a < 1$。求其偶对称分量 $x_e(n)$ 和奇对称分量 $x_o(n)$。

解：按式(2-1-28)得到

$$x_e(n)=\begin{cases}x(0)=1, & n=0\\ \dfrac{x(n)}{2}=\dfrac{a^n}{2}, & n>0\\ \dfrac{x(-n)}{2}=\dfrac{a^{-n}}{2}, & n<0\end{cases}$$

按式(2-1-29)得到

$$x_o(n)=\begin{cases}0, & n=0\\ \dfrac{x(n)}{2}=\dfrac{a^n}{2}, & n>0\\ -\dfrac{x(-n)}{2}=-\dfrac{a^{-n}}{2}, & n<0\end{cases}$$

奇对称序列和偶对称序列如图 2-1-3 所示。

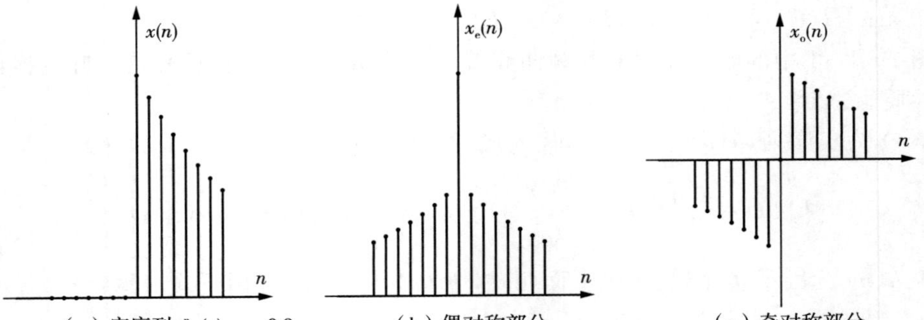

图 2-1-3 奇对称序列和偶对称序列

【例 2-1-4】 已知 $x(n)$ 是实偶对称序列,请证明其 DTFT 也是实偶函数。

证明:将 $X(e^{j\omega})$ 计算公式做如下变形：

$$X(e^{j\omega})=\sum_{n=-\infty}^{+\infty}x(n)e^{-j\omega n}=\sum_{n=-\infty}^{+\infty}x(n)(\cos\omega n-j\sin\omega n) \tag{2-1-30}$$

$x(n)$ 是偶函数,$x(n)\sin\omega n$ 是奇函数,则 $\sum\limits_{n=-\infty}^{+\infty}x(n)\sin\omega n=0$,因此

$$X(e^{j\omega})=\sum_{n=-\infty}^{+\infty}x(n)\cos\omega n=X(e^{-j\omega}) \tag{2-1-31}$$

因为 $x(n)$ 是实偶函数,所以 $X(e^{j\omega})$ 既是实函数,又是关于 ω 的偶函数。

同理可以证明:如果 $x(n)$ 是实奇函数,则 $X(e^{j\omega})$ 是纯虚奇函数。

5. 时域卷积定理

设 $X(e^{j\omega})=\mathrm{FT}[x(n)]$,$H(e^{j\omega})=\mathrm{FT}[h(n)]$,则有

$$y(n)=x(n)*h(n)\Leftrightarrow Y(e^{j\omega})=X(e^{j\omega})H(e^{j\omega}) \tag{2-1-32}$$

证明：

$$y(n)=\sum_{m=-\infty}^{+\infty}x(m)h(n-m)$$

$$Y(e^{j\omega})=FT[y(n)]=\sum_{n=-\infty}^{+\infty}\left[\sum_{m=-\infty}^{+\infty}x(m)h(n-m)\right]e^{-j\omega n}$$

令 $k=n-m$，则

$$Y(e^{j\omega})=\sum_{k=-\infty}^{+\infty}\sum_{m=-\infty}^{+\infty}x(m)h(k)e^{-j\omega k}e^{-j\omega m}$$

$$=\sum_{k=-\infty}^{+\infty}h(k)e^{-j\omega k}\sum_{m=-\infty}^{+\infty}x(m)e^{-j\omega m}=H(e^{j\omega})X(e^{j\omega})$$

该定理说明：时域卷积对应频域相乘。对于线性时不变系统，输入、输出之间的关系是 $y(n)=x(n)*h(n)$，对应到频域就是 $Y(e^{j\omega})=X(e^{j\omega})H(e^{j\omega})$。

6. 频域卷积定理

设 $X(e^{j\omega})=FT[x(n)]$，$H(e^{j\omega})=FT[h(n)]$，$y(n)=x(n)h(n)$，则有

$$Y(e^{j\omega})=FT[y(n)]=\frac{1}{2\pi}H(e^{j\omega})*X(e^{j\omega})=\frac{1}{2\pi}\int_{-\pi}^{\pi}H(e^{j\theta})X(e^{j(\omega-\theta)})d\theta \tag{2-1-33}$$

证明：

$$Y(e^{j\omega})=\sum_{n=-\infty}^{+\infty}[x(n)h(n)]e^{-j\omega n}=\sum_{n=-\infty}^{+\infty}x(n)\left[\frac{1}{2\pi}\int_{-\pi}^{\pi}H(e^{j\theta})e^{j\theta n}d\theta\right]e^{-j\omega n}$$

交换积分与求和的次序，得到

$$Y(e^{j\omega})=\frac{1}{2\pi}\int_{-\pi}^{\pi}H(e^{j\theta})\left[\sum_{n=-\infty}^{+\infty}x(n)e^{-j(\omega-\theta)n}\right]d\theta$$

$$=\frac{1}{2\pi}\int_{-\pi}^{\pi}H(e^{j\theta})X(e^{j(\omega-\theta)})d\theta$$

$$=\frac{1}{2\pi}H(e^{j\omega})*X(e^{j\omega})$$

该定理表明：时域相乘对应于频域卷积。该性质在频谱分析和 FIR 滤波器设计中有重要作用。

7. 帕斯维尔(Parseval) 定理

$$\sum_{n=-\infty}^{+\infty}|x(n)|^2=\frac{1}{2\pi}\int_{-\pi}^{\pi}|X(e^{j\omega})|^2d\omega \tag{2-1-34}$$

证明:

$$\sum_{n=-\infty}^{+\infty} |x(n)|^2 = \sum_{n=-\infty}^{+\infty} x^*(n)x(n) = \sum_{n=-\infty}^{+\infty} x^*(n)\left[\frac{1}{2\pi}\int_{-\pi}^{\pi} X(e^{j\omega})e^{j\omega n}d\omega\right]$$

$$=\frac{1}{2\pi}\int_{-\pi}^{\pi} X(e^{j\omega})\sum_{n=-\infty}^{+\infty} x^*(n)e^{j\omega n}d\omega$$

$$=\frac{1}{2\pi}\int_{-\pi}^{\pi} X(e^{j\omega})X^*(e^{j\omega})d\omega$$

$$=\frac{1}{2\pi}\int_{-\pi}^{\pi} |X(e^{j\omega})|^2 d\omega$$

帕斯维尔定理表明:信号的时域能量等于频域能量,即能量守恒。

DTFT 的性质见表 2-1-1 所列,这些性质在分析问题和实际应用中是很重要的。

表 2-1-1 DTFT 的性质

序 列	傅里叶变换
$ax(n)+by(n)$	$aX(e^{j\omega})+bY(e^{j\omega})$,$a$,$b$ 为常数
$x(n-n_0)$	$e^{-j\omega n_0}X(e^{j\omega})$
$x(n)e^{j\omega_0 n}$	$X(e^{j(\omega-\omega_0)})$
$x^*(n)$	$X^*(e^{-j\omega})$
$x(-n)$	$X(e^{-j\omega})$
$x(n)*y(n)$	$X(e^{j\omega})Y(e^{j\omega})$
$x(n)y(n)$	$\frac{1}{2\pi}\int_{-\pi}^{\pi} X(e^{j\theta})Y(e^{j(\omega-\theta)})d\theta$
$nx(n)$	$j\frac{dX(e^{j\omega})}{d\omega}$
$\mathrm{Re}[x(n)]$	$X_e(e^{j\omega})$
$j\mathrm{Im}[x(n)]$	$X_o(e^{j\omega})$
$x_e(n)$	$\mathrm{Re}[X(e^{j\omega})]$
$x_o(n)$	$j\mathrm{Im}[X(e^{j\omega})]$

2.1.3 序列傅里叶变换与连续信号傅里叶变换的关系

$x(n)$ 是由 $x_a(t)$ 采样得到的,FT$[x(n)]$与 FT$[x_a(t)]$之间有什么关系呢?理想采样信号$\hat{x}_a(t)$ 和模拟信号的关系为

$$\hat{x}_a(t)=\sum_{n=-\infty}^{+\infty} x_a(nT)\delta(t-nT) \tag{2-1-35}$$

对式(2-1-35)进行傅里叶变换，得到

$$\hat{X}_a(j\Omega)=\int_{-\infty}^{+\infty}\left[\sum_{n=-\infty}^{+\infty}x_a(nT)\delta(t-nT)\right]e^{-j\Omega t}dt$$

$$=\sum_{n=-\infty}^{+\infty}x_a(nT)\int_{-\infty}^{+\infty}\delta(t-nT)e^{-j\Omega t}dt$$

$$=\sum_{n=-\infty}^{+\infty}x_a(nT)e^{-j\Omega nT}=X(e^{j\omega})\big|_{\omega=\Omega T}=X(e^{j\Omega T})$$

即

$$\hat{X}_a(j\Omega)=X(e^{j\Omega T}) \tag{2-1-36}$$

上面推导中利用了 $x(n)=x_a(nT)$。另外，采样信号傅里叶变换为

$$\hat{X}_a(j\Omega)=\frac{1}{T}\sum_{k=-\infty}^{+\infty}X_a(j\Omega-jk\Omega_s) \tag{2-1-37}$$

式(2-1-36)右边和式(2-1-37)右边相等：

$$X(e^{j\Omega T})=\frac{1}{T}\sum_{k=-\infty}^{+\infty}X_a(j\Omega-jk\Omega_s) \tag{2-1-38}$$

将 $\omega=\Omega T$ 代入式(2-1-38)，有

$$X(e^{j\omega})=\frac{1}{T}\sum_{k=-\infty}^{+\infty}X_a(j\Omega-jk\Omega_s)\big|_{\Omega=\frac{\omega}{T}} \tag{2-1-39}$$

式(2-1-39)表明，$X_a(j\Omega)$ 经过两次变换得到 $X(e^{j\omega})$。第一次变换是由时域采样定理决定的，$X_a(j\Omega)$ 经过周期延拓得到 $\hat{X}_a(j\Omega)$，周期是 $\Omega_s=\frac{2\pi}{T}$；第二次变换是 $\hat{X}_a(j\Omega)$ 经过 $\omega=\Omega T$ 的线性变换得到 $X(e^{j\omega})$，也就是 $|\hat{X}_a(j\Omega)|$ 图像的横坐标刻度 Ω 乘以 T 得到 $|X(e^{j\omega})|$ 图像的横坐标刻度 ω。可见，第二次变换只是将频率特性的自变量从模拟角频率变为数字频率，并没有改变频谱分布规律。利用 $\omega=\Omega T$，$\hat{X}_a(j\Omega)$ 图像中的 $\Omega_s=\frac{2\pi}{T}$ 映射为 $X(e^{j\omega})$ 图中的 2π。

式(2-1-39)也表明，利用序列 $x(n)$ 的傅里叶变换 $X(e^{j\omega})$ 可以得到对应模拟信号的频谱 $X_a(j\Omega)$。

模拟频率 f、Ω 和数字频率 ω 的单位不同，常用归一化频率 $f'=f/f_s$，$\Omega'=\Omega/\Omega_s$ 和 $\omega'=\omega/2\pi$，这样 f'、Ω' 和 ω' 都是无量纲量，刻度都是一样的，便于计算、分析。f、Ω、ω、f'、Ω'、ω' 之间的对应关系如图 2-1-4 所示。

图 2-1-4 表明，对于归一化后的频率，信号分析的主值区间都是[−0.5,0.5]，或者是[0,1]。折叠频率 $f_s/2$、$\Omega_s/2$ 对应数字频率 π。如果不满足采样定理，则会在 $f=$

$\pm f_s/2$、$\Omega=\pm\Omega_s/2$ 或者 $\omega=\pm\pi$ 附近发生频率混叠。读者务必要理解各种频率之间的映射关系。

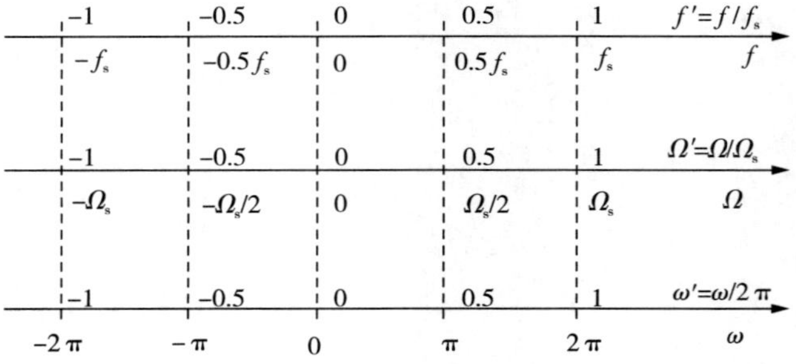

图 2-1-4 f、Ω、ω、f'、Ω'、ω' 之间的对应关系

2.2 周期序列的离散傅里叶级数和傅里叶变换

周期序列不满足绝对可和条件，不能按照式(2-1-2)求它的 DTFT，但是可以先求出其离散傅里叶级数(Discrete Fourier Series，DFS)，再利用奇异函数 $\delta(\omega)$ 来表示周期序列的 DTFT。

2.2.1 周期序列的离散傅里叶级数

周期序列可以展开成离散傅里叶级数。设 $\tilde{x}(n)$ 是周期为 N 的周期序列，$\tilde{x}(n)$ 的基波分量为$a_1\mathrm{e}^{\frac{\mathrm{j}2\pi n}{N}}$，$k$ 次谐波分量为$a_k\mathrm{e}^{\frac{\mathrm{j}2\pi kn}{N}}$。由于 $\mathrm{e}^{\frac{\mathrm{j}2\pi(k+N)n}{N}}=\mathrm{e}^{\frac{\mathrm{j}2\pi kn}{N}}$，即 $\mathrm{e}^{\frac{\mathrm{j}2\pi kn}{N}}$ 以 N 为周期，所以只需要取 k 为 $0\sim N-1$ 的 N 个谐波分量来展开 $\tilde{x}(n)$：

$$\tilde{x}(n)=\sum_{k=0}^{N-1}a_k\mathrm{e}^{\mathrm{j}\frac{2\pi}{N}kn},-\infty<n<+\infty \tag{2-2-1}$$

为求系数a_k，将式(2-2-1)两边乘以 $\mathrm{e}^{-\mathrm{j}\frac{2\pi}{N}mn}$，并对 n 在一个周期 N 中求和：

$$\sum_{n=0}^{N-1}\tilde{x}(n)\mathrm{e}^{-\mathrm{j}\frac{2\pi}{N}mn}=\sum_{n=0}^{N-1}\left(\sum_{k=0}^{N-1}a_k\mathrm{e}^{\mathrm{j}\frac{2\pi}{N}kn}\right)\mathrm{e}^{-\mathrm{j}\frac{2\pi}{N}mn}=\sum_{k=0}^{N-1}a_k\sum_{n=0}^{N-1}\mathrm{e}^{\mathrm{j}\frac{2\pi}{N}(k-m)n}$$

其中

$$\sum_{n=0}^{N-1}\mathrm{e}^{\mathrm{j}\frac{2\pi}{N}(k-m)n}=\begin{cases}N,k=m\\0,k\neq m\end{cases}$$

$$=N\delta(k-m) \tag{2-2-2}$$

因此有

$$\sum_{n=0}^{N-1}\tilde{x}(n)e^{-j\frac{2\pi}{N}mn}=\sum_{k=0}^{N-1}a_kN\delta(k-m)=Na_m$$

$$a_m=\frac{1}{N}\sum_{n=0}^{N-1}\tilde{x}(n)e^{-j\frac{2\pi}{N}mn}$$

将上式中的 m 换成 k，得到下式：

$$a_k=\frac{1}{N}\sum_{n=0}^{N-1}\tilde{x}(n)e^{-j\frac{2\pi}{N}kn},0\leqslant k\leqslant N-1 \qquad (2-2-3)$$

令 $\tilde{X}(k)=Na_k$ 得到

$$\tilde{X}(k)=\sum_{n=0}^{N-1}\tilde{x}(n)e^{-j\frac{2\pi}{N}kn},0\leqslant k\leqslant N-1$$

上式中，k 和 n 均取整数。

l 取整数时，$e^{-j\frac{2\pi}{N}(k+lN)n}=e^{-j\frac{2\pi}{N}kn}$，$\tilde{X}(k)=\tilde{X}(k+lN)$，所以 $\tilde{X}(k)$ 是以 N 为周期的周期序列。$\tilde{X}(k)$ 可改写如下：

$$\tilde{X}(k)=\mathrm{DFS}[\tilde{x}(n)]=\sum_{n=0}^{N-1}\tilde{x}(n)e^{-j\frac{2\pi}{N}kn},-\infty<k<+\infty \qquad (2-2-4)$$

称 $\tilde{X}(k)$ 为 $\tilde{x}(n)$ 的离散傅里叶级数。

用 $\frac{1}{N}\tilde{X}(k)$ 代替式(2-2-1)中的 a_k，得到

$$\tilde{x}(n)=\mathrm{IDFS}[\tilde{X}(k)]=\frac{1}{N}\sum_{k=0}^{N-1}\tilde{X}(k)e^{j\frac{2\pi}{N}kn},-\infty<n<+\infty \qquad (2-2-5)$$

式(2-2-5)称为IDFS，它表明周期序列可以分解成 N 次谐波之和，第 k 次谐波的频率 $\omega_k=2\pi k/N$，幅度为 $\frac{\tilde{X}(k)}{N}$，$k=0,1,2,\cdots,N-1$。显然，$\frac{\tilde{X}(k)}{N}$ 和 $\tilde{X}(k)$ 都可以表示周期序列的频谱分布。

【例 2-2-1】　设 $x(n)=R_4(n)$，将 $x(n)$ 以 $N=8$ 为周期进行周期延拓，得到如图 2-2-1(a) 所示的周期序列 $\tilde{x}(n)$，求 $\mathrm{DFS}[\tilde{x}(n)]$。

解：按照式(2-2-4)，有

$$\tilde{X}(k)=\sum_{n=0}^{7}\tilde{x}(n)e^{-j\frac{2\pi}{8}kn}=\sum_{n=0}^{3}e^{-j\frac{\pi}{4}kn}=\frac{1-e^{-j\frac{3\pi}{4}k}e^{-j\frac{\pi}{4}k}}{1-e^{-j\frac{\pi}{4}k}}=\frac{1-e^{-j\pi k}}{1-e^{-j\frac{\pi}{4}k}}$$

$$=\frac{e^{-j\frac{\pi}{2}k}(e^{j\frac{\pi}{2}k}-e^{-j\frac{\pi}{2}k})}{e^{-j\frac{\pi}{8}k}(e^{j\frac{\pi}{8}k}-e^{-j\frac{\pi}{8}k})}=e^{-j\frac{3\pi}{8}k}\frac{\sin\frac{\pi}{2}k}{\sin\frac{\pi}{8}k}$$

计算中用到等比级数求和公式：对于 $a_k=a_0q^k$，当 $q\neq1$ 时，$\sum_{k=0}^{N-1}a_k=\frac{a_0-a_{N-1}q}{1-q}$，其中

a_0 是首项，a_{N-1} 是末项。周期序列 $\tilde{x}(n)$ 的离散傅里叶级数系数如图 2-2-1(b) 所示。

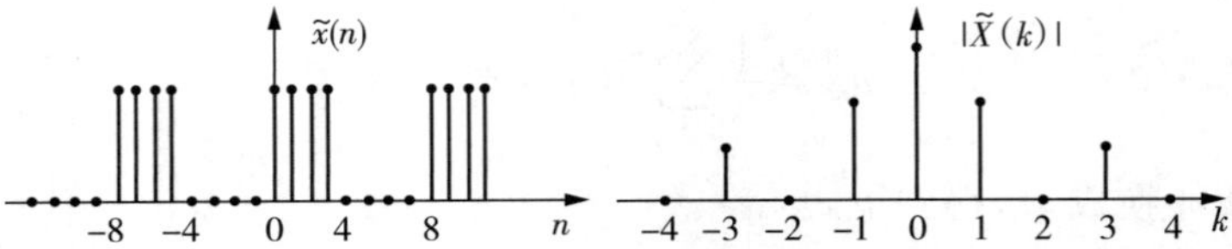

（a）周期序列 $\tilde{x}(n)$　　（b）周期序列 $\tilde{x}(n)$ 的离散傅里叶级数系数

图 2-2-1　周期序列 $\tilde{x}(n)=R_4((n))_8$ 的离散傅里叶级数

2.2.2　周期序列的傅里叶变换

已知连续信号 $x_a(t)=e^{j\Omega_0 t}$ 的傅里叶变换为

$$X_a(j\Omega)=FT[x_a(t)]=\int_{-\infty}^{+\infty}e^{j(\Omega_0-\Omega)t}dt=2\pi\delta(\Omega-\Omega_0) \tag{2-2-6}$$

设 $x(n)=e^{j\omega_0 n}=e^{j\Omega_0 nT}$，且 $e^{j\omega_0 n}$ 是周期序列。根据式(2-2-6)和式(2-1-39)，$e^{j\omega_0 n}$ 的傅里叶变换为

$$FT[e^{j\omega_0 n}]=\frac{1}{T}\sum_{r=-\infty}^{+\infty}2\pi\delta(\Omega-\Omega_0-r\Omega_s)\Big|_{\Omega=\frac{\omega}{T}}=\frac{1}{T}\sum_{r=-\infty}^{+\infty}2\pi\delta\left(\frac{\omega}{T}-\frac{\omega_0}{T}-\frac{2\pi r}{T}\right)$$

利用公式 $\delta(a\omega)=\dfrac{\delta(\omega)}{|a|}$ 得到

$$FT[e^{j\omega_0 n}]=\sum_{r=-\infty}^{+\infty}2\pi\delta(\omega-\omega_0-2\pi r) \tag{2-2-7}$$

$\tilde{x}(n)$ 的第 k 次谐波为 $(\tilde{X}(k)/N)e^{j\frac{2\pi}{N}kn}$，按照式(2-2-7)，第 k 次谐波的 DTFT 为

$$FT\left[\frac{\tilde{X}(k)}{N}e^{j\frac{2\pi}{N}kn}\right]=\frac{2\pi\ \tilde{X}(k)}{N}\sum_{r=-\infty}^{+\infty}\delta\left(\omega-\frac{2\pi}{N}k-2\pi r\right)$$

$\tilde{x}(n)$ 的 DTFT 就是各次谐波分量 DTFT 的和：

$$\begin{aligned}X(e^{j\omega})=FT[\tilde{x}(n)]&=\sum_{k=0}^{N-1}\frac{2\pi\ \tilde{X}(k)}{N}\sum_{r=-\infty}^{+\infty}\delta\left(\omega-\frac{2\pi}{N}k-2\pi r\right)\\&=\frac{2\pi}{N}\sum_{r=-\infty}^{+\infty}\sum_{k=0}^{N-1}\tilde{X}(k+rN)\delta\left[\omega-\frac{2\pi(k+rN)}{N}\right]\end{aligned}$$

上式中，r 在 $-\infty$ 到 $+\infty$ 的求和表示把各周期的 $\tilde{X}(m)$ 相加，k 在 $0\sim N-1$ 下的求和表示把一个周期内的全部 $\tilde{X}(m)$ 相加，令 $m=k+rN$，两次求和合并成 m 在 $-\infty$ 到 $+\infty$ 的一次求和：

$$X(e^{j\omega})=\frac{2\pi}{N}\sum_{m=-\infty}^{+\infty}\tilde{X}(m)\delta\left(\omega-\frac{2\pi}{N}m\right)$$

再令 $m=k$，得到

$$X(e^{j\omega})=\frac{2\pi}{N}\sum_{k=-\infty}^{+\infty}\widetilde{X}(k)\delta\left(\omega-\frac{2\pi}{N}k\right) \tag{2-2-8}$$

式(2-2-8)表示，通过引入奇异函数 $\delta(\omega)$，可以得到周期序列的傅里叶变换。

【例 2-2-2】 求例 2-2-1 中周期序列的 DTFT。

解：将例 2-2-1 中得到的 $\widetilde{X}(k)$ 代入式(2-2-8)中，得到

$$X(e^{j\omega})=\frac{\pi}{4}\sum_{k=-\infty}^{+\infty}e^{-j\frac{3}{8}\pi k}\frac{\sin(\pi k/2)}{\sin(\pi k/8)}\delta\left(\omega-\frac{\pi}{4}k\right)$$

周期序列 $R_4((n))_8$ 的傅里叶变换如图 2-2-2 所示。

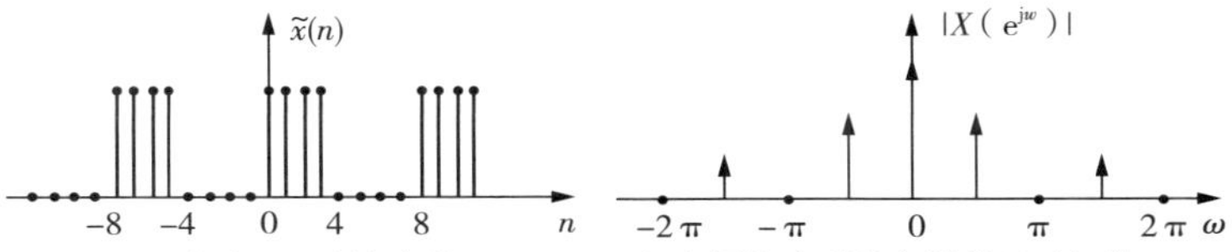

（a）$\tilde{x}(n)$时域波形　（b）周期序列的离散傅里叶级数

图 2-2-2　周期序列 $R_4((n))_8$ 的傅里叶变换

对比图 2-2-1，对于周期序列，其 DFS 和 DTFT 都是离散的谱线且包络相同，二者都能表示周期序列的频率特性。二者的区别在于 DTFT 要用单位冲激函数来表示。

2.2.3　一些典型序列的傅里叶变换

典型序列可以用来表示一些复杂序列，这里给出一些典型序列的 DTFT。

【例 2-2-3】 求 $\delta(n)$、$\delta(n-m)$、直流序列 $x(n)=1$ 和阶跃序列 $u(n)$ 的傅里叶变换。

解：(1) $X(e^{j\omega})=\sum_{n=0}^{+\infty}\delta(n)e^{-j\omega n}=1$，$X(e^{j\omega})$ 对所有频率 ω 的幅度都是 1，相位都是 0。

(2) $X(e^{j\omega})=\sum_{n=-\infty}^{+\infty}\delta(n-m)e^{-j\omega n}=e^{-j\omega m}=e^{j\varphi(\omega)}$，$|X(e^{j\omega})|=1$，表明 $X(e^{j\omega})$ 对所有频率 ω 的幅度都是 1。$\varphi(\omega)=-\omega m$，表示 $X(e^{j\omega})$ 的相位与频率是线性关系。

(3) 直流序列不满足绝对可和，不能按照式(2-1-1)的 DTFT 定义来求其傅里叶变换。由式(2-2-7)可知，$\mathrm{FT}[e^{j\omega_0 n}]=\sum_{r=-\infty}^{+\infty}2\pi\delta(\omega-\omega_0-2\pi r)$，令 $\omega_0=0$，$e^{j\omega_0 n}=1$，得 $\mathrm{FT}[1]=\sum_{r=-\infty}^{+\infty}2\pi\delta(\omega-2\pi r)$。直流序列的傅里叶变换是周期、离散的，周期是 2π，其谱线频率为 $\omega=0,\pm2\pi,\pm4\pi,\cdots$。

(4) 令

$$x(n)=u(n)-\frac{1}{2} \tag{2-2-9}$$

有

$$x(n)-x(n-1)=\delta(n) \tag{2-2-10}$$

对式(2-2-10)进行傅里叶变换,得到

$$X(e^{j\omega})-e^{-j\omega}X(e^{j\omega})=1$$

$$X(e^{j\omega})=\frac{1}{1-e^{-j\omega}}$$

对式(2-2-9)两边进行傅里叶变换,得到

$$X(e^{j\omega})=U(e^{j\omega})-\pi\sum_{r=-\infty}^{+\infty}\delta(\omega-2\pi r)$$

$$U(e^{j\omega})=\frac{1}{1-e^{-j\omega}}+\pi\sum_{r=-\infty}^{+\infty}\delta(\omega-2\pi r)$$

【例 2-2-4】 求 $\cos\omega_0 n$ 的 DTFT,其中 $2\pi/\omega_0$ 为有理数。

解: $2\pi/\omega_0$ 为有理数表明 $\cos\omega_0 n$ 是周期序列,可以利用 $e^{j\omega_0 n}$ 的 DTFT 来求。

$$X(e^{j\omega})=\mathrm{FT}[\cos\omega_0 n]=\mathrm{FT}\left[\frac{1}{2}(e^{j\omega_0 n}+e^{-j\omega_0 n})\right]$$

$$=\pi\sum_{r=-\infty}^{+\infty}[\delta(\omega-\omega_0-2\pi r)+\delta(\omega+\omega_0-2\pi r)] \tag{2-2-11}$$

式(2-2-11)表明,$x(n)=\cos\omega_0 n$ 的FT是在 $\omega=\pm\omega_0$ 处的单位冲激函数,强度为 π,且以 2π 为周期进行延拓。图2-2-3所示为 $e^{j\omega_0 n}$ 和 $\cos\omega_0 n$ 的傅里叶变换,前者在 2π 区间只有一根谱线,而后者则有两根谱线(当 $\omega_0=\pi$ 时也混叠成一根谱线)。

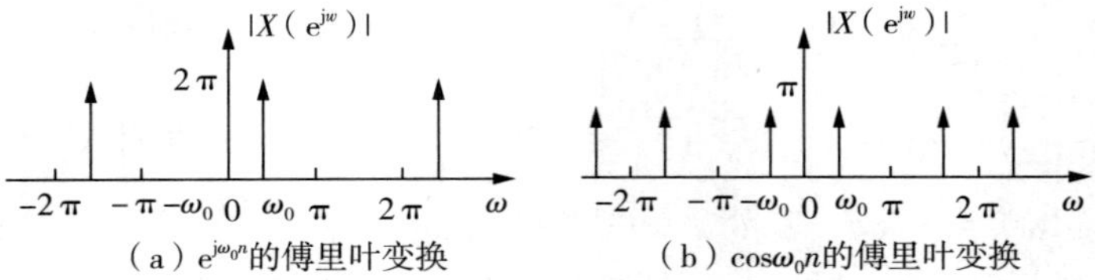

图 2-2-3 $e^{j\omega_0 n}$ 和 $\cos\omega_0 n$ 的傅里叶变换

【例 2-2-5】 $x(n)=a^n u(n)$,$|a|<1$,求其 DTFT。

解: 因为 $|a|<1$,级数收敛,直接利用 DTFT 定义和等比级数求和公式求解如下:

$$X(e^{j\omega})=\sum_{n=0}^{+\infty}a^n e^{-j\omega n}=\sum_{n=0}^{+\infty}(ae^{-j\omega})^n=\frac{1}{1-ae^{-j\omega}} \tag{2-2-12}$$

假设该序列是某个系统的单位脉冲响应,当 $0<a<1$ 时,系统具有低通特性,当 $-1<a<0$ 时,系统具有高通特性。序列 $a^n u(n)$ 的幅频特性如图 2-2-4 所示。

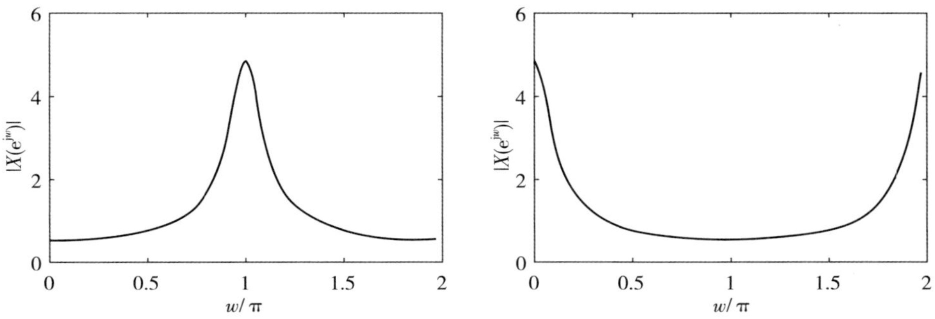

（a）高通特性（a=-0.8）　（b）低通特性（a=0.8）

图 2-2-4　序列$a^n u(n)$的幅频特性

表 2-2-1 列出了基本序列的傅里叶变换。

表 2-2-1　基本序列的傅里叶变换

序　列	傅里叶变换
$\delta(n)$	1
$x(n)=1$	$2\pi\sum_{k=-\infty}^{+\infty}\delta(\omega-2\pi k)$
$a^n u(n)$，$\|a\|<1$	$(1-a\mathrm{e}^{-\mathrm{j}\omega})^{-1}$
$R_N(n)$	$\mathrm{e}^{-\frac{\mathrm{j}(N-1)\omega}{2}}\dfrac{\sin(\omega N/2)}{\sin(\omega/2)}$
$u(n)$	$(1-\mathrm{e}^{-\mathrm{j}\omega})^{-1}+\sum_{k=-\infty}^{+\infty}\pi\delta(\omega-2\pi k)$
$\mathrm{e}^{\mathrm{j}\omega_0 n}$，$2\pi/\omega_0$ 为有理数，$\omega_0\in[-\pi,\pi]$	$2\pi\sum_{r=-\infty}^{+\infty}\delta(\omega-\omega_0-2\pi r)$
$\cos\omega_0 n$，$2\pi/\omega_0$ 为有理数，$\omega_0\in[-\pi,\pi]$	$\pi\sum_{r=-\infty}^{+\infty}[\delta(\omega-\omega_0-2\pi r)+\delta(\omega+\omega_0-2\pi r)]$
$\sin\omega_0 n$，$2\pi/\omega_0$ 为有理数，$\omega_0\in[-\pi,\pi]$	$-\mathrm{j}\pi\sum_{r=-\infty}^{+\infty}[\delta(\omega-\omega_0-2\pi r)-\delta(\omega+\omega_0-2\pi r)]$

2.3　Z 变换

Z 变换在数字信号处理中具有重要作用。在模拟信号和系统中，用傅里叶变换进行频域分析，拉普拉斯变换可作为傅里叶变换的推广，用以对信号和系统进行复频域分析。在时域离散信号和系统中，用序列的傅里叶变换进行频域分析，Z 变换则是其推广，用以对序列和系统进行复频域分析。通过 Z 变换，时域离散信号的卷积运算变成乘法运算，系统的差分方程变成代数方程，从而使分析更加方便。此外，有些序列的傅里叶变换不存在，但是其 Z 变换存在，虽然不能用 DTFT 对其进行频域分析，但是可以用 Z 变换对其进行复频域分析。

2.3.1 Z 变换的定义

序列 $x(n)$ 的 Z 变换定义为

$$X(z) \stackrel{\text{def}}{=\!=} \sum_{n=-\infty}^{+\infty} x(n) z^{-n} \tag{2-3-1}$$

式(2-3-1)中，z 是一个复变量，它所在的复平面称为 z 平面。在定义中，对 n 求和是在 $-\infty$ 至 $+\infty$ 求和，称为双边 Z 变换。还有一种称为单边 Z 变换的定义，如式(2-3-2)：

$$X(z) \stackrel{\text{def}}{=\!=} \sum_{n=0}^{+\infty} x(n) z^{-n} \tag{2-3-2}$$

这种单边 Z 变换的求和区间是从 0 到 $+\infty$。对于因果序列，用两种 Z 变换定义计算的 Z 变换结果是一样的。本书中如不另外说明，均用双边 Z 变换对信号和系统进行分析。

式(2-3-1) 所定义的 Z 变换存在的充要条件是等号右边级数收敛，即级数绝对可和：

$$\sum_{n=-\infty}^{+\infty} |x(n) z^{-n}| < +\infty \tag{2-3-3}$$

式(2-3-3)成立时，变量 z 取值的域称为收敛域(Region of Convergence)。一般收敛域为环状域，即$R_{x-} < |z| < R_{x+}$，令 $z = re^{j\omega}$，得到$R_{x-} < r < R_{x+}$，收敛域是分别以R_{x+}和R_{x-} 为半径的两个圆形成的环状域(如图 2-3-1 中所示的阴影部分)。R_{x-} 可以小到零，R_{x+} 可以大到无穷大，二者的具体值由序列来确定。Z变换的环状收敛域如图2-3-1 所示。

常用的 Z 变换是一个有理函数，可用两个多项式之比表示：

$$X(z) = \frac{P(z)}{Q(z)}$$

$P(z)$ 的根是 $X(z)$ 的零点，在零点处 $X(z)=0$。$Q(z)$ 的根是 $X(z)$ 的极点，在极点处 Z 变换不存在。收敛域中没有极点，收敛域总是用极点限定其边界。

对比序列的傅里叶变换定义式(2-1-1)，很容易得到傅里叶变换和 Z 变换之间的关系：

$$X(e^{j\omega}) = X(z)\big|_{z=e^{j\omega}} \tag{2-3-4}$$

式(2-3-4)中，$z = e^{j\omega}$ 表示 z 平面上半径为 1 的圆，该圆称为单位圆。式(2-3-4)表明单位圆上的 Z 变换就是序列的傅里叶变换。如果已知序列的 Z 变换，且收敛域包含单位圆，就可用式(2-3-4) 很方便地求出序列的傅里叶变换。

【例 2-3-1】 $x(n) = a^n u(n)$，a 为常数，求其 Z 变换，并确定收敛域。

解：

$$X(z)=\sum_{n=-\infty}^{+\infty}a^{n}u(n)z^{-n}=\sum_{n=0}^{+\infty}a^{n}z^{-n}=\sum_{n=0}^{+\infty}(az^{-1})^{n}$$

显然级数收敛的条件是 $|az^{-1}|<1$，即 $|z|>|a|$，因此有

$$X(z)=\frac{1}{1-az^{-1}}=\frac{z}{z-a},|z|>|a|$$

$X(z)$ 有 a 和 $+\infty$ 两个极点，收敛域为 $|a|<|z|<+\infty$，$a^{n}u(n)$ 的 Z 变换收敛域如图 2-3-2 所示，图中，$|a|<1$，收敛域包含单位圆，此时序列的 DTFT 存在。如果 $|a|>1$，则不存在傅里叶变换。若 $|a|=1$，则要引入 $\delta(\omega)$ 函数来表示其傅里叶变换。$a^{n}u(n)$ 的 Z 变换公式在逆 Z 变换中常常会用到。

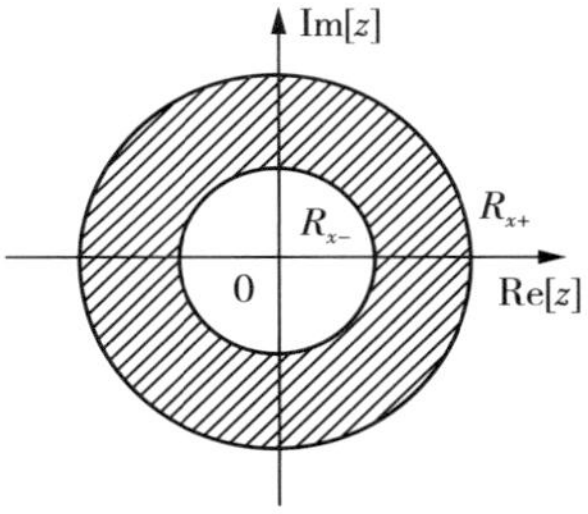

图 2-3-1
Z 变换的环状收敛域

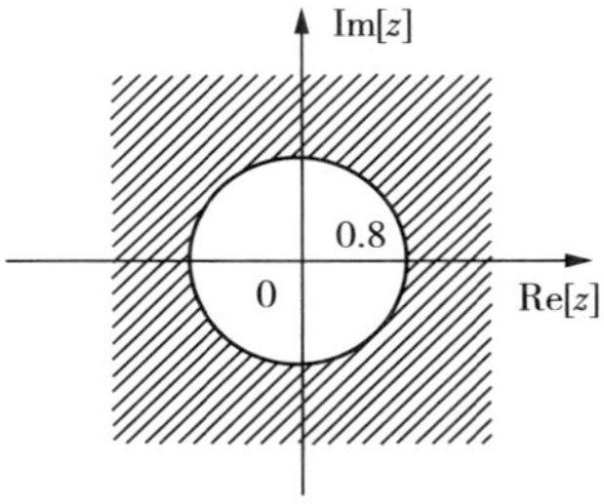

图 2-3-2
$a^{n}u(n)$ 的 Z 变换收敛域

【例 2-3-2】 $x(n)=-a^{n}u(-n-1)$，a 为常数，求其 Z 变换并确定收敛域。

解：

$$X(z)=-\sum_{n=-\infty}^{+\infty}a^{n}u(-n-1)z^{-n}=-\sum_{n=-\infty}^{-1}a^{n}z^{-n}=1-\sum_{n=0}^{+\infty}(a^{-1}z)^{n}$$

级数收敛的条件是 $|a^{-1}z|<1$，因此收敛域为 $|z|<|a|$，所以有

$$X(z)=1-\frac{1}{1-a^{-1}z}=\frac{z}{z-a},|z|<|a|$$

$X(z)$ 只有 a 一个极点，收敛域为 $0\leqslant|z|<|a|$，$-a^{n}u(-n-1)$ 的 Z 变换收敛域如图 2-3-3 所示。

【例 2-3-3】 $x(n)=a^{|n|}=a^{n}u(n)+a^{-n}u(-n-1)$，$a$ 为常数，$a>0$，求其 Z 变换并确定收敛域。

解： 已知 $a^{n}u(n)$ 的 Z 变换为

$$X_{1}(z)=\frac{z}{z-a},|z|>a$$

$a^{-n}u(-n-1)$ 的 Z 变换为

$$X_2(z)=\sum_{n=-\infty}^{+\infty}a^{-n}u(-n-1)z^{-n}=\sum_{n=-\infty}^{-1}a^{-n}z^{-n}=\sum_{n=0}^{+\infty}(az)^n-1=\frac{z}{a^{-1}-z},|z|<a^{-1}$$

因此$a^{|n|}$ 的 Z 变换为

$$X(z)=\frac{z}{z-a}+\frac{z}{a^{-1}-z},a<|z|<a^{-1}$$

显然 $a<1$ 才能使得 $a<|z|<a^{-1}$ 成立，$a^{|n|}$ 的 Z 变换收敛域如图 2-3-4 所示。

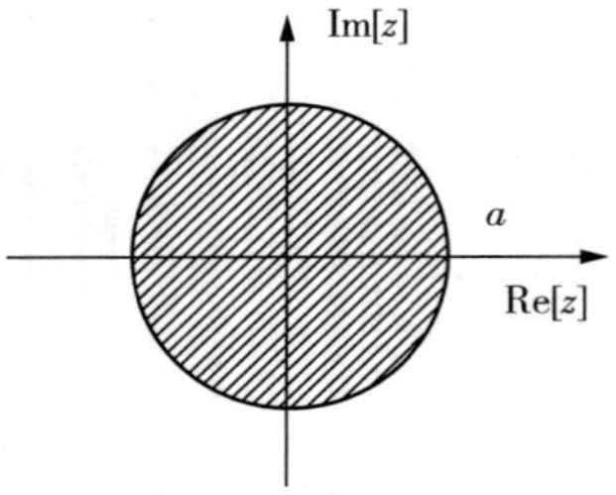

图 2-3-3 $-a^n u(-n-1)$ 的 Z 变换收敛域

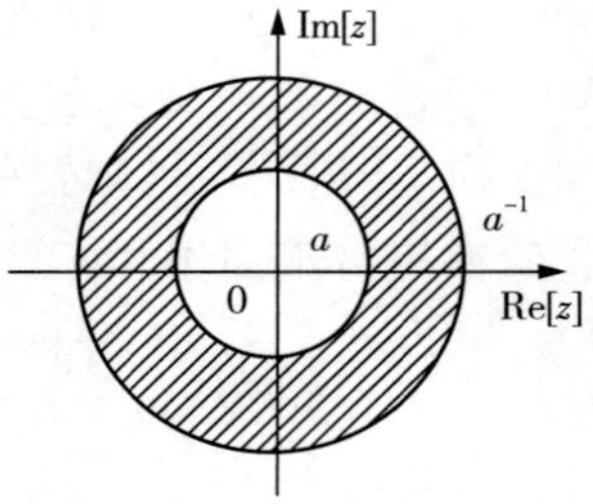

图 2-3-4 $a^{|n|}$ 的 Z 变换收敛域

设序列 $x(n)$ 在区间 $[N_1,N_2]$ 内有数值，其 Z 变换为

$$X(z)=\sum_{n=N_1}^{N_2}x(n)z^{-n}$$

下面根据 N_1、N_2 的不同取值分四种情况来讨论 $X(z)$ 的收敛域。

1. *有限长序列*

(1) $N_1>0,N_2>0$，只有 $z=0$ 是极点，收敛域是除去点 $z=0$ 的整个 z 平面，即 $|z|>0$。

(2) $N_1<0,N_2\leqslant 0$，只有 ∞ 是极点，所以收敛域是 $|z|<+\infty$ 的整个 z 平面。

(3) $N_1<0,N_2>0$，是上面两种情况的综合，所以收敛域是 $0<|z|<+\infty$ 的整个 z 平面。

可见，有限长序列的收敛域一般是除去 $z=0$ 或 ∞ 的整个 z 平面。

2. *右边序列*

(1) 因果序列，$N_1>0,N_2=\infty$，见例 2-3-1，收敛域为 $|z|>R_+$ 的圆外部分。

(2) 非因果序列，$N_1<0$，$N_2=\infty$，$|z|>R_+$，且 ∞ 是极点，收敛域为 $R_+<|z|<+\infty$。

可见，因果序列的收敛域一般是在某个圆外，非因果序列的收敛域还要去掉 ∞ 点。

3. *左边序列*

(1) $N_1=-\infty,N_2<0$，见例 2-3-2，收敛域为 $|z|<R_+$ 的圆内部分。

(2) $N_1=-\infty,N_2\leqslant 0$，还要去掉点 $z=0$，因此收敛域为 $0<|z|<R_+$ 的圆内部分。

可见，左边序列的收敛域一般是在某个圆内。

4. 双边序列

$N_1=\infty$，$N_2=\infty$，见例 2-3-3，双边序列收敛域为$R_- < |z| < R_+$ 的环域。

常见序列的 Z 变换及其收敛域见表 2-3-1 所列。

表 2-3-1　常见序列的 Z 变换及其收敛域

序　列	Z 变换	收敛域
$\delta(n)$	1	整个 z 平面
$R_N(n)$	$\frac{1-z^{-N}}{1-z^{-1}}$	$\|z\|>0$
$u(n)$	$\frac{1}{1-z^{-1}}$	$\|z\|>1$
$nu(n)$	$\frac{z^{-1}}{(1-z^{-1})^2}$	$\|z\|>1$
$a^n u(n)$	$\frac{1}{1-az^{-1}}$	$\|z\|>\|a\|$
$-a^n u(-n-1)$	$\frac{1}{1-az^{-1}}$	$\|z\|<\|a\|$
$a^{\|n\|}$	$\frac{1-a^2}{(1-az)(1-az^{-1})}$	$\|a\|<\|z\|<\frac{1}{\|a\|}$
$na^n u(n)$	$\frac{az^{-1}}{(1-az^{-1})^2}$	$\|z\|>\|a\|$
$-na^n u(-n-1)$	$\frac{az^{-1}}{(1-az^{-1})^2}$	$\|z\|<\|a\|$
$(n+1)a^n u(n)$	$\frac{z^2}{(z-a)^2}$	$\|z\|>\|a\|$
$e^{j\omega_0 n}u(n)$	$\frac{1}{1-e^{j\omega_0}z^{-1}}$	$\|z\|>1$
$\sin(\omega_0 n)u(n)$	$\frac{z^{-1}\sin\omega_0}{1-2z^{-1}\cos\omega_0+z^{-2}}$	$\|z\|>1$
$\cos(\omega_0 n)u(n)$	$\frac{1-z^{-1}\cos\omega_0}{1-2z^{-1}\cos\omega_0+z^{-2}}$	$\|z\|>1$
$a^n\sin(\omega_0 n)u(n)$	$\frac{az^{-1}\sin\omega_0}{1-2az^{-1}\cos\omega_0+a^2z^{-2}}$	$\|z\|>\|a\|$
$a^n\cos(\omega_0 n)u(n)$	$\frac{1-az^{-1}\cos\omega_0}{1-2az^{-1}\cos\omega_0+a^2z^{-2}}$	$\|z\|>\|a\|$

2.3.2　逆 Z 变换

逆 Z 变换就是根据 $X(z)$ 及其收敛域求原序列 $x(n)$ 的过程。对式(2-3-1) 两端乘以 z^{n-1}，n 为任意整数，并在 $X(z)$ 的收敛域上进行积分，得

$$\oint_c X(z) z^{n-1} \mathrm{d}z = \oint_c \left[\sum_{m=-\infty}^{+\infty} x(m) z^{-m} \right] z^{n-1} \mathrm{d}z$$

$$= \sum_{m=-\infty}^{+\infty} x(m) \oint_c z^{n-m-1} \mathrm{d}z$$

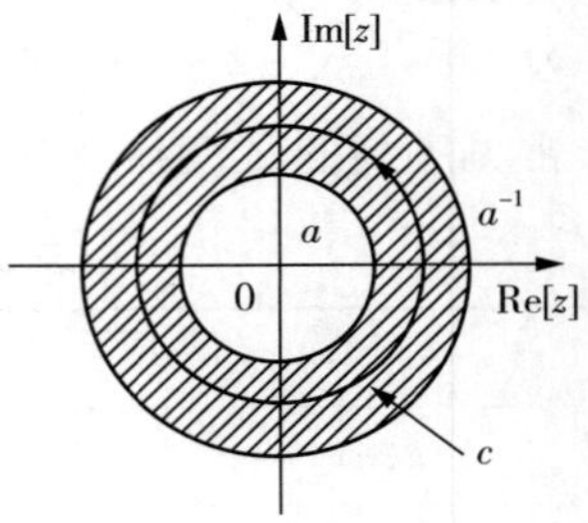

图 2-3-5 围线积分路径

式中积分路径 c 是 $X(z)$ 收敛域中一条包围原点的逆时针方向的闭合围线，如图2-3-5 所示。

根据柯西公式，只有当 $n-m-1=-1$，即 $n=m$ 时，$\oint_c z^{n-m-1}\mathrm{d}z=2\pi\mathrm{j}$，否则，$\oint_c z^{n-m-1}\mathrm{d}z=0$。由于 m 是整数，求和中除了 $n=m$ 外，其余各项全为零，所以有

$$\oint_c X(z) z^{n-1} \mathrm{d}z = \sum_{m=-\infty}^{+\infty} x(m) 2\pi\mathrm{j}\delta(m-n) = 2\pi\mathrm{j}x(n)$$

$$x(n) = \mathrm{IZT}[X(z)] = \frac{1}{2\pi\mathrm{j}} \oint_c X(z) z^{n-1} \mathrm{d}z \tag{2-3-5}$$

式(2-3-5) 就是逆 Z 变换公式。

计算逆 Z 变换的方法有留数法、部分分式展开法和长除法(幂级数法)，下面分别介绍。以下假设 $X(z)=P(z)/Q(z)$，$P(z)$ 和 $Q(z)$ 分别是 z 的 M 阶和 N 阶多项式。

1. 留数法

求逆 Z 变换时，直接计算式(2-3-5) 给出的围线积分是比较麻烦的，用留数定理求则很容易。为了书写简单，用 $F(z)$ 表示被积函数，$F(z)=X(z)z^{n-1}$。

如果 $F(z)$ 在围线 c 内的极点用 z^k 表示，根据留数定理有

$$\frac{1}{2\pi\mathrm{j}} \oint_c F(z) \mathrm{d}z = \sum_k \mathrm{Res}[F(z), z_k] \tag{2-3-6}$$

$\mathrm{Res}[F(z),z_k]$ 表示 $F(z)$ 在极点 $z=z_k$ 处的留数，逆 Z 变换是围线 c 内所有极点的留数之和。

如果 z_k 是单阶极点，根据留数定理有

$$\mathrm{Res}[F(z), z_k] = (z - z_k) \cdot F(z) \mid_{z=z_k} \tag{2-3-7}$$

如果 z_k 是 m 阶极点，根据留数定理有

$$\mathrm{Res}[F(z), z_k] = \frac{1}{(m-1)!} \frac{\mathrm{d}^{m-1}}{\mathrm{d}z^{m-1}} [(z - z_k)^m F(z)] \mid_{z=z_k} \tag{2-3-8}$$

式(2-3-8) 表明，对于 m 阶极点，需要求 $m-1$ 阶导数。如果 c 内有多阶极点，而 c 外没有多阶极点，则可以根据留数辅助定理求 c 外的所有极点留数之和，简化计算。

如果 $F(z)$ 在 z 平面上有 N 个极点，在收敛域内的封闭曲线 c 将 z 平面上的极点分成两部分：一部分是 c 内极点，设有 N_1 个极点，用 z_{1k} 表示，另一部分是 c 外极点，设有 N_2 个，用 z_{2k} 表示。根据留数辅助定理，有

$$\sum_{k=1}^{N_1} \text{Res}[F(z), z_{1k}] = -\sum_{k=1}^{N_2} \text{Res}[F(z), z_{2k}] \tag{2-3-9}$$

式(2-3-9)成立的条件是 $F(z)$ 的分母阶次比分子阶次高二阶以上，$N-M-n+1>2$，即

$$n < N-M \tag{2-3-10}$$

如果 $F(z)$ 在 c 内极点中有多阶极点，而在 c 外没有多阶极点，且满足式(2-3-10)，则逆变换的计算可以按照式(2-3-9)进行。

【例 2-3-4】　已知 $X(z)=(1-az^{-1})^{-1}$，$|z|>|a|$，求其逆 Z 变换 $x(n)$。

解：

$$X(n)=\frac{1}{2\pi \mathrm{j}}\oint_c (1-az^{-1})^{-1} z^{n-1}\mathrm{d}z$$

$$F(z)=\frac{1}{1-az^{-1}}z^{n-1}=\frac{z^n}{z-a}$$

为了用留数定理求解，先找出 $F(z)$ 的极点，$F(z)$ 的极点与 n 的取值有关。

$n>0$ 时，$F(z)$ 在 c 内只有 1 个极点：$z_1=a$；

$n<0$ 时，$F(z)$ 在 c 内有 2 个极点：$z_1=a$，$z_2=0$（n 阶）。

所以，应当分段计算 $x(n)$。

$n>0$ 时，$x(n)=\text{Res}[F(z),a]=(z-a)\dfrac{z^n}{z-a}\Big|_{z=a}=a^n$；

$n<0$ 时，$z=0$ 是 n 阶极点，不易求留数。采用留数辅助定理求解，要先检查是否满足式(2-3-10)。$X(z)=\dfrac{z}{z-a}$，$N=M=1$，$N-M=0$，所以 $n<0$ 时，满足式(2-3-10)，可以采用留数辅助定理，改求 c 外极点留数。但对于 $F(z)$，该例题中圆外没有极点（见图 2-3-6），故 $n<0$，$x(n)=0$。最后得到该例题的原序列为 $x(n)=a^n u(n)$。

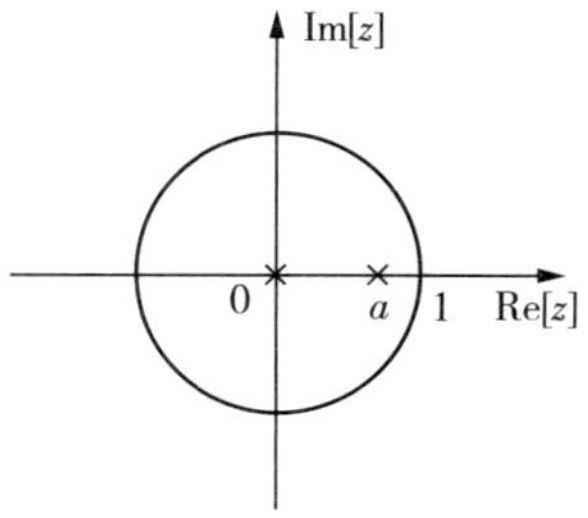

图 2-3-6　$n<0$ 时，$F(z)$ 的极点分布

其实，本题收敛域是 $|z|>a$，可以直接判定 $x(n)$ 是因果序列，这样 $n<0$ 部分一定为零。本题的计算也验证了留数辅助定理的正确性。

【例 2-3-5】　已知 $X(z)=\dfrac{1-a^2}{(1-az)(1-az^{-1})}$，$|a|<1$，求其逆 Z 变换 $x(n)$。

解：题目没有给定义域，为了求出唯一的原序列 $x(n)$，要先确定收敛域。$X(z)$ 有 $z_1=a$ 和 $z_2=a^{-1}$ 两个极点，极点分布如图 2-3-7 所示。收敛域有三种选法：

(1) $|z|>|a^{-1}|$，对应的 $x(n)$ 是因果序列；

(2) $|z|<|a|$，对应的 $x(n)$ 是左序列；

(3) $|a|<|z|<|a^{-1}|$，对应的 $x(n)$ 是双边序列。

$F(z)=\dfrac{1-a^2}{(1-az)(1-az^{-1})}z^{n-1}=\dfrac{1-a^2}{-a(z-a)(z-a^{-1})}z^n$，下面分别按照不同的收敛域求其 $x(n)$。

(1) 收敛域为 $|z|>|a^{-1}|$：原序列是因果序列，无须求 $n<0$ 时的情况。当 $n\geqslant 0$ 时，$F(z)$ 在 c 内有两个极点：$z=a$ 和 $z=a^{-1}$，因此

$$
\begin{aligned}
x(n)&=\text{Res}[F(z),a]+\text{Res}[F(z),a^{-1}]\\
&=\frac{(1-a^2)z^n}{-a(z-a)(z-a^{-1})}(z-a)\bigg|_{z=a}+\frac{(1-a^2)z^n}{-a(z-a)(z-a^{-1})}(z-a^{-1})\bigg|_{z=a^{-1}}\\
&=a^n-a^{-n}
\end{aligned}
$$

因为 $n\geqslant 0$，所以 $x(n)=(a^n-a^{-n})u(n)$。

(2) 收敛域为 $|z|<|a|$：原序列是左序列，无须计算 $n\geqslant 0$ 的情况。实际上，当 $n\geqslant 0$ 时，围线 c 内没有极点，因此 $x(n)=0$。$n<0$ 时，c 内只有一个极点 $z=0$，且是 n 阶极点，改求 c 外极点留数之和。

$n<0$ 时，$F(z)$ 满足式(2-3-10)，所以按式(2-3-9)计算 $x(n)$：

$$
\begin{aligned}
x(n)&=-\text{Res}[F(z),a]-\text{Res}[F(z),a^{-1}]\\
&=-\frac{(1-a^2)z^n}{-a(z-a)(1-a^{-1})}(z-a)\bigg|_{z=a}-\frac{(1-a^2)z^n}{-a(z-a)(z-a^{-1})}(z-a^{-1})\bigg|_{z=a^{-1}}\\
&=-a^n-(-a^{-n})=a^{-n}-a^n
\end{aligned}
$$

因为 $n<0$，将 $x(n)$ 表示成封闭式：$x(n)=(a^{-n}-a^n)u(-n-1)$。

(3) 收敛域为 $|a|<|z|<|a^{-1}|$：$x(n)$ 是双边序列。根据被积函数 $F(z)$，按 $n\geqslant 0$ 和 $n<0$ 两种情况分别求 $x(n)$。

$n\geqslant 0$ 时，c 内只有一个极点：$z=a$，则

$$x(n)=\text{Res}[F(z),a]=a^n$$

$n<0$ 时，c 内极点有两个，其中 $z=0$ 是 n 阶极点，改求 c 外极点留数，c 外极点只有 $z=a^{-1}$，因此

$$x(n)=-\text{Res}[F(z),a^{-1}]=a^{-n}$$

最后将 $x(n)$ 表示为

$$x(n)=\begin{cases}a^n, n\geqslant 0\\ a^{-n}, n<0\end{cases}$$

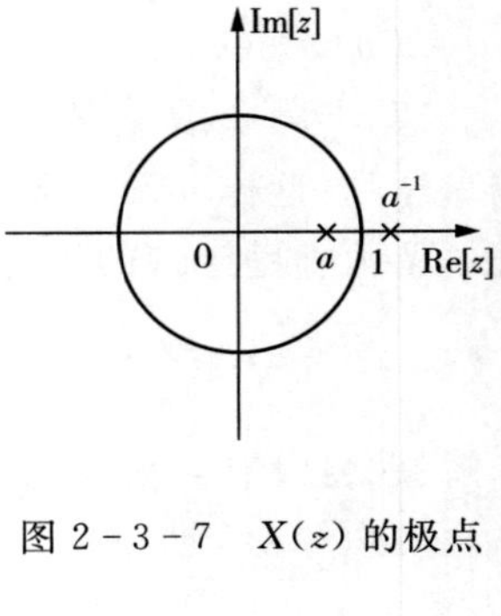

图 2-3-7　$X(z)$ 的极点

2. 部分分式展开法

对于具有单阶极点的 $X(z)$，常常用部分分式展开法求其逆 Z 变换。设 $x(n)$ 的 Z 变

换 $X(z)$ 是有理函数，分母多项式是 N 阶多项式，分子多项式是 M 阶多项式，将 $X(z)$ 展成一些常用的简单部分分式之和，通过查表（参考表 2-3-1）求得各部分的逆变换，再相加便得到原序列 $x(n)$。

设 $X(z)$ 只有 N 个一阶极点，可展开成如下形式：

$$X(z)=A_0+\sum_{m=1}^{N}\frac{A_m z}{z-z_m} \tag{2-3-11}$$

$$\frac{X(z)}{z}=\frac{A_0}{z}+\sum_{m=1}^{N}\frac{A_m}{z-z_m} \tag{2-3-12}$$

观察上面两个式子，$X(z)/z$ 在极点 $z=0$ 的留数就是系数 A_0，在极点 $z=z_m$ 的留数就是系数 A_m。

$$A_0=\text{Res}\left[\frac{X(z)}{z},0\right] \tag{2-3-13}$$

$$A_m=\text{Res}\left[\frac{X(z)}{z},z_m\right] \tag{2-3-14}$$

求出系数 $A_m(m=0,1,2,\cdots,N)$ 后，查表 2-3-1 可求得序列 $x(n)$。

【例 2-3-6】　已知 $X(z)=\dfrac{5z^{-1}}{1+z^{-1}-6z^{-2}}$，$2<|z|<3$，求逆 Z 变换。

解：

$$\frac{X(z)}{z}=\frac{5z^{-2}}{1+z^{-1}-6z^{-2}}=\frac{5}{z^2+z-6}=\frac{5}{(z-2)(z+3)}=\frac{A_1}{z-2}+\frac{A_2}{z+3}$$

$$A_1=\text{Res}\left[\frac{X(z)}{z},2\right]=\frac{X(z)}{z}(z-2)\big|_{z=2}=1$$

$$A_2=\text{Res}\left[\frac{X(z)}{z},-3\right]=\frac{X(z)}{z}(z+3)\big|_{z=-3}=-1$$

$$\frac{X(z)}{z}=\frac{1}{z-2}-\frac{1}{z+3}$$

$$X(z)=\frac{1}{1-2z^{-1}}-\frac{1}{1+3z^{-1}}$$

因为收敛域为 $2<|z|<3$，第一部分极点是 $z=2$，因此收敛域为 $|z|>2$；第二部分极点是 $z=-3$，收敛域应取 $|z|<3$。查表 2-3-1，得到

$$x(n)=2^n u(n)+(-3)^n u(-n-1)$$

注意：在进行部分分式展开时，也遇到求留数问题，求各部分分式对应的原序列时，还要确定它的收敛域在哪里，因此一般情况下不如直接用留数定理方便。

3. 长除法

长除法又称为幂级数法。根据 Z 变换的定义，将 $X(z)$ 展开如下：

$$X(z)=\cdots+x(-1)z^{1}+x(0)+x(1)z^{-1}+x(2)z^{-2}+\cdots \qquad (2-3-15)$$

利用长除法求出式(2－3－15)中的系数，就得到了序列 $x(n)$。

【例 2－3－7】 已知 $X(z)=\dfrac{1}{1-az^{-1}}$，$|z|>a$，求逆 Z 变换。

解：因为收敛域是 $|z|>a$，因此反变换是一个右边序列。多项式长除法如下：

$$1-az^{-1}\overline{)\,1\qquad}\quad \text{商：}1+az^{-1}+a^{2}z^{-2}+a^{3}z^{-3}+\cdots$$

$$\frac{1-az^{-1}}{az^{-1}}$$

$$\frac{az^{-1}-a^{2}z^{-2}}{a^{2}z^{-2}}$$

$$\frac{a^{2}z^{-2}-a^{3}z^{-3}}{a^{3}z^{-3}}$$

$$\frac{a^{3}z^{-3}-a^{4}z^{-4}}{a^{4}z^{-4}}$$

$$\vdots$$

$$X(z)=1+az^{-1}+a^{2}z^{-2}+a^{3}z^{-3}+\cdots$$

归纳得到 $x(n)=a^{n}u(n)$。

在长除法中，要注意多项式各项的排列顺序。若是右边序列，$X(z)$ 分子分母多项式都按 z 的降幂排列(即按 z^{-1} 的升幂排列)；若是左边序列，$X(z)$ 分子分母多项式都按 z 的升幂排列(即按 z^{-1} 的降幂排列)。

【例 2－3－8】 已知 $X(z)=\dfrac{1}{1-az^{-1}}$，$|z|<a$，求逆 Z 变换。

解：因为收敛域是 $|z|<a$，因此反变换是一个左边序列。多项式长除法如下：

$$-az^{-1}+1\overline{)\,1\qquad}\quad \text{商：}-a^{-1}z-a^{-2}z^{2}-a^{-3}z^{3}-a^{-4}z^{4}+\cdots$$

$$\frac{1-a^{-1}z}{a^{-1}z}$$

$$\frac{a^{-1}z-a^{-2}z^{2}}{a^{-2}z^{2}}$$

$$\frac{a^{-2}z^{2}-a^{-3}z^{3}}{a^{3}z^{-3}}$$

$$\frac{a^{-3}z^{3}-a^{-4}z^{4}}{a^{-4}z^{4}}$$

$$\vdots$$

$$X(z) = -a^{-1}z - a^{-2}z^2 - a^{-3}z^3 - a^{-4}z^4 + \cdots$$

归纳得到 $x(n) = -a^n u(-n-1)$。

2.3.3 Z 变换的性质和定理

下面介绍 Z 变换的重要性质和定理。设 $X(z) = \mathrm{ZT}[x(n)]$，$R_{x-} < |z| < R_{x+}$，$Y(z) = \mathrm{ZT}[y(n)]$，$R_{y-} < |z| < R_{y+}$。

1. 线性性质

设 $w(n) = ax(n) + by(n)$，a、b 为常数，则有

$$W(z) = \mathrm{ZT}[w(n)] = aX(z) + bY(z),R_{w-} < |z| < R_{w+} \tag{2-3-16}$$

$$R_{w+} = \min[R_{x+},R_{y+}],R_{w-} = \max[R_{x-},R_{y-}]$$

这里，$W(z)$ 的收敛域(R_{w-},R_{w+}) 是 $X(z)$ 和 $Y(z)$ 的公共收敛域，如果没有公共收敛域，例如当$R_{x+} > R_{x-} > R_{y+} > R_{y-}$ 时，则 $W(z)$ 不存在。

2. 序列的移位性质

$$\mathrm{ZT}[x(n-n_0)] = z^{-n_0}X(z),R_{x-} < |z| < R_{x+} \tag{2-3-17}$$

3. 序列乘以指数序列的性质

设 $y(n) = a^n x(n)$，a 为常数，则

$$Y(z) = \mathrm{ZT}[a^n x(n)] = X(a^{-1}z)\ ,|a|R_{x-} < |z| < |a|R_{x+} \tag{2-3-18}$$

证明：

$$Y(z) = \sum_{n=-\infty}^{+\infty} a^n x(n) z^{-n} = \sum_{n=-\infty}^{+\infty} x(n)(a^{-1}z)^{-n} = X(a^{-1}z)$$

因为$R_{x-} < |a^{-1}z| < R_{x+}$，得到$|a|R_{x-} < |z| < |a|R_{x+}$。

4. 序列乘以 n 后的 Z 变换

$$\mathrm{ZT}[nx(n)] = -z\frac{\mathrm{d}X(z)}{\mathrm{d}z},R_{x-} < |z| < R_{x+} \tag{2-3-19}$$

证明：

$$\frac{\mathrm{d}X(z)}{\mathrm{d}z} = \frac{\mathrm{d}}{\mathrm{d}z}\left[\sum_{n=-\infty}^{+\infty} x(n)z^{-n}\right] = \sum_{n=-\infty}^{+\infty} x(n)\frac{\mathrm{d}}{\mathrm{d}z}(z^{-n})$$

$$= -\sum_{n=-\infty}^{+\infty} nx(n)z^{-n-1} = -z^{-1}\sum_{n=-\infty}^{+\infty} nx(n)z^{-n} = -z^{-1}\mathrm{ZT}[nx(n)]$$

因此 $\mathrm{ZT}[nx(n)] = -z\dfrac{\mathrm{d}X(z)}{\mathrm{d}z}$。

由于 $X(z)$ 是 z 的幂函数，其导函数是具有相同收敛域的另一个幂函数，故式(2-3-19) 的收敛域与 $X(z)$ 相同。

5. 复共轭序列的Z变换

$$\mathrm{ZT}[x^*(n)]=X^*(z^*),R_{x-}<|z|<R_{x+} \tag{2-3-20}$$

证明：$\mathrm{ZT}[x^*(n)]=\sum_{n=-\infty}^{+\infty}x^*(n)z^{-n}=\sum_{n=-\infty}^{+\infty}[x(n)(z^*)^{-n}]^*=X^*(z^*)$。

6. 初值定理

设 $x(n)$ 是因果序列，$X(z)=\mathrm{ZT}[x(n)]$，则

$$x(0)=\lim_{z\to\infty}X(z) \tag{2-3-21}$$

证明：

$$X(z)=\sum_{n=0}^{+\infty}x(n)z^{-n}=x(0)+x(1)z^{-1}+x(2)z^{-2}+\cdots$$

因此得到 $\lim_{z\to\infty}X(z)=x(0)$。

7. 终值定理

若 $x(n)$ 是因果序列，其Z变换的极点，除可以有一个一阶极点在 $z=1$ 上，其他极点均在单位圆内，则

$$\lim_{n\to+\infty}x(n)=\lim_{z\to1}(z-1)X(z) \tag{2-3-22}$$

证明：

$$(z-1)X(z)=\sum_{n=-\infty}^{+\infty}[x(n+1)-x(n)]z^{-n}$$

因为 $x(n)$ 是因果序列，$x(n)=0,n<0$，所以

$$(z-1)X(z)=\lim_{n\to+\infty}\left[\sum_{m=-1}^{n}x(m+1)z^{-m}-\sum_{m=0}^{n}x(m)z^{-m}\right]$$

因为 $(z-1)X(z)$ 在单位圆上无极点，上式对 $z=1$ 取极限：

$$\begin{aligned}\lim_{z\to1}(z-1)X(z)&=\lim_{n\to+\infty}\left[\sum_{m=-1}^{n}x(m+1)-\sum_{m=0}^{n}x(m)\right]\\&=\lim_{n\to+\infty}[x(0)+x(1)+\cdots+x(n)+x(n+1)-x(0)-x(1)-\cdots-x(n)]\\&=\lim_{n\to+\infty}x(n+1)=\lim_{n\to+\infty}x(n)\end{aligned}$$

终值定理也可用 $X(z)$ 在 $z=1$ 点的留数表示。因为

$$\lim_{z\to1}(z-1)X(z)=\mathrm{Res}[X(z),1]$$

因此

$$x(+\infty)=\mathrm{Res}[X(z),1]$$

如果在单位圆上 $X(z)$ 无极点，$\mathrm{Res}[X(z),1]=(z-1)X(z)|_{z=1}=0$，则

$x(+\infty)=0$。

8. 时域卷积定理

设 $w(n)=x(n)*y(n)$，则

$$W(z)=\mathrm{ZT}[w(n)]=X(z)Y(z),R_{w-}<|z|<R_{w+} \tag{2-3-23}$$

$$R_{w+}=\min[R_{x+},R_{y+}],R_{w-}=\max[R_{x-},R_{y-}]$$

证明：

$$\begin{aligned}W(z)&=\mathrm{ZT}[x(n)*y(n)]\\&=\sum_{n=-\infty}^{+\infty}\left[\sum_{m=-\infty}^{+\infty}x(m)y(n-m)\right]z^{-n}\\&=\sum_{m=-\infty}^{+\infty}x(m)\left[\sum_{n=-\infty}^{+\infty}y(n-m)z^{-n}\right]\\&=\sum_{m=-\infty}^{+\infty}x(m)z^{-m}\sum_{n=-\infty}^{+\infty}y(n-m)z^{-(n-m)}\\&=X(z)Y(z)\end{aligned}$$

$W(z)$ 的收敛域就是 $X(z)$ 和 $Y(z)$ 的公共收敛域，如果 $X(z)$ 和 $Y(z)$ 相乘中有零点和极点对消，则 $Y(z)$ 的收敛域可能扩大。

【例 2-3-9】 线性时不变系统的单位脉冲响应 $h(n)=a^nu(n),|a|<1$，系统输入序列 $x(n)=u(n)$，求系统的输出序列 $y(n)$。

解：$y(n)=h(n)*x(n)$，可直接用时域线性卷积法或者 Z 变换法求 $y(n)$。

(1) 直接求解线性卷积。

$$\begin{aligned}y(n)&=\sum_{m=-\infty}^{+\infty}h(m)x(n-m)=\sum_{m=0}^{+\infty}a^mu(m)u(n-m)\\&=\left[\sum_{m=0}^{n}a^m\right]u(n)=\frac{1-a^{n+1}}{1-a}u(n)\end{aligned}$$

(2)Z 变换法。

$$H(z)=\mathrm{ZT}[a^nu(n)]=\frac{1}{1-az^{-1}},|z|>|a|$$

$$X(z)=\mathrm{ZT}[u(n)]=\frac{1}{1-z^{-1}},|z|>1$$

$$Y(z)=H(z)X(z)=\frac{1}{(1-z^{-1})(1-az^{-1})},|z|>1$$

$$y(n)=\frac{1}{2\pi \mathrm{j}}\oint_c\frac{z^{n+1}}{(z-1)(z-a)}\mathrm{d}z$$

由收敛域判定：

$$y(n)=0, n<0$$

$n>0$ 时，有

$$y(n)=\mathrm{Res}[Y(z)z^{n-1},1]+\mathrm{Res}[Y(z)z^{n-1},a]=\frac{1}{1-a}+\frac{a^{n+1}}{a-1}=\frac{1-a^{n+1}}{1-a}$$

9. 复频域卷积定理

设 $w(n)=x(n)y(n)$，则

$$W(z)=\frac{1}{2\pi \mathrm{j}}\oint_c X(v)Y\left(\frac{z}{v}\right)\frac{\mathrm{d}v}{v} \tag{2-3-24}$$

$W(z)$ 的收敛域为

$$R_{x-}R_{y-}<|z|<R_{x+}R_{y+} \tag{2-3-25}$$

式(2-3-24)中的 v 平面上，被积函数的收敛域为

$$\max\left(R_{x-},\frac{|z|}{R_{y+}}\right)<|v|<\min\left(R_{x+},\frac{|z|}{R_{y-}}\right) \tag{2-3-26}$$

证明：

$$W(z)=\sum_{n=-\infty}^{+\infty}x(n)y(n)z^{-n}=\sum_{n=-\infty}^{+\infty}\left[\frac{1}{2\pi \mathrm{j}}\oint_c X(v)\,v^{n-1}\mathrm{d}v\right]y(n)z^{-n}$$

$$=\frac{1}{2\pi \mathrm{j}}\oint_c X(v)\sum_{n=-\infty}^{+\infty}y(n)\left(\frac{z}{v}\right)^{-n}\frac{\mathrm{d}v}{v}=\frac{1}{2\pi \mathrm{j}}\oint_c X(v)Y\left(\frac{z}{v}\right)\frac{\mathrm{d}v}{v}$$

由 $X(z)$ 的收敛域和 $Y(z)$ 的收敛域得到

$$R_{x-}<|v|<R_{x+}, R_{y-}<\left|\frac{z}{v}\right|<R_{y+}$$

因此

$$R_{x-}R_{y-}<|z|<R_{x+}R_{y+}$$

$$\max\left(R_{x-},\frac{|z|}{R_{y+}}\right)<|v|<\min\left(R_{x+},\frac{|z|}{R_{y-}}\right)$$

【例 2-3-10】 已知 $x(n)=u(n)$，$y(n)=a^{|n|}$，$0<|a|<1$，若 $w(n)=x(n)y(n)$，求 $W(z)=\mathrm{ZT}[w(n)]$。

解：

$$X(z)=\frac{1}{1-z^{-1}}, 1<|z|\leqslant+\infty$$

$$Y(z)=\frac{1-a^2}{(1-az^{-1})(1-az)}, |a|<|z|<|a|^{-1}$$

$$W(z)=\frac{1}{2\pi \mathrm{j}}\oint_c X(v)Y\left(\frac{z}{v}\right)\frac{\mathrm{d}v}{v}=\frac{1}{2\pi \mathrm{j}}\oint_c \frac{1-a^2}{(1-av^{-1})(1-av)}\frac{1}{1-\frac{v}{z}}\frac{\mathrm{d}v}{v}$$

$$\max\left(R_{x-},\frac{|z|}{R_{y+}}\right)<|\upsilon|<\min\left(R_{x+},\frac{|z|}{R_{y-}}\right)$$

$W(z)$ 的收敛域为 $|a|<|z|\leqslant+\infty$，这里，$R_{x+}=+\infty$，$R_{x-}=1$，$R_{y+}=|a|^{-1}$，$R_{y-}=|a|$。因此被积函数在 υ 平面上的收敛域为 $\max(|a|,0)<|\upsilon|<\min(|a|^{-1},|z|)$，$\upsilon$ 平面上极点有 a、a^{-1} 和 z；c 内极点有 $z=a$。令 $F(\upsilon)=Y(\upsilon)X\left(\frac{z}{\upsilon}\right)\upsilon^{-1}$，则

$$W(z)=\text{Res}[F(\upsilon),a]=\frac{1}{1-az^{-1}},a<|z|\leqslant+\infty$$

10. 帕斯维尔(Parseval) 定理

设

$$X(z)=\text{ZT}[x(n)],R_{x-}<|z|<R_{x+}$$

$$Y(z)=\text{ZT}[y(n)],R_{y-}<|z|<R_{y+}$$

$$R_{x-}R_{y-}<1,R_{x+}R_{y+}>1$$

那么

$$\sum_{n=-\infty}^{+\infty}x(n)y^*(n)=\frac{1}{2\pi \text{j}}\oint_c X(\upsilon)Y^*\left(\frac{1}{\upsilon^*}\right)\upsilon^{-1}\text{d}\upsilon \tag{2-3-27}$$

υ 平面上 c 所在的收敛域为

$$\max\left(R_{x-},\frac{1}{R_{y+}}\right)<|\upsilon|<\min\left(R_{x+},\frac{1}{R_{y-}}\right)$$

证明：令 $w(n)=x(n)y^*(n)$，按照式(2-3-24)得到

$$W(z)=\text{ZT}[w(n)]=\frac{1}{2\pi \text{j}}\oint_c X(\upsilon)Y^*\left(\left(\frac{z}{\upsilon}\right)^*\right)\upsilon^{-1}\text{d}\upsilon$$

根据式(2-3-25)，按照假设，$z=1$ 在收敛域中，将 $z=1$ 代入 $W(z)$ 中，则有

$$W(1)=\frac{1}{2\pi \text{j}}\oint_c X(\upsilon)Y^*\left(\frac{1}{\upsilon^*}\right)\upsilon^{-1}\text{d}\upsilon$$

$$W(1)=\sum_{n=-\infty}^{+\infty}x(n)y^*(n)z^{-n}\Big|_{z=1}=\sum_{n=-\infty}^{+\infty}x(n)y^*(n)$$

因此

$$\sum_{n=-\infty}^{+\infty}x(n)y^*(n)=\frac{1}{2\pi \text{j}}\oint_c X(\upsilon)Y^*\left(\frac{1}{\upsilon^*}\right)\upsilon^{-1}\text{d}\upsilon$$

如果 $x(n)$ 和 $y(n)$ 都满足绝对可和，即单位圆上收敛，在上式中令 $\upsilon=\text{e}^{\text{j}\omega}$，得到

$$\sum_{n=-\infty}^{+\infty}x(n)y^*(n)=\frac{1}{2\pi}\oint_c X(\text{e}^{\text{j}\omega})Y^*(\text{e}^{\text{j}\omega})\text{d}\omega$$

令 $x(n)=y(n)$，得到

$$\sum_{n=-\infty}^{+\infty} |x(n)|^2 = \frac{1}{2\pi}\int_{-\pi}^{\pi} |X(e^{j\omega})|^2 d\omega \tag{2-3-28}$$

上面得到的公式和在傅里叶变换中的帕斯维尔定理是相同的。式(2-3-28)还可以表示成下式：

$$\sum_{n=-\infty}^{+\infty} |x(n)|^2 = \frac{1}{2\pi j}\oint_c X(z)X(z^{-1})\frac{dz}{z} \tag{2-3-29}$$

注意：式(2-3-29)中 $X(z)$ 收敛域包含单位圆，当 $x(n)$ 为实序列时，$X(e^{-j\omega}) = X^*(e^{j\omega})$。

2.3.4 利用 Z 变换解差分方程

设 N 阶线性常系数差分方程为

$$y(n) = \sum_{i=0}^{M} b_i x(n-i) - \sum_{i=1}^{N} a_i y(n-i) \tag{2-3-30}$$

$x(n)$ 是因果序列，即 $x(n)=0, n<0$，且已知初始条件 $y(-1), y(-2), \cdots, y(-N)$，求系统输出 $y(n)$。因为 $x(n)$ 是因果序列，要对式(2-3-30)进行单边 Z 变换并求解。

由于 $x(n)$ 是因果序列，单边 Z 变换与双边 Z 变换是相等的，$x(n-i)$ 的单边 Z 变换为

$$\mathrm{ZT}[x(n-i)u(n)] = \sum_{n=0}^{+\infty} x(n-i)z^{-n} = z^{-i}X(z) \tag{2-3-31}$$

而 $y(n)$ 是非因果的，下面先求 $y(n-i)$ 的单边 Z 变换。

$$\begin{aligned}
\mathrm{ZT}[y(n-i)u(n)] &= \sum_{n=0}^{+\infty} y(n-i)z^{-n} \\
&= z^{-i}\sum_{n=0}^{+\infty} y(n-i)z^{-(n-i)} \\
&= z^{-i}\sum_{l=-i}^{+\infty} y(l)z^{-l} \\
&= z^{-i}\left[\sum_{l=0}^{+\infty} y(l)z^{-l} + \sum_{l=-i}^{-1} y(l)z^{-l}\right] \\
&= z^{-i}\left[Y(z) + \sum_{l=-i}^{-1} y(l)z^{-l}\right]
\end{aligned} \tag{2-3-32}$$

按照式(2-3-31)和式(2-3-32)对式(2-3-30)进行单边 Z 变换：

$$Y(z) = \sum_{i=0}^{M} b_i X(z)z^{-i} - \sum_{i=1}^{N} a_i z^{-i}\left[Y(z) + \sum_{l=-i}^{-1} y(l)z^{-l}\right]$$

$$Y(z) = \frac{\sum_{i=0}^{M} b_i z^{-i}}{\sum_{i=0}^{N} a_i z^{-i}} X(z) - \frac{\sum_{i=1}^{N} a_i z^{-i}\sum_{l=-i}^{-1} y(l)z^{-l}}{\sum_{i=0}^{N} a_i z^{-i}}, a_0 = 1 \tag{2-3-33}$$

式(2-3-33)右边第一部分与系统初始状态无关，其逆 Z 变换称为零状态响应；而第二部分与输入信号无关，其逆 Z 变换称为零输入响应。

【例 2-3-11】　已知差分方程 $y(n)=x(n)+by(n-1)$，其中 $x(n)=a^n u(n)$，$y(-1)=2$，求 $y(n)$。

解：对差分方程进行 Z 变换：

$$Y(z)=X(z)+bz^{-1}Y(z)+by(-1)$$

$$Y(z)=\frac{X(z)+2b}{1-bz^{-1}}$$

而 $x(n)$ 的 Z 变换为

$$X(z)=\frac{1}{1-az^{-1}},|z|>|a|$$

因此

$$Y(z)=\frac{1}{(1-az^{-1})(1-bz^{-1})}+\frac{2b}{1-bz^{-1}},|z|>\max\{|a|,|b|\}$$

对上式进行逆 Z 变换，得到

$$y(n)=\frac{1}{a-b}(a^{n+1}-b^{n+1})+2\,b^{n+1},n>0$$

上式中第一项为零状态响应，第二项为零输入响应。

2.4　利用 Z 变换分析离散系统的频域特性

本节用 Z 变换分析时域离散系统的因果性、稳定性和频率响应特性。

2.4.1　系统频率响应函数与系统函数

称系统对 $\delta(n)$ 的零状态响应为单位脉冲响应，记为 $h(n)$，$h(n)$ 的傅里叶变换为

$$H(e^{j\omega})=\sum_{n=-\infty}^{+\infty}h(n)e^{-j\omega n}=|H(e^{j\omega n})|e^{j\varphi(\omega)}\qquad(2-4-1)$$

称 $H(e^{j\omega})$ 为系统的频率响应函数或传输函数，它表征系统的频率特性。$|H(e^{j\omega})|$ 称为幅频函数，它表示不同频率成分通过系统后的幅度衰减或者放大情况。对于滤波器，幅频函数一般小于 1。$\varphi(\omega)$ 称为相频函数，它表示不同频率成分通过系统后的相位变化，$\varphi(\omega)$ 一般小于 0。某低通系统的频率响应函数如图 2-4-1 所示。

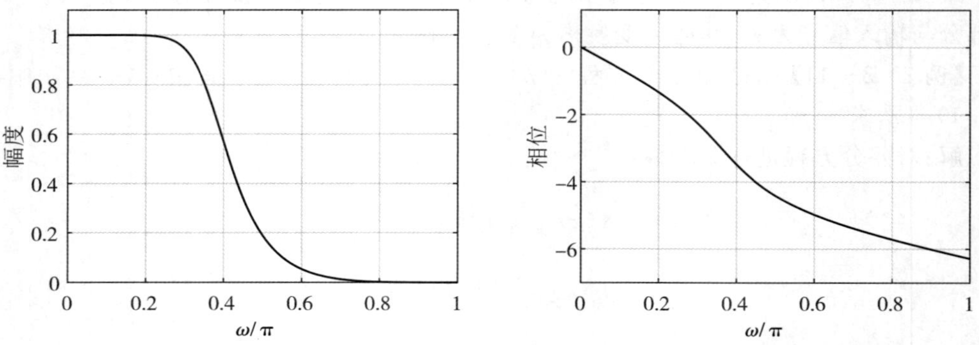

（a）幅频函数曲线　　（b）相频函数曲线

图 2-4-1　某低通系统的频率响应函数

将 $h(n)$ 进行 Z 变换，得到 $H(z)$，称 $H(z)$ 为系统函数，它表征了系统的复频域特性。对式(2-3-30)所示的 N 阶差分方程进行 Z 变换，得到系统函数的一般表示式：

$$H(z)=\frac{Y(z)}{X(z)}=\frac{\sum_{i=0}^{M} b_i z^{-i}}{\sum_{i=0}^{N} a_i z^{-i}} \tag{2-4-2}$$

如果 $H(z)$ 的收敛域包含单位圆 $z=\mathrm{e}^{\mathrm{j}\omega}$，则有

$$H(\mathrm{e}^{\mathrm{j}\omega})=H(z)\big|_{z=\mathrm{e}^{\mathrm{j}\omega}} \tag{2-4-3}$$

即 $H(\mathrm{e}^{\mathrm{j}\omega})$ 是 $h(n)$ 在单位圆上的 Z 变换。下面通过特殊序列来阐述 $H(\mathrm{e}^{\mathrm{j}\omega})$ 的物理含义。

对于线性时不变系统，若系统输入信号 $x(n)=A\mathrm{e}^{\mathrm{j}\omega_0 n}$，则系统输出信号为

$$\begin{aligned}y(n)&=h(n)*x(n)=\sum_{m=-\infty}^{+\infty} h(m)x(n-m)=\sum_{m=-\infty}^{+\infty} h(m)\,A\mathrm{e}^{\mathrm{j}\omega_0(n-m)}\\&=A\mathrm{e}^{\mathrm{j}\omega_0 n}\sum_{m=-\infty}^{+\infty} h(m)\mathrm{e}^{-\mathrm{j}\omega_0 m}=AH(\mathrm{e}^{\mathrm{j}\omega_0})\mathrm{e}^{\mathrm{j}\omega_0 n}\end{aligned}$$

即

$$y(n)=AH(\mathrm{e}^{\mathrm{j}\omega_0})\mathrm{e}^{\mathrm{j}\omega_0 n}=A\,|H(\mathrm{e}^{\mathrm{j}\omega_0})|\,\mathrm{e}^{\mathrm{j}[\omega_0 n+\varphi(\omega_0)]} \tag{2-4-4}$$

式(2-4-4)说明，单频复指数序列 $\mathrm{e}^{\mathrm{j}\omega_0 n}$ 通过频率响应函数为 $H(\mathrm{e}^{\mathrm{j}\omega})$ 的系统后，输出仍为单频复指数序列，其幅度放大了 $|H(\mathrm{e}^{\mathrm{j}\omega_0})|$ 倍，相位增加了 $\varphi(\omega_0)$。

如果 $x(n)$ 为单频实序列 $A\cos(\omega_0 n)$，系统输出是什么呢？根据欧拉公式，有

$$x(n)=A\cos(\omega_0 n)=\frac{A}{2}[\mathrm{e}^{\mathrm{j}\omega_0 n}+\mathrm{e}^{-\mathrm{j}\omega_0 n}]$$

利用上面的结论可得到

$$y(n)=\frac{A}{2}[H(\mathrm{e}^{\mathrm{j}\omega_0})\mathrm{e}^{\mathrm{j}\omega_0 n}+H(\mathrm{e}^{-\mathrm{j}\omega_0})\mathrm{e}^{-\mathrm{j}\omega_0 n}]$$

$$=\frac{A}{2}[|H(e^{j\omega_0})|e^{j\varphi(\omega_0)}e^{j\omega_0 n}+|H(e^{-j\omega_0})|e^{j\varphi(-\omega_0)}e^{-j\omega_0 n}]$$

设 $h(n)$ 为实序列，$H^*(e^{j\omega})=H(e^{-j\omega})$，有

$$|H(e^{j\omega})|=|H(e^{-j\omega})|,\varphi(\omega)=-\varphi(-\omega)$$

所以

$$y(n)=\frac{A}{2}|H(e^{j\omega_0})|[e^{j[\omega_0 n+\varphi(\omega_0)]}+e^{-j[\omega_0 n+\varphi(\omega_0)]}]$$

$$y(n)=A|H(e^{j\omega_0})|\cos[\omega_0 n+\varphi(\omega_0)] \tag{2-4-5}$$

可见，线性时不变系统对单频正弦序列 $\cos(\omega_0 n)$ 的响应也是同频正弦序列，其幅度放大 $|H(e^{j\omega_0})|$ 倍，相位增加 $\varphi(\omega_0)$。根据式(2-4-5)，有

$$y(n)=A|H(e^{j\omega_0})|\cos\left[\omega_0\left(n+\frac{\varphi(\omega_0)}{\omega_0}\right)\right]=A|H(e^{j\omega_0})|\cos[\omega_0(n-\tau(\omega_0))]$$

其中，$\tau(\omega_0)=-\varphi(\omega_0)/\omega_0$。$\tau(\omega_0)$ 称为系统的相延时，也就是序列 $\cos(\omega_0 n)$ 经过该系统的延时。一般情况下，$\varphi(\omega_0)<0$，所以 $\tau(\omega_0)>0$。

式(2-4-4)和式(2-4-5)很好地说明了 $|H(e^{j\omega})|$ 和 $\varphi(\omega)$ 的物理意义。$H(e^{j\omega})$ 表示对 $x(n)$ 各频率分量进行放大和移相，放大倍数就是 $|H(e^{j\omega})|$，相移就是 $\varphi(\omega)$。在滤波器通带内，希望 $|H(e^{j\omega})|$ 近似等于 1；在阻带内，则希望 $|H(e^{j\omega})|$ 越小越好。相移 $\varphi(\omega)$ 一般为负数，所以信号通过系统后相位滞后。相移又对应于时移，时移 $\tau(\omega)=-\varphi(\omega)/\omega>0$。

2.4.2　用零极点法分析系统的因果性和稳定性

因果系统单位脉冲响应 $h(n)$ 是因果序列，其系统函数 $H(z)$ 的收敛域在某个圆外，且 ∞ 点不是极点，因此因果系统的极点一定分布在某个圆内。

稳定系统一定满足 $\sum_{n=-\infty}^{+\infty}|h(n)|<+\infty$，即 $H(e^{j\omega})=\mathrm{FT}[h(n)]$ 存在，也就是说系统稳定，则 $H(z)$ 收敛域必包含单位圆。

如果系统因果且稳定，则其系统函数收敛域包含 ∞ 点和单位圆，收敛域表示为

$$r<|z|\leqslant+\infty,0<r<1$$

可见，因果稳定系统的极点都在单位圆内，可以根据极点位置来分析系统的因果稳定性。需要说明一下，零点对收敛域没有影响，因此零点不影响系统的因果稳定性。

【例 2-4-1】　已知 $H(z)=\dfrac{1-a^2}{(1-az^{-1})(1-az)}$，$0<a<1$，分析其因果性和稳定性。

解：$H(z)$ 的极点为 $z=a$，$z=a^{-1}$。

(1) 收敛域为 $a^{-1}<|z|\leqslant+\infty$：对应的系统是因果系统，但由于收敛域不包含单位圆，因此是不稳定系统。单位脉冲响应 $h(n)=(a^n-a^{-n})u(n)$，这是一个因果序列，但不收敛。

(2) 收敛域为 $0<|z|<a$：单位脉冲响应 $h(n)=(a^{-n}-a^{n})u(-n-1)$，这是一个非因果且不收敛的序列，对应的系统是非因果且不稳定系统。

(3) 收敛域为 $a<|z|<a^{-1}$：对应一个非因果系统，但由于收敛域包含单位圆，因此是稳定系统。其单位脉冲响应 $h(n)=a^{|n|}$，这是一个收敛的双边序列。

在这三种收敛域中，前两种情况，系统不稳定，不能选用；第三种情况，系统稳定但非因果，严格地讲，这样的系统是无法具体实现的。但是，可以利用数字系统的存储功能来实现第三种系统，非因果系统的近似实现过程如图 2-4-2 所示。方法是将图 2-4-2(a) 从 $-N$ 到 N 截取一段，再向右移，形成如图 2-4-2(b) 所示的因果序列 $h'(n)$，将 $h'(n)$ 作为实际系统的单位脉冲响应。N 愈大，$h'(n)$ 表示的系统愈接近 $h(n)$ 表示的系统。这种非因果系统的近似实现体现了数字信号处理技术的优越性。

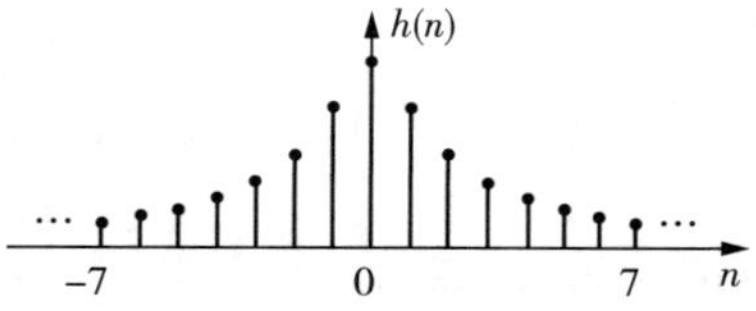

(a) 非因果系统单位脉冲响应

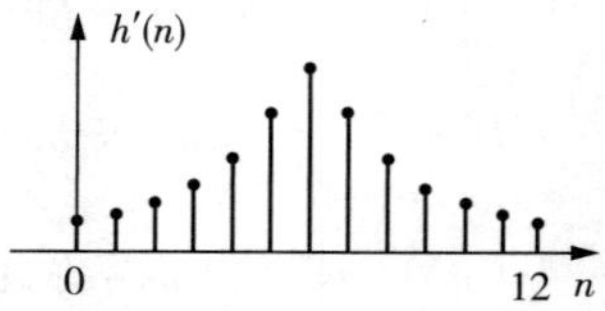

(b) 因果系统单位脉冲响应

图 2-4-2 非因果系统的近似实现过程

2.4.3 用零极点法分析系统的频率响应特性

假设系统函数 $H(z)$ 已知，且其收敛域包含单位圆，则可以令 $z=e^{j\omega}$ 得到表达式 $H(e^{j\omega})$，再令 $\omega_k=2\pi k/N, k=0\sim N-1$，计算 $H(e^{j\omega_k})$，并绘出幅频特性图和相频特性图。显然，这种描点绘图方法比较烦琐。

下面介绍一种用零极点位置大概确定系统频率特性的方法。这种方法虽然不准确，但是方便、快捷，并且非常有利于我们深刻理解零极点的作用。

将式(2-4-2) 的分子和分母进行因式分解，得到

$$H(z)=A\frac{\prod_{r=1}^{M}(1-c_r z^{-1})}{\prod_{r=1}^{N}(1-d_r z^{-1})} \tag{2-4-6}$$

式(2-4-6) 中，$A=b_0/a_0$，c_r 是 $H(z)$ 的零点，d_r 是其极点。下面采用几何方法分析零极点分布对系统频率特性的影响。

将式(2-4-6) 分子、分母同乘以 z^{N+M}，得到

$$H(z)=A\frac{z^{N+M}}{z^{N+M}}\cdot\frac{\prod_{r=1}^{M}(1-c_r z^{-1})}{\prod_{r=1}^{N}(1-d_r z^{-1})}=Az^{N-M}\frac{\prod_{r=1}^{M}(z-c_r)}{\prod_{r=1}^{N}(z-d_r)} \tag{2-4-7}$$

设系统稳定，将 $z=e^{j\omega}$ 代入上式，得到频率响应函数：

$$H(e^{j\omega})=Ae^{j\omega(N-M)}\frac{\prod_{r=1}^{M}(e^{j\omega}-c_r)}{\prod_{r=1}^{N}(e^{j\omega}-d_r)} \tag{2-4-8}$$

在 z 平面上，$e^{j\omega}$ 代表单位圆上的一个动点 B，ω 不同表示该点在圆周上的位置不同。动点 B、零点 c_r 和极点 d_r 在 z 平面上的位置可以用坐标原点 O 指向对应点的向量来表示，分别记为 $\overrightarrow{OB}$、$\overrightarrow{Oc_r}$ 和 $\overrightarrow{Od_r}$。根据向量运算规则，得到

$$e^{j\omega}-c_r=\overrightarrow{OB}-\overrightarrow{Oc_r}=\overrightarrow{c_rB}$$

$$e^{j\omega}-d_r=\overrightarrow{OB}-\overrightarrow{Od_r}=\overrightarrow{d_rB}$$

也就是说，$e^{j\omega}-c_r$ 用从零点 c_r 指向 B 点的向量 $\overrightarrow{c_rB}$ 表示，$e^{j\omega}-d_r$ 用向量 $\overrightarrow{d_rB}$ 表示，如图 2-4-3 所示。$\overrightarrow{c_rB}$ 和 $\overrightarrow{d_rB}$ 分别称为零点向量和极点向量，将它们用极坐标表示为

$$\overrightarrow{c_rB}=c_rB\cdot e^{j\alpha_r},\ \overrightarrow{d_rB}=d_rB\cdot e^{j\beta_r}$$

c_rB 和 d_rB 分别是零点和极点与 B 点的距离。将 $\overrightarrow{c_rB}$ 和 $\overrightarrow{d_rB}$ 的表示式代入式(2-4-8)，得到

$$H(e^{j\omega})=Ae^{j\omega(N-M)}\frac{\prod_{r=1}^{M}c_rBe^{j\alpha_r}}{\prod_{r=1}^{N}d_rBe^{j\beta_r}}$$

$$H(e^{j\omega})=Ae^{j\omega(N-M)}\frac{\prod_{r=1}^{M}c_rB}{\prod_{r=1}^{N}d_rB}e^{j\left(\sum_{r=1}^{M}\alpha_r-\sum_{r=1}^{N}\beta_r\right)}=|H(e^{j\omega})|e^{j\varphi(\omega)} \tag{2-4-9}$$

$$|H(e^{j\omega})|=|A|\frac{\prod_{r=1}^{M}c_rB}{\prod_{r=1}^{N}d_rB} \tag{2-4-10}$$

$$\varphi(\omega)=\omega(N-M)+\sum_{r=1}^{M}\alpha_r-\sum_{r=1}^{N}\beta_r \tag{2-4-11}$$

当 ω 从 0 变化到 2π 时，B 点沿单位圆逆时针旋转一周，可以按照式(2-4-10)和式(2-4-11)估算出系统的幅频特性和相频特性。

在估算系统幅频特性时，并不需要用全部零点矢量和极点矢量的精确长度去实际计

算$|H(e^{j\omega})|$，只要选择与 B 点最近的零点、极点来估算$|H(e^{j\omega})|$就可以了。具体方法如下：

(1) 根据零点、极点位置来确定幅频曲线的谷点频率ω_{c_r} 和峰值点频率ω_{d_r}。ω_{c_r} 就是向量$\overrightarrow{Oc_r}$ 的相角，ω_{d_r} 就是向量$\overrightarrow{Od_r}$ 的相角。

(2) 在谷点频率 ω_{c_r} 处，$|H(e^{j\omega_{c_r}})|$取局部极小值，零点越靠近单位圆，则$|H(e^{j\omega_{c_r}})|$越小，如果零点就在圆周上，则$|H(e^{j\omega_{c_r}})|=0$。

(3) 在极点频率 ω_{d_r} 处，$|H(e^{j\omega_{d_r}})|$取局部极大值，极点越靠近单位圆，则$|H(e^{j\omega_{d_r}})|$越大。如果极点在圆周上，则$|H(e^{j\omega_{c_r}})|$为无穷大，系统不稳定。

(4) $|H(e^{j0})|$，$|H(e^{j\pi})|$以及其他频率处的$|H(e^{j\omega})|$处于极大值和极小值之间，用平滑曲线来近似。因为 $h(n)$ 是实序列，$|H(e^{j\omega})|$关于 $\omega=\pi$ 偶对称，利用此性质可简化绘图过程。

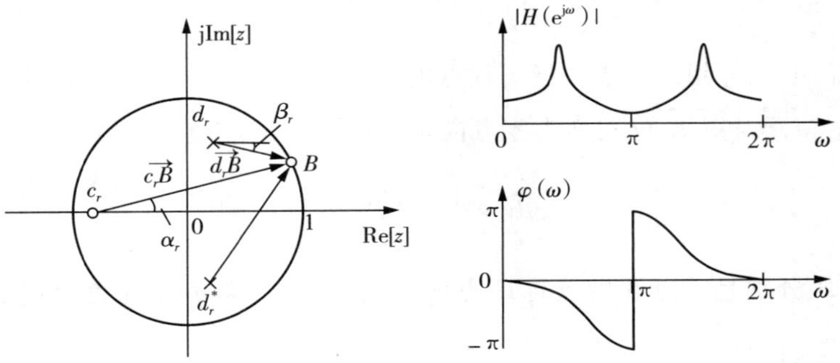

(a) 系统的零极点图　　(b) 系统的频率特性

图 2-4-3　由零极点位置估算系统幅度响应和相位响应

根据上述讨论，总结零极点位置对系统特性的影响如下：

(1) 当 B 点与极点最近时，极点向量长度最短，因而幅频特性出现峰值，且极点愈靠近单位圆、极点向量长度愈短，峰值愈大、幅频曲线愈尖锐。如果极点在单位圆上，则幅度为 $+\infty$，系统不稳定。

(2) 当 B 点与零点最近时，零点向量长度最短，幅度特性将出现谷值，零点愈靠近单位圆，谷值愈接近零。当零点处在单位圆上时，谷值为零。

(3) 处于原点处的零点或极点，其向量长度始终为 1，不影响系统的幅频响应特性，但对相频特性有影响。

可见，非坐标原点的极点主要影响幅频曲线的峰值位置及尖锐程度，非坐标原点的零点主要影响幅频曲线的谷点位置及尖锐程度。这种通过零点和极点位置分析系统频响的方法称为几何法。几何法估算系统幅频特性非常方便，还可以用零极点累试法设计滤波器。

需要说明，零极点法对系统相位特性的估计不太直观，请读者重点掌握幅频特性的零极点估计法。

下面介绍用 MATLAB 来计算零点、极点及频率响应。设系统函数 $H(z)$ 为

$$H(z)=\frac{b_1+b_2z^{-1}+\cdots+b_{M+1}z^{-M}}{a_1+a_2z^{-1}+\cdots+a_{N+1}z^{-N}} \tag{2-4-12}$$

MATLAB中数组或者向量的下标是从1开始的，向量 $B=[b_1,b_2,\cdots,b_{M+1}]$，$A=[a_1,a_2,\cdots,a_{N+1}]$。函数 zplane 和 frepz 的调用格式和功能如下：

zplane(B,A)：绘制出 $H(z)$ 的零极点图。

H = freqz(B,A,W)：计算向量 W 指定的频率点的频率响应 $H(e^{j\omega})$，结果存于向量 H 中。

[H,w] = freqz(B,A,M)：计算 M 个频率点上的频率响应，M 个点均匀设置在 $[0,\pi]$ 上。

[H,w] = freqz(B,A,M,whole)：自动将 M 个频率点均匀设置在 $[0,2\pi]$ 上。

[H,w] = freqz(B,A)：固定格式，512 个频率点，频率范围在 $[0,\pi]$ 上。

幅频函数 $|H(e^{j\omega})|=\text{abs}(H)$，相频函数 $\varphi(\omega)=\text{angle}(H)$。

对式(2-4-12)的分子分母进行因式分解，得到其另外一种表达式(零极点增益形式)：

$$H(z)=k\frac{(z-q(1))(z-q(2))\cdots(z-q(M))}{(z-p(1))(z-p(2))\cdots(z-p(N))} \tag{2-4-13}$$

假设 $H(z)=\dfrac{2+3z^{-1}+4z^{-2}}{1+3z^{-1}+3z^{-2}+z^{-3}}$，可用 roots 函数得到 q、p，用 poly 函数把根转换为 B、A。主要程序如下：

```
b = [2 3 4 0];a = [1 3 3 1];
q = roots(b);p = roots(a); % 得到零点向量 q 和极点向量 p
k = b(1)/a(1);   % k 为系统增益
bb = k * poly(q);  % 得到分子多项式的系数向量
aa = poly(p);  % 得到分母多项式的系数向量
```

【例 2-4-2】　已知 $H(z)=z^{-2}$，分析其频率特性。

解：幅频特性 $|H(e^{j\omega})|=1$，相频特性 $\varphi(\omega)=-2\omega$。$H(z)=z^{-2}$ 的频率特性如图 2-4-4 所示。采用几何方法，极点为 $z=0$，极点向量的长度始终为1，不影响系统的幅频响应，但影响相频特性。

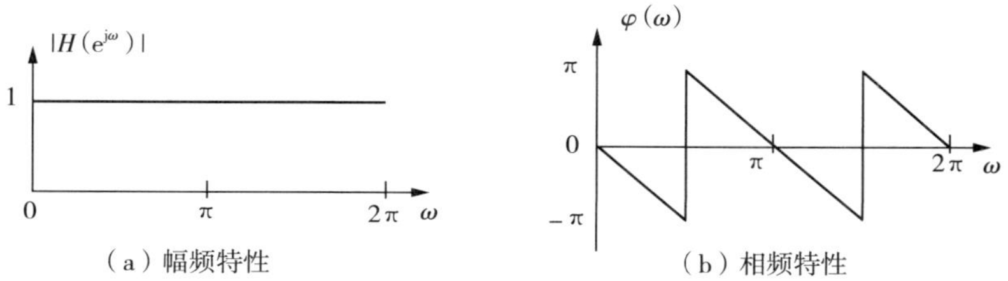

(a) 幅频特性　　(b) 相频特性

图 2-4-4　$H(z)=z^{-2}$ 的频率特性

【例 2-4-3】　一阶因果系统 $y(n)=by(n-1)+x(n)$，用几何法分析其幅度特性。

解:由系统差分方程得到系统函数为

$$H(z)=\frac{1}{(1-bz^{-1})}=\frac{z}{z-b},|z|>|b|$$

式中,$0<b<1$。系统极点 $z=b$,零点 $z=0$。B 点从 $\omega=0$ 开始逆时针运动,在 $\omega=0$ 时,由于极点向量长度最短,形成波峰;在 $\omega=\pi$ 时形成波谷;$z=0$ 处的零点不影响幅频响应。极点、零点分布及幅度特性如图 2-4-5 所示。

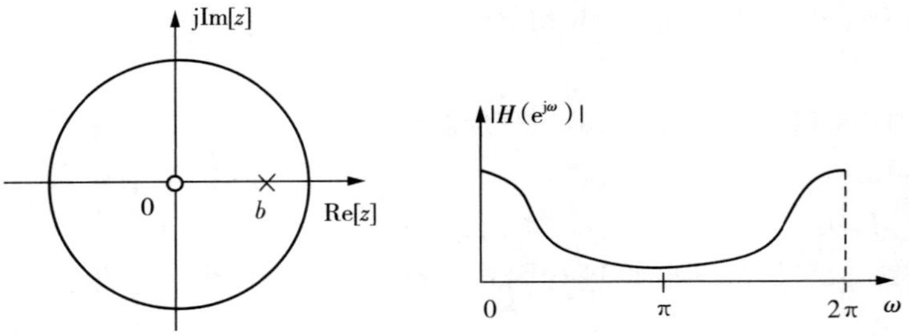

(a)零点、极点位置　　(b)幅频特性

图 2-4-5　极点、零点分布及幅度特性

【例 2-4-4】　已知 $H(z)=1-z^{-N}$,试定性画出系统的幅频特性。

解:

$$H(z)=1-z^{-N}=\frac{z^N-1}{z^N}$$

$H(z)$ 的极点为 $z=0$,这是一个 N 阶极点,它不影响系统的幅频响应。零点有 N 个,由分子多项式的根决定:

$$z^N-1=0,\text{即 } z^N=e^{j2\pi k}$$

$$z_k=e^{j\frac{2\pi}{N}k},k=0,1,2,\cdots,N-1$$

N 个零点等间隔分布在单位圆上,设 $N=8$,极点、零点分布如图 2-4-6 所示。ω 从 0 转到 2π,每遇到一个零点,幅度为零,两个零点的中间幅度最大,形成峰值。幅度谷值点频率为 $\omega_k=2\pi k/N,k=0,1,\cdots,N-1$。一般将具有如图 2-4-6 所示的幅度特性的滤波器称为梳状滤波器。调用 zplane 和 freqz 求解本例的程序如下:

```
B = [1 0 0 0 0 0 0 0 - 1];A = 1;  % 设置系统函数向量 B 和 A
subplot(3,3,1);zplane(B,A);  % 绘制零极点图
[H,w] = freqz(B,A);  % 计算频率响应
subplot(3,3,2);plot(w/pi,abs(H),'k');  % 绘制幅频响应曲线
xlabel('\omega/\pi');ylabel('|H(e^j^\omega)|');
axis([0,1,0,2.5])
subplot(3,3,3);plot(w/pi,angle(H),'k');  % 绘制相频响应曲线
xlabel('\omega/\pi');ylabel('\phi(\omega)');
```

运行上面的程序，梳状滤波器的极点、零点分布及幅频、相频特性如图 2-4-6 所示。

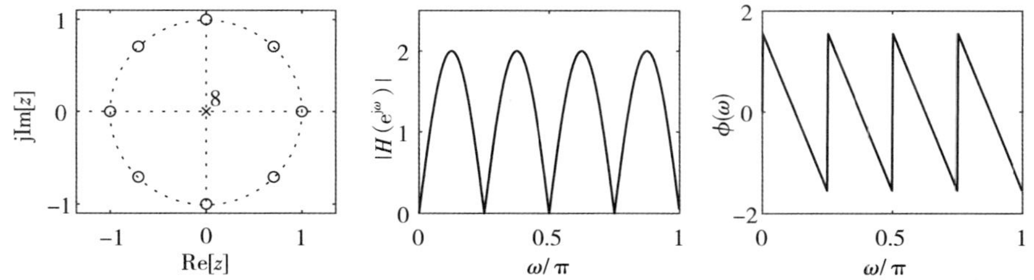

（a）零点、极点　（b）幅度特性　（c）相频特性

图 2-4-6　梳状滤波器的极点、零点分布及幅频、相频特性

2.4.4　几种特殊系统的系统函数及其特点

1. 全通滤波器

如果滤波器的幅频特性对所有频率均等于常数或 1，即

$$|H(e^{j\omega})|=1,0\leqslant\omega\leqslant 2\pi$$

则该滤波器称为全通滤波器。全通滤波器的频率响应函数可表示成

$$H_{ap}(e^{j\omega})=e^{j\varphi(\omega)}$$

上式表明信号通过全通滤波器后，幅度谱保持不变，仅相位变化 $\varphi(\omega)$。

无极点系统构成的全通滤波器如下：

$$H_{ap}(z)=z^{-m} \tag{2-4-14}$$

系统频率响应函数 $H_{ap}(e^{j\omega})=e^{-j\omega m}$，幅度谱为常数 1，相位谱 $\varphi(\omega)=-\omega m$，系统具有线性相位特性，频率为 ω 的分量经过系统后相位减小 ωm。从时域来看，该系统的 $h(n)=\delta(n-m)$，就是一个延时为 m 的无失真传输系统。

含有零点、极点的一阶全通滤波器为

$$H_{ap}(z)=\frac{1-z_0^{-1}z^{-1}}{1-z_0^{*}z^{-1}},\ |z_0|<1 \tag{2-4-15}$$

零点为 z_0^{-1}，极点为 z_0^{*}，二者互为共轭倒数（二者的相角相同，模互为倒数，关于单位圆圆周镜像对称）。该系统的全通性证明如下：

$$H_{ap}(z)=-z^{-1}z_0^{-1}\frac{1-z_0z}{1-z_0^{*}z^{-1}}$$

$$|H_{ap}(e^{j\omega})|=\left|z_0^{-1}\frac{1-z_0e^{j\omega}}{(1-z_0e^{j\omega})^{*}}\right|=|z_0^{-1}|$$

$|H_{ap}(e^{j\omega})|$ 为常数。为保证滤波器幅度为 1，将式(2-4-15) 右端乘以 z_0，得到

$$H_{ap}(z)=\frac{z_0-z^{-1}}{1-z_0^{*}z^{-1}},\ |z_0|<1 \tag{2-4-16}$$

设 $z_0=0.7-\mathrm{j}0.4$，单阶全通系统的零点、极点位置及幅频、相频特性如图 2-4-7 所示，极点和零点的相角相等，零点矢量和极点矢量长度之比为 $1/|z_0|$，再乘以 $|z_0|$，所以幅度响应为常数 1。

由于复数零点、复数极点都是共轭成对出现的，有零点 z_0^{-1}，就有共轭零点 $(z_0^{-1})^*$，有极点 z_0^*，就有共轭极点 z_0，因此可以构造二阶全通滤波器如下：

$$H_{\mathrm{ap}}(z)=\frac{z_0-z^{-1}}{1-z_0^*z^{-1}}\cdot\frac{z_0^*-z^{-1}}{1-z_0z^{-1}},\ |z_0|<1 \tag{2-4-17}$$

二阶全通系统零点、极点位置及幅频、相频特性如图 2-4-8 所示。

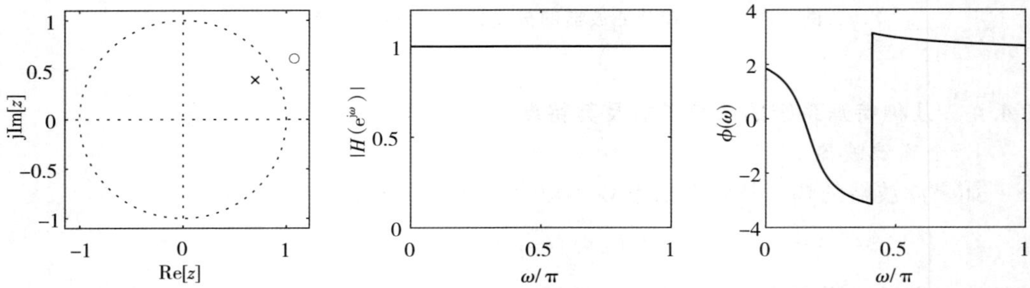

（a）零点、极点位置　（b）幅频特性　（c）相频特性

图 2-4-7　单阶全通系统的零点、极点位置及幅频、相频特性

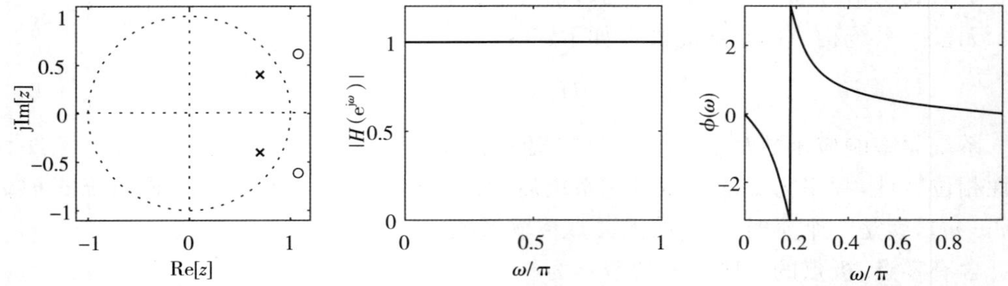

（a）零点、极点位置　（b）幅频特性　（c）相频特性

图 2-4-8　二阶全通系统的零点、极点位置及幅频、相频特性

将式(2-4-17)展开得到式(2-4-18)，式中分子多项式系数和分母多项式系数相同，但是排列顺序相反。当 z_0 为实数时，式(2-4-16)也具有同样的规律。

$$H_{\mathrm{ap}}(z)=\frac{z^{-2}-(z_0+z_0^*)z^{-1}+z_0z_0^*}{1-(z_0+z_0^*)z^{-1}+z_0z_0^*z^{-2}} \tag{2-4-18}$$

将式(2-4-16)和式(2-4-18)所示的多个单阶系统或者二阶系统级联起来，就能构成高阶的全通滤波器。高阶全通滤波器的一般形式如下：

$$H_{\mathrm{ap}}(z)=\frac{z^{-N}+a_1z^{-N+1}+a_2z^{-N+2}+\cdots+a_N}{1+a_1z^{-1}+a_2z^{-2}+\cdots+a_Nz^{-N}}=z^{-N}\frac{D(z^{-1})}{D(z)} \tag{2-4-19}$$

式(2-4-19)中的系数均为实数。容易看出，全通滤波器系统函数 $H_{\mathrm{ap}}(z)$ 的构成特

点是其分子、分母多项式的系数相同，但排列顺序相反。由于系数a_k 是实数，因此

$$D(z^{-1})\big|_{z=e^{j\omega}}=D(e^{-j\omega})=D^*(e^{j\omega})$$

$$|H_{ap}(e^{j\omega})|=\left|\frac{D^*(e^{j\omega})}{D(e^{j\omega})}\right|=1$$

这就证明了式(2-4-19)表示的系统具有全通特性。

式(2-4-19)所示高阶全通滤波器的零点、极点分布规律与单阶、二阶系统的零点、极点分布规律一致，即复数零点、复数极点必然以四个一组出现。比如 z_k 是$H_{ap}(z)$的极点，则必有极点 z_k^*、零点 z_k^{-1} 和$(z_k^{-1})^*$。如果是实数零点、极点，则以两个一组出现，零点与极点互为倒数关系。

IIR 滤波器一般不具有线性相位特性，可以级联一个 IIR 全通滤波器进行相位校正，使总的相位特性是线性的。式(2-4-19)所示的全通滤波器是一种纯相位滤波 IIR 全通滤波器，常用于相位均衡。式(2-4-14)所示的是一个线性相位 FIR 全通滤波器，无相位均衡功能。

2. 梳状滤波器

设滤波器的系统函数为 $H(z)$，其频率响应函数 $H(e^{j\omega})$ 以 2π 为周期。将 $H(z)$ 的变量 z 用 z^N 代替，得到 $H(z^N)$，则相应的频率响应函数 $H(e^{j\omega N})$ 是以 $2\pi/N$ 为周期的，在区间$[0,2\pi]$上有 N 个相同频率特性周期。利用该性质，可以构成各种梳状滤波器。

例如，$H(z)=\dfrac{1-z^{-1}}{1-az^{-1}}$，$0<a<1$，零点为1，极点为$a$。由于$|a|<1$，零点和极点不能抵消，在 $\omega=0$ 处形成谷点，所以 $H(z)$ 为高通滤波器，高通滤波器的零点、极点位置及幅频、相频特性如图 2-4-9 所示。

令 $z=z^N$，得到

$$H'(z)=H(z^N)=\frac{1-z^{-N}}{1-az^{-N}} \tag{2-4-20}$$

当 $N=10$ 时，零点为 $e^{j\frac{2\pi}{10}k}$，$k=0,1,\cdots,9$，极点为$\sqrt[10]{a}\,e^{j\frac{2\pi}{10}k}$，$k=0,1,\cdots,9$。梳状滤波器的零点、极点位置及幅频、相频特性如图 2-4-10 所示。$H'(z)$ 是一种 IIR 梳妆滤波器，例 2-4-4 中的梳状滤波器是 FIR 滤波器，二者的相位响应不同，幅度响应也有区别。

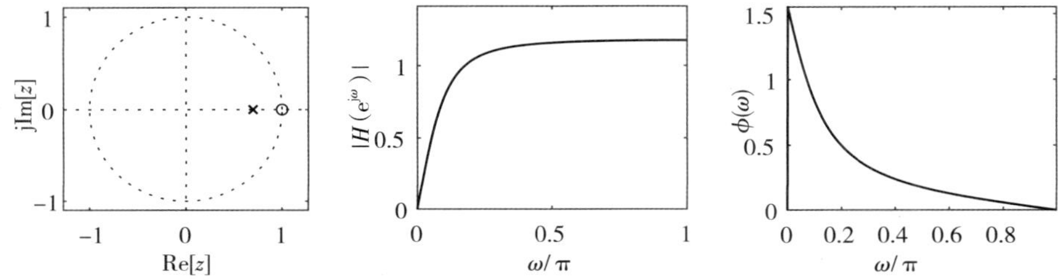

(a) 零点、极点位置　　(b) 幅频特性　　(c) 相频特性

图 2-4-9　高通滤波器的零点、极点位置及幅频、相频特性

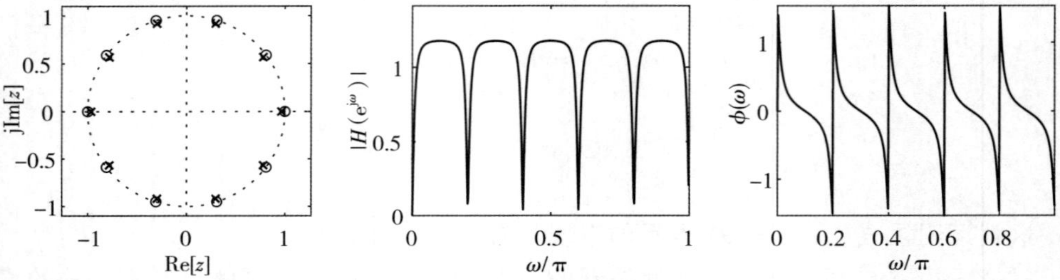

（a）零点、极点位置　（b）幅频特性　（c）相频特性

图 2-4-10　梳状滤波器的零点、极点位置及幅频、相频特性

3. 最小相位系统

因果稳定时域离散系统的极点必须都在单位圆内部，但是系统的零点可以在 z 平面任意位置，零点不影响系统的因果稳定性、只影响系统的频率响应特性。根据零点位置可以将系统分成以下 3 种：

(1) 最小相位系统：系统的零点全部在单位圆内部；

(2) 最大相位系统：系统的零点全部在单位圆外部；

(3) 混合相位系统：单位圆内部和外部都有零点。

最小相位系统具有一些良好的特性，适合于工程应用。下面列举其几个重要性质。

(1) 非最小相位系统 $H(z)$ 可由最小相位系统 $H_{\min}(z)$ 和全通系统 $H_{\mathrm{ap}}(z)$ 级联得到，即

$$H(z)=H_{\min}(z)\,H_{\mathrm{ap}}(z) \tag{2-4-21}$$

证明：假设 $H(z)$ 在单位圆外只有一个零点 z_0^{-1}，$|z_0|<1$，$H(z)$ 可以写成如下形式：

$$H(z)=H_1(z)(z_0-z^{-1})\frac{1-z_0^*z^{-1}}{1-z_0^*z^{-1}}$$

z_0^* 在圆内，z_0^{-1} 和 z_0^* 交换位置如下：

$$H(z)=H_1(z)(1-z_0^*z^{-1})\frac{z_0-z^{-1}}{1-z_0^*z^{-1}} \tag{2-4-22}$$

因为 $H_1(z)$ 是最小相位系统，而 $(1-z_0^*z^{-1})$ 确定的零点 z_0^* 也在单位圆内，所以 $H_1(z)(1-z_0^*z^{-1})$ 是最小相位系统，由式(2-4-16)知 $\dfrac{z_0-z^{-1}}{1-z_0^*z^{-1}}$ 是全通系统。

如果系统有多个单位圆外零点，可以继续参照式(2-4-22)构造最小相位系统，所以有 $H(z)=H_{\min}(z)\,H_{\mathrm{ap}}(z)$ 成立，且 $|H(\mathrm{e}^{\mathrm{j}\omega})|=|H_{\min}(\mathrm{e}^{\mathrm{j}\omega})|$。

以上分析说明：非最小相位系统可以被改造成最小相位系统与全通系统的级联，并且幅频特性不变。具体改造方法如下：

① 将圆外零点 z_0^{-1} 用其共轭倒数形成的零点 z_0^* 代替，构成最小相位系统；

② 圆外零点 z_0^{-1} 与其共轭倒数形成的极点 z_0^* 组成全通系统。

根据以上分析可知，不管零点在圆外还是圆内，用其共轭倒数形成的零点代替，不会

影响系统的幅频特性，仅改变相位响应。

(2) 在幅频特性相等的所有因果稳定系统中，最小相位系统的相位滞后最小。

设 $H(z)$、$H_{\min}(z)$ 和 $H_{ap}(z)$ 的相位函数分别是 $\varphi(\omega)$、$\varphi_{\min}(\omega)$ 和 $\varphi_{ap}(\omega)$，有

$$\varphi(\omega)=\varphi_{\min}(\omega)+\varphi_{ap}(\omega) \tag{2-4-23}$$

可以证明全通系统的相位函数 $\varphi_{ap}(\omega)$ 小于零，所以 $\varphi_{\min}(\omega)>\varphi(\omega)$，因此有

$$\frac{-\varphi_{\min}(\omega)}{\omega}<\frac{-\varphi(\omega)}{\omega} \tag{2-4-24}$$

$\frac{-\varphi_{\min}(\omega)}{\omega}$、$\frac{-\varphi(\omega)}{\omega}$ 是最小相位系统和原系统的相延时，可见最小相位系统的相延时更小。

(3) 最小相位系统的逆系统一定存在。

设系统 $H(z)$ 是因果稳定的最小相位系统，$H(z)=B(z)/A(z)$，其逆系统记为

$$H_{\mathrm{INV}}(z)=\frac{1}{H(z)}=\frac{A(z)}{B(z)} \tag{2-4-25}$$

由于 $A(z)$、$B(z)$ 的根都在单位圆内，显然逆系统是可实现的因果稳定最小相位系统。

在无线传输中，可以用最小相位系统构成逆系统对无线信道进行频率响应的补偿。无线信道可用 $H(z)$ 表示为

$$H(z)=H_{op}(z)\,H_{d}(z) \tag{2-4-26}$$

$H_{op}(z)$ 表示理想信道的特性，$H_{d}(z)$ 表示信道的失真特性，$H_{d}(z)$ 因果稳定，补偿系统记为 $H_{c}(z)$。若要实现完全补偿，那么 $H_{c}(z)$ 必须是 $H_{d}(z)$ 的逆系统。但是 $H_{d}(z)$ 不一定是最小相位系统，其逆系统不一定存在。可以将 $H_{d}(z)$ 分解成最小相位系统和全通系统的级联：

$$H_{d}(z)=H_{d\min}(z)\,H_{ap}(z) \tag{2-4-27}$$

最小相位系统 $H_{d\min}(z)$ 的逆系统存在，令补偿系统的系统函数为

$$H_{c}(z)=1/H_{d\min}(z) \tag{2-4-28}$$

将 $H(z)$ 与 $H_{c}(z)$ 级联，得到补偿后的无线信道的系统函数如下：

$$H'(z)=H(z)\,H_{c}(z)=H_{op}(z)\,H_{ap}(z) \tag{2-4-29}$$

这样就补偿了信道的幅频响应失真，信道还存在一定的相位失真 $H_{ap}(z)$。

【例 2-4-5】　某滤波器的系统函数为 $H_{1}(z)=\frac{1+0.1z^{-1}-0.3z^{-2}}{1+0.81z^{-2}}$，求出与它幅频响应相同的其他滤波器系统函数，指出最小和最大相位系统，并将最大相位系统表示成最小相位系统与全通系统的级联。

解：对系统函数进行因式分解：

$$H_1(z)=\frac{(1-0.5z^{-1})(1+0.6z^{-1})}{(1-\mathrm{j}0.9z^{-1})(1+\mathrm{j}0.9z^{-1})}$$

极点$p_0=\mathrm{j}0.9$，$p_1=-\mathrm{j}0.9$都在单位圆内，系统因果稳定。零点$z_0=0.5$，$z_1=-0.6$都在单位圆内，因此$H_1(z)$是最小相位系统。

将零点用其共轭倒数零点代替(对于实数零点就是用倒数零点代替)，不改变系统幅频响应，仅改变相位响应。另外3种零点配置系统分别如下：

$$z_0=0.5,z_1=-1/0.6:H_2(z)=\frac{(1-0.5z^{-1})(z^{-1}+0.6)}{1+0.81z^{-2}}=\frac{0.6+0.7z^{-1}-0.5z^{-2}}{1+0.81z^{-2}}$$

$$z_0=1/0.5,z_1=-0.6:H_3(z)=\frac{(z^{-1}-0.5)(1+0.6z^{-1})}{1+0.81z^{-2}}=\frac{-0.5+0.7z^{-1}+0.6z^{-2}}{1+0.81z^{-2}}$$

$$z_0=1/0.5,z_1=-1/0.6:H_4(z)=\frac{(z^{-1}-0.5)(z^{-1}+0.6)}{1+0.81z^{-2}}=\frac{-0.3+0.1z^{-1}-z^{-2}}{1+0.81z^{-2}}$$

$H_2(z)$、$H_3(z)$单位圆内外部各有一个零点，是混合相位系统，$H_4(z)$的两个零点都在单位圆外部，是最大相位系统。幅频、相频特性如图2-4-11所示，4个系统的幅频特性相同，而相频曲线不同，相位滞后量之间关系为$-\varphi_1(\omega)<-\varphi_2(\omega)<-\varphi_3(\omega)<-\varphi_4(\omega)$，最小相位系统的相位滞后量最小。

将$H_4(z)$的单位圆外零点换成单位圆内零点，并级联一个全通滤波器：

$$H_4(z)=\frac{(z^{-1}-0.5)(z^{-1}+0.6)}{1+0.81z^{-2}}=\frac{(1-0.5z^{-1})(1+0.6z^{-1})}{1+0.81z^{-2}}\,\frac{(z^{-1}-0.5)(z^{-1}+0.6)}{(1-0.5z^{-1})(1+0.6z^{-1})}$$

$$H_4(z)=H_1(z)\,\frac{(z^{-1}-0.5)(z^{-1}+0.6)}{(1-0.5z^{-1})(1+0.6z^{-1})}=H_1(z)\,H_{\mathrm{ap}}(z)$$

全通滤波器的相位特性如图2-4-11(b)中虚线所示，$\varphi_4(\omega)=\varphi_1(\omega)+\varphi_{\mathrm{ap}}(\omega)$。

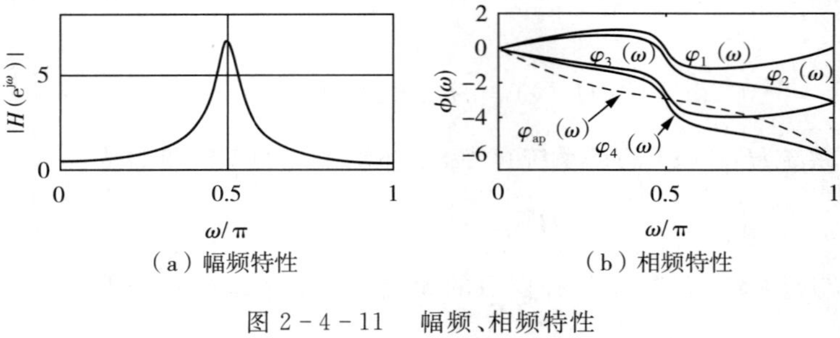

(a) 幅频特性　　(b) 相频特性

图2-4-11　幅频、相频特性

习　题

1. 求如下序列的傅里叶变换：

(1) $x(n)=\delta(n-m)$；　　(2) $x(n)=\frac{1}{2}\delta(n+1)+\delta(n)+\frac{1}{2}\delta(n-1)$；

(3) $x(n)=a^n u(n)$，$0<a<1$；　　(4) $x(n)=a^n\cos(\omega_0 n)u(n)$，其中$|a|<1$；

(5) $3^n u[-n]$；　　(6) $\left(\frac{1}{5}\right)^n u[n+2]$；

(7) $\delta[5-3n]$；　　(8) $n\left(\frac{1}{3}\right)^{|n|}$。

2. 求序列 $x(n)=R_8(n)$ 的傅里叶变换 $X(e^{j\omega})$，并给出 $|X(e^{j\omega})|$ 过零点的频率和幅频函数的主瓣宽度，画出 $|X(e^{j\omega})|$ 的波形。

3. 已知 $x(n)$ 的 DTFT 为 $X(e^{j\omega})$，试求下面各序列的傅里叶变换 $Y(e^{j\omega})$：

(1) $y(n)=x(n-n_0)$；　　(2) $y(n)=x(-n)$；

(3) $y(n)=x^*(-n)$；　　(4) $y(n)=nx(n)$；

(5) $y(n)=x(n)-x(n-1)$；　　(6) $y(n)=x^2(n)$；

(7) $y(n)=x(Dn)$，D 为大于 1 的整数；

(8) $y(n)=\begin{cases}x(n/D), n=kD; \\ 0, n\neq kD,\end{cases}$ k 为整数，D 为大于 1 的整数。

4. 已知 $X_1(e^{j\omega})=\begin{cases}1, |\omega|<\omega_0 \\ 0, \omega_0<|\omega|\leqslant\pi\end{cases}$，$X_2(e^{j\omega})=\begin{cases}e^{-j\omega\tau}, |\omega|<\omega_0 \\ 0, \omega_0<|\omega|\leqslant\pi\end{cases}$，求二者的逆傅里叶变换 $x_1(n)$、$x_2(n)$，并分析 $x_1(n)$ 与 $x_2(n)$ 之间的关系。

5. 求如下周期序列的离散傅里叶级数及傅里叶变换：

(1) $x(n)=e^{j\omega_0 n}$，$2\pi/\omega_0$ 为有理数；　(2) $x(n)=\sin(\omega_0 n)$，$2\pi/\omega_0$ 为有理数；

(3) $p_\delta(n)=\sum_{i=-\infty}^{+\infty}\delta(n-iN)$；　　(4) $\tilde{x}(n)=x((n))_8$，其中 $x(n)=R_4(n)$。

6. 序列 $x(n)=\{1,3,5,7,9,7,5,3,1\}$，$n=0\sim 8$，其 DTFT 用 $X(e^{jw})$ 表示，用简便方法求出：

(1) $X(e^{j0})$；　　(2) $X(e^{j\pi})$；

(3) $\int_{-\pi}^{\pi}X(e^{j\omega})d\omega$；　　(4) $\int_{-\pi}^{\pi}|X(e^{j\omega})|^2 d\omega$；

(5) $\int_{-\pi}^{\pi}\left|\frac{dX(e^{j\omega})}{d\omega}\right|^2 d\omega$。

7. 序列 $x(n)=0.8^n$，$0\leqslant n\leqslant 5$，将该序列分解成偶对称序列和奇对称序列之和。

8. 试证明：如果序列 $x(n)$ 是实奇函数，则其 DTFT 是纯虚奇函数。

9. 已知 $x_1(n)=1$，$n=0\sim N-1$，N 为奇数，其 DTFT 记为 $X_1(e^{j\omega})$，$x_2(n)=x_1(n+(N-1)/2)$，其 DTFT 记为 $X_2(e^{j\omega})$。

(1) 求 $X_1(e^{j\omega})$、$X_2(e^{j\omega})$，指出二者之间的关系；

(2) 分析 $X_1(e^{j\omega})$、$X_2(e^{j\omega})$ 的“实－偶、虚－奇”性。

10. 若序列 $h(n)$ 是实因果序列，其傅里叶变换的实部 $H_R(e^{j\omega})=1+\cos\omega+\cos 2\omega$，求序列 $h(n)$ 及其傅里叶变换 $H(e^{j\omega})$。

11. 若序列 $h(n)$ 是实因果序列，$h(0)=1$，其傅里叶变换的虚部 $H_I(e^{j\omega})=\sin\omega+\sin 2\omega$，求序列 $h(n)$ 及其傅里叶变换 $H(e^{j\omega})$。

12. 若序列 $h(n)$ 是因果序列，其傅里叶变换的实部如下：

$$H_R(e^{j\omega})=\frac{1-a\cos\omega}{1+a^2-2a\cos\omega},|a|<1$$

求序列 $h(n)$ 及其傅里叶变换 $H(e^{j\omega})$。

13. 设系统的单位脉冲响应 $h(n)=a^n u(n),0<a<1$，输入 $x(n)=\delta(n)+0.5\delta(n-2)$。

(1) 求系统输出 $y(n)$；

(2) 分别求出 $x(n)$、$h(n)$ 和 $y(n)$ 的傅里叶变换。

14. 已知 $x_a(t)=\cos(2\pi f_0 t)$，其中 $f_0=100$ Hz，以采样频率 $f_s=300$ Hz 对 $x_a(t)$ 进行采样，得到采样信号 $\hat{x}_a(t)$ 和序列 $x(n)$。

(1) 写出 $\hat{x}_a(t)$ 和 $x(n)$ 的表达式；

(2) 分别求出 $\hat{x}_a(t)$ 的傅里叶变换和 $x(n)$ 的傅里叶变换。

15. 已知 $x_a(t)=\cos(2\pi f_0 t)$，其中 $f_0=100$ Hz，以采样频率 $f_s=200$ Hz 对 $x_a(t)$ 进行采样，得到采样信号 $\hat{x}_a(t)$ 和序列 $x(n)$。

(1) 写出 $\hat{x}_a(t)$ 和 $x(n)$ 的表达式；

(2) 分别求出 $\hat{x}_a(t)$ 的傅里叶变换和 $x(n)$ 的傅里叶变换。

16. 求以下序列的 Z 变换及收敛域：

(1) $\delta(n-m)$； (2) $R_8(n)$；

(3) $3^{-n}u(n)$； (4) $3^{-n}u(-n-1)$；

(5) $3^{-n}u(-n)$； (6) $3^{-n}R_N(n)$；

(7) $x(n)=r^n\cos\left(\frac{\pi}{2}n+\frac{\pi}{8}\right)u(n),0<r<1$。

17. 已知 $x(n)=a^n u(n),0<a<1$，分别求：

(1) $\mathrm{ZT}[x(n)]$； (2) $\mathrm{ZT}[nx(n)]$； (3) $\mathrm{ZT}[x(-n)]$。

18. 已知 $X(z)=\frac{z^{-1}}{2-5z^{-1}+2z^{-2}}$，分别求：

(1) 收敛域 $0.5<|z|<2$ 对应的原序列 $x(n)$；

(2) 收敛域 $|z|>2$ 对应的原序列 $x(n)$。

19. 已知 $X(z)=\frac{4-3z^{-1}+3z^{-2}}{2-5z^{-1}+2z^{-2}},|z|>3$，求对应的序列 $x(n)$。

20. 求出 $X(z)$ 的逆 Z 变换的各种可能的序列，已知：

$$X(z)=\frac{1}{1-3^{-1}z^{-1}}+\frac{1}{1-3z^{-1}}$$

21. 已知系统的输入和单位脉冲响应分别为

$$x(n)=a^n u(n)$$

$$h(n)=b^n u(n),0<a<1,0<b<1$$

用 Z 变换法求系统输出 $y(n)$。

22. 用 Z 变换法求解下列差分方程：

(1) $y(n)=0.1x(n)+0.8y(n-1)$，$y(n)=0$，$n\leqslant -1$；$x(n)=\delta(n)$；

(2) $y(n)=0.1x(n)+0.8y(n-1)$，$y(n)=0$，$n\leqslant -1$；$x(n)=u(n)$。

23. 画出下列系统的零点、极点图，根据零点、极点位置画出幅度函数的近似曲线。

(1) $H(z)=0.1\times\dfrac{1+z^{-1}}{1-0.9z^{-1}}$；

(2) $H(z)=0.9\times\dfrac{1-z^{-1}}{1-0.9z^{-1}}$；

(3) $H(z)=\dfrac{1-z^{-2}}{1-0.16z^{-1}+0.6z^{-2}}$；

(4) $H(z)=0.9\times\dfrac{1-z^{-1}+z^{-2}}{1-0.9z^{-1}+0.8z^{-2}}$；

(5) $H(z)=1+z^{-6}$；

(6) $H(z)=1-z^{-6}$。

24. 已知一个因果线性时不变系统的系统函数为

$$H(z)=\frac{1-a^{-1}z^{-1}}{1-az^{-1}},a\ \text{为实数}$$

(1) 为了保证系统稳定，对 a 的取值有何限制？

(2) 选择 $0<a<1$，画出该系统的零点、极点图，并标出收敛域；

(3) 证明该系统是全通系统。

25. 设 $H(z)=\dfrac{1+z^{-1}}{1+az^{-1}}$，$a=0.9$。令 $z=z^{N}$，构造一个梳状滤波器 $H'(z)=\dfrac{1+z^{-N}}{1+az^{-N}}$，请给出该梳状滤波器的谷点频率，画出其幅频函数的近似曲线。

26. 试证明 $H_{\mathrm{ap}}(z)=\dfrac{z^{-N}+a_1z^{-N+1}+a_2z^{-N+2}+\cdots+a_N}{1+a_1z^{-1}+a_2z^{-2}+\cdots+a_Nz^{-N}}$ 是全通系统。

27. 某滤波器的系统函数为 $H_1(z)=\dfrac{1+0.1z^{-1}-0.42z^{-2}}{1+0.64z^{-2}}$，求出有相同幅频响应的其他滤波器，指出最小和最大相位系统，并将最大相位系统表示成最小相位系统与全通系统的级联。

第3章 离散傅里叶变换及其应用

本章主要介绍离散傅里叶变换(Discrete Fourier Transform,DFT)的定义和基本性质、频率域采样定理以及基本应用。离散傅里叶变换在信号处理中具有重要地位。

3.1 DFT 的基本概念

序列的 Z 变换和 DTFT 都是对序列进行频域分析,满足了频谱分析对时域离散化的要求。但是,变量 z 和数字域频率 ω 都是连续变量,还不便于在计算机上进行 Z 变换和 DTFT 的数值计算。DFT 在 DTFT 的基础上进行频域离散化(即频域采样),实现了序列频谱分析的完全数字化,因此适合用数字电路或者计算机来计算 DFT。

3.1.1 DFT 的定义

对于长度为 M 的有限长序列 $x(n)$,$n=0,1,\cdots,M-1$,定义其 N 点 DFT 如下:

$$X(k)=\text{DFT}[x(n)]=\sum_{n=0}^{N-1}x(n)W_N^{kn},k=0,1,\cdots,N-1 \tag{3-1-1}$$

N 决定了 k 的取值范围,称 N 为 DFT 变换区间长度,$W_N=\mathrm{e}^{-\mathrm{j}\frac{2\pi}{N}}$,且满足 $N\geqslant M$。在 3.2.5 小节中,将说明为什么 DFT 要满足 $N\geqslant M$。可用 $\text{DFT}[x(n)]_N$ 表示 $x(n)$ 的 N 点 DFT。

当 $N\geqslant M$ 时,利用 IDFT 可以从 $X(k)$ 恢复出序列 $x(n)$。$X(k)$ 的反变换定义如下:

$$x(n)=\text{IDFT}[X(k)]=\frac{1}{N}\sum_{k=0}^{N-1}X(k)W_N^{-kn},n=0,1,\cdots,N-1 \tag{3-1-2}$$

需要强调:

(1) 有限长序列的 DFT 总是存在的;

(2) 对于同一个序列,DFT 变换区间的长度 N 不同,则W_N 不同,且参与计算 DFT 的序列值也不同(截断或者补零),因此其 DFT 也不同。

下面来证明式(3-1-2)的正确性。将式(3-1-1)带入式(3-1-2)的右边,有

$$\text{IDFT}[X(k)]=\frac{1}{N}\sum_{k=0}^{N-1}\left[\sum_{m=0}^{N-1}x(m)W_N^{km}\right]W_N^{-kn}=\sum_{m=0}^{N-1}x(m)\frac{1}{N}\sum_{k=0}^{N-1}W_N^{k(m-n)}$$

由于

$$\frac{1}{N}\sum_{k=0}^{N-1}W_N^{k(m-n)}=\begin{cases}1,m=n+rN,r\text{ 为整数}\\0,m\neq n+rN,r\text{ 为整数}\end{cases}$$

又由于 $0 \leqslant m \leqslant N-1, 0 \leqslant n \leqslant N-1, m=n+rN$，可以推导出 $r=0$，因此

$$\mathrm{IDFT}[X(k)] = \sum_{m=0}^{N-1} x(m)\delta(m-n) = x(n), n=0,1,\cdots,N-1$$

式(3-1-2)得证，利用 IDFT 可以从 $X(k)$ 恢复出序列 $x(n)$。

3.1.2　DFT、DTFT 和 Z 变换的关系

根据Z变换和DTFT的定义，长度为N的有限长序列$x(n)$的Z变换和DTFT分别为

$$X(z) = \mathrm{ZT}[x(n)] = \sum_{n=0}^{N-1} x(n) z^{-n}$$

$$X(\mathrm{e}^{\mathrm{j}\omega}) = \mathrm{DTFT}[x(n)] = \sum_{n=0}^{N-1} x(n) \mathrm{e}^{-\mathrm{j}\omega n}$$

将式(3-1-1)与上面两个式子比较，可以得到如下关系式：

$$X(k) = X(\mathrm{e}^{\mathrm{j}\omega}) \big|_{\omega=\frac{2\pi k}{N}} = X(z) \big|_{z=\mathrm{e}^{\mathrm{j}\frac{2\pi k}{N}}}, k=0,1,\cdots,N-1 \tag{3-1-3}$$

式(3-1-3)表明，序列 $x(n)$ 的 N 点 DFT 即 $X(k)$ 是其 DTFT 即 $X(\mathrm{e}^{\mathrm{j}\omega})$ 在 $[0,2\pi]$ 上的 N 点等间隔抽样，也是其 Z 变换 $X(z)$ 在 z 平面单位圆上的 N 点等间隔抽样。也就是说，DFT 是 DTFT 和 Z 变换的离散化序列，实现了傅里叶变换的全数字化。

3.1.3　DFT 的隐含周期性

将 $k=k+mN$，m 为整数代入式(3-1-1)，有

$$X(k+mN) = \sum_{n=0}^{N-1} x(n) W_N^{(k+mN)n} = \sum_{n=0}^{N-1} x(n) W_N^{kn} W_N^{mNn} = X(k)$$

也就是说 $X(k)$ 具有周期性，周期为 N。

将 $n=n+mN$，m 为整数，代入式(3-1-2)，有

$$x(n+mN) = \frac{1}{N}\sum_{k=0}^{N-1} X(k) W_N^{-kn} W_N^{-kmN} = \frac{1}{N}\sum_{k=0}^{N-1} X(k) W_N^{-kn} = x(n)$$

可见 $x(n)$ 也是周期序列，周期为 N。

由于定义 $x(n)$ 和 $X(k)$ 都是有限长序列，因此只能说二者隐含有周期性。

3.1.4　DFT 与周期序列 DFS 的关系

假设 $x(n)$ 长度为 M，$\tilde{x}(n)$ 是 $x(n)$ 的周期延拓序列，周期为 N。$x(n)$ 也就是 $\tilde{x}(n)$ 的主值序列。当 $N \geqslant M$ 时，$x(n)$ 和 $\tilde{x}(n)$ 的关系可以用式(3-1-4)来表示。

$$\begin{cases} \tilde{x}(n) = x((n))_N = \displaystyle\sum_{m=-\infty}^{+\infty} x(n+mN) \\ x(n) = \tilde{x}(n) R_N(n) \end{cases} \tag{3-1-4}$$

式(3-1-4)中,$x((n))_N$ 表示周期延拓,$((n))_N$ 代表对 n 取余操作,模为 N。比如 $N=8$ 时,$\tilde{x}(12)=x((12))_N=x(4)$。

根据式(2-2-4),周期序列 $\tilde{x}(n)$ 的离散傅里叶级数为

$$\tilde{X}(k)=\mathrm{DFS}[\tilde{x}(n)]=\sum_{n=0}^{N-1}\tilde{x}(n)\mathrm{e}^{-\mathrm{j}\frac{2\pi kn}{N}}=\sum_{n=0}^{N-1}x(n)W_N^{kn}=X(k)$$

上式表明有限长序列 $x(n)$ 的 DFT 等于其周期延拓序列 $\tilde{x}(n)$ 的 DFS。即 $X(k)$ 和 $\tilde{X}(k)$ 满足:

$$\begin{cases}\tilde{X}(k)=X((k))_N=\sum_{m=-\infty}^{+\infty}X(k+mN)\\ X(k)=\tilde{X}(k)R_N(k)\end{cases}\tag{3-1-5}$$

利用 $x(n)$ 与 $\tilde{x}(n)$ 的关系式(3-1-4),可以证明式(3-1-6)成立:

$$X(k)=\mathrm{DFT}[x(n)]=\sum_{n=n_0}^{n_0+N-1}\tilde{x}(n)W_N^{kn}\tag{3-1-6}$$

当 $n_0=0$ 时,式(3-1-6)显然成立。下面证明式(3-1-6)在 $n_0\neq 0$ 时也成立。

$$X(k)=\sum_{n=n_0}^{n_0+N-1}\tilde{x}(n)W_N^{kn}=\sum_{n=n_0}^{N-1}\tilde{x}(n)W_N^{kn}+\sum_{n=N}^{n_0+N-1}\tilde{x}(n)W_N^{kn}$$

因为 $\tilde{x}(n)W_N^{kn}$ 以 N 周期,式(3-1-6)右端第二项为

$$\sum_{n=N}^{n_0+N-1}\tilde{x}(n)W_N^{kn}=\sum_{n=N}^{n_0+N-1}\tilde{x}(n-N)W_N^{k(n-N)}=\sum_{n=0}^{n_0-1}\tilde{x}(n)W_N^{kn}$$

所以

$$X(k)=\sum_{n=n_0}^{N-1}\tilde{x}(n)W_N^{kn}+\sum_{n=0}^{n_0-1}\tilde{x}(n)W_N^{kn}=\sum_{n=0}^{N-1}\tilde{x}(n)W_N^{kn}=\sum_{n=0}^{N-1}x(n)W_N^{kn}$$

因此式(3-1-6)在 $n_0\neq 0$ 时成立。

同理,对于 IDFT 也有类似结论:

$$x(n)=\mathrm{IDFT}[X(k)]=\frac{1}{N}\sum_{k=k_0}^{k_0+N-1}\tilde{X}(k)W_N^{-kn}\tag{3-1-7}$$

请读者证明式(3-1-7)。

式(3-1-6)表明,有限长序列的DFT与周期序列的DFS相等,并且 n 的起始点任意,只要 n 取连续的 N 个整数即可。式(3-1-7)表明,有限长序列的 IDFT 与周期序列的 IDFS 是等价的,并且 k 的起始点任意,只要 k 取连续的 N 个整数即可。

【例 3-1-1】 $x(n)=R_6(n)$,求 $x(n)$ 的 6 点、12 点和 24 点 DFT。

解:

$$X(0)=\sum_{n=0}^{N-1}R_6(n)W_N^{kn}\big|_{k=0}=\sum_{n=0}^{N-1}R_6(n)=6,N\geqslant M$$

也就是说 $x(n)$ 的 6 点、12 点和 24 点 DFT 的 $X(0)$ 都为 6。$k\neq 0$ 时的 DFT 计算如下：

$$\mathrm{DFT}[x(n)]_6=\sum_{n=0}^{5}x(n)W_N^{kn}=\sum_{n=0}^{5}\mathrm{e}^{-\mathrm{j}\frac{2\pi kn}{6}}=\frac{1-\mathrm{e}^{-\mathrm{j}2k\pi}}{1-\mathrm{e}^{-\mathrm{j}\frac{\pi k}{3}}}=0,k=1,2,3,4,5$$

$$\mathrm{DFT}[x(n)]_{12}=\sum_{n=0}^{11}x(n)W_{12}^{kn}=\sum_{n=0}^{5}\mathrm{e}^{-\mathrm{j}\frac{\pi kn}{6}}=\frac{1-\mathrm{e}^{-\mathrm{j}k\pi}}{1-\mathrm{e}^{-\mathrm{j}\frac{\pi k}{6}}}$$

$$=\frac{\mathrm{e}^{-\mathrm{j}\frac{6\pi k}{12}}(\mathrm{e}^{\mathrm{j}\frac{6\pi k}{12}}-\mathrm{e}^{-\mathrm{j}\frac{6\pi k}{12}})}{\mathrm{e}^{-\mathrm{j}\frac{\pi k}{12}}(\mathrm{e}^{\mathrm{j}\frac{\pi k}{12}}-\mathrm{e}^{-\mathrm{j}\frac{\pi k}{12}})}=\mathrm{e}^{-\mathrm{j}\frac{5k\pi}{12}}\frac{\sin(\pi k/2)}{\sin(\pi k/12)},k=1,\cdots,11$$

$$\mathrm{DFT}[x(n)]_{24}=\sum_{n=0}^{23}x(n)W_{24}^{kn}=\mathrm{e}^{-\mathrm{j}\frac{5k\pi}{24}}\frac{\sin(\pi k/4)}{\sin(\pi k/24)},k=1,\cdots,23$$

也可先求出 $R_M(n)$ 的 DTFT：

$$X(\mathrm{e}^{\mathrm{j}\omega})=\sum_{n=0}^{M-1}x(n)\mathrm{e}^{-\mathrm{j}\omega n}=\sum_{n=0}^{M-1}\mathrm{e}^{-\mathrm{j}\omega n}=\mathrm{e}^{-\frac{\mathrm{j}(M-1)\omega}{2}}\frac{\sin(\omega M/2)}{\sin(\omega/2)}$$

再将 $M=6,\omega=\dfrac{2\pi k}{N}$ 代入上式，得到 $\mathrm{DFT}[x(n)]_N$。$R_6(n)$ 的 DTFT 和 6 点、12 点、24 点 DFT 如图 3-1-1 所示。

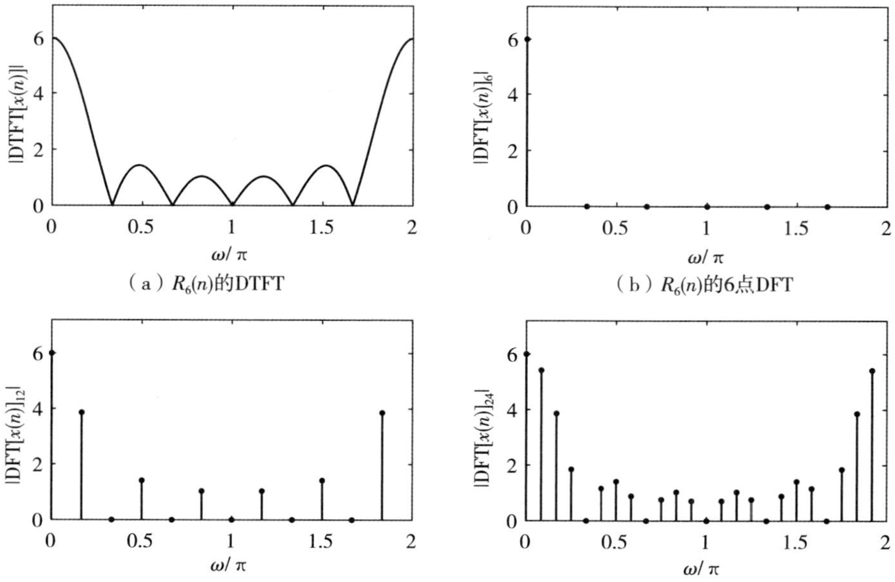

(a) $R_6(n)$的DTFT　(b) $R_6(n)$的6点DFT　(c) $R_6(n)$的12点DFT　(d) $R_6(n)$的24点DFT

图 3-1-1　$R_6(n)$ 的 DTFT 和 6 点、12 点、24 点 DFT

从图 3-1-1 可见，$R_6(n)$ 的 6 点、12 点和 24 点 DFT 是分别对 $x(n)$ 的傅里叶变换进行 6 点、12 点和 24 点抽样得到的。$|X(\mathrm{e}^{\mathrm{j}\omega})|$ 和 $\mathrm{DFT}[x(n)]_N$ 的直流分量幅度都是 6，就是

$R_6(n)$ 序列值的求和。

$R_6(n)$ 的 6 点 DFT 只有直流分量，可以从两个方面来理解。6 点 DFT 只用到了观察窗口内的 6 个 1，这样观察到的就是全 1 的直流序列，所以 $R_6(n)$ 的 6 点 DFT 只有直流分量。另外，$R_6(n)$ 的 6 点 DFT 就是 $R_6((n))_6$ 的 DFS，$R_6((n))_6$ 就是全 1 直流序列，其 DFS 只有 0 频分量。

可以利用 MATLAB 中的 FFT 函数来计算序列的 DFT。FFT 本身不是一种新的变换，它是 DFT 的快速算法，FFT 的算法原理将在第 4 章中介绍。MATLAB 中的 FFT 函数使用非常方便，其调用格式如下：

$$X = \text{fft}(x, N)$$

x 为待变换的时域序列向量，N 为 DFT 变换长度，fft 函数的返回值存在向量 X 中。如果 x 的长度小于 N，fft 函数会在 x 后面自动补 0。如果 x 的长度大于 N，fft 函数就取 x 前面 N 个数据进行计算。提醒一下，MATLAB 中向量的序号都是从 1 开始的。

例 3-1-1 的部分 MATLAB 程序如下：

```
xn = [ones(1,6)];  % 产生序列向量 x(n) = R6(n)
Xk600 = abs(fft(xn,600));  % 计算 xn 的 600 点 DFT,代表 DTFT
Xk6 = abs(fft(xn,6));  % 计算 xn 的 6 点 DFT
Xk12 = abs(fft(xn,12));  % 计算 xn 的 12 点 DFT
Xk24 = abs(fft(xn,24));  % 计算 xn 的 24 点 DFT
subplot(2,2,1);k = 2 * (0:599)/600;plot(k,Xk600);
xlabel({'ω/π';'(a)R_6(n) 的傅里叶变换'});ylabel('|DTFT[x(n)]|');
axis([0,2,0,1.2 * max(Xk600)]);
subplot(2,2,2);k = 2 * (0:5)/6;stem(k,Xk6,'.');  % 绘制 6 点 DFT 的幅频特性图
xlabel({'ω/π';'(b)R_6(n) 的 6 点 DFT'});ylabel('|DFT[x(n)]_6|');
axis([0,2,0,1.2 * max(Xk6)]);
% 12 点 DFT 和 24 点 DFT 的绘图代码省略
```

3.2 DFT 的基本性质

DFT 是 DTFT、Z 变换的一种离散化实现方式，DFT 的大多数性质与 DTFT、Z 变换相同，但是也有不同点。

3.2.1 线性性质

已知 $x_1(n)$、$x_2(n)$ 的长度分别为 N_1、N_2，$N \geqslant \max[N_1, N_2]$，$X_1(k) = \text{DFT}[x_1(n)]_N$，$X_2(k)=\text{DFT}[x_2(n)]_N$，若 $y(n)=ax_1(n)+bx_2(n)$，且 a、b 为任意常数，则有

$$Y(k)=\mathrm{DFT}[y(n)]=aX_1(k)+bX_2(k),0\leqslant k\leqslant N-1 \tag{3-2-1}$$

式(3-2-1)表明，序列线性组合的 DFT 等于各序列 DFT 的线性组合。

3.2.2　循环移位性质

1. 有限长序列的循环移位

前文在讨论 DTFT 的时域移位性质时，是在$(-\infty,+\infty)$中对$x(n)$进行线性移位的。而 DFT 是针对有限长序列的，序列的有效区间是$[0,N-1]$，讨论序列$x(n)$的 DFT 的时域移位性质时，是将$x(n)$在$[0,N-1]$中进行循环移位。因此，先介绍有限长序列循环移位的实现方法。

设$x(n)$的长度为M，$N\geqslant M$，$x(n)$的循环移位序列定义为

$$y(n)=x((n+m))_N R_N(n) \tag{3-2-2}$$

式(3-2-2)表明循环移位包括周期延拓$x((n))_N$、左移$x((n+m))_N$、取主值序列$x((n+m))_N R_N(n)$三个步骤。这三步可简化成一步：$x(n)$在区间$[0,N-1]$上进行循环左移。比如，$y(n)=x((n+2))_4$就是$x(n)$在区间$[0,3]$上循环左移 2 位得到的，即$y(0)=x(2)$，$y(1)=x(3)$，$y(2)=x(0)$，$y(3)=x(1)$。

循环移位将$[0,N-1]$看作一个首尾相连的循环区间，也称为圆周移位。

2. 时域循环移位定理

设$x(n)$的长度为M，$y(n)=x((n+m))_N R_N(n)$，$N\geqslant M$，则有

$$Y(k)=\mathrm{DFT}[y(n)]=W_N^{-km}X(k),0\leqslant k\leqslant N-1 \tag{3-2-3}$$

其中，$X(k)=\mathrm{DFT}[x(n)]$，$0\leqslant k\leqslant N-1$。

证明：

$$Y(k)=\mathrm{DFT}[y(n)]=\sum_{n=0}^{N-1}x((n+m))_N R_N(n)W_N^{kn}=\sum_{n=0}^{N-1}x((n+m))_N W_N^{kn}$$

令$n+m=n'$代入上式，有

$$Y(k)=\sum_{n'=m}^{m+N-1}x((n'))_N W_N^{k(n'-m)}=W_N^{-km}\sum_{n'=m}^{m+N-1}x((n'))_N W_N^{kn'}$$

上式中，$x((n'))_N W_N^{kn'}$以N为周期，任意一个周期的求和相等，即

$$\sum_{n'=m}^{m+N-1}x((n'))_N W_N^{kn'}=\sum_{n'=0}^{N-1}x((n'))_N W_N^{kn'}=\sum_{n'=0}^{N-1}x(n')W_N^{kn'}=X(k)$$

所以

$$Y(k)=W_N^{-km}X(k)$$

DFT 的时域循环移位定理与 DTFT 的线性移位定理的物理意义相同，时域移位等价于频域的相移。

3. 频域循环移位定理

已知$X(k)=\mathrm{DFT}[x(n)]$，$0\leqslant k\leqslant N-1$，如果$y(n)=W_N^{nl}x(n)$，则

$$Y(k)=\text{DFT}[y(n)]=X((k+l))_N R_N(k),0\leqslant k\leqslant N-1 \qquad (3-2-4)$$

将 $Y(k)=X((k+l))_N R_N(k)$ 代入式(3-2-2)求出 $y(n)$ 即可证明上式。频域循环移位定理的证明请读者自己完成。DFT 的频域循环移位定理与 DTFT 的频域移位定理意义相同:复调制$W_N^{nl}x(n)$ 实现频谱搬移。

3.2.3 循环卷积定理

1. 有限长序列的循环卷积计算

设 $h(n)$、$x(n)$ 的长度分别为 N、M。$h(n)$ 与 $x(n)$ 的 L 点循环卷积定义为

$$y_c(n)=\left[\sum_{m=0}^{L-1}h(m)x((n-m))_L\right]R_L(n)=\left[\sum_{m=0}^{L-1}x(m)h((n-m))_L\right]R_L(n) \qquad (3-2-5)$$

式(3-2-5)中,$L>\max[N,M]$。显然,循环卷积与第 1 章的线性卷积不同,一般用 $*$ 表示线性卷积,用$\otimes$表示循环卷积,$y_c(n)=h(n)\otimes x(n)$,用⑧表示 8 点循环卷积,$y_c(n)=h(n)⑧x(n)$。如果序列 $h(n)$、$x(n)$ 长度小于 L 时,则在序列后面补 0。

循环卷积计算与线性卷积类似,分为以下 3 个步骤:

(1) 序列自变量修改:$h(n)\rightarrow h(m)$,$x(n)\rightarrow x(m)$;

(2) 序列先周期延拓,再翻转:$x(m)\rightarrow x((m))_L\rightarrow x((-m))_L$;

(3) 循环移位、相乘、累加,得到 $y_c(n)=\sum_{m=0}^{L-1}h(m)x((n-m))_L$,$n=0\sim L-1$。

循环卷积计算和线性卷积又存在不同,主要如下:

(1) 循环卷积在第二步一定要先进行周期延拓,再进行翻转(不能先翻转再延拓);

(2) 循环卷积的第三步是在 $m=0\sim L-1$ 的固定区间上进行乘法累加运算;

(3) 循环卷积的长度 L 是可指定的,而线性卷积的长度为 $N+M-1$,是固定的。

循环卷积计算方法有图解法、列表法和矩阵法。图解法、列表法与线性卷积类似,这里不再赘述,下面介绍适合计算机编程实现的矩阵法。可以根据上述计算步骤来推导矩阵法。

假设 $x(n)=[x(0),x(1),x(2),\cdots,x(L-2),x(L-1)]$,则容易得到

$$x((-m))_L R_L(m)=[x(0),x(L-1),x(L-2),\cdots,x(2),x(1)]$$

$$x((1-m))_L R_L(m)=[x(1),x(0),x(L-1),x(L-2),\cdots,x(2)]$$

$$\vdots$$

$$x((L-1-m))_L R_L(m)=[x(L-1),x(L-2),\cdots,x(2),x(1),x(0)]$$

根据循环卷积计算的第三步,写出循环卷积的矩阵计算公式如下:

$$\begin{bmatrix} y_c(0) \\ y_c(1) \\ \vdots \\ y_c(L-2) \\ y_c(L-1) \end{bmatrix} = \begin{bmatrix} x(0) & x(L-1) & \cdots & x(2) & x(1) \\ x(1) & x(0) & x(L-1) & \cdots & x(2) \\ x(2) & x(1) & x(0) & \cdots & x(3) \\ \vdots & \vdots & \vdots & \ddots & \vdots \\ x(L-1) & x(L-2) & \cdots & x(1) & x(0) \end{bmatrix} \begin{bmatrix} h(0) \\ h(1) \\ \vdots \\ h(L-2) \\ h(L-1) \end{bmatrix} \tag{3-2-6}$$

称式(3-2-6)中的矩阵为循环矩阵。矩阵法计算循环卷积的关键是构造循环矩阵，循环矩阵的每行数据循环右移一次，就构成了下矩阵的下一行。其中，第一行数据是 $x(n)$ 经过周期延拓、翻转，再取主值序列得到的。

【例 3-2-1】 已知 $x(n)=[4,3,6,3,3,2]$，$h(n)=[1,2,3,2,1]$，计算二者的 6 点循环卷积。

解：$h(n)$ 长度为 5，需要再补一个 0。$h(n)=[1,2,3,2,1,0]$，根据式(3-2-6)有

$$\begin{bmatrix} y_c(0) \\ y_c(1) \\ y_c(2) \\ y_c(3) \\ y_c(4) \\ y_c(5) \end{bmatrix} = \begin{bmatrix} 4 & 2 & 3 & 3 & 6 & 3 \\ 3 & 4 & 2 & 3 & 3 & 6 \\ 6 & 3 & 4 & 2 & 3 & 3 \\ 3 & 6 & 3 & 4 & 2 & 3 \\ 3 & 3 & 6 & 3 & 4 & 2 \\ 2 & 3 & 3 & 6 & 3 & 4 \end{bmatrix} \begin{bmatrix} 1 \\ 2 \\ 3 \\ 2 \\ 1 \\ 0 \end{bmatrix} = \begin{bmatrix} 29 \\ 26 \\ 31 \\ 34 \\ 37 \\ 32 \end{bmatrix}$$

2. 时域循环卷积定理

设 $h(n)$、$x(n)$ 的长度分别为 N、M，$L \geqslant \max[N,M]$。$h(n)$ 与 $x(n)$ 的 L 点循环卷积为 $y_c(n)=\left[\sum_{m=0}^{L-1} h(m)x((n-m))_L\right]R_L(n)=\left[\sum_{m=0}^{L-1} x(m)h((n-m))_L\right]R_L(n)$，则 $y_c(n)$ 的 L 点 DFT 为

$$Y(k)=\mathrm{DFT}[y_c(n)]_L=H(k)X(k)=X(k)H(k) \tag{3-2-7}$$

式(3-2-7)中，$H(k)=\mathrm{DFT}[h(n)]_L$，$X(k)=\mathrm{DFT}[x(n)]_L$。

证明：

$$\begin{aligned} \mathrm{DFT}[y_c(n)]_L &= \sum_{n=0}^{L-1}\left\{\left[\sum_{m=0}^{L-1} h(m)x((n-m))_L\right]R_L(n)\right\}W_L^{kn} \\ &= \sum_{m=0}^{L-1} h(m)\sum_{n=0}^{L-1} x((n-m))_L W_L^{kn} \end{aligned}$$

令 $n'=n-m$，有

$$\begin{aligned}\mathrm{DFT}[y_c(n)]_L &= \sum_{m=0}^{L-1} h(m) \sum_{n'=-m}^{L-1-m} x((n'))_L W_L^{k(n'+m)} \\ &= \sum_{m=0}^{L-1} h(m) W_L^{km} \sum_{n'=-m}^{L-1-m} x((n'))_L W_L^{kn'}\end{aligned}$$

由于 $x((n'))_L W_L^{kn'}$ 是以 L 为周期的，$\sum_{n'=-m}^{L-1-m} x((n'))_L W_L^{kn'} = \sum_{n'=0}^{L-1} x(n') W_L^{kn'}$，所以有

$$\mathrm{DFT}[y_c(n)]_L = \sum_{m=0}^{L-1} h(m) W_L^{km} \sum_{n'=0}^{L-1} x(n') W_L^{kn'} = H(k)X(k)$$

同理可证明 $\mathrm{DFT}[y_c(n)]_L = X(k)H(k)$，也就是说，式(3-2-7)定义的两种循环卷积是相等的，循环卷积符合交换律：$y_c(n) = h(n) \otimes x(n) = x(n) \otimes h(n)$。

3. 频域循环卷积定理

设 $h(n)$、$x(n)$ 的长度分别为 N、M，$L \geqslant \max[N, M]$，$H(k) = \mathrm{DFT}[h(n)]_L$，$X(k) = \mathrm{DFT}[x(n)]_L$。若 $y(n) = h(n)x(n)$，则

$$Y(k) = \mathrm{DFT}[y(n)]_L = \frac{1}{N} H(k) \otimes X(k) = \frac{1}{N}\left[\sum_{l=0}^{L-1} H(l) X((k-l))_L\right] R_L(k) \tag{3-2-8}$$

或者

$$Y(k) = \mathrm{DFT}[y(n)]_L = \frac{1}{N} X(k) \otimes H(k) = \frac{1}{N}\left[\sum_{l=0}^{L-1} X(l) H((k-l))_L\right] R_L(k) \tag{3-2-9}$$

可以对式(3-2-8)或式(3-2-9)求 IDFT 得出 $y(n)$，具体证明请读者自己完成。

循环卷积定理说明：时域循环卷积对应频域相乘，时域相乘对应频域循环卷积。可见，循环卷积定理和线性卷积定理的物理意义是相同的。

3.2.4 DFT 的共轭对称性

1. 复共轭序列的 DFT

设 $y(n) = x^*(n)$ 是 $x(n)$ 的复共轭序列，长度为 N，$X(k) = \mathrm{DFT}[x(n)]_N$，则

$$Y(k) = \mathrm{DFT}[x^*(n)] = X^*(N-k), 0 \leqslant k \leqslant N-1 \tag{3-2-10}$$

并且 $X(N) = X(0)$。

证明：

$$\begin{aligned}X^*(N-k) &= \left[\sum_{n=0}^{N-1} x(n) W_N^{(N-k)n}\right]^* = \sum_{n=0}^{N-1} x^*(n) W_N^{-(N-k)n} \\ &= \sum_{n=0}^{N-1} x^*(n) W_N^{-Nn} W_N^{kn} = \sum_{n=0}^{N-1} x^*(n) W_N^{kn} = \mathrm{DFT}[x^*(n)]\end{aligned}$$

DFT 有隐含周期性 $X(k)=X(k+N)$，令 $k=0$，则有 $X(N)=X(0)$。

式(3-2-10)表明，若已知 $X(k)$，就无须按照 DFT 的定义求 $\mathrm{DFT}[x^*(n)]_N$，可以对 $X(k)$ 进行移位、共轭得到 $Y(k)$。假设 $N=8$，有

$$Y(0)=X^*(8)=X^*(0), Y(1)=X^*(7), \cdots, Y(7)=X^*(1)$$

同理可以证明

$$\mathrm{DFT}[x^*(N-n)]=X^*(k), 0 \leqslant k \leqslant N-1 \tag{3-2-11}$$

2. 有限长共轭对称序列和共轭反对称序列

在讨论序列 DTFT 的对称性时，序列可以是无限长的、非因果的，对称点是坐标原点。而在 DFT 定义中，时域和频域都是有限长区间，只能在该区间内部来讨论对称性。用 $x_{ep}(n)$ 表示有限长共轭对称序列，用 $x_{op}(n)$ 表示有限长共轭反对称序列。$x_{ep}(n)$ 和 $x_{op}(n)$ 符合下述关系：

$$x_{ep}(n)=x_{ep}^*(N-n), 1 \leqslant n \leqslant N-1 \tag{3-2-12}$$

$$x_{op}(n)=-x_{op}^*(N-n), 1 \leqslant n \leqslant N-1 \tag{3-2-13}$$

$x_{ep}(n)$ 和 $x_{op}(n)$ 的对称中心是区间 $[0, N-1]$ 的中心，$x_{ep}(0)$ 和 $x_{op}(0)$ 在区间 $[0, N-1]$ 内无对称点。当 N 为偶数时，对称中心是 $\frac{N}{2}$，$x_{ep}(n)$ 和 $x_{op}(n)$ 可以表示如下：

$$x_{ep}\left(\frac{N}{2}-n\right)=x_{ep}^*\left(\frac{N}{2}+n\right), 0 \leqslant n \leqslant \frac{N}{2}-1 \tag{3-2-14}$$

$$x_{op}\left(\frac{N}{2}-n\right)=-x_{op}^*\left(\frac{N}{2}+n\right), 0 \leqslant n \leqslant \frac{N}{2}-1 \tag{3-2-15}$$

$n=0$ 时，$x_{ep}\left(\frac{N}{2}\right)=x_{ep}^*\left(\frac{N}{2}\right)$，$x_{op}\left(\frac{N}{2}\right)=-x_{op}^*\left(\frac{N}{2}\right)$，说明 $x_{ep}\left(\frac{N}{2}\right)$ 是实数，$x_{op}\left(\frac{N}{2}\right)$ 是纯虚数。

有限长序列 $x(n)$ 都可以表示为 $x_{ep}(n)$ 和 $x_{op}(n)$ 之和：

$$x(n)=x_{ep}(n)+x_{op}(n) \tag{3-2-16}$$

将 $n=N-n$ 代入式(3-2-16)，两边再取共轭，有

$$x^*(N-n)=x_{ep}^*(N-n)+x_{op}^*(N-n)$$

$$x^*(N-n)=x_{ep}(n)-x_{op}(n) \tag{3-2-17}$$

利用式(3-2-16)和式(3-2-17)可以求出共轭对称序列和共轭反对称序列：

$$x_{ep}(n)=\frac{1}{2}[x(n)+x^*(N-n)] \tag{3-2-18}$$

$$x_{op}(n)=\frac{1}{2}[x(n)-x^*(N-n)] \tag{3-2-19}$$

同理，序列的 DFT 也可以表示成共轭对称序列 $X_{ep}(k)$ 和共轭反对称序列 $X_{op}(k)$ 之和：

$$X(k)=\mathrm{DFT}[x(n)]=X_{ep}(k)+X_{op}(k) \tag{3-2-20}$$

其中，

$$X_{ep}(k)=\frac{1}{2}[X(k)+X^*(N-k)] \tag{3-2-21}$$

$$X_{op}(k)=\frac{1}{2}[X(k)-X^*(N-k)] \tag{3-2-22}$$

3. DFT 的共轭对称性

(1)$x(n)$ 长为 N，$x(n)=x_r(n)+jx_i(n)$，$X(k)=\mathrm{DFT}[x(n)]=X_{ep}(k)+X_{op}(k)$，则有

$$\begin{cases}X_{ep}(k)=\mathrm{DFT}[x_r(n)]\\X_{op}(k)=\mathrm{DFT}[jx_i(n)]\end{cases} \tag{3-2-23}$$

证明：根据 $x(n)=x_r(n)+jx_i(n)$，$x^*(n)=x_r(n)-jx_i(n)$，容易得到

$$x_r(n)=\frac{1}{2}[x(n)+x^*(n)]$$

$$jx_i(n)=\frac{1}{2}[x(n)-x^*(n)]$$

对上述两式分别求 DFT 如下：

$$\mathrm{DFT}[x_r(n)]=\frac{1}{2}\{\mathrm{DFT}[x(n)]+\mathrm{DFT}[x^*(n)]\}$$

$$\mathrm{DFT}[jx_i(n)]=\frac{1}{2}\{\mathrm{DFT}[x(n)]-\mathrm{DFT}[x^*(n)]\}$$

根据式(3-2-10)，有

$$\mathrm{DFT}[x_r(n)]=\frac{1}{2}[X(k)+X^*(N-k)]=X_{ep}(k)$$

$$\mathrm{DFT}[jx_i(n)]=\frac{1}{2}[X(k)-X^*(N-k)]=X_{op}(k)$$

式(3-2-23)得证，该式表明，序列实部的 DFT 对应于序列 DFT 的共轭对称部分，序列虚部乘以 j 的 DFT 对应于序列 DFT 的共轭反对称部分。或者说，实序列的 DFT 是共轭对称的，纯虚序列的 DFT 是共轭反对称的。

(2)$x(n)$ 长为 N，$x(n)=x_{ep}(n)+x_{op}(n)$，$X(k)=X_r(k)+jX_i(k)$，则有

$$\begin{cases}X_r(k)=\mathrm{DFT}[x_{ep}(n)]\\jX_i(k)=\mathrm{DFT}[x_{op}(n)]\end{cases} \tag{3-2-24}$$

证明：

$$x_{ep}(n)=\frac{1}{2}[x(n)+x^*(N-n)]$$

$$x_{op}(n)=\frac{1}{2}[x(n)-x^*(N-n)]$$

对上述两式分别求 DFT 如下：

$$\mathrm{DFT}[x_{ep}(n)]=\frac{1}{2}\{\mathrm{DFT}[x(n)]+\mathrm{DFT}[x^*(N-n)]\}$$

$$\mathrm{DFT}[x_{op}(n)]=\frac{1}{2}\{\mathrm{DFT}[x(n)]-\mathrm{DFT}[x^*(N-n)]\}$$

根据式(3-2-11)，有

$$\mathrm{DFT}[x_{ep}(n)]=\frac{1}{2}[X(k)+X^*(k)]=X_r(k)$$

$$\mathrm{DFT}[x_{op}(n)]=\frac{1}{2}[X(k)-X^*(k)]=\mathrm{j}X_i(k)$$

式(3-2-24)得证，该式表明，序列共轭对称部分的 DFT 是序列 DFT 的实部，序列共轭反对称部分的 DFT 是序列 DFT 的虚部乘以 j。或者说，共轭对称序列的 DFT 是实序列，共轭反对称序列的 DFT 是纯虚序列。

式(3-2-23)和式(3-2-24)统称为 DFT 的“实”—“偶”、“虚”—“奇”性。这里的“实”是指实部，“虚”是指虚部，“偶”是指共轭对称部分，“奇”是指共轭反对称部分。

4. 实序列 DFT 的共轭对称性

设 $x(n)$ 是长为 N 的实序列，$X(k)=\mathrm{DFT}[x(n)]$，则 $X(k)$ 具有如下对称性。

(1) $X(k)$ 共轭对称，即

$$X(k)=X^*(N-k),0\leqslant k\leqslant N-1 \tag{3-2-25}$$

数字系统的单位脉冲响应 $h(n)$ 为实序列，满足 $|H(k)|=|H^*(N-k)|=|H(N-k)|$，因此数字系统的幅度函数是偶对称的。另外，容易推导出 $X(0)$ 为实数。

(2) 如果 $x(n)$ 是实偶对称序列，$x(n)=x(N-n)$，则 $X(k)$ 实偶对称，即

$$X(k)=X(N-k),0\leqslant k\leqslant N-1 \tag{3-2-26}$$

(3) 如果 $x(n)$ 是实奇对称序列，$x(n)=-x(N-n)$，则 $X(k)$ 纯虚奇对称，即

$$X(k)=-X(N-k),0\leqslant k\leqslant N-1 \tag{3-2-27}$$

假设 N 为偶数，按照 DFT 定义计算出 $X(0),X(1),\cdots,X\left(\frac{N}{2}\right)$ 后，就可以利用上述对称性快速得到 $X(N-1)=X^*(1),X(N-2)=X^*(2),\cdots,X\left(\frac{N}{2}+1\right)=X^*\left(\frac{N}{2}-1\right)$，从而减少 DFT 的计算量。实序列 DFT 对称性的证明请读者自己完成。

3.2.5 频率域采样

1. 频率域采样定理

时域采样导致频谱的周期延拓，要想频谱不失真，采样频率必须满足一定条件。DFT 也是对 DTFT 或者 Z 变换进行频率域采样得到的序列，频率域采样对时域有什么影响？频率域采样要满足什么条件呢？直观理解，频率域采样点数越多，DFT 越逼近 DTFT 或者 Z 变换，但是采样点数越多，数据量越大。能不能找到一个最少点数的 DFT，并且能由这个 DFT 无失真地恢复出时域序列呢？频率域采样定理回答了这个问题。

假设 $x(n)$ 的长度未知，其 Z 变换 $X(z)$ 的收敛域包含单位圆，那么可以对 $X(z)$ 进行 N 点等间隔采样，记为 $X(k)$：

$$X(k)=X(z)\mid_{z=\mathrm{e}^{\mathrm{j}\frac{2\pi k}{N}}}=\sum_{n=-\infty}^{+\infty}x(n)\mathrm{e}^{-\mathrm{j}\frac{2\pi k}{N}}=\sum_{n=-\infty}^{+\infty}x(n)W_N^{kn},0\leqslant k\leqslant N-1 \tag{3-2-28}$$

对 $X(k)$ 进行 IDFT，得到长度为 N 的序列，记为 $x_N(n)$：

$$x_N(n)=\mathrm{IDFT}[X(k)],0\leqslant n\leqslant N-1 \tag{3-2-29}$$

$x_N(n)$ 与 $x(n)$ 之间是什么关系呢？下面予以推导，推导过程中利用了周期序列的 DFS 与其 DFT 之间的关系，如式(3-1-5)所示。

对 $x_N(n)$ 进行周期延拓，得到 $\widetilde{x}_N(n)=x_N((n))_N$，对 $X(k)$ 进行周期延拓，得到 $\widetilde{X}(k)=X((k))_N$，则

$$\widetilde{x}_N(n)=\mathrm{IDFS}[\widetilde{X}(k)]=\frac{1}{N}\sum_{k=0}^{N-1}\widetilde{X}(k)W_N^{-kn}=\frac{1}{N}\sum_{k=0}^{N-1}X(k)W_N^{-kn}$$

将式(3-2-28)代入上式，有

$$\widetilde{x}_N(n)=\frac{1}{N}\sum_{k=0}^{N-1}\sum_{m=-\infty}^{+\infty}x(m)W_N^{km}W_N^{-kn}=\sum_{m=-\infty}^{+\infty}x(m)\frac{1}{N}\sum_{k=0}^{N-1}W_N^{k(m-n)}$$

式中

$$\frac{1}{N}\sum_{k=0}^{N-1}W_N^{k(m-n)}=\begin{cases}1,m=rN+n,r\ 为任意整数\\0,m\ 为其他整数\end{cases}$$

因此有

$$\widetilde{x}_N(n)=\sum_{m=-\infty}^{+\infty}x(m)\delta(m-rN-n)=\sum_{r=-\infty}^{+\infty}x(rN+n)$$

所以

$$x_N(n)=\sum_{r=-\infty}^{+\infty}x(rN+n)R_N(n) \tag{3-2-30}$$

式(3－2－30)说明，$x_N(n)$ 是 $x(n)$ 以 N 为周期进行周期延拓得到的周期序列 $x((n))_N$ 的主值序列。显然，要想 $x_N(n)$ 等于 $x(n)$，则要求 N 大于等于 $x(n)$ 的长度。否则 $x((n))_N$ 存在时域混叠，其主值序列与 $x(n)$ 不相等。也就是说，在对 $X(z)$ 进行采样得到 $X(k)$ 时，采样点数必须大于等于 $x(n)$ 的长度，或者说 DFT 变换点数必须大于序列 $x(n)$ 的长度。

总结频率域采样定理如下：

(1) 对于长度为 M 的序列 $x(n)$，$X(k)=X(z)\mid_{z=e^{-j\frac{2\pi k}{N}}}$，频率域采样导致时域的周期延拓，延拓周期为频率域采样点数 N，即 $x_N(n)=\sum\limits_{r=-\infty}^{+\infty}x(rN+n)\,R_N(n)$。

(2) 要想 $x_N(n)$ 等于 $x(n)$，则要求 $N\geqslant M$。

频率域采样定理说明了频率域采样对时域的影响，以及对最小采样点数的要求。请读者将频率域采样定理与第 1 章介绍的时域采样定理进行对比学习。

2. 频率域内插

可以由 $X(k)$ 来内插得到 $X(z)$。对于有限长序列 $x(n)$，有

$$X(z)=\sum_{n=0}^{N-1}x(n)z^{-n}=\sum_{n=0}^{N-1}\left[\frac{1}{N}\sum_{k=0}^{N-1}X(k)\,W_N^{-kn}\right]z^{-n}$$

$$=\frac{1}{N}\sum_{k=0}^{N-1}X(k)\sum_{n=0}^{N-1}W_N^{-kn}z^{-n}=\frac{1}{N}\sum_{k=0}^{N-1}X(k)\,\frac{1-z^{-N}}{1-W_N^{-k}z^{-1}}$$

令

$$\varphi_k(z)=\frac{1}{N}\,\frac{1-z^{-N}}{1-W_N^{-k}z^{-1}} \tag{3-2-31}$$

则

$$X(z)=\sum_{k=0}^{N-1}X(k)\,\varphi_k(z) \tag{3-2-32}$$

称式(3-2-32)为用 $X(k)$ 来表示 $X(z)$ 的复频率内插公式，称 $\varphi_k(z)$ 为复频域内插函数。将 $z=e^{-j\omega}$ 和 $W_N^{-k}=e^{j2\pi k/N}$ 代入式(3－2－31)和式(3－2－32)，并进行化简，得到

$$X(e^{j\omega})=\sum_{k=0}^{N-1}X(k)\varphi\left(\omega-\frac{2\pi k}{N}\right) \tag{3-2-33}$$

$$\varphi(\omega)=\frac{1}{N}\,\frac{\sin(\omega N/2)}{\sin(\omega/2)}e^{-j\omega\left(\frac{N-1}{2}\right)} \tag{3-2-34}$$

称式(3－2－33)为频域内插公式，称式(3－2－34)为频域内插函数。

【例 3－2－2】 已知 $x(n)=[1,2,3,4,5,6]$，$X_1(k)=\mathrm{DFT}[x(n)]_6$，$X_2(k)=\mathrm{DFT}[x(n)]_8$，$X_3(k)=\mathrm{DFT}[x(n)]_4$，求 $\mathrm{IDFT}[X_1(k)]$、$\mathrm{IDFT}[X_2(k)]$、$\mathrm{IDFT}[X_3(k)]$。

解： 显然 $\mathrm{IDFT}[X_1(k)]=x(n)=[1,2,3,4,5,6]$，$\mathrm{IDFT}[X_3(k)]=[1,2,3,4]$，根据频率域抽样定理，$\mathrm{IDFT}[X_2(k)]=x((n))_8\,R_8(n)=[1,2,3,4,5,6,0,0]$。

可以调用 MATLAB 中的 FFT 函数和 IFFT 函数来计算 DFT 及 IDFT。

需要注意的是，调用 FFT 函数求 $x(n)=[1,2,3,4,5,6]$ 的 4 点 DFT，其实只是对 $x(n)$ 的前 4 点求 4 点 DFT，该 4 点 DFT 的反变换为 $[1,2,3,4]$，并没有发生时域混叠。如果用 FFT 函数求出 $X_2(k)=\mathrm{DFT}[x(n)]_8$，抽样得到 $X'_3(0)=X_2(0)$，$X'_3(1)=X_2(2)$，$X'_3(2)=X_2(4)$，$X'_3(3)=X_2(6)$，再对 $X'_3(k)$ 做反变换，得到 $\mathrm{IDFT}[X'_3(k)]=x((n))_4R_4(n)=[6,8,3,4]$，可见，发生了时域混叠。

3.3 用 DFT 计算线性卷积

线性卷积可以用于计算线性时不变系统的输出、自相关函数和互相关函数等，但是计算量大，特别是两个序列都很长时，计算量巨大。下面讨论如何提高线性卷积的运算速度。

3.3.1 用 DFT 计算循环卷积

循环卷积定理表明，序列的时域循环卷积对应于频域相乘。设 $h(n)$、$x(n)$ 的长度分别为 N、M，$L\geqslant\max[N,M]$，可以先求二者的 L 点 DFT $H(k)$、$X(k)$，计算 $Y(k)=X(k)H(k)$，再求 $y_c(n)=\mathrm{IDFT}[Y(k)]_L$，$y_c(n)$ 就是 $h(n)$ 与 $x(n)$ 的 L 点循环卷积。

之所以将循环卷积的计算转换为 DFT 来实现，是由于 DFT 有 FFT 算法，当序列长度较大时，FFT 可大大减少 DFT 的计算量，从而大大提高循环卷积的速度。用 DFT/FFT 计算循环卷积的过程如图 3-3-1 所示。

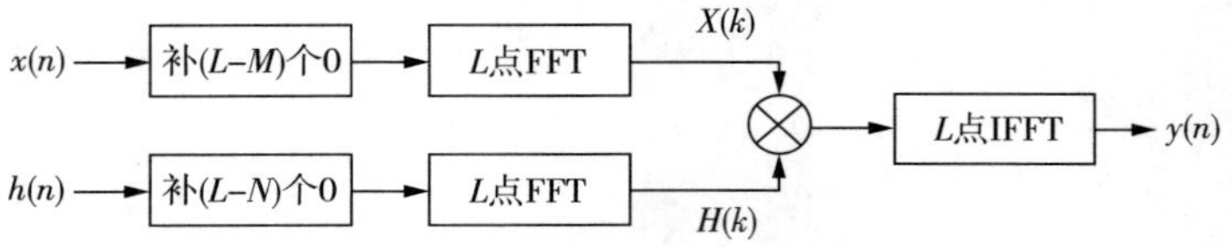

图 3-3-1 用 DFT/FFT 计算循环卷积的过程

3.3.2 用 DFT 计算线性卷积

序列的循环卷积可以直接用 DFT 来实现，但是序列的线性卷积却不一定能直接用 DFT 来实现。能不能先将线性卷积转换为循环卷积，再用 DFT 来计算循环卷积，从而得到线性卷积呢？答案是肯定的，下面推导如何将线性卷积转换为循环卷积。

设 $h(n)$、$x(n)$ 的长度分别为 N、M，$L\geqslant\max[N,M]$，用 $y_c(n)$ 表示 $h(n)$ 与 $x(n)$ 的 L 点循环卷积，用 $y_l(n)$ 表示 $h(n)$ 与 $x(n)$ 的线性卷积，下面推导二者之间的关系。

$h(n)$ 与 $x(n)$ 的循环卷积为

$$y_c(n)=h(n)\otimes x(n)=\left[\sum_{m=0}^{N-1}h(m)x((n-m))_L\right]R_L(n)$$

因为 $h(n)$ 长度为 N，并将 $x((n))_L=\sum\limits_{r=-\infty}^{+\infty}x(n+rL)$ 代入上式，有

$$y_c(n)=\left[\sum_{m=0}^{N-1}h(m)\sum_{r=-\infty}^{+\infty}x(n+rL-m)\right]R_L(n)$$

$$y_c(n)=\left[\sum_{r=-\infty}^{+\infty}\sum_{m=0}^{N-1}h(m)x(n+rL-m)\right]R_L(n) \tag{3-3-1}$$

根据线性卷积公式 $y_l(n)=h(n)*x(n)=\sum_{m=0}^{N-1}h(m)x(n-m)$，有

$$y_l(n+rL)=\sum_{m=0}^{N-1}h(m)x(n+rL-m)$$

将上式代入式(3-3-1)，得到

$$y_c(n)=\left[\sum_{r=-\infty}^{+\infty}y_l(n+rL)\right]R_L(n) \tag{3-3-2}$$

式(3-3-2)表明，循环卷积是线性卷积的周期延拓的主值序列。显然，要想循环卷积等于线性卷积，就要求周期延拓的周期 L 大于等于线性卷积的长度 $N+M-1$，即

$$L\geqslant N+M-1$$

也就是说，可以加大循环卷积的长度，使得 $L\geqslant M+N-1$，此时循环卷积等于线性卷积，就可以用 L 点 DFT 来计算线性卷积了(见图 3-3-1，只要保证 $L\geqslant N+M-1$ 即可)。

3.3.3　长序列线性卷积的计算

设 $h(n)$ 的长度为 N，$x(n)$ 的长度远大于 N，如果按图 3-3-1 的方法来计算二者的线性卷积，必须获得全部 $x(n)$ 后才能计算 $y(n)$，输出延迟太大。可以将 $x(n)$ 分段，每段长 M，每次取一段进行卷积，卷积结果延迟仅为 M。可将长度为 M 的第 k 段子序列 $x_M^k(n)$ 表示为

$$x_M^k(n)=x(n+kM)R_M(n),0\leqslant n\leqslant M-1 \tag{3-3-3}$$

假设 $x(n)$ 是因果序列，则 $x(n)$ 可以表示为

$$x(n)=\sum_{k=0}^{+\infty}x_M^k(n)*\delta(n-kM) \tag{3-3-4}$$

式(3-3-4)中的 $*$ 代表线性卷积。可以用重叠相加法和重叠保留法来求序列的线性卷积，下面分别介绍。

(1) 重叠相加法

重叠相加法计算线性卷积的过程如图 3-3-2 所示。记 $h(n)$ 与 $x_M^k(n)$ 的线性卷积为

$$y_L^k(n)=h(n)*x_M^k(n),0\leqslant n\leqslant L-1,L=N+M-1 \tag{3-3-5}$$

$y_L^k(n)$ 可以用 L 点循环卷积及 FFT 快速实现。$y(n)$ 可以表示为

$$y(n)=h(n)*x(n)=\sum_{k=0}^{+\infty}h(n)*x_M^k(n)*\delta(n-kM)=\sum_{k=0}^{+\infty}y_L^k(n)*\delta(n-kM) \tag{3-3-6}$$

由于 $y_L^k(n)$ 长为 $N+M-1$，比 $x_M^k(n)$ 多出 $N-1$ 个点，在求 $\sum_{k=0}^{+\infty} y_L^k(n) * \delta(n-kM)$ 时，$y_L^{k-1}(n)$ 段的后 $N-1$ 个点要与 $y_L^k(n)$ 段的前 $N-1$ 个点重叠相加。为便于表示重叠相加过程，将 $y(n)$ 分成互不重叠的段 $y_M^k(n)$，每段长 M：

$$y(n)=\sum_{k=0}^{+\infty} y_M^k(n) * \delta(n-kM) \tag{3-3-7}$$

$y_M^k(n)$ 与 $y_L^k(n)$ 的运算关系如下：

$$y_M^k(n)=\left[y_L^{k-1}(n+M)+y_L^k(n)\right]R_M(n) \tag{3-3-8}$$

按式(3-3-8)得到 $y_M^k(n)$，再按式(3-3-7)得到 $y(n)$。$y_L^{-1}(n)$ 设定为全 0 序列。

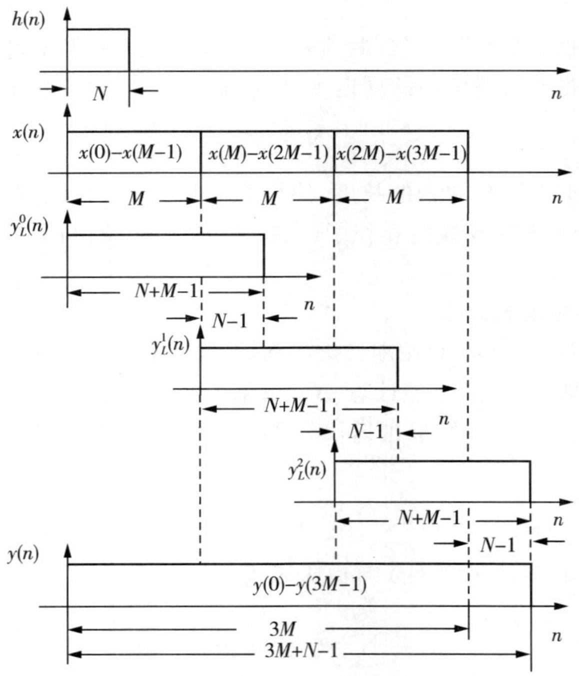

图 3-3-2 重叠相加法计算线性卷积的过程

以上分析表明，$y_L^{k-1}(n)$ 段的后 $N-1$ 个点和 $y_L^k(n)$ 段的前 $N-1$ 个点原本都是无效的，二者只有相加以后才有效。线性卷积结果的有效性问题请参考 1.1.2 节。

(2) 重叠保留法

重叠保留法计算线性卷积的过程如图 3-3-3 所示。

重叠相加法分段卷积 $y_L^k(n)$ 的前 $N-1$ 点无效的原因是计算 $y_L^k(n)$ 的前 $N-1$ 点时，用到 $x_M^k(-N+1) \sim x_M^k(-1)$，而这些序列值都是用无效的 0 代替的。可以将这 $N-1$ 个 0 用 $x_M^{k-1}(n)$ 的后 $N-1$ 点替换，并与 $x_M^k(n)$ 的 M 点串接成 $N+M-1$ 点的序列 $x_L^k(n)$：

$$x_L^k(n)=x(n+kM-N+1)R_L(n),0 \leqslant n \leqslant L-1 \tag{3-3-9}$$

$x_L^0(n)$ 的前 $N-1$ 个点用 0 补充。

将 $h(n)$ 与 $x_L^k(n)$ 进行 L 点循环卷积(可以用 L 点 FFT 来快速计算),得到 $y_L^k(n)$:

$$y_L^k(n)=h(n)\otimes x_L^k(n), 0\leqslant n\leqslant L-1 \tag{3-3-10}$$

$y_L^k(n)$ 长为 $M+N-1$,$h(n)$ 与 $x_L^k(n)$ 的线性卷积长度为 $M+2N-2$,而循环卷积是线性卷积的周期延拓的主值序列,也就是说循环卷积 $y_L^k(n)$ 的前 $N-1$ 个点发生了混叠,是无效的,应舍弃,仅保留 $y_L^k(n)$ 的后 M 个点作为 $y_M^k(n)$,即将 $y_L^k(n)$ 左移 $N-1$ 点,再截取 M 点:

$$y_M^k(n)=y_L^k(n+N-1)R_M(n) \tag{3-3-11}$$

$y_M^k(n)$ 互不重叠,按照式(3-3-7)串接得到 $y(n)$。

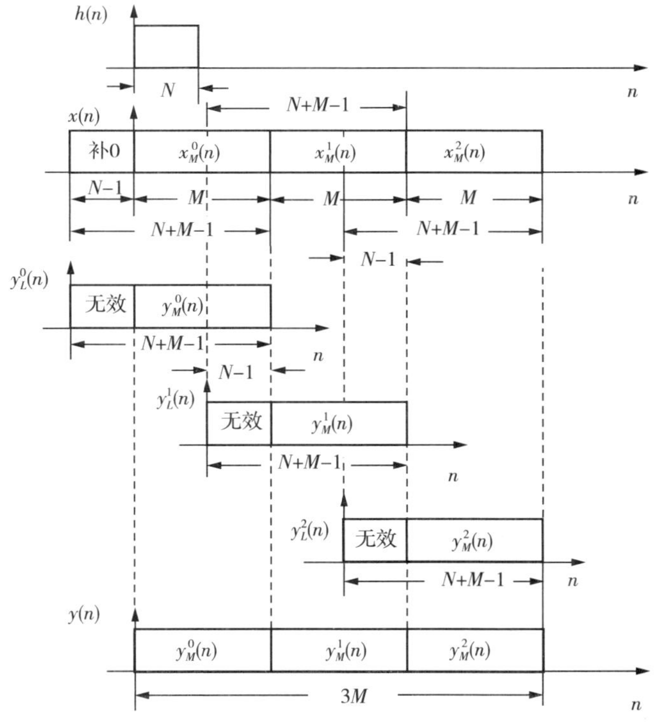

图 3-3-3　重叠保留法计算线性卷积的过程

重叠保留法中,$x_M^k(n)$ 的后 $N-1$ 个点既要参加本段的循环卷积,还要参加下一段的循环卷积。对于最后一段,设为 $x_M^P(n)$,假如其后 $N-1$ 个点非全 0,则需要后补 M 个 0,构成 $x_L^{P+1}(n)$ 段,并进行循环卷积。

【例 3-3-1】　已知序列 $x(n)=[4,2,3,5,3,1,0,2,3,4,5,4,4,3,3,5]$,序列 $h(n)=[1,2,2,1]$,请分别用重叠相加法和重叠保留法来计算二者的线性卷积。

解:(1) 重叠相加法。

$x(n)$ 分成 4 段:

$$x_4^0(n)=[4,2,3,5], x_4^1(n)=[3,1,0,2], x_4^2(n)=[3,4,5,4], x_4^3(n)=[4,3,3,5]$$

各段与 $h(n)$ 的线性卷积分别为

$$y_7^0(n)=[4,10,15,19,18,13,5], y_7^1(n)=[3,7,8,7,5,4,2]$$

$$y_7^2(n)=[3,10,19,25,22,13,4], y_7^3(n)=[4,11,17,21,19,13,5]$$

相邻段重叠的 3 个点序列值相加，不重叠的部分保留，得到

$$y_4^0(n)=[4,10,15,19], y_4^1(n)=[21,20,13,7]$$

$$y_4^2(n)=[8,14,21,25], y_4^3(n)=[26,24,21,21]$$

将 $y_4^k(n)$ 串接起来，再补上 $y_7^3(n)$ 的后 3 个点，得到最终的线性卷积结果如下：

$$y(n)=[4,10,15,19,21,20,13,7,8,14,21,25,26,24,21,21,19,13,5]$$

(2) 重叠保留法。

先将 $x(n)$ 分成 4 段，每段前面再补充前一段的后 3 个序列值：

$$x_7^0(n)=[0,0,0,4,2,3,5], x_7^1(n)=[2,3,5,3,1,0,2]$$

$$x_7^2(n)=[1,0,2,3,4,5,4], x_7^3(n)=[4,5,4,4,3,3,5]$$

另外，还要利用 $x_7^3(n)$ 的后 3 个点构造出 $x_7^4(n)=[3,3,5,0,0,0,0]$。

各段与 $h(n)$ 的循环卷积分别为

$$y_7^0(n)=[18,13,5,4,10,15,19]$$

$$y_7^1(n)=[7,11,17,21,20,13,7], y_7^2(n)=[23,15,8,8,14,21,25]$$

$$y_7^3(n)=[23,26,27,26,24,21,21], y_7^4(n)=[3,9,17,19,13,5,0]$$

去掉各段的前 3 个点并串接起来，再去掉最后一段中无效的 0 值，得到

$$y(n)=[4,10,15,19,21,20,13,7,8,14,21,25,26,24,21,21,19,13,5]$$

如果不构造 $x_7^4(n)$ 并计算 $y_7^4(n)$，将会丢失 $y(n)$ 最后 3 个点。

MATLAB 提供了函数 fftfilt 来实现重叠相加法，其调用格式为

```
y = fftfilt(h, x, M)
```

y 是卷积结果，h 是系统单位脉冲响应，x 是系统输入，M 是 x 的分段长度，M 的默认值是512。分段计算线性卷积的结果如图 3-3-4 所示。注意，fftfilt 函数的卷积结果少了最后 3 个点，如图 3-3-4(c) 所示。

通过例题 3-3-1 进一步明确，重叠相加法不需要“借用”前一段的输入数据，但是卷积的尾部 $N-1$ 点要与下一段卷积的首部 $N-1$ 点相加。重叠保留法需要“借用”前一段输入数据尾部的 $N-1$ 点数据，但是卷积结果不要与下一段的卷积结果相加。

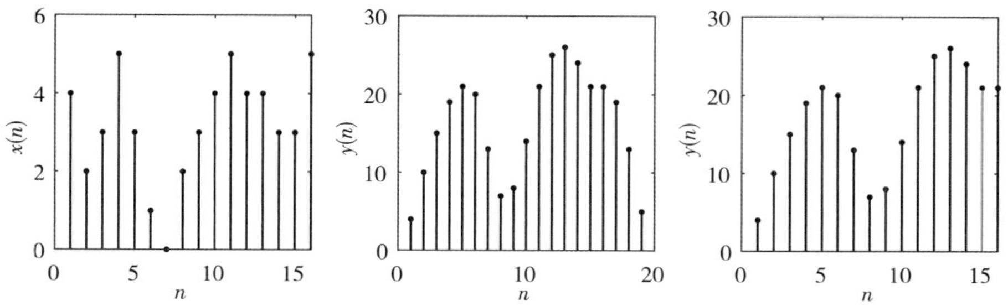

（a）$x(n)$的时域波形　（b）手工计算卷积结果　（c）fftfilt函数计算结果

图 3-3-4　分段计算线性卷积的结果

3.4　用 DFT 对信号进行谱分析

傅里叶变换是谱分析的重要方法。连续信号的傅里叶变换、序列的傅里叶变换都不便于全数字化实现，而离散傅里叶变换则是以全数字化方式来计算傅里叶变换，是谱分析的强有力工具。对于序列直接用 DFT 就可以进行谱分析，对于连续信号，需要采样以后再用DFT进行谱分析。本节先讨论连续信号的谱分析，再讨论序列的谱分析方法以及用 DFT 进行谱分析的误差问题，最后介绍 Chirp－Z 变换谱分析方法。

3.4.1　用 DFT 对连续信号进行谱分析

设连续信号为 $x_a(t)$，其傅里叶变换为 $X_a(j\Omega)$。连续信号谱分析要经过 $x_a(t) \to x(n)$，$X(k)=\text{DFT}[x(n)]$，$X(k) \to X_a(j\Omega)$ 三个步骤。由于要采用 DFT，所以 $x(n)$ 和 $X(k)$ 都是有限长序列。按照傅里叶变换理论，时域有限则频域无限，频域有限则时域无限，$x(n)$ 和 $X(k)$ 不可能同时满足有限长的约束。因此，谱分析时一般对时域和频域进行截取：时域采样之前先通过低通滤波器对频带进行限制，再用窗函数取一段有限长序列进行谱分析。下面谱分析过程中都认为信号是时域长度有限、频域带宽有限。

1. 频率分辨率

分辨率是信号分析中的基本概念，有时间分辨率、空间分辨率和频率分辨率。前后两次采样或者观测的时间间隔越小，时间分辨率就越高。对相邻空间区域采样点越多，空间分辨率就越高。频率分辨率是指谱分析算法将信号中相邻频率分量分开的能力，数值上等于算法所能分辨的最小频率间隔。该数值越小，则分辨率越高。

设连续信号 $x_\tau(t)$ 的持续时间为 τ，最高截止频率为 f_c，其采样序列为 $x(n)$，采样频率 $f_s=2f_c$，采样间隔 $T=\dfrac{1}{2f_c}$，则时域采样点数为

$$M=\frac{\tau}{T}=2f_c\cdot\tau \tag{3-4-1}$$

用 DFT 对 $x_\tau(t)$ 进行谱分析。设 DFT 变换区间长度 $N=M$，则频域采样间隔 Δf 为

$$\Delta f=\frac{2f_c}{N}=\frac{2f_c}{2f_c\cdot\tau}=\frac{1}{\tau} \tag{3-4-2}$$

$\frac{1}{\tau}$ 为频率分辨率。为什么 τ 决定了频率分辨率呢？

设 $x_\tau(t)$ 是 $x(t)$ 与长度为 τ 的窗函数 $w(t)$ 相乘得到的。矩形窗的幅频特性如图 3-4-1 所示，其主瓣的 3 dB 带宽为$\frac{0.89}{\tau}$、4 dB 带宽为$\frac{1}{\tau}$，常取$B_f=\frac{1}{\tau}$ 作为其分析带宽。

时域相乘对应频域卷积，$x(t)$ 中的一个频率点就会变成 $x_\tau(t)$ 中的一个频带。显然，如果 $x(t)$ 中两个频率分量的频率间隔小于$\frac{1}{\tau}$，$x_\tau(t)$ 中对应的两个频带就会重叠，从而无法分辨。要想区分这两个频率分量，只有增大 τ，减小窗函数主瓣带宽B_f，从而提高频率分辨率。

也可以直观理解，要想测定周期信号的频率，至少要取其一个周期进行观测，频率越低则周期越大，观察时间 τ 就越长，也就是说时域长度决定了谱分析的频率分辨率。

需要注意：DFT 点数 $N>M$ 时，其实是在序列尾部补 $N-M$ 个 0 再进行 DFT，并没有加大时域截取长度 τ，序列所能提供的频率"分辨力"并没有提升。此时，增大 N 只是增加了频域采样点数、相邻谱线间隔 Δf 减小了而已。

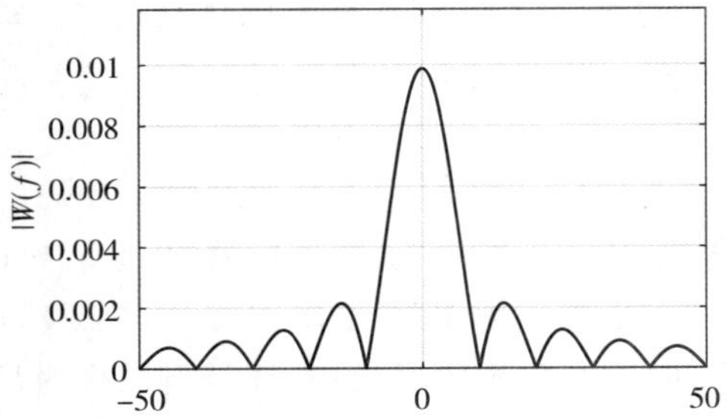

(a) τ =0.1 s，B_f=10 Hz

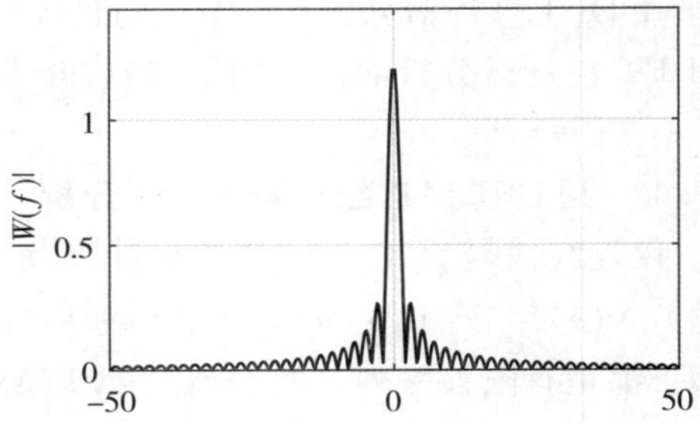

(b) τ =0.5 s，B_f=2 Hz

图 3-4-1 矩形窗的幅频特性

2. 对连续信号进行谱分析

对于连续信号，要先对 $x_a(t)$ 进行采样得到 $x(n)$，再对 $x(n)$ 进行 DFT 变换得到 $X(k)$，最后用 $X(k)$ 来表示连续信号的频率特性 $X_a(j\Omega)$。下面推导 $X(k)$ 与 $X_a(j\Omega)$ 的关系。

根据时域采样定理，$x_a(nT)$ 的傅里叶变换为$\hat{X}_a(j\Omega)=\frac{1}{T}\sum\limits_{k=-\infty}^{+\infty}X_a(j\Omega-jk\Omega_s)$，可知 $X_a(j\Omega)$ 是$\hat{X}_a(j\Omega)$ 在$[0,\Omega_s]$上取值的 T 倍，即

$$X_a(j\Omega)=T\hat{X}_a(j\Omega),0\leqslant\Omega\leqslant\Omega_s \tag{3-4-3}$$

序列 $x(n)$ 的 DTFT 与采样信号 $x_a(nT)$ 傅里叶变换之间的关系为

$$X(e^{j\omega})=\hat{X}_a(j\Omega)\big|_{\Omega=\frac{\omega}{T}} \tag{3-4-4}$$

在区间$[0,2\pi]$上以$\omega=\frac{2\pi}{N}k$对$X(e^{j\omega})$进行N点等间隔采样得到$X(k)$：

$$X(k)=X(e^{j\omega})\mid_{\omega=\frac{2\pi k}{N}},k=0\sim N-1 \tag{3-4-5}$$

合并式(3－4－4)和式(3－4－5)，可以从$\hat{X}_a(j\Omega)$直接采样得到$X(k)$如下：

$$X(k)=\hat{X}_a(j\Omega)\mid_{\Omega=\frac{2\pi k}{NT}}=\hat{X}_a\left(j\frac{\Omega_s}{N}k\right) \tag{3-4-6}$$

令$\frac{\Omega_s}{N}=\Delta\Omega$，并将$\Omega=k\Delta\Omega$代入式(3－4－3)，有

$$X_a(jk\Delta\Omega)=T\cdot\hat{X}_a(jk\Delta\Omega)=T\cdot X(k) \tag{3-4-7}$$

因为$\Delta\Omega=2\pi\Delta f$，显然有

$$X_a(jk\Delta f)=T\cdot X(k) \tag{3-4-8}$$

式(3－4－8)表明，连续信号的傅里叶变换是其对应序列的DFT的T倍，$X(k)$的第k根谱线代表的模拟频率为$k\Delta f$，Δf是相邻两根谱线的频率间隔，$\Delta f=\frac{f_s}{N}$。

3.4.2　用 DFT 对序列进行谱分析

1. 用 DFT 对有限长序列进行谱分析

对长度为N的序列$x(n)$进行谱分析就是求出$X(e^{j\omega})=\mathrm{DTFT}[x(n)]$，而$X(e^{j\omega})$可用$X(k)=\mathrm{DFT}[x(n)]_N$来代替：

$$X(e^{j\omega})\mid_{\omega=\frac{2\pi k}{N}}=X(k),0\leqslant k\leqslant N-1 \tag{3-4-9}$$

式(3－4－9)表明，序列的频率分辨率为$2\pi/N$。要想提高分辨率，就要增大序列的长度N。

2. 用 DFT 对周期序列进行谱分析

假设周期序列$\tilde{x}(n)$的周期为N，可以用$\tilde{X}(k)=\mathrm{DFS}[\tilde{x}(n)]$来表示其频谱特性。周期序列的全部频谱特性包含在一个完整周期内，可以截取一个周期$\tilde{x}(n)R_N(n)$做DFT进行谱分析。

$$X(k)=\mathrm{DFT}[\tilde{x}(n)R_N(n)]_N,0\leqslant k\leqslant N-1 \tag{3-4-10}$$

式(3－4－10)表明，周期序列含有N个频率分量，频率分别为$0,\frac{2\pi}{N},\cdots,\frac{(N-1)2\pi}{N}$。$X(0)$代表直流分量幅度的大小，$X(1)$代表基波分量幅度的大小，等等。

也可用多个周期序列的DFT来表示其频谱特性。设$x_M(n)=\tilde{x}(n)R_{mN}(n)$，其DFT为

$$X_M(k)=\mathrm{DFT}[\tilde{x}(n)R_{mN}(n)]=\sum_{n=0}^{mN-1}\tilde{x}(n)R_{mN}(n)W_{mN}^{kn}$$

$$=m\sum_{n=0}^{N-1}\widetilde{x}(n)\,R_N(n)\,W_N^{\frac{k}{m}n}=mX\left(\frac{k}{m}\right)$$

$$=\begin{cases}mX(r),k=rm\\0,\quad\quad k\neq rm\end{cases}(k=0,\cdots,mN-1)\tag{3-4-11}$$

对于 $X_M(k)$，虽然 k 可取 0 到 $mN-1$，其实只有当 $k=rm$ 时的 N 根谱线幅度不为零，这 N 根谱线对应的频率为 $(2\pi/mN)\cdot rm=2\pi r/N$，与 $X(k)$ 的 N 根谱线的频率 $2\pi k/N$ 相等。可见 $X_M(k)$ 与 $X(k)$ 的谱线数目相同，只是幅度相差 m 倍，二者都能表示周期序列的频率特性。

如果 $\widetilde{x}(n)$ 的周期未知，如何进行谱分析呢？可以先计算 DFT[$x_M(n)$] 和 DFT[$x_{2M}(n)$]，比较二者频谱特性是否接近，如果误差过大，继续比较 DFT[$x_{2M}(n)$]、DFT[$x_{4M}(n)$]，直到 DFT[$x_{2^kM}(n)$] 和 DFT [$x_{2^{k+1}M}(n)$] 的主谱频率误差小于设定阈值。

另外一种方法是先估算序列的周期，再取一个或者多个周期进行谱分析。如何估计 $\widetilde{x}(n)$ 的周期呢？实际工程中，信号会受到随机噪声的污染，相邻两个最大值点的时域间隔不一定是序列的周期。自相关函数通过相关运算滤除了随机噪声，并且自相关函数的周期与原周期序列的周期相等，因此可以利用序列的自相关函数来估计周期序列的周期。序列的自相关函数为

$$r_{xx}(n)=\sum_{m=0}^{M}x(m)x^*(m-n)\tag{3-4-12}$$

其中 M 较大，包含若干个周期。假设 $r_{xx}(0)$、$r_{xx}(n_0)$ 是相邻两个最大值点，则 n_0 为 $\widetilde{x}(n)$ 的周期。计算自相关函数的 MATLAB 代码如下：

```
n = [0:1:30];
x = cos(0.3 * pi * n) + 0.5 * cos(0.4 * pi * n);
[a,b] = xcorr(x,'unbiased');
stem(b,a)
```

周期序列的自相关函数如图 3-4-2 所示，由图可见，序列周期为 20。

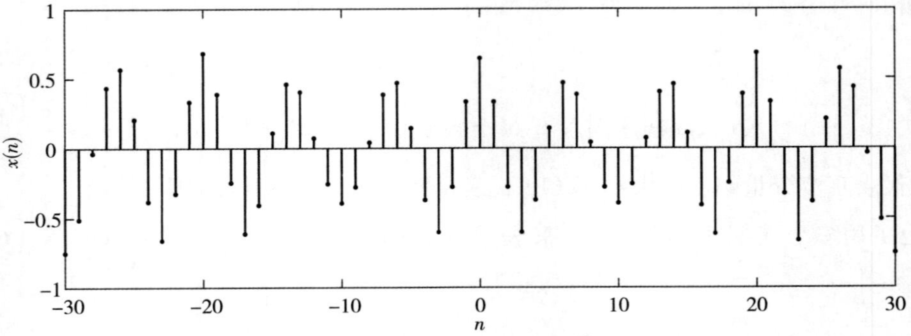

图 3-4-2 周期序列的自相关函数

3.4.3　用 DFT 进行谱分析的误差问题

对连续信号进行谱分析一般要经过时域采样、时域截取和 DFT 变换 3 个步骤，这 3 个步骤对谱分析有一定的影响，得到的频谱特性与原信号的实际频谱之间会存在一定误差。

1. 时域采样导致的频谱混叠现象

对连续信号进行谱分析时必须先进行时域采样，采样频率 f_s 要满足采样定理，否则在 $f=\frac{f_s}{2}$，$\omega=\pi$ 附近产生频谱混叠。要减小频谱混叠，可以提高系统采样频率 f_s，一般要求采样频率是信号截止频率的 3 到 5 倍；或者在采样之前对信号进行模拟低通滤波，对高于 $\frac{f_s}{2}$ 的频率分量和噪声进行抑制。即使提高了采样频率并进行了预滤波，也很难绝对消除频谱混叠，只要能满足实际需要就行了。

2. 频域采样导致的栅栏效应

DFT 其实就是在 $[0,2\pi]$ 区间上对 DTFT 进行采样，采样点数即 DFT 变换的点数 N 必须大于等于序列的长度 M，否则无法从 DFT 恢复出原序列。即使 $N\geqslant M$，也只能观察到频率采样点 $\omega=\frac{2\pi k}{N}$ 处的频谱特性($k=0,1,\cdots,N-1$)，无法得到频域采样点之间的频谱信息，这就是所谓的栅栏效应。显然，可以加大频域采样点数 N 来减小栅栏效应。对于有限长序列，可以在序列后面补 0，再通过 DFT 进行谱分析。对于无限长序列，可以加大时域截取长度 M 进行 DFT 谱分析。

需要注意，对有限长序列补 0 后进行 DFT，虽然增加了频域采样点数，能减小栅栏效应，但是并不能提高谱分析的分辨率。因为补 0 并没有增加序列的信息量，所以频率分辨率不变。现代功率谱估计采用合理的数据外推方法补充部分数据，能有效提高频率分辨率。

根据频域采样定理，只要满足 $N\geqslant M$ 就能用 DFT 恢复出原序列，可见栅栏效应对频谱分析的影响不大。

3. 时域截取导致的截断效应

对无限长或者长度很长的序列 $x(n)$，往往截取一段序列 $x_N(n)=x(n)\,w_N(n)$ 做 DFT，得到 $X_N(k)=\text{DFT}[x_N(n)]_N$，$w_N(n)$ 是长度为 N 的窗函数。$X_N(k)$ 其实是 $x(n)\,w_N(n)$ 的频谱，和 $x(n)$ 的频谱是有误差的，这种误差就称为谱分析的截断效应。下面具体分析截断效应。

根据傅里叶变换的频域卷积定理有

$$X_N(\mathrm{e}^{\mathrm{j}\omega})=\text{DTFT}[x(n)\,w_N(n)]=\frac{1}{2\pi}[X(\mathrm{e}^{\mathrm{j}\omega})*W_N(\mathrm{e}^{\mathrm{j}\omega})] \qquad (3-4-13)$$

其中，$X(\mathrm{e}^{\mathrm{j}\omega})=\text{FT}[x(n)]$，$W_N(\mathrm{e}^{\mathrm{j}\omega})=\text{FT}[w_N(n)]$。采用矩形窗 $w_N(n)=R_N(n)$ 来截取，有

$$W_N(\mathrm{e}^{\mathrm{j}\omega})=\text{FT}[R_N(n)]=\mathrm{e}^{-\mathrm{j}\omega\frac{N-1}{2}}\frac{\sin(\omega N/2)}{\sin(\omega/2)}=W(\omega)\mathrm{e}^{\mathrm{j}\varphi(\omega)} \qquad (3-4-14)$$

其中，$W(\omega)=\dfrac{\sin(\omega N/2)}{\sin(\omega/2)}$，$\varphi(\omega)=-\dfrac{N-1}{2}\omega$。矩形窗$R_8(n)$的幅度谱$W(\omega)$如图 3-4-3 所示，$W(\omega)$以$2\pi$周期。$W(\omega)$的$|\omega|\leqslant\dfrac{2\pi}{N}$部分称为主瓣，其余部分称为旁瓣。

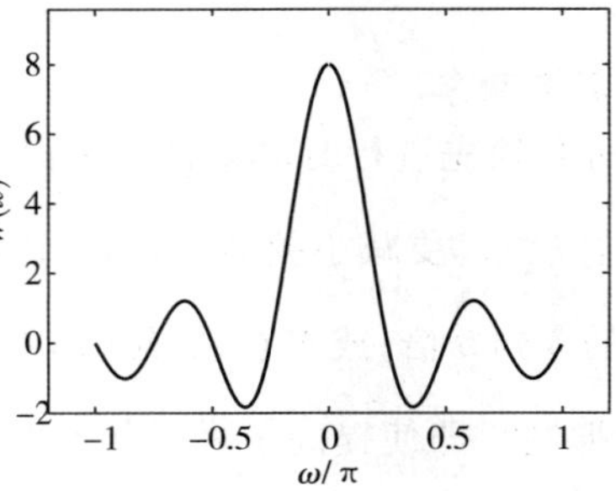

图 3-4-3　矩形窗$R_8(n)$的幅度谱$W(\omega)$

假设$x(n)=\cos\left(\dfrac{\pi}{4}n\right)$，其频谱为

$$X(e^{j\omega})=\pi\sum_{l=-\infty}^{+\infty}\left[\delta\left(\omega-\frac{\pi}{4}-2\pi l\right)+\delta\left(\omega+\frac{\pi}{4}-2\pi l\right)\right]$$

$x(n)$的频谱$X(e^{j\omega})$如图 3-4-4(a) 所示（取$x(n)$两个周期进行 16 点 DFT），$x_N(n)$的幅频曲线如图 3-4-4(b) 所示（取$x(n)$两个周期进行 256 点 DFT）。

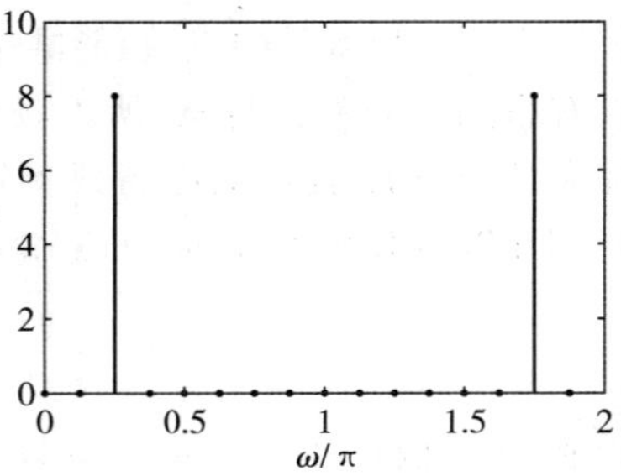

（a）$\cos\left(\dfrac{\pi}{4}n\right)$序列截断前的幅频特性

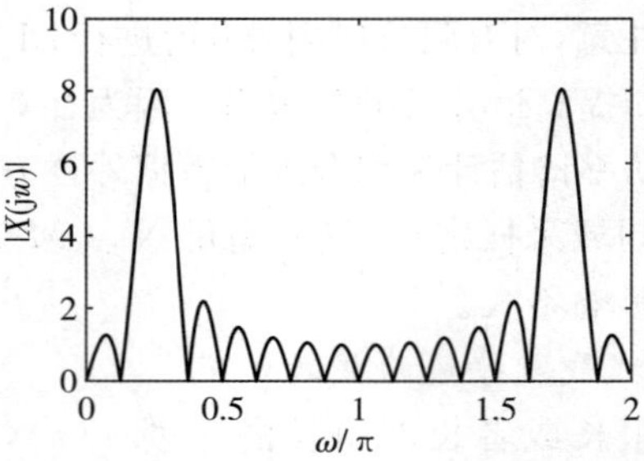

（b）$\cos\left(\dfrac{\pi}{4}n\right)$序列截断后的幅频特性

图 3-4-4　序列截断前后的幅频特性对比

从图 3-4-4 可见，序列截断前后的频率特性发生了变化，变化体现在以下两点：

(1) 频谱泄露。原序列的频谱是在0.25π、1.75π处的两根离散谱线，而截断序列的频谱则是连续的，在0.25π、1.75π附近出现了连续的主瓣、旁瓣。主瓣是离散谱线向附近泄露造成的。频谱泄露使得频谱变模糊、谱分辨率降低。频谱泄露的程度是由窗函数的主瓣宽度决定的，对于矩形窗来说，主瓣宽度为$\dfrac{4\pi}{N}$，加大N可以减小频谱泄露。可以证明，在同长度的各种窗函数里面，矩形窗的主瓣宽度是最窄的，泄露最小，但是矩形窗的旁瓣幅度也是最大的，对谱分析也是不利的。

(2) 谱间干扰。除了泄露的主瓣外，旁瓣对其他谱线造成了干扰。旁瓣幅度较大时，可能会湮灭其他弱信号的主瓣，或者把旁瓣误认为是某个频率的分量。在同长度的各种窗函数里，矩形窗的旁瓣幅度最大，造成的谱间干扰也最严重。加大 N 也无法减小谱间干扰，可以选择三角窗、余弦窗等其他旁瓣幅度小的窗函数来减小谱间干扰。

显然，正是式(3－4－13)的频域卷积导致了频谱泄露和谱间干扰。

【例 3－4－1】 用 DFT 对 $x(t)=\cos(2\pi f_1 t)+\cos(2\pi f_2 t)+\cos(2\pi f_3 t)$ 进行谱分析，$f_1=99.5$ Hz，$f_2=100$ Hz，$f_3=100.5$ Hz，采样频率 $f_s=256$ Hz。

解： 以 $f_s=256$ Hz 对 $x(t)$ 进行数字化得到 $x(n)$，$x(n)$ 三个分量周期分别为 512、64、512，因此 $x(n)$ 的周期是 512。代码如下：

```
fs = 256;  % 采样频率
N = 512;  % 周期
n = 0:1:2 * N - 1;
x = cos(2 * pi * 99.5 * n/fs) + cos(2 * pi * 100 * n/fs) + cos(2 * pi * 100.5 * n/fs)
F1 = fs * (0:0.5 * N - 1)/(0.5 * N);F2 = fs * (0:N - 1)/N;
F3 = fs * (0:1.5 * N - 1)/(1.5 * N);F4 = fs * (0:2 * N - 1)/(2 * N);
XK1 = fft(x,0.5 * N);XK2 = fft(x,N);
XK3 = fft(x,1.5 * N);XK4 = fft(x,2 * N);
```

对序列进行 512 点和 1024 点 DFT，结果如图 3－4－5(b)(d) 所示，图中 3 根谱线的频率与 $x(t)$ 中的 3 个频率相等。另外，对序列进行了 256 点 DFT 和 768 点 DFT，结果如图 3－4－5(a)(c) 所示，存在频谱泄漏。图 3－4－5(a) 中的 3 根主要谱线对应的频率分别为 99 Hz、100 Hz、101 Hz，与实际频率有一定误差。图 3－4－5(c) 中的 3 根主要谱线对应的频率分别为 99.4 Hz、100 Hz、100.6 Hz，与实际频率有一定误差，误差小于 256 点 DFT。

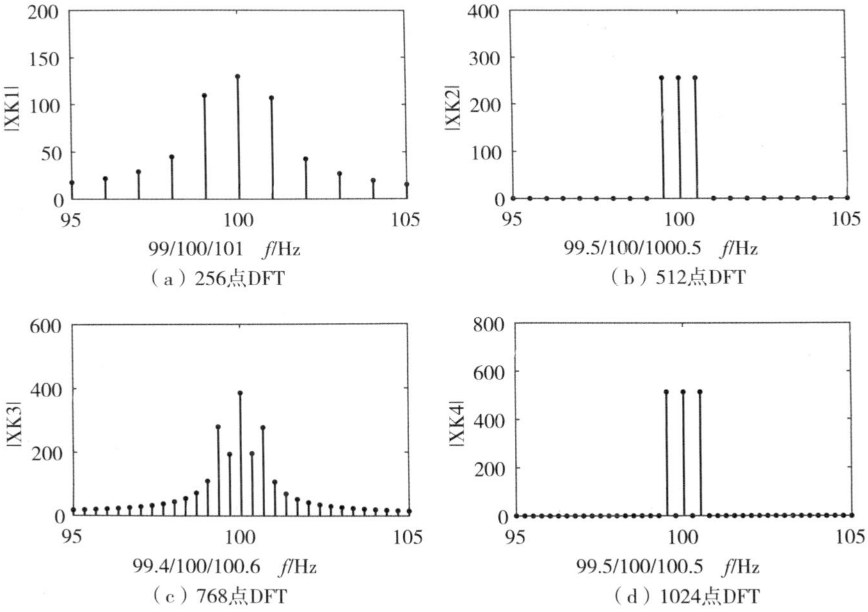

(a) 256点DFT　(b) 512点DFT
(c) 768点DFT　(d) 1024点DFT

图 3－4－5　例 3－4－1 程序运行结果

3.4.4 Chirp－Z 变换

DTFT 是在 z 平面单位圆上对信号进行傅里叶变换，DFT 是在单位圆上进行等间隔的均匀抽样谱分析，而有些情况下，需要在单位圆上某个局部频带进行频谱分析，或者要在 z 平面的其他位置进行复频域分析，DTFT、DFT 就不适应了。而 Chirp－Z 变换则可以在 z 平面内按照螺旋线路径进行频谱分析，还可以用 FFT 算法进行加速，在雷达信号处理等领域具有重要的使用价值。

设序列 $x(n)$ 长度为 N，要求分析 z 平面上 M 点频谱采样值。设采样点 z_k 为

$$z_k = z_0 (R_0 e^{j\varphi_0})^k, 0 \leqslant k \leqslant M-1 \qquad (3-4-15)$$

其中，z_0 是螺旋线的起点，定义为

$$z_0 = r_0 e^{j\theta_0} \qquad (3-4-16)$$

r_0 和 θ_0 是 z_0 的模和幅角，φ_0 是相邻 z_k 之间的夹角，R_0 决定螺旋线是内旋还是外旋。$R_0 < 1$，随着 k 的增大，螺旋线向内盘旋；$R_0 > 1$，随着 k 的增大，螺旋线向外盘旋；$R_0 = 1$，螺旋线为半径为 r_0 的圆周上的一段弧线。Chirp－Z 变换的分析路径（$R_0 < 1$）如图 3－4－6 所示。

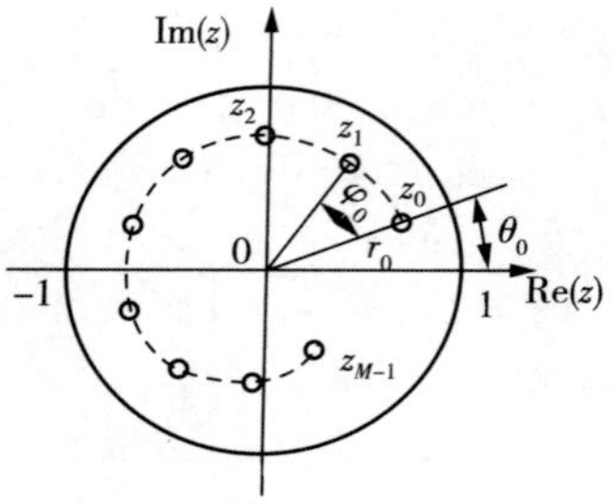

图 3－4－6 Chirp－Z 变换的分析路径（$R_0 < 1$）

将 z_k 代入 Z 变换公式得到

$$X(z_k) = \sum_{n=0}^{N-1} x(n) z_k^{-n} = \sum_{n=0}^{N-1} x(n) (r_0 e^{j\theta_0})^{-n} V^{-kn}, 0 \leqslant k \leqslant M-1$$

其中 $V = R_0 e^{j\varphi_0}$。利用下面的关系式：

$$nk = \frac{1}{2}[n^2 + k^2 - (k-n)^2] \qquad (3-4-17)$$

得到

$$X(z_k) = \sum_{n=0}^{N-1} x(n)(r_0 e^{j\theta_0})^{-n} V^{-\frac{1}{2}[n^2+k^2-(k-n)^2]} = V^{-\frac{k^2}{2}} \sum_{n=0}^{N-1} x(n)(r_0 e^{j\theta_0})^{-n} V^{-\frac{n^2}{2}} V^{\frac{1}{2}[(k-n)^2]}$$

令

$$g(n) = x(n)(r_0 e^{j\theta_0})^{-n} V^{-\frac{n^2}{2}}, 0 \leqslant n \leqslant N-1 \qquad (3-4-18)$$

$$h(n) = V^{\frac{n^2}{2}} \qquad (3-4-19)$$

有

$$X(z_k)=V^{-\frac{k^2}{2}}\sum_{n=0}^{N-1}g(n)h(k-n)=V^{-\frac{k^2}{2}}y(k),0\leqslant k\leqslant M-1 \quad (3-4-20)$$

式(3-4-20)表明$x(n)$经过预乘后得到$g(n)$，$g(n)$与$h(n)$卷积得到$y(k)$，再乘以$V^{-\frac{k^2}{2}}$得到$X(z_k)$。当$R_0=1$时，$h(n)=e^{j\frac{1}{2}n^2\varphi_0}$是一个频率随时间线性增长的复指数序列。在雷达系统中，称该信号为线性调频信号，也称为 Chirp 信号，因此称上述变换为线性调频 Z 变换，简称为 Chirp-Z 变换(CZT)。$X(z_k)$计算过程如图 3-4-7 所示。

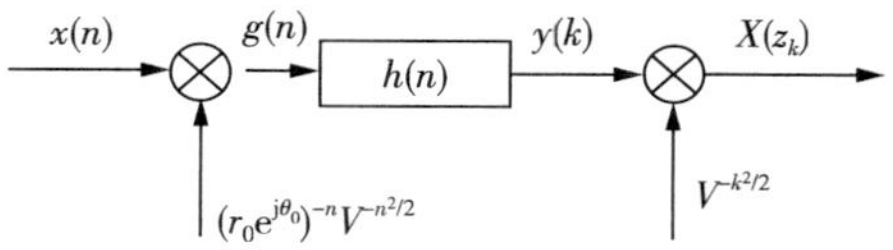

图 3-4-7　$X(z_k)$计算过程

式(3-4-20)中$y(k)$是计算难点。$y(k)$计算公式如下：

$$y(k)=g(n)*h(n)=\sum_{n=0}^{N-1}g(n)h(k-n)\ ,0\leqslant k\leqslant M-1 \quad (3-4-21)$$

式(3-4-21)中，虽然n是时域变量，k是频域变量，但是二者都是无量纲的整数，二者可以相减。先计算$y(n)=g(n)*h(n)$，$0\leqslant n\leqslant M-1$，然后再转换成$y(k)$，$0\leqslant k\leqslant M-1$。

下面介绍 CZT 的计算原理及快速算法。$y(n)=g(n)*h(n)$可以写成如下形式：

$$y(n)=g(0)*h(n)+g(1)*h(n-1)+\cdots+g(N-1)*h(n-(N-1)) \quad (3-4-22)$$

计算$y(0)\sim y(M-1)$的矩阵形式如下：

$$\begin{bmatrix} y(0)\\ y(1)\\ \vdots\\ y(M-1)\end{bmatrix}=\begin{bmatrix} h(0) & h(-1) & \cdots & h(-N+1)\\ h(1) & h(0) & \cdots & h(-N+2)\\ \vdots & \vdots & & \vdots\\ h(M-1) & h(M-2) & \cdots & h(M-N)\end{bmatrix}\begin{bmatrix} g(0)\\ g(1)\\ \vdots\\ g(N-1)\end{bmatrix}$$

(3-4-23)

从式(3-4-23)可知，卷积需要使用从$h(M-1)$到$h(-N+1)$共$N+M-1$个数据，记为$h'(n)$：

$$h'(n)=\begin{cases} h(n), -N+1\leqslant n\leqslant M-1\\ 0, \quad 其他\end{cases} \quad (3-4-24)$$

$g(n)$长度为N，$y(n)=g(n)*h'(n)$的长度为$2N+M-2$，从$y(-N+1)$到$y(N+M-1)$，其中仅$y(0)\sim y(M-1)$是计算$X(z_k)$所需要的$y(k)$。能否用 FFT 来加速计算$y(k)$呢？

设 $y_c(n)=g(n)\otimes h'(n)$，$y_c(n)$ 的长度为 $L=\max[N,N+M-1]=N+M-1$，小于二者线性卷积 $y(n)$ 的长度。循环卷积是线性卷积周期延拓的主值序列，可以推导得到 $y_c(n)$ 的前 M 点 $y_c(0)\sim y_c(M-1)$ 与 $y(0)\sim y(M-1)$ 相等；$y_c(n)$ 的后 $N-1$ 点是 $y(-N+1)\sim y(-1)$ 与 $y(M)\sim y(N+M-1)$ 混叠得到的。因此，可用FFT来快速计算 $y_c(n)$，再从 $y_c(n)$ 中得到 $y(0)\sim y(M-1)$。

为了满足基 2 FFT 的需要，取循环卷积长度为 $L=2^m\geqslant N+M-1$，m 为整数。$g(n)$ 长度为 N，因此 $g(n)$ 要补 $L-N$ 个 0。根据循环卷积的定义，有

$$y_c(n)=g(n)\otimes h'(n)=g(n)\otimes h_L(n) \tag{3-4-25}$$

式(3-4-25) 中的$h_L(n)=h'((n))_L R_L(n)$，可以用下式表达：

$$h_L(n)=\begin{cases} V^{\frac{n^2}{2}}, & 0\leqslant n\leqslant M-1 \\ 0, & M\leqslant n\leqslant L-N \\ V^{\frac{(n-L)^2}{2}}, & L-N+1\leqslant n\leqslant L-1 \end{cases} \tag{3-4-26}$$

$h'(n)$ 长为 $N+M-1$，而 $L=2^m\geqslant N+M-1$，因此$h'(n)$后面要补充$L-(N+M-1)$ 个 0，$h_L(n)$ 中部增补的 0 就是为满足此要求。按式(3-4-25) 求出 $y_c(n)$ 后，保留 $y_c(0)\sim y_c(M-1)$。

计算 $X(z_k)$ 的过程可以用 FFT 快速实现。具体计算步骤如下：

(1) 按式(3-4-26) 构造$h_L(n)$，计算$H_L(k)=\mathrm{DFT}[h_L(n)]_L$；

(2) 构造 $g(n)=\begin{cases} x(n)(r_0 e^{j\theta_0})^{-n}V^{-\frac{n^2}{2}}, & 0\leqslant n\leqslant N-1 \\ 0, & N\leqslant n\leqslant L-1 \end{cases}$，求 $G(k)=\mathrm{DFT}[g(n)]_L$；

(3) 计算$H_L(k)G(k)$；

(4) 计算 $y(k)=\mathrm{IDFT}[H_L(m)G(m)]$；

(5) 计算 $X(z_k)=V^{-\frac{k^2}{2}}y(k)$，$0\leqslant k\leqslant M-1$。

与DFT相比，Chirp-Z变换具有很多优点，它不仅能够计算任意点数的DFT，而且能够计算 z 平面上任何一条螺旋线上任意点数的 z 变换。利用CZT可以计算某个频段的频谱，既能提高谱分析分辨率，又能节约计算量。因此，CZT 具有很大的应用价值，并且有实现 CZT 算法的硬件，MATLAB 也提供有 CZT 函数。

MATLAB 中 CZT 函数有两种调用格式：

(1)y=czt(x,m,w,a)，x 代表输入序列，m 是 CZT 的点数，w 是控制螺旋线形状的参数$R_0 e^{j\varphi_0}$，a 是螺旋线的起点$r_0 e^{j\theta_0}$，y 是 CZT 的输出。

(2)y=czt(x)，x 为输入序列，约定 m=length(x)，$w=e^{(-j\times 2\times\pi/m)}$，$a=1$。$y$ 是x 在单位圆上 m 个等间隔点上的 Z 变换，即 y 是 x 的 DFT。

【例 3-4-2】 利用 MATLAB 中 czt 函数对 $x(t)=\cos(2\pi f_1 t)+0.8\cos(2\pi f_2 t)+0.5\cos(2\pi f_3 t)$ 进行局部细化频谱分析并与 FFT 结果进行对比。其中，$f_1=101.5$ Hz，

$f_2 = 102$ Hz，$f_3 = 102.5$ Hz。

解：假设抽样频率 $f_s = 256$ Hz，时域采样 500 点，FFT 的分析频段就是 0 到 256 Hz，FFT 谱分析的分辨率是 0.512 Hz。CZT 的分析频段是 100 ~ 110 Hz，细化点数 100，分辨率是 0.1 Hz。相关 MATLAB 代码如下：

```
fs = 256;   % 采样频率
N = 500;   % 采样点数
n = 0:1:N - 1;
f = fs * (0:N - 1)/N;
x = cos(2 * pi * 101.5 * n/fs) + 0.8 * cos(2 * pi * 102 * n/fs) + 0.5 * cos(2 * pi * 102.5 * n/fs)
XK = fft(x,N);
f1 = 100;   % 细化频率段起点
f2 = 110;   % 细化频率段终点
M = 100;   % 细化频段的频点数
w = exp(- j * 2 * pi * (f2 - f1)/(fs * M));
a = exp(j * 2 * pi * f1/fs);   % 细化频段的起始点
xk = czt(x,M,w,a);
h = 0:1:M - 1;   % 细化频点序列
f0 = (f2 - f1)/M * h + 100;   % 细化的频率值
```

CZT 细化谱分析与 FFT 谱分析对比如图 3-4-8 所示，由图可见，CZT 的分辨率明显超过 FFT。

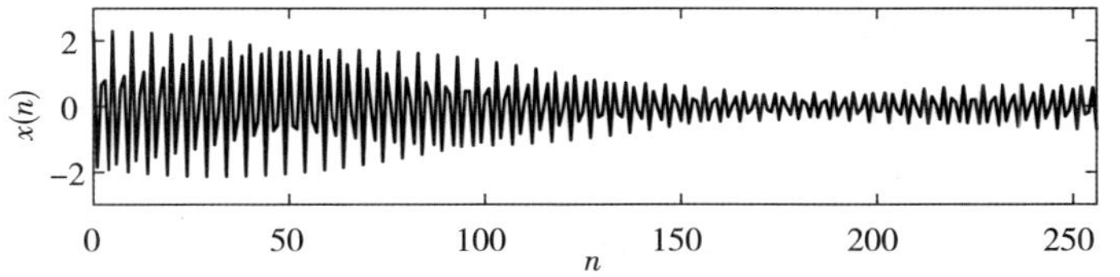

(a) 信号的时域波形

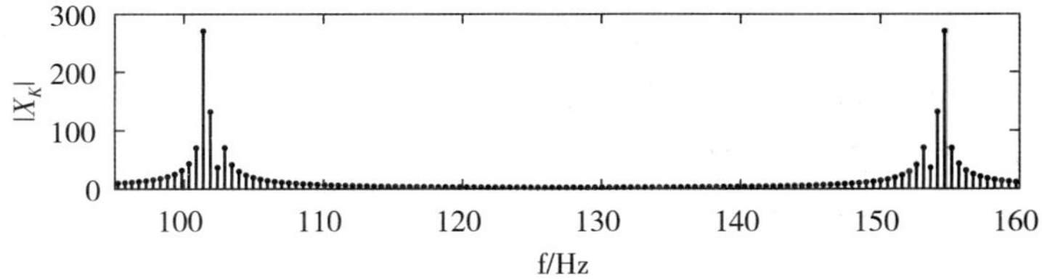

(b) FFT变换频谱

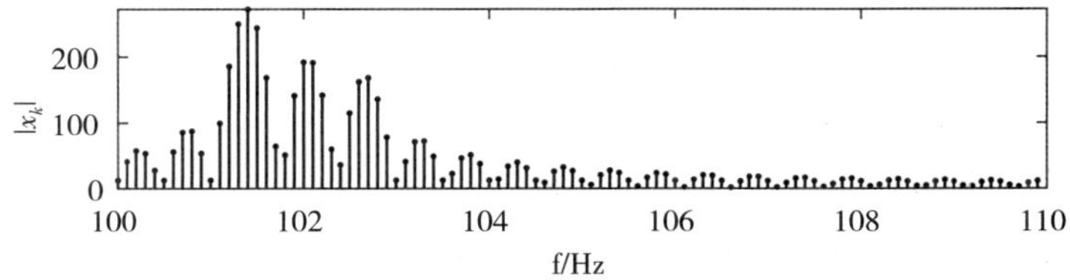

(c) CZT细化频谱

图 3-4-8　CZT 细化谱分析与 FFT 谱分析对比

3.4.5 DFT 窄带滤波器组

在雷达目标运动速度测量中，常用 DFT 实现等效的窄带滤波器组功能，从而得到目标运动产生的多普勒频移。下面推导 DFT 与窄带滤波器组的关系。

DFT 的定义为

$$X(k)=\sum_{m=0}^{N-1}x(m)\mathrm{e}^{-\mathrm{j}\frac{2\pi km}{N}} \tag{3-4-27}$$

利用旋转因子的周期性，式(3-4-21) 改写为

$$X(k)=\sum_{m=0}^{N-1}x(m)\mathrm{e}^{\mathrm{j}\frac{2\pi k(N-m)}{N}}=\sum_{m=0}^{N-1}x(m)\mathrm{e}^{\mathrm{j}\frac{2\pi k(n-m)}{N}}\Big|_{n=N}$$

于是 DFT 可以写成如下的卷积形式：

$$X(k)=(x(n)*\mathrm{e}^{\mathrm{j}\frac{2\pi kn}{N}})\big|_{n=N}=(x(n)*h_k(n))\big|_{n=N} \tag{3-4-28}$$

式(3-4-28)中，$h_k(n)=\mathrm{e}^{\mathrm{j}\frac{2\pi kn}{N}}$，$n$ 为 $0\sim N-1$。式(3-4-28)看起来有点复杂，实际上其物理意义非常明确：对于给定的 k，DFT 的输出为 $x(n)$ 通过一个滤波器$h_k(n)$ 后在 N 时刻的取值。$h_k(n)$ 在时域上是周期序列 $\mathrm{e}^{\mathrm{j}\frac{2\pi kn}{N}}$ 与矩形窗相乘得到的，因此$h_k(n)$ 的频谱为 sinc 函数。也就是说，$h_k(n)$ 实际上就是一个窄带滤波器。对于 $0\leqslant k\leqslant N-1$，$h_k(n)$ 就构成了窄带滤波器组。

从 DFT 与窄带滤波器组之间的关系出发，可以深入理解 DFT 的噪声抑制功能。假定输入为一个受到白噪声污染的单频正弦信号，信号的功率为 1，噪声的功率也为 1，输入信噪比为 0 dB。经过 1024 点的 DFT 之后，信号从两个滤波器通道输出，其中一个滤波器输出信号的功率为 1/2。而噪声是宽带的，会从各滤波器输出，一个滤波器输出的噪声功率为 1/1024，输出的信噪比为 $10\log_{10}512=27$ dB。可见，信号的带宽小于滤波器带宽，能全部通过，而白噪声信号的带宽远大于滤波器带宽，仅能通过很小的一部分，大部分噪声被过滤掉了，从而提高了输出信号的信噪比。

在多普勒雷达系统中，常常对脉压后的慢时间维数据进行 DFT 变换，利用 DFT 结果测量目标的多普勒频移，从而估计目标的运动速度。

3.5 短时傅里叶变换

基于傅里叶变换的频谱分析得到的是信号在某一段时间内的总的频率特性。对于频率随着时间变化的非平稳信号，傅里叶变换频谱分析是有局限性的。如果想要得到信号在某个时刻 τ 的频率特性，就需要对信号进行时频分析。可以截取 $[\tau,\tau+\Delta\tau]$ 的一"小段"信号进行傅里叶变换，这种方法叫作短时傅里叶变换(Short - time Fourier transform，STFT)。连续信号 $x(t)$ 的 STFT 定义如下：

$$X(\tau,f)=\int_{-\infty}^{+\infty}[x(t)\cdot\omega(t-\tau)]\mathrm{e}^{-\mathrm{j}2\pi ft}\mathrm{d}t \tag{3-5-1}$$

式(3－5－1)中，$\omega(t)$ 为时域的窗函数，可以取矩形窗、汉宁窗和哈明窗等。$X(\tau,f)$ 就代表了 $x(t)$ 在 $[\tau,\tau+\Delta\tau]$ 段内的频率特性。

STFT 在音频分析处理中已经得到了广泛应用，其方法是先将音频信号分帧，再将各帧进行傅里叶变换。每一帧音频信号可以被认为是从非平稳信号波形中截取出来的，并具有短时平稳性，各帧音频的短时频谱就是各个短时平稳信号波形频谱的近似。

3.5.1　序列的短时傅里叶变换

根据式(3－5－1)可以得到序列的短时傅里叶变换的定义如下：

$$X_n(\mathrm{e}^{\mathrm{j}\omega})=\sum_{m=n}^{n+N-1}x(m)w(m-n)\mathrm{e}^{-\mathrm{j}\omega m} \tag{3-5-2}$$

式(3－5－2)中，$x(m)$ 为音频序列，$w(m)$ 为实数窗序列，窗长为 N。n 取不同值时，窗 $w(m-n)$ 沿时间轴滑动到不同的位置，取出不同的序列片段进行傅里叶变换。相邻段一般重叠 $N/2$，也就是说 n 可取 $0,N/2,N,3N/2,\cdots$。

短时傅里叶变换是时间 n 和角频率 ω 的函数，它反映了音频信号的频谱随时间变化的特性。由于 $w(m-n)$ 为有限宽度窗，因此 $x(m)w(m-n)(-\infty<m<+\infty)$ 绝对可和，短时傅里叶变换必定存在。

窗函数 $w(m)$ 对傅里叶变换的特性有着重要的影响。设 $x(m)$ 和 $w(m)$ 的傅里叶变换分别为 $X(\mathrm{e}^{\mathrm{j}\omega})$ 和 $W(\mathrm{e}^{\mathrm{j}\omega})$，根据傅里叶变换的性质，$X_n(\mathrm{e}^{\mathrm{j}\omega})$ 可通过将 $x(m)$ 与 $w(m-n)$ 在 $-\infty<m<+\infty$ 内的傅里叶变换进行卷积得到。$w(m-n)$ 的傅里叶变换为 $W(\mathrm{e}^{\mathrm{j}\omega})\mathrm{e}^{-\mathrm{j}\omega n}$，故

$$X_n(\mathrm{e}^{\mathrm{j}\omega})=\frac{1}{2\pi}\int_{-\pi}^{\pi}W(\mathrm{e}^{\mathrm{j}\theta})\mathrm{e}^{-\mathrm{j}\theta n}X(\mathrm{e}^{\mathrm{j}(\omega-\theta)})\mathrm{d}\theta \tag{3-5-3}$$

由于 $X_n(\mathrm{e}^{\mathrm{j}\omega})$ 相当于信号谱 $X(\mathrm{e}^{\mathrm{j}\omega})$ 与窗函数谱的卷积，因此应该使窗函数的频谱分辨率高，主瓣尖锐；同时要使旁瓣衰减大，这样与信号卷积时的频谱泄漏才会少。对于矩形窗、汉宁窗和哈明窗，其主瓣的宽度与窗长成反比，而旁瓣衰减与窗长无关。

根据式(3-5-3)，为了使 $X_n(\mathrm{e}^{\mathrm{j}\omega})$ 能够与 $X(\mathrm{e}^{\mathrm{j}\omega})$ 具有相近的性质，要求 $W(\mathrm{e}^{\mathrm{j}\omega})$ 趋近一个冲激函数。窗长越长，$W(\mathrm{e}^{\mathrm{j}\omega})$ 的主瓣越尖锐，则 $X_n(\mathrm{e}^{\mathrm{j}\omega})$ 越逼近于 $X(\mathrm{e}^{\mathrm{j}\omega})$。但是，窗长太大时，所选信号可能不满足短时平稳性，$X_n(\mathrm{e}^{\mathrm{j}\omega})$ 难以反映序列的时频特性。因此，要折中选择窗长。

令 $\omega=\dfrac{2\pi k}{N}$，$k=0\sim N-1$，对式(3－5－2)中的 ω 进行离散，得到离散短时傅里叶变换：

$$X(n,k)=\sum_{m=n}^{n+N-1}x(m)w(m-n)\mathrm{e}^{-\mathrm{j}\frac{2\pi k}{N}m},k=0\sim N-1 \tag{3-5-4}$$

短时傅里叶变换的基本步骤就是将数据加窗分段、对各段分别做 FFT，一个序列的

短时傅里叶变换结果是一个矩阵。相邻分段可以有部分重叠。在 MATLAB 中,可以使用函数 spectrogram 或者 tfrstft 做短时傅里叶变换。spectrogram 函数的调用形式主要如下:

(1) spectrogram(x);

(2)s=spectrogram(x,window, noverlap, nfft,fs);

(3)[s, f, t] =spectrogram(x,window, noverlap, nfft,fs);

(4)[s, f, t] =spectrogram(x,window, noverlap, f, fs);

(5)[s, f, t, p] =spectrogram(x,window, noverlap,f, fs)。

spectrogram 函数中的参数说明如下:

(1)x 表示输入信号。

(2)window 表示窗函数,如果 window 的值是一个整数,那么被分段的 x 的每一段的长度都等于 window,并采用默认的 Hamming 窗;如果 window 是一个向量,那么被分段后每一段的长度都等于 length(window),且输入的向量即为所要加的窗函数。

(3)overlap 表示两段之间的重合点数,overlap 的值必须要小于窗长,如果没有指定 overlap,默认是窗长的一半。

(4)nfft 表示 fft 的点数,fft 的点数跟窗长可以是不同的,当没有指定该参数时,MATLAB 会取 max(256, 2^(ceil(log2(length(window))))),即当窗长小于 256 时,fft 的点数是 256;当窗长大于 256 时,fft 的点数取大于窗长的最小的 2 的整数次幂。

(5)fs 表示采样率,用来归一化显示使用。

(6)f 表示显示的频谱范围,f 是一个向量,长度跟 s 的行数相同。当 x 是实信号且 nfft 为偶数时,s 的行数为(nfft/2+1);当 x 是实信号且 nfft 为奇数时,s 的行数为(nfft+1)/2;当 x 是复信号时,s 的行数为 nfft;当在输入的参数列表中指定 f 后,函数会在 f 指定的频率处计算频谱图,返回的 f 跟输入的 f 是相同的。

(7)t 表示显示的时间范围,是一个向量,长度跟 s 的列数相同。

(8)p 表示功率谱密度,对于实信号,p 是各段 PSD 的单边周期估计;对于复信号,当指定 f 频率向量时,p 为双边 PSD。

【例 3-5-1】 利用 spectrogram 函数对信号进行时频分析。该信号由 4 个余弦信号拼接而成,频率分别为 10 kHz、15 kHz、20 kHz、25 kHz。

解:设定采样频率为 60 kHz,每段余弦信号采样 512 点,STFT 窗长 256 点,相邻段重叠半个窗长,限定频率的取值范围为 0~30 kHz。主要 MATLAB 代码如下:

```
fs = 60e3;  % 设置采样频率 60 kHz
f1 = 10e3;f2 = 15e3;f3 = 20e3;f4 = 25e3; % 设置 4 个余弦信号的频率
n = 512;t = (0:n - 1)'/fs;
x1 = cos(2 * pi * f1 * t);x2 = cos(2 * pi * f2 * t);
x3 = cos(2 * pi * f3 * t);x4 = cos(2 * pi * f4 * t);
x = [x1;x2;x3;x4];  % 4 个余弦信号拼接成一个信号
window = 256;  % 设置窗长
noverlap = window/2;  % 重叠半个窗长
```

```
f_len = window/2 + 1;
f = linspace(0, 30e3, f_len);  % 限定频率的取值范围为 0 ～ 30 kHz
[s, f, t] = spectrogram(x,window,noverlap,f,fs);
subplot(211);plot(x);
subplot(212);  imagesc(t, f, abs(s));xlabel('t/s');ylabel('f/Hz');colorbar;
```

信号 x 是由 4 个余弦信号顺序拼接而成，信号的频率随时间变化。从图 3-5-1 可见，信号的 4 个频率大约为 10 kHz、15 kHz、20 kHz、25 kHz，并且是随时间变化的。

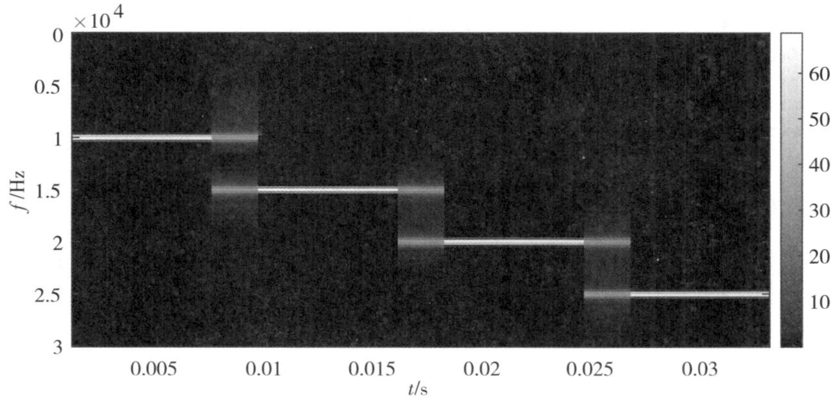

图 3-5-1　四点频拼接信号的 STFT

3.5.2　音频信号的声谱图

常用短时傅里叶变换对音频信号进行时频分析，得到音频的声谱图。声谱图以二维谱图方式显示音频的短时频谱随时间的变化情况。声谱图的纵轴表示频率，横轴表示时间，颜色的深浅表示特定频带的能量大小。声谱图将音频的许多特征直观地呈现出来，很多语音处理系统都先把语音信号转为声谱图再做进一步分析。

【例 3-5-2】　利用短时傅里叶变换，将音频信号转换为频域信号，并绘制声谱图。

解：本例题的实现程序如下：

```
[x, fs] = audioread('test.wav'); % 读取音频信号
x = x(:, 1); % 把 x 变成数组
xlen = length(x); % 计算 x 长度
t = (0:xlen - 1)/fs; % 计算时间
wlen = 1024; % 设帧长
hop = wlen/2;  % 设帧移
nfft = wlen;  % 短时傅里叶变换的长度
w2 = nfft /2 + 1;
n2 = 1:w2;
win = hamming(wlen);  % 窗函数
[STFT, f, t] = spectrogram(x,win, hop, nfft, fs);  % 傅里叶变换
set(gcf, 'Position', [20, 100, 600, 500]);  % 以下是声谱图绘图部分
```

```
axes('Position', [0.1 0.1 0.85 0.5]);
imagesc(t, f, 20 * log(abs(STFT(n2, :))));
axis xy;ylabel('频率 /Hz');xlabel('时间 /s');title('STFT 声谱图');
```

图 3-5-2 是该段语音对应的声谱图。窗口长度为1024,相邻分析窗交迭1/2。假设语音信号的采样频率为16 kHz,分析窗口时长为64 ms,谱分辨率为15.625 Hz。声谱图将一维音频转为二维图像,提供了丰富的时频信息。

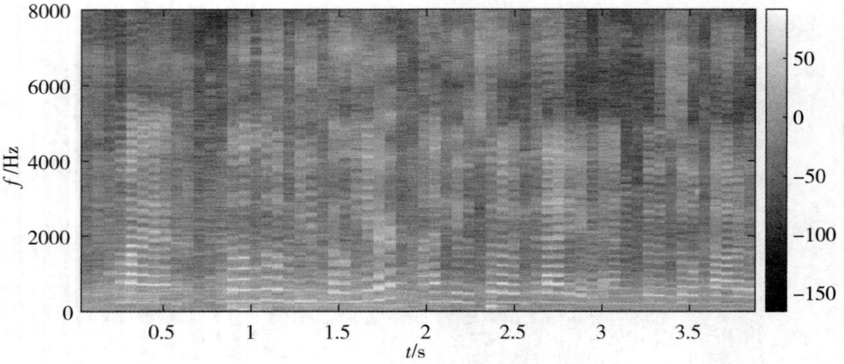

图 3-5-2 语音对应的声谱图

短时频谱 $X_n(e^{j\omega})$ 是 $w(n-m)$ 的频率响应与信号频谱 $X(e^{j\omega})$ 的卷积。设 $W(e^{j\omega})$ 的通带带宽为 B,经过卷积后,相隔频率差小于 B 的频峰都会合并为一个单峰,降低了频率分辨率。增加窗长,通带宽度 B 减小,可以提高频率分辨率,但是时间分辨率降低了,这种情况下得到的声谱图称为窄带声谱图。窗函数短,则时间分辨率好,对应通带宽度增大,频率分辨率低,这种情况下得到的声谱图称为宽带声谱图。

短时傅里叶变换的窗长固定,因此其时间分辨率和频率分辨率都是固定的。而工程上往往希望在低频段有高的频率分辨率、低的时间分辨率,在高频段有高的时间分辨率、低的频率分辨率,短时傅里叶变换不能满足要求。而小波变换(Wavelet Transform,WT)则是一种可以提供可变时频分辨率的时频分析方法。短时傅里叶变换和小波变换等时频分析理论请读者自己查阅相关文献。

习 题

1. 计算以下序列的 N 点 DFT,$0 \leqslant n \leqslant N-1$。

(1)$x(n)=1$;

(2)$x(n)=\delta(n)$;

(3)$x(n)=\delta(n-n_0)$,$0<n_0<N$;

(4)$x(n)=0.3\delta(n)+0.6\delta(n-1)+0.3\delta(n-2)$;

(5)$x(n)=R_M(n)$,$0<M<N$;

(6)$x(n)=e^{j\frac{2\pi}{N}mn}$,$0<m<N$;

(7)$x(n)=\cos\left(\frac{2\pi}{N}mn\right)$,$0<m<N$;

(8) $x(n)=1+\left[\cos\left(\frac{2\pi}{N}n\right)\right]^2$；

(9) $x(n)=e^{j\omega_0 n}R_N(n)$；

(10) $x(n)=\sin(\omega_0 n)R_N(n)$；

(11) $x(n)=\cos(\omega_0 n)R_N(n)$；

(12) $x(n)=nR_N(n)$；

(13) $x(n)=a^n R_N(n),0<a<1$；

(14) $x(n)=a^n\cos(\omega_0 n)R_N(n),0<a<1$；

(15) $x(n)=a^n\sin(\omega_0 n)R_N(n),0<a<1$。

2. 已知下列 $X(k)$，求 $x(n)=\mathrm{IDFT}[X(k)]$。其中，m 为正整数，$0<m<N/2$。

(1) $X(k)=R_N(k),N=8$；

(2) $X(k)=\begin{cases} e^{-j\frac{N-1}{N}k}, k=m; \\ e^{j\frac{N-1}{N}k}, \ k=N-m; \\ 0, \quad 其他。\end{cases}$

3. $x_1(n)=R_8(n)$，$x_2(n)=nR_4(n)$，分别用作图法和矩阵法求 $y(n)=x_1(n)\otimes x_2(n)$，循环卷积长度为 12。

4. 实序列 $x(n)$ 长度为 8，其 8 点 DFT 为 $X(k)=[0.9,0.4,0.2,0.1,0,0.1,0.2,0.4]$。

(1) 长度为 16 的序列 $y(n)$ 定义为 $y(n)=\begin{cases} x(0.5n), n 为偶数 \\ 0, n 为奇数 \end{cases}$，对 $y(n)$ 进行 16 点 DFT 得到 $Y_1(k)$，$Y_1(k)$ 具体等于多少（利用 $X(k)$ 的值求）？

(2) 对 $x(n)$ 进行周期延拓，延拓周期为 8。取其两个周期进行 16 点 DFT 运算得到 $Y_2(k)$，$Y_2(k)$ 具体等于多少？

(3) 在 $x(n)$ 后面补 8 个 0 得到序列 $y(n)$，对其进行 16 点 DFT 运算得到 $Y_3(k)$，$Y_3(k)$ 具体等于多少？

5. 设 $x(n)$ 是长为 N 的实序列，$X(k)=\mathrm{DFT}[x(n)]_N$，证明 $X(k)$ 具有如下对称性：

(1) $X(k)$ 共轭对称，即 $X(k)=X^*(N-k),0\leqslant k\leqslant N-1$，且 $X(0)$ 为实数。

(2) 如果 $x(n)$ 是实偶对称序列，$x(n)=x(N-n)$，则 $X(k)$ 实偶对称，即

$$X(k)=X(N-k),0\leqslant k\leqslant N-1$$

(3) 如果 $x(n)$ 是实奇对称序列，$x(n)=-x(N-n)$，则 $X(k)$ 纯虚奇对称，即

$$X(k)=-X(N-k),0\leqslant k\leqslant N-1$$

6. 证明 DFT 的下列性质或定理：

(1) 线性性质；

(2) 频域循环移位定理；

(3) 频域循环卷积定理；

(4) 复序列 $x(n)$ 长为 N，$X(k)=\mathrm{DFT}[x(n)]_N$，证明：

$$\mathrm{DFT}[x^*(N-n)]_N = X^*(k), 0 \leqslant k \leqslant N-1$$

(5)DFT 的对称定理：复序列 $x(n)$ 长为 N，$X(k)=\mathrm{DFT}[x(n)]_N$，证明：

$$\mathrm{DFT}[X(n)]_N = Nx(N-k)$$

(6)DFT 的初值定理：复序列 $x(n)$ 长为 N，$X(k)=\mathrm{DFT}[x(n)]_N$，证明：

$$x(0)=\frac{1}{N}\sum_{k=0}^{N-1}X(k)$$

(7)DFT 的 Parseval 定理：复序列 $x(n)$ 长为 N，$X(k)=\mathrm{DFT}[x(n)]_N$，证明：

$$\sum_{n=0}^{N-1}x(n)x^*(n)=\frac{1}{N}\sum_{k=0}^{N-1}X(k)X^*(k)$$

或者

$$\sum_{n=0}^{N-1}|x(n)|^2=\frac{1}{N}\sum_{k=0}^{N-1}|X(k)|^2$$

(8) 离散相关定理：若 $X(k)=X_1^*(k)X_2(k)$，证明：

$$x(n)=\mathrm{IDFT}[X(k)]=\sum_{l=0}^{N-1}x_1^*(l)x_2((l+n))_N R_N(n)$$

(9) 线性卷积具有时不变性，即

$$y_1(n)=x(n)*h(n)\Rightarrow y_1(n-n_0)=x(n)*h(n-n_0)=x(n-n_0)*h(n)$$

(10) 循环卷积具有时不变性，即

$$y_c(n)=x(n)\otimes h(n)\Rightarrow y_c(n-n_0)=x(n)\otimes h(n-n_0)=x(n-n_0)\otimes h(n)$$

7. 已知 $X(k)=\mathrm{DFT}[x(n)]_N$，$\widetilde{X}(k)=X((k))_N$，试证明：

$$x(n)=\mathrm{IDFT}[X(k)]=\frac{1}{N}\sum_{k=k_0}^{k_0+N-1}\widetilde{X}(k)W_N^{-kn}$$

8. 已知 $x(n)=[1,1,1,1,1,1,1,1]$，$h(n)=[1,2,2,1]$。求 $x(n)$、$h(n)$ 的线性卷积和 8 点、16 点循环卷积。

9. 对有限长序列 $x(n)=\{1,0,1,1,0,1\}$ 的 Z 变换 $X(z)$ 在单位圆上进行 5 等份采样，得到取样值 $X(k)$，$k=0,1,2,3,4$。用简便方法求 $X(k)$ 的逆傅里叶变换 $x_1(n)$。

10. 求函数 $x(t)=\begin{cases}1, -\dfrac{\tau}{2}\leqslant t\leqslant\dfrac{\tau}{2}\\ 0, 其他\end{cases}$ 的傅里叶变换及其主瓣宽度、3 dB 带宽和 4 dB 带宽。

11. 对模拟信号进行采样，采样频率 8 kHz，计算了 1024 个抽样的 DFT，记为 $X(k)$，请问：

(1) 相邻频谱抽样之间的频率间隔是多少？

(2) 模拟信号的频谱与 $X(k)$ 之间是什么关系？

12. 某语音系统的采样频率为 8 kHz，采用 DFT 对语音序列进行谱分析，要求谱分辨率 $\Delta f \leqslant 10$ Hz，试确定最小记录时间 T_{pmin}、时域最大取样间隔 $T_{\max}$、时域最少采样点数 $M_{\min}$、频域最少采样点数 $N_{\min}$。

13. 已知序列 $x(n)=[2,3,4,5,6,7,8,8,8,7,6,5,4,3,2]$，序列 $h(n)=[1,2,2,1]$，请分别用重叠相加法和重叠保留法来计算二者的线性卷积，假设 $x(n)$ 分段，每段 6 点。

14. 线性时不变系统输入 $x(n)=0.2\cos\left(\frac{\pi}{7}n\right)+0.6\cos\left(\frac{\pi}{6}n\right)+0.2\cos\left(\frac{\pi}{4}n\right)$，系统单位脉冲响应 $h(n)=\left[\frac{1}{16},\frac{1}{8},\frac{1}{8},\frac{3}{16},\frac{3}{16},\frac{1}{8},\frac{1}{8},\frac{1}{16}\right]$，调用 MATLAB 函数 fftfilt 实现重叠相加法求系统输出 $y(n)$。

15. 利用 MATLAB 中的 CZT 函数对 $x(t)=\cos(2\pi f_1 t)+0.8\cos(2\pi f_2 t)+0.5\cos(2\pi f_3 t)$ 进行局部细化频谱分析，$f_1=201.5$ Hz，$f_2=202$ Hz，$f_3=202.5$ Hz，并与 FFT 结果进行对比。

16. 利用 MATLAB 中的 spectrogram 函数对线性调频信号进行时频分析，并与其 FFT 得到的幅度特性进行比较。线性调频信号的表达式为

$$s(t)=\mathrm{rect}\left(\frac{t}{T}\right)\mathrm{e}^{\mathrm{j}2\pi\left(f_c t+\frac{K}{2}t^2\right)}$$

$$\mathrm{rect}\left(\frac{t}{T}\right)=\begin{cases}1, & |t|\leqslant \dfrac{T}{2}\\ 0, & \text{其他}\end{cases}$$

式中 f_c 为载波频率，$K=B/T$ 是调频斜率，单位是 Hz/s，B 是信号带宽，T 为脉冲持续时间。$\mathrm{rect}\left(\frac{t}{T}\right)$ 是宽为 T 的矩形信号。假设 $f_c=1$ GHz，$B=20$ MHz，$T=0.1$ ms。

第 4 章　快速傅里叶变换

快速傅里叶变换(Fast Fourier Transform，FFT) 并不是一种新的变换，而是离散傅里叶变换的一种快速算法。快速傅里叶变换是数字信号处理乃至信息科技发展史上的里程碑之一。本章以时域抽取基 2 FFT 算法为核心介绍算法原理和实现要点。

4.1　基 2 FFT 算法

4.1.1　算法背景

离散傅里叶变换在频域内对时域离散信号傅里叶变换进行了离散，从而使得信号的频谱也能方便地在微处理器或计算机内表示、存储和计算。N 点复序列的 DFT 定义式为

$$X(k)=\sum_{n=0}^{N-1}x(n)W_N^{kn},k=0,1,\cdots,N-1,W_N=\mathrm{e}^{-\mathrm{j}\frac{2\pi}{N}} \tag{4-1-1}$$

直接根据式(4 - 1 - 1) 计算序列的 DFT 计算量很大，可以将式(4 - 1 - 1) 写成矩阵形式：

$$\begin{bmatrix}X(0)\\X(1)\\\vdots\\X(N-1)\end{bmatrix}=\begin{bmatrix}W_N^{0\cdot0}&W_N^{0\cdot1}&\cdots&W_N^{0\cdot N-1}\\W_N^{1\cdot0}&W_N^{1\cdot1}&\cdots&W_N^{1\cdot N-1}\\\vdots&\vdots&&\vdots\\W_N^{N-1\cdot0}&W_N^{N-1\cdot1}&\cdots&W_N^{N-1\cdot N-1}\end{bmatrix}\begin{bmatrix}x(0)\\x(1)\\\vdots\\x(N-1)\end{bmatrix} \tag{4-1-2}$$

由式(4 - 1 - 2) 可以看到，为得到 N 点 DFT 值，需将 $N\times N$ 的旋转因子矩阵与 $N\times1$ 的列向量相乘。计算一个 $X(k)$ 值，需要完成 N 次复数乘法和 $N-1$ 次复数加法；得到 N 点 DFT 值，则需要 N^2 次复数乘法和 $N\cdot(N-1)$ 次复数加法。逆离散傅里叶变换也需要相同的复数乘法和复数加法。

根据上述分析可知，直接根据定义计算 DFT 和 IDFT 的算法复杂度均为 $O(N^2)$。在微处理器技术尚不发达的 20 世纪中叶，这一复杂度限制了数字信号处理理论和技术的应用。

1965 年，库利(T. W. Cooley) 和图基(J. W. Tukey) 提出了一种高效的 DFT 快速算法，使得 N 点 DFT 所需复数乘法由 N^2 次下降至 $\frac{N}{2}\cdot\log_2 N$ 次，为算法带来了数量级的效率提升。在随后的数十年中，世界各地的学者和工程技术人员对离散傅里叶变换的快速计算方法进行深入研究和拓展，各种效率更高的新算法不断涌现。加之大规模集成电

路和计算机技术的快速发展，数字信号处理技术在通信传输、图像处理、雷达等众多领域落地应用，促进了科技进步和社会发展。

基 r FFT 系列算法（r 通常为 2、4 和 8）是一类很常见的 FFT 算法。构建基 r FFT 算法的基本思路：不断将序列 r 等分，分成较短的子序列，再利用旋转因子 W_N^k、W_N^n 的若干性质，将子序列的 DFT 联合起来得到原序列的 DFT。将这一思路不断"递归"地应用在每个子序列上，直至整个算法全部由可以高效计算的小规模计算基元构成。这种计算基元称为"蝶形运算"，蝶形运算的输入数据个数等于输出数据个数，如果蝶形运算输入/输出数据个数是 2，则称之为基 2 FFT，以此类推有基 4 FFT 等算法。

FFT 算法主要依赖旋转因子的良好性质来实现的，旋转因子的相关性质如下：

（1）对称性。

$$(W_N^{kn})^* = W_N^{-kn}$$

（2）周期性。

$$W_N^{(k+mN)n} = W_N^{k(n+mN)} = W_N^{kn}$$

（3）可约性。

$$W_N^{kn} = W_{mN}^{mkn}, W_N^{kn} = W_{N/m}^{kn/m}, m \text{ 为整数}, N/m \text{ 为整数}$$

其中有价值的特例如下：

$$W_N^{k+\frac{N}{2}} = -W_N^k, W_N^{\frac{N}{2}} = -1, W_N^{(N-k)m} = W_N^{k(N-n)} = W_N^{-kn}$$

在几种基 r FFT 算法中，基 2 FFT 算法是最为经典和基础的一种，可以进一步分为时域抽取 FFT（Decimation in Time FFT，DIT - FFT）和频域抽取 FFT（Decimation in Frequency FFT，DIF - FFT）。

4.1.2 时域抽取基 2 FFT 基本原理

设序列 $x(n)$ 长度为 N，且 $N=2^M$（M 是自然数）。所谓时域抽取，就是把 $x(n)$ 按照序号 n 的奇偶进行抽取，形成两个长为 $N/2$ 的子序列：

$$x_1(r) = x(2r), r = 0, 1, \cdots, \frac{N}{2} - 1$$

$$x_2(r) = x(2r+1), r = 0, 1, \cdots, \frac{N}{2} - 1$$

基于这样的划分，可以将 N 点 DFT 定义式进一步重组：

$$\begin{aligned} X(k) &= \sum_{n=0}^{N-1} x(n) W_N^{kn} = \sum_{n\text{为偶数}} x(n) W_N^{kn} + \sum_{n\text{为奇数}} x(n) W_N^{kn} \\ &= \sum_{r=0}^{N/2-1} x(2r) W_N^{2kr} + \sum_{r=0}^{N/2-1} x(2r+1) W_N^{k(2r+1)} \\ &= \sum_{r=0}^{N/2-1} x(2r) W_N^{2kr} + W_N^k \sum_{r=0}^{N/2-1} x(2r+1) W_N^{2kr} \end{aligned}$$

$$= \sum_{r=0}^{N/2-1} x_1(r) W_N^{2kr} + W_N^k \sum_{r=0}^{N/2-1} x_2(r) W_N^{2kr}$$

$$= \sum_{r=0}^{N/2-1} x_1(r) W_{N/2}^{kr} + W_N^k \sum_{r=0}^{N/2-1} x_2(r) W_{N/2}^{kr}$$

上述推导过程用到了旋转因子的可约性，即$W_N^{2kr} = W_{N/2}^{kr}$。由于$r=0,1,\cdots,N/2-1$，$\sum_{r=0}^{N/2-1} x_1(r) W_{N/2}^{kr}$ 和 $\sum_{r=0}^{N/2-1} x_2(r) W_{N/2}^{kr}$ 恰好就是$x_1(r)$和$x_2(r)$的$N/2$点DFT。上式可以进一步写成：

$$X(k) = X_1(k) + W_N^k X_2(k) \tag{4-1-3}$$

其中$X_1(k)$和$X_2(k)$分别是$x_1(r)$和$x_2(r)$的$N/2$点DFT变换。需要注意的是，此时k的取值范围仍然是0至$N-1$，把k的取值范围分成前后两部分，式(4-1-3)可以分成下面两个式子：

$$X(k) = X_1(k) + W_N^k X_2(k), k=0,1,\cdots,N/2-1 \tag{4-1-4}$$

$$X\left(k+\frac{N}{2}\right) = X_1\left(k+\frac{N}{2}\right) + W_N^{k+\frac{N}{2}} X_2\left(k+\frac{N}{2}\right), k=0,1,\cdots,N/2-1 \tag{4-1-5}$$

由于$X_1(k)$和$X_2(k)$是$N/2$点DFT变换，它们均以$N/2$为周期，所以有$X_1\left(k+\frac{N}{2}\right)=X_1(k)$和$X_2\left(k+\frac{N}{2}\right)=X_2(k)$，且旋转因子，即$W_N^{k+\frac{N}{2}} = -W_N^k$，所以式(4-1-5)可改写成

$$X\left(k+\frac{N}{2}\right) = X_1(k) - W_N^k X_2(k), k=0,1,\cdots,N/2-1 \tag{4-1-6}$$

回顾上述推导过程，两个$N/2$点DFT通过式(4-1-4)和式(4-1-6)可以整合成一个N点DFT。这一整合过程可以用专门的计算基元来表示。令$A=X_1(k)$，$B=X_2(k)$，$C=W_N^k$，式(4-1-4)和式(4-1-6)所需的计算都可以抽象成$A+CB$和$A-CB$这样的形式，称这种计算为蝶形运算，它是FFT算法中的计算基元。显然，一个蝶形运算需要1次复数乘法求出CB、2次复数加法求出$(A+CB)$和$(A-CB)$。DIT-FFT算法中蝶形运算如图4-1-1所示。

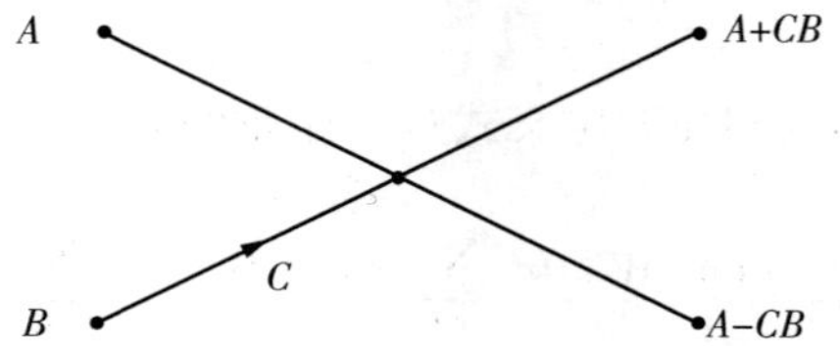

图4-1-1 DIT-FFT算法中蝶形运算

在此不妨令$N=8$，带入式(4-1-4)和式(4-1-6)中，可以得到下面4组计算(分别对应于$k=0,1,2,3$)：

$$\begin{cases} X(0)=X_1(0)+W_N^0X_2(0) \\ X(4)=X_1(0)-W_N^0X_2(0) \end{cases}$$

$$\begin{cases} X(1)=X_1(1)+W_N^1X_2(1) \\ X(5)=X_1(1)-W_N^1X_2(1) \end{cases}$$

$$\begin{cases} X(2)=X_1(2)+W_N^2X_2(2) \\ X(6)=X_1(2)-W_N^0X_2(2) \end{cases}$$

$$\begin{cases} X(3)=X_1(3)+W_N^3X_2(3) \\ X(7)=X_1(3)-W_N^3X_2(3) \end{cases}$$

容易看到，每组计算实际上就是一个蝶形运算。也就是说，完成一个 8 点 DFT，在已知两个 4 点 DFT 时，再经过 4 次蝶形运算即可得到，这一过程可以用图 4-1-2 表示。

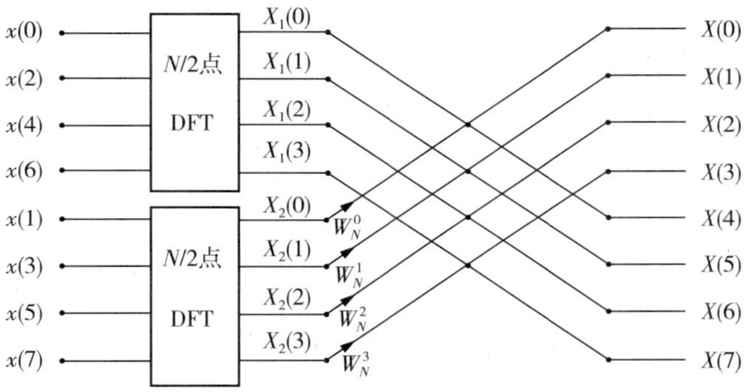

图 4-1-2　经过一次时域抽取后的 DIT-FFT 算法结构图($N=8$)

从图 4-1-2 容易推出 DIT-FFT 的基本思路：对 N 点序列进行时域奇偶抽取后，得到两个等长的 $N/2$ 点子序列，分别对其进行 $N/2$ 点 DFT，并用 $N/2$ 个蝶形运算对两个 $N/2$ 点 DFT 进行计算，得到所需的 N 点 DFT。虽然这还不是完整的 DIT-FFT 算法结构，但对上述过程进行简要分析可以发现，复杂度已经大大降低。直接根据定义计算两个 $N/2$ 点 DFT 需要$2(N/2)^2=N^2/2$次复数乘法、$2(N/2)(N/2-1)=(N^2/2-N)$次复数加法，$N/2$ 个蝶形运算需要 $N/2$ 次复数乘法、N 次复数加法。图 4-1-2 所示算法结构共需$(N^2+N)/2$次复数乘法、$N^2/2$复数加法，相比直接根据定义计算 N 点 DFT，计算量已经下降了近一半。

在图 4-1-2 所示结构基础上，可以进一步完善 DIT-FFT 算法。图 4-1-2 中的 $N/2$ 点 DFT 完全可以套用上述思路继续进行分解。对 $x_1(r)$ 进行奇偶抽取可得到 2 个 $N/4$ 点子序列：

$$x_3(l)=x_1(2l),l=0,1,\cdots,\frac{N}{4}-1$$

$$x_4(l)=x_1(2l+1),l=0,1,\cdots,\frac{N}{4}-1$$

则 $X_1(k)$ 可以由 $N/4$ 点 DFT 定义式进一步表示为

$$\begin{aligned}X_1(k)&=\sum_{l=0}^{N/4-1}x_1(2l)W_{N/2}^{2kl}+\sum_{l=0}^{N/4-1}x_1(2l+1)W_{N/2}^{k(2l+1)}\\&=\sum_{l=0}^{N/4-1}x_3(l)W_{N/2}^{2kl}+W_{N/2}^{k}\sum_{l=0}^{N/4-1}x_4(l)W_{N/2}^{2kl}\\&=\sum_{l=0}^{N/4-1}x_3(l)W_{N/4}^{kl}+W_{N/2}^{k}\sum_{l=0}^{N/4-1}x_4(l)W_{N/4}^{kl}\end{aligned}$$

上式中 k 的取值范围是 0 至 $N/2-1$。模仿第一次奇偶抽取时的做法，将 k 的取值范围变为 0 至 $N/4-1$，并将上式分解成两个子式：

$$X_1(k)=X_3(k)+W_{N/2}^{k}X_4(k),k=0,1,\cdots,N/4-1 \quad (4-1-7)$$

$$X_1\left(k+\frac{N}{4}\right)=X_3(k)-W_{N/2}^{k}X_4(k),k=0,1,\cdots,N/4-1 \quad (4-1-8)$$

其中 $X_3(k)$ 和 $X_4(k)$ 分别是 $x_3(l)$ 和 $x_4(l)$ 的 $N/4$ 点 DFT 变换。这里同样利用了 $N/4$ 点 DFT 的周期性和 $W_{N/2}^{k}$ 的性质（$W_{N/2}^{k+N/4}=-W_{N/2}^{k}$）。

同样的，对 $x_2(r)$ 进行奇偶抽取，得到 2 个 $N/4$ 点子序列 $x_5(l)$ 和 $x_6(l)$，对 $x_5(l)$ 和 $x_6(l)$ 分别做 $N/4$ 点 DFT 变换，得到 $X_5(k)$ 和 $X_6(k)$，$k=0,1,\cdots,N/4-1$，再利用蝶形运算得到 $N/2$ 点的 $X_2(k)$。

当 $N=8$ 时，一个 $N/2=4$ 点 DFT 可以视为两个 $N/4=2$ 点 DFT 经过式(4-1-7)和式(4-1-8)代表的 $N/4=2$ 次蝶形运算的结果。此时，$N=8$ 点 DIT-FFT 算法结构如图 4-1-3 所示。

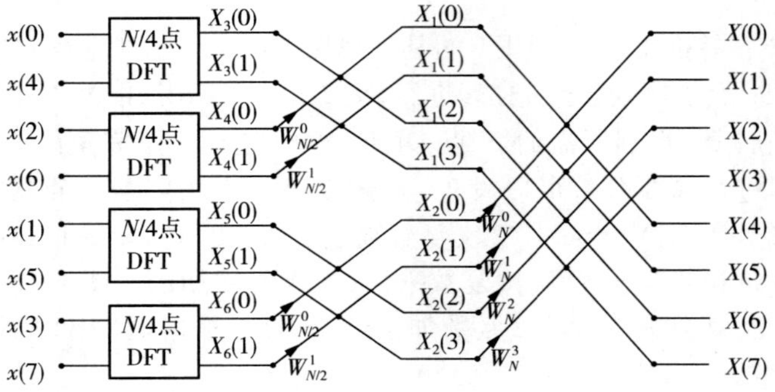

图 4-1-3 经过两次时域抽取后的 DIT-FFT 算法结构图($N=8$)

可以看到，一个 $N/2$ 点 DFT 计算可以分解为两个 $N/4$ 点 DFT 和 $N/2$ 个蝶形运算。$N/4$ 点 DFT 又可以这样“递归”地分解下去，直至整个算法全部仅由 2 点 DFT 和蝶形运算构成。一个 2 点 DFT 用矩阵形式可表示为

$$\begin{bmatrix} X(0) \\ X(1) \end{bmatrix} = \begin{bmatrix} W_2^0 & W_2^0 \\ W_2^0 & W_2^1 \end{bmatrix} \begin{bmatrix} x(0) \\ x(1) \end{bmatrix} = \begin{bmatrix} 1 & 1 \\ 1 & -1 \end{bmatrix} \begin{bmatrix} x(0) \\ x(1) \end{bmatrix} \tag{4-1-9}$$

进一步可以写成 $A + CB$ 和 $A - CB$ 的形式：

$$\begin{cases} X(0) = x(0) + 1 \cdot x(1) \\ X(1) = x(0) - 1 \cdot x(1) \end{cases} \tag{4-1-10}$$

显然，一个 2 点 DFT 实际上就是一个蝶形运算。这样，一个 N 点 DFT 完全分解成仅含蝶形运算的计算结构。

8 点 DFT 的完整 FFT 算法如图 4-1-4 所示，整个算法分成 3 级蝶形运算。需要说明的是，图 4-1-4 中的第一级到第三级蝶形运算上的旋转因子都写为W_N^p 的形式，这样整个算法结构中所有旋转因子下标统一为 N，有利于编程或硬件实现。

从图 4-1-4 可见，每级蝶形运算中旋转因子个数不一样，每个旋转因子参与计算的蝶形运算个数也不一样。第一级有 1 个旋转因子W_N^0，这个W_N^0 参与了 4 个蝶形运算；第二级有 2 个旋转因子W_N^0、W_N^2，分别参加 2 个蝶形运算；第三级有 4 个旋转因子W_N^0、W_N^1、W_N^2、W_N^3，分别参加 1 个蝶形运算。各级总的蝶形运算次数是一样的，都是 4 个。

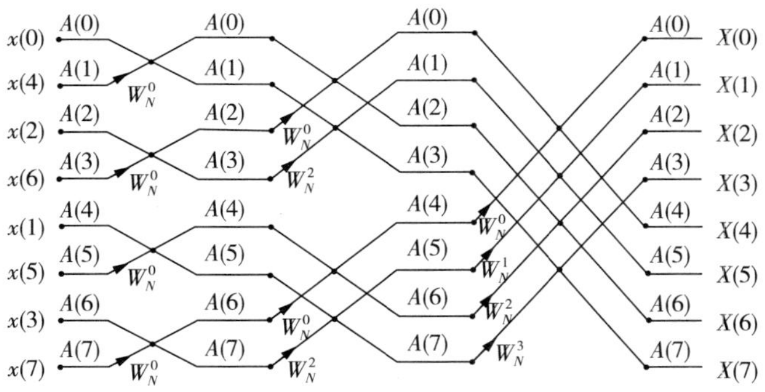

图 4-1-4　DIT-FFT 算法结构图（$N = 8$）

观察图 4-1-2 至图 4-1-4，每一次分解过程中均能构造出含有蝶形运算的结构，从而提高计算效率，直至子序列长度仅为 2 时，利用 2 点 DFT 即一个蝶形运算，使得完整的 DIT-FFT 算法结构中已经完全由蝶形运算的计算基元构成。因此，基 2 FFT 算法处理的序列长度显然需要是 2 的整数次幂，即 $N = 2^M$，才能将序列二分抽取进行下去。

根据图 4-1-4 易知，N 点 DIT-FFT 算法结构共有 M 层，每层含 $N/2$ 个蝶形运算，而每个蝶形运算需要 1 次复数乘法和 2 次复数加法，因此该算法共需$\frac{M \cdot N}{2} = \frac{N}{2}\log_2 N$ 次复数乘法、$M \cdot N = N\log_2 N$ 次复数加法。算法复杂度从 $O(N^2)$ 级降至 $O(N \cdot \log_2 N)$ 级。当 N 较大时，算法效率将有巨大提升，见表 4-1-1 所列。

表 4-1-1 DIT-FFT 与直接根据定义计算 DFT 所需复数乘法次数比较

	$N=16$	$N=32$	$N=64$	$N=128$	$N=256$	$N=512$	$N=1024$	$N=2048$
DFT	2^8	2^{10}	2^{12}	2^{14}	2^{16}	2^{18}	2^{20}	2^{22}
DIT-FFT	$2^3\cdot 4$	$2^4\cdot 5$	$2^5\cdot 6$	$2^6\cdot 7$	$2^7\cdot 8$	$2^8\cdot 9$	$2^9\cdot 10$	$2^{10}\cdot 11$
提升倍数	6.4	12.8	21.3	36.6	64	113.8	204.8	372.4

4.1.3 频域抽取基 2 FFT

构建 DIT-FFT 的起点是在时域对序列按其序号的奇偶性进行抽取和重组，因此该算法称之为时域抽取基 2 FFT。本小节介绍另一种基 2 FFT 算法——频域抽取 FFT 算法。下面分析该算法的推导过程。

设序列 $x(n)$ 长度为 N，且 $N=2^M$(M是自然数)。按照DFT定义计算时，将序列分成前后两半：

$$X(k)=\sum_{n=0}^{N-1}x(n)W_N^{kn}=\sum_{n=0}^{N/2-1}x(n)W_N^{kn}+\sum_{n=N/2}^{N-1}x(n)W_N^{kn}$$

$$=\sum_{n=0}^{N/2-1}x(n)W_N^{kn}+\sum_{n=0}^{N/2-1}x(n+N/2)W_N^{k(n+N/2)}$$

$$=\sum_{n=0}^{N/2-1}[x(n)+W_N^{kN/2}x(n+N/2)]W_N^{kn}$$

由于$W_N^{N/2}=-1$，因而$W_N^{kN/2}=(-1)^k=\begin{cases}1, k\text{ 为偶数}\\-1, k\text{ 为奇数}\end{cases}$，根据 $k(k=0,\cdots,N-1)$ 的奇偶，得到下面一组式子：

$$\begin{cases}X(2m)=\sum\limits_{n=0}^{N/2-1}[x(n)+x(n+N/2)]W_N^{2mn}=\sum\limits_{n=0}^{N/2-1}[x(n)+x(n+N/2)]W_{N/2}^{mn}, k\text{ 为偶数}\\X(2m+1)=\sum\limits_{n=0}^{N/2-1}[x(n)-x(n+N/2)]W_N^{(2m+1)n}=\sum\limits_{n=0}^{N/2-1}[x(n)-x(n+N/2)]W_N^nW_{N/2}^{mn}, k\text{ 为奇数}\end{cases}$$

对上式进一步整理，得到

$$\begin{cases}X(2m)=\sum\limits_{n=0}^{N/2-1}x_1(n)W_{N/2}^{mn}\\X(2m+1)=\sum\limits_{n=0}^{N/2-1}x_2(n)W_{N/2}^{mn}\end{cases}\quad(m=0,\cdots,N/2-1)\qquad(4-1-11)$$

其中 $x_1(n)$ 和 $x_2(n)$ 分别为

$$\begin{cases} x_1(n)=x(n)+x(n+N/2) \\ x_2(n)=[x(n)-x(n+N/2)]W_N^n \end{cases} \quad (n=0,\cdots,N/2-1) \qquad (4-1-12)$$

式(4-1-11)表明,$x(n)$ 的 N 点 DFT 取值 $X(k)$ 可以根据 k 的取值奇偶分成两组,它们分别是偶序列 $x_1(n)$ 和奇序列 $x_2(n)$ 的 $N/2$ 点 DFT。观察式(4-1-12),其计算可以用图 4-1-5 所示的另一种蝶形运算来表示。

当 $N=8$ 时,式(4-1-12)可以用 4 个这样的蝶形运算来完成:

$$\begin{cases} x_1(0)=x(0)+x(4) \\ x_2(0)=[x(0)-x(4)]W_N^0 \end{cases}$$

$$\begin{cases} x_1(1)=x(1)+x(5) \\ x_2(1)=[x(1)-x(5)]W_N^1 \end{cases}$$

$$\begin{cases} x_1(2)=x(2)+x(6) \\ x_2(2)=[x(2)-x(6)]W_N^2 \end{cases}$$

$$\begin{cases} x_1(3)=x(3)+x(7) \\ x_2(3)=[x(3)-x(7)]W_N^3 \end{cases}$$

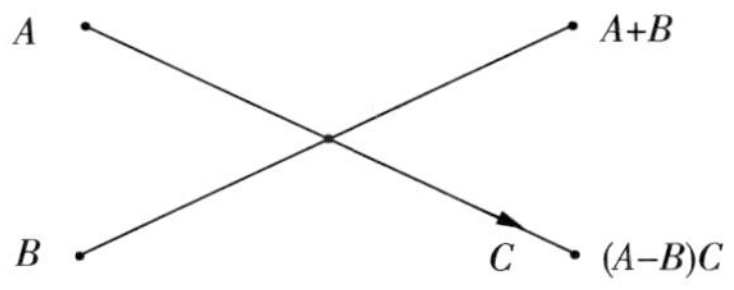

图 4-1-5　DIF-FFT 算法中的蝶形运算符号

此时,整个计算可以由 4 个蝶形运算和 2 个 $N/2$ 点 DFT 构成,如图 4-1-6 所示。

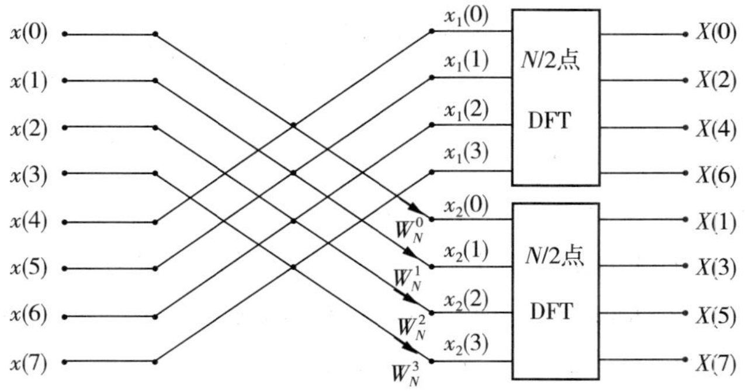

图 4-1-6　经过一次分解的 DIF-FFT 算法结构图($N=8$)

图 4-1-6 与图 4-1-2 在整体结构上有相似之处,它们都是将一个 N 点的 DFT 分解为两个 $N/2$ 点 DFT 和 $N/2$ 个蝶形运算。经过一次分解,DIF-FFT 的运算量就有大幅下降,共需 $(N^2+N)/2$ 次复数乘法、$N^2/2$ 复数加法。

对图 4-1-6 中每个 $N/2$ 点 DFT 都可以进一步将其分解为 $N/4$ 个蝶形运算和 2 个 $N/4$ 点 DFT 的结构,如图 4-1-7 所示(以 $N=8$ 为例)。按照上述方式不断分解,直至最后一级算法仅由 2 点 DFT 构成。而 2 点 DFT 也可以表示成图 4-1-5 所示的一个蝶形运算。因此，一个完整的 DIF－FFT 算法完全由蝶形运算组成，如图 4－1－8 所示。

由图 4－1－8 可知，N 点 DIF－FFT 算法结构共有 M 层，每层 $N/2$ 个蝶形运算，而每个蝶形运算需要 1 次复数乘法和 2 次复数加法，因此该算法共需 $\frac{M \cdot N}{2}=\frac{N}{2}\log_2 N$ 次复数乘法、$M \cdot N = N\log_2 N$ 次复数加法。DIF－FFT 算法的运算量与 DIT－FFT 完全相同。

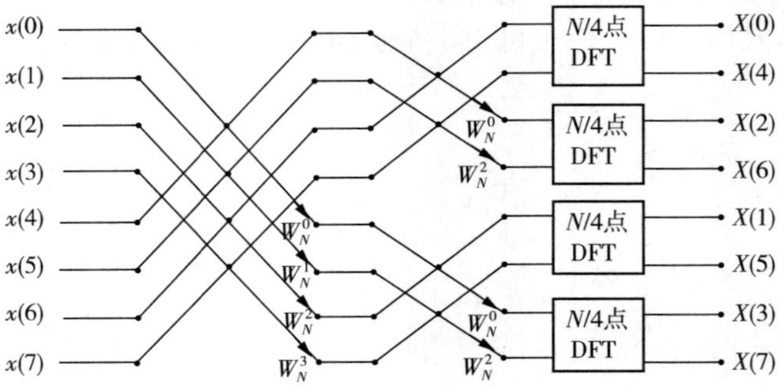

图 4－1－7　经过两次频域抽取后的 DIF－FFT 算法结构图（$N=8$）

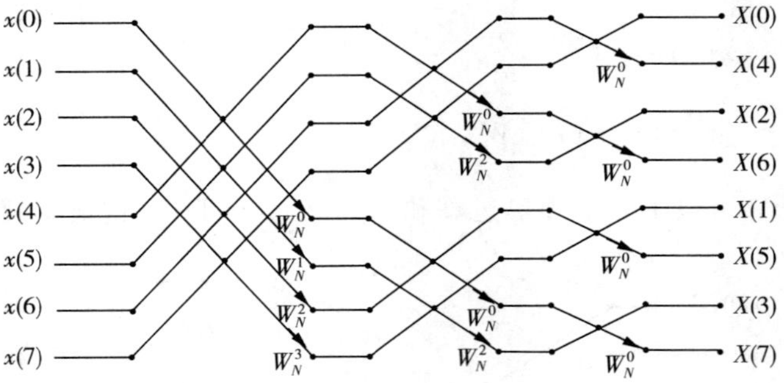

图 4－1－8　DIF－FFT 算法结构图（$N=8$）

DIF－FFT 和 DIT－FFT 算法构建过程的整体思路类似。观察图 4－1－8 和图 4－1－4，DIT－FFT 和 DIF－FFT 在形式上犹如镜像对称的关系。DIT－FFT 的时域输入是经过不断地奇偶抽取，是“乱序”的，频域输出是“顺序”的；而 DIF－FFT 的时域输入时“顺序”的，频域输出经过了不断地奇偶抽取，是“乱序”的。需要注意的是，DIT－FFT 和DIF－FFT 的蝶形运算略有不同，前者是先相乘再相加（减），后者是先相加（减）再相乘。

4.1.4　快速计算 IDFT

回顾 DFT 和 IDFT 定义式：

$$X(k)=\mathrm{DFT}[x(n)]=\sum_{n=0}^{N-1} x(n)\, W_N^{kn}, k=0,1,\cdots,N-1 \qquad (4-1-13)$$

$$x(n)=\mathrm{IDFT}[X(k)]=\frac{1}{N}\sum_{k=0}^{N-1}X(k)W_N^{-kn},n=0,1,\cdots,N-1 \quad (4-1-14)$$

其中，$W_N=\mathrm{e}^{-\mathrm{j}\frac{2\pi}{N}}$。可见，直接计算 IDFT 的运算量与直接计算 DFT 相同，因此也需要通过 IFFT 快速计算 IDFT。另外还可以发现，IDFT 与 DFT 的计算非常类似，只要将 DFT 中系数W_N^{kn}换成W_N^{-kn}，再对 DFT 结果乘上$\frac{1}{N}$即可。因此将 FFT 算法中的旋转因子W_N^p换成W_N^{-p}，再把 FFT 算法结果乘以$\frac{1}{N}$，就得到了 IFFT 算法。

显然这种 IFFT 算法的运算量与 FFT 基本一致，只是增加了 N 个"乘$\frac{1}{N}$"的乘法运算。在字长较短的硬件或者处理器中计算 IFFT 时，为了防止计算过程中数据溢出，常将最后一级的"乘$\frac{1}{N}$"运算分成 M 次"乘$\frac{1}{2}$"运算，加到每一级蝶形运算的输出上。为了提高运算速度，可以将蝶形运算结果右移一位，代替"乘$\frac{1}{2}$"运算。

如果系统的存储器不足，无法存储 IFFT 算法代码，或者没有专用的 IFFT 芯片，则可以直接利用 FFT 程序或者 FFT 芯片来计算 IDFT。将 IDFT 定义式进行改写如下：

$$x(n)=\frac{1}{N}\sum_{k=0}^{N-1}X(k)W_N^{-kn}=\frac{1}{N}\left[\sum_{k=0}^{N-1}X^*(k)W_N^{kn}\right]^*=\frac{1}{N}\{\mathrm{DFT}[X^*(k)]\}^* \quad (4-1-15)$$

这里利用了$W_N^{-kn}=[W_N^{kn}]^*$的性质。式(4－1－15)的含义：将所有 DFT 值$\{X(k)\}$取共轭，再作为输入送入 FFT 程序或 FFT 专用硬件模块，待计算完毕后，将输出再次取共轭、并乘以 $1/N$，即可得到 IDFT 结果 $x(n)$。采用这样的 IDFT 快速计算方法，优点是无须另外编写 IFFT 程序或设计专用硬件模块，代价仅是多了 $2N$ 次共轭操作和 N 次乘法运算，运算量增加较少。

4.1.5　基 2 FFT 算法规律及实现思路

本节以 DIT－FFT 为例来总结基 2 FFT 算法规律及编程实现的思路。

1. 倒序规律

观察图 4－1－4 中算法输入与输出可知，DIT－FFT 算法时域输入"乱序"，而频域输出"顺序"；相反，根据图 4－1－8 中所示，DIF－FFT 算法时域输入"顺序"，而频域输出"乱序"。那么，乱序的规律是什么呢？

以 $N=8$ 为例，图 4－1－4 中算法输入的序号为{0,4,2,6,1,5,3,7}，序号由十进制数表示。用三位二进制数$b_2b_1b_0$表示，倒序序号为{000,100,010,110,001,101,011,111}；若将$b_2b_1b_0$翻转为$b_0b_1b_2$，这些序号将变为{000,001,010,011,100,101,110,111}，这恰好就是十进制{0,1,2,3,4,5,6,7}的顺序序号。同样，将顺序序号用二进制表示后，再将序号的二进制编码的高低位倒转，就变成了"乱序"序号，所以"乱序"也称为"倒序"。该结论对 $N=2^M$ 点基 2 FFT 算法都成立。

在 DSP 芯片中常采用倒序二进制加法来产生倒序号。所谓倒序二进制加法就是从二进制编码的左边最高位开始相加，加法从左向右进位。以 $N=8$ 为例，用$b_2\,b_1\,b_0$ 来编码序号，1 的倒序二进制编码为$(100)_B$，因此倒序二进制加 1 就是加$(100)_B$。设起始倒序号为$(000)_B$，下一个倒序号则是$(000)_B$ 加$(100)_B$，得到倒序号$(100)_B$，再将倒序号$(100)_B$加$(100)_B$，得到倒序号$(010)_B$，以此类推，直到产生 8 个倒序号。

2. 旋转因子的变化规律

观察图 4-1-4 可知，基 2 FFT 算法结构图由左至右可分为 M 级($M=\log_2 N$)。各级蝶形运算中的旋转因子可统一写成W_N^p，根据图 4-1-4 所示结构，p 有如下的变化规律：

$$L=1\text{ 时},W_N^p=W_{2^L}^J,J=0$$

$$L=2\text{ 时},W_N^p=W_{2^L}^J,J=0,1$$

$$L=3\text{ 时},W_N^p=W_{2^L}^J,J=0,1,2,3$$

不难得到第 L 级的旋转因子：

$$W_N^p=W_{2^L}^J,J=0,\cdots,2^{L-1}-1$$

由于 $N=2^M$，$2^L=2^M\cdot 2^{L-M}$，所以

$$W_N^p=W_{2^L}^J=W_{N\cdot 2^{L-M}}^J=W_N^{J\cdot 2^{M-L}},J=0,\cdots,2^{L-1}-1$$

基于上述分析，DIT-FFT 算法结构中第 L 层中的每个蝶形运算上的旋转因子可以表达为W_N^p，其中 $p=J\cdot 2^{M-L}$，$M=\log_2 N$，$L=1,\cdots,M$，$J=0,\cdots,2^{L-1}-1$。由于M为常数，这样 p 只与L 有关，便于编程实现。

类似地，DIF-FFT 算法结构中第 L 层中的每个蝶形运算上的旋转因子可以表达为W_N^p，其中 $p=J\cdot 2^{M-L}$，$M=\log_2 N$，$L=1,\cdots,M$，$J=0,\cdots,2^{M-L}-1$。

3. 原址计算

从图 4-1-4 和图 4-1-8 所示的基 2 FFT 算法中可以看到，算法共分 M 级($M=\log_2 N$)，每一级都有 N 个输入值、N 个输出值。在 FFT 实现中，第 L 级的输出可以直接将该层输入覆盖，并不影响后续的计算，这就是原址运算。也就是说，无论 FFT 算法有多少级蝶形运算，存储器数量只要能满足一级蝶形运算就够了。原址运算规律降低了算法对存储器数量的需求。

4. 蝶形运算规律

参考图 4-1-4 可以发现，基 2 FFT 一共有 M 级运算，$M=\log_2 N$，每级运算有2^{L-1} 个旋转因子W_N^p，$p=J\cdot 2^{M-L}$，$J=0,\cdots,2^{L-1}-1$，而每个旋转因子又对应2^{M-L} 次蝶形运算。某个蝶形运算可以用式(4-1-16) 表示：

$$\begin{cases}A_L(k)=A_{L-1}(k)+A_{L-1}(k+B)W_N^p\\A_L(k+B)=A_{L-1}(k)-A_{L-1}(k+B)W_N^p\end{cases}\qquad(4-1-16)$$

式(4-1-16) 中，$p=J\cdot 2^{M-L}$，$L=1,2,\cdots,M$。$A_{L-1}(k)$、$A_{L-1}(k+B)$ 是蝶形运算的输

入，$A_L(k)$、$A_L(k+B)$ 是蝶形运算的输出。k 是第一个输入数据的地址，$B=2^{L-1}$ 是两个输入数据的地址间距。一个旋转因子对应的相邻两次蝶形之间的地址间距（简称蝶距）为2^L。

5. DIT－FFT 算法流程

DIT－FFT 的算法实现流程如图 4－1－10 所示。算法首先根据倒序排列规律重组时域输入，此后便开始可分为三重循环的核心运算环节。

倒序操作包含倒序号生成和数据重排两个环节。高级语言编程时，一般用十进制运算来产生倒序号。假设 $N=2^M$，M 位二进制数的权值从左向右依次为 $N/2, N/4, N/8, \cdots, 2, 1$。用 J 表示当前倒序号的十进制数值，最高位加 1，相当于十进制 $J+N/2$。如果最高位是 0（表示 $J<N/2$），则直接计算 $J+N/2$ 得到下一个倒序号；如果最高位是 1（表示 $J \geqslant N/2$），则先将最高位清 0（通过 $J-N/2$ 来实现），然后次高位加 1（$J+N/4$）。次高位加 1 时，同样要判断次高位是 0 还是 1，然后采取相应的操作。以此类推，直到无进位产生为止，才得到下一个倒序号。

得到倒序号 J 后，就要重排数据。$N=8$ 时的数据重排如图 4－1－9 所示。倒序操作前，原序列 $x(I)$ 按自然顺序排列在数组 A 中，I 为顺序号。倒序操作后 A 中存放的是倒序排列的 $x(J)$，J 为倒序号。

从图 4－1－9 可见，第一个数据 $x(0)$ 和最后一个数据 $x(N-1)$ 不需要重排。另外，$I=J$ 时，也不要重排数据。因此顺序号 I 的初值是 1，终值是 $N-2$，倒序号 J 的初值则是 $0+N/2$，即 $N/2$。重排数组 A 中的数据时，依次比较倒序号 J 和顺序号 I。$I=J$ 时，则不交换 $A(I)$、$A(J)$ 中的数据；$I<J$ 时，则交换 $A(I)$、$A(J)$ 中的数据；$I>J$ 时，不交换，避免把先前交换过的数据又换回去了，图 4－1－9 中的虚线就表示 $I>J$ 时无须交换。

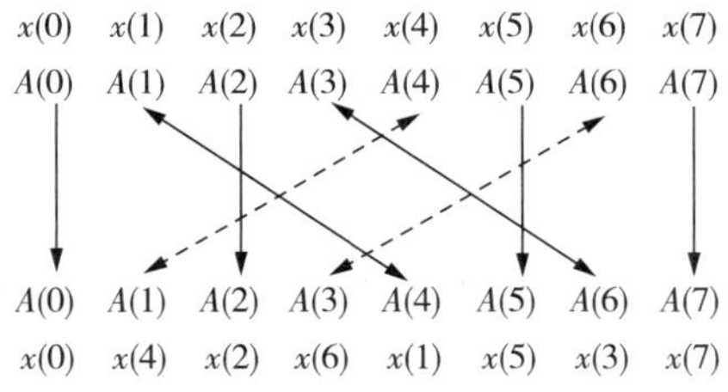

图 4－1－9　基 2 FFT 数据倒序重排示意图（$N=8$）

最外层循环完成所有 L 级计算，循环变量是 $L=1\sim M$，第 L 级中，有$B=2^{L-1}$ 个旋转因子，一个蝶形的两个输入数据的地址间距也是 B。

第二层循环完成第 L 级的2^{L-1} 个旋转因子对应的计算，循环变量是 $J=0\sim 2^{L-1}-1$。另外，$p=J\cdot 2^{M-L}$。

最内层循环完成第 J 个旋转因子$W_N^{J\cdot 2^{M-L}}$ 所对应的2^{M-L} 次蝶形运算，循环变量是蝶形运算第一个输入数据地址 k，k 的初值为 J，步长为蝶距2^L，终值为最后一个数据地址 $N-1$。最内层循环的核心运算就是蝶形运算，蝶形运算速度快则整个 FFT 算法速度就会快。

DIT－FFT 算法实现流程如图 4－1－10 所示。

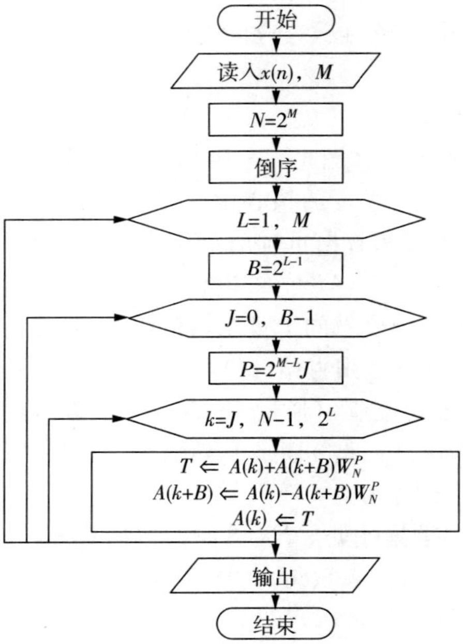

图 4-1-10 DIT-FFT 算法实现流程

4.2 减小基 2 FFT 运算量的其他措施

前文讨论了两种基 2 FFT 算法的构建过程和基本结构，本节讨论进一步提高算法速度的一些措施以及实序列 DFT 的快速算法。

4.2.1 多类蝶形运算

FFT 计算中输入序列和中间结果均默认为复数，在运算过程中它们需要与同为复数的旋转因子相乘。通常，一次复数乘法需要 4 次实数乘法和 2 次实数加法完成。但有若干旋转因子取值较为特殊，如$W_N^0=1$，$W_N^{N/2}=-1$，$W_N^{N/4}=-\mathrm{j}$。在这几种特殊情况下，可以用简单的操作来代替“四乘二加”的复数乘法运算，从而提高蝶形运算的速度。此外，还有一个较为特殊的旋转因子$W_N^{N/8}=(1-\mathrm{j})\sqrt{2}/2$，它与任意复数$a+\mathrm{j}b$相乘后的结果均可以表示为$\sqrt{2}/2(a+b)+\mathrm{j}\sqrt{2}/2(b-a)$，只需 2 次实数乘法和 2 次实数加法即可完成，也可提高$W_N^{N/8}$所在的蝶形运算单元的效率。这种区分旋转因子的蝶形运算就称为多类蝶形运算。当然，采用多类蝶形运算会增加代码的复杂程度。

4.2.2 旋转因子生成

旋转因子W_N^p可以写成：

$$W_N^p=\cos(2\pi p/N)-\mathrm{j}\sin(2\pi p/N) \tag{4-2-1}$$

在计算机中一般是用高阶泰勒级数展开来获得超越函数的函数值，计算速度慢。如果直接使用三角函数公式临时计算W_N^p，对整个 FFT 算法速度有较大影响。一种常用且简单的方法是，提前计算好W_N^p 并加以存储，蝶形运算时直接根据 p 查表得到W_N^p。这是一种典型的空间换时间策略。

如果存储的旋转因子为W_N^p，而实际 FFT 是 M 点的，旋转因子为W_M^q。只要满足 $N=rM$，r 为自然数，则有$W_M^q=W_{N/r}^q=W_N^{rq}$。也就是说利用 rq 去查表获得W_M^q，只要给出 N 最大的旋转因子表即可。

IFFT 要使用$W_N^{-p}=\cos(2\pi p/N)+\mathrm{j}\sin(2\pi p/N)$，查表时只要将$W_N^p$ 的虚部取反即可，不用另外生成一个W_N^{-p} 表。

实际上，一般是生成 $\cos(2\pi p/N)$ 和 $\sin(2\pi p/N)$ 两个三角函数表供蝶形运算时查询，$p=0\sim N/2$。

4.2.3　实序列的 FFT 算法

FFT 算法默认输入序列均为复数，即序列中每个元素都具有实部和虚部。但在信号处理实际应用中，有时仅仅需要计算实序列的 DFT。如果直接将实序列送入现有 FFT 算法中进行计算，相当于算法处理了虚部全部为 0 的复数序列，这种做法显然浪费了计算资源。

1. 用一次 N 点 FFT 计算两个 N 点实序列的 DFT

回顾第 3 章，可以将两个长度为 N 的实序列分别作为实部和虚部，组合为一个长度为 N 的复序列，送给 N 点 FFT 算法计算 N 点 DFT；得到计算输出后，结合 DFT 共轭对称性、复共轭序列 DFT 性质，将输出进一步分解为所需的两个实序列离散傅里叶变换，达到“一次变换，两组结果”的目的。具体计算方法如下：

设序列 $x_1(n)$、$x_2(n)$ 长都为 N，构造复序列 $y(n)$ 如下：

$$y(n)=x_1(n)+\mathrm{j}x_2(n),n=0,1,\cdots,N-1$$

对 $y(n)$ 进行一次 N 点 FFT 得到 $Y(k)$。根据 DFT 共轭对称性，$\mathrm{DFT}[x_1(n)]$ 对应 $Y(k)$ 的共轭对称部分$Y_{\mathrm{ep}}(k)$，$\mathrm{DFT}[x_2(n)]$ 和 j 一起对应着 $Y(k)$ 的共轭反对称部分 $Y_{\mathrm{op}}(k)$，即

$$\begin{cases}\mathrm{DFT}[x_1(n)]=X_1(k)=Y_{\mathrm{ep}}(k)=\dfrac{1}{2}[Y(k)+Y^*(N-k)] \\ \mathrm{DFT}[x_2(n)]=X_2(k)=-\mathrm{j}Y_{\mathrm{op}}(k)=-\mathrm{j}\dfrac{1}{2}[Y(k)-Y^*(N-k)]\end{cases}\quad(k=0,1,\cdots,N-1)$$

上面两个式子表明，利用一次 N 点复序列 FFT 算法，加上共轭及加、减运算，就可以得到两个 N 点实序列的 DFT。

2. 用一次 $N/2$ 点 FFT 计算一个 N 点实序列的 DFT

下面再介绍一种利用 $N/2$ 点 FFT 计算一个 N 点实序列 DFT 的快速方法。设序列 $x(n)$ 长为 N，仿照 DIT－FFT 算法，对该序列进行奇偶抽取：

$$x_1(n)=x(2n), x_2(n)=x(2n+1), n=0,1,\cdots,\frac{N}{2}-1$$

再将 $x_1(n)$ 和 $x_2(n)$ 进行组合，得到长度为$\frac{N}{2}$ 的新序列 $y(n)$：

$$y(n)=x_1(n)+\mathrm{j}x_2(n), n=0,1,\cdots,\frac{N}{2}-1$$

对 $y(n)$ 进行 $N/2$ 点 FFT 计算得到 $Y(k)$。根据 DFT 共轭对称性，$\mathrm{DFT}[x_1(n)]$ 对应 $Y(k)$ 的共轭对称部分为 $Y_{\mathrm{ep}}(k)$，$\mathrm{DFT}[x_2(n)]$ 和 j 一起对应着 $Y(k)$ 的共轭反对称部分 $Y_{\mathrm{op}}(k)$：

$$\begin{cases}\mathrm{DFT}[x_1(n)]=X_1(k)=Y_{\mathrm{ep}}(k)\\ \mathrm{DFT}[x_2(n)]=X_2(k)=-\mathrm{j}Y_{\mathrm{op}}(k)\end{cases}\left(k=0,1,\cdots,\frac{N}{2}-1\right)$$

由于 $x_1(n)$ 和 $x_2(n)$ 是通过奇偶抽取得到，且 $\mathrm{DFT}[x_1(n)]$ 和 $\mathrm{DFT}[x_2(n)]$ 分别是该奇序列和偶序列的 $N/2$ 点 DFT，这与 4.1.2 小节中 DIT - FFT 算法推导中的核心算式之一式(4 - 1 - 4) 完全相符，即

$$X(k)=X_1(k)+W_N^k X_2(k), k=0,1,\cdots,\frac{N}{2}-1$$

利用上式，根据 $X_1(k)$ 和 $X_2(k)$ 计算出 $x(n)$ 的前 $N/2$ 点 DFT。根据式(4 - 1 - 6)，令 $k=0$，得到

$$X\left(\frac{N}{2}\right)=X_1(0)-X_2(0)$$

这样就得到了前$\frac{N}{2}+1$个 $X(k)$ 的值。再根据 DFT 共轭对称性中关于实序列 DFT 的性质：

$$X(N-k)=X^*(k), k=1,\cdots,\frac{N}{2}-1$$

将剩余$\frac{N}{2}-1$ 个 $X(k)$ 的值计算出来。

当 $N=512$ 时，直接进行 N 点 DIT - FFT 需要$\frac{N}{2}\log_2 N=2304$ 次复数乘法，而本方法仅需要$\frac{N}{4}\log_2\frac{N}{2}+\frac{N}{2}=1280$ 次复数乘法，计算效率大大提升。

4.3 其他快速算法简介

自 1965 年库利和图基提出 FFT 算法以后，更加高效的 FFT 算法便不断涌现。概括起来，各类 FFT 算法可以大致分为两大类。第一类是针对 N 等于 2 的整数次幂的算法，

如基 2 算法、基 4 算法、基 8 算法、分裂基算法等。另一类是针对 N 不等于 2 的整数次幂的算法，如素因子算法、Winograd 算法等。由于通过补零这样极为简易的办法可使得序列长度等于 2 的整数次幂，因此第一类算法得到了广泛应用。

4.3.1　基 4 FFT 算法原理

基 4 FFT 算法的基本思路与基 2 FFT 类似，即不断将序列分成等长的 4 份，直至 4 点 DFT 变换为止。根据式(4-1-2)可知，4 点 DFT 具有以下较为特殊的性质：

$$\begin{bmatrix} X(0) \\ X(1) \\ X(2) \\ X(3) \end{bmatrix} = \begin{bmatrix} W_4^0 & W_4^0 & W_4^0 & W_4^0 \\ W_4^0 & W_4^1 & W_4^2 & W_4^3 \\ W_4^0 & W_4^2 & W_4^0 & W_4^2 \\ W_4^0 & W_4^3 & W_4^2 & W_4^1 \end{bmatrix} \begin{bmatrix} x(0) \\ x(1) \\ x(2) \\ x(3) \end{bmatrix} = \begin{bmatrix} 1 & 1 & 1 & 1 \\ 1 & -\mathrm{j} & -1 & \mathrm{j} \\ 1 & -1 & 1 & -1 \\ 1 & \mathrm{j} & -1 & \mathrm{j} \end{bmatrix} \begin{bmatrix} x(0) \\ x(1) \\ x(2) \\ x(3) \end{bmatrix} \tag{4-3-1}$$

由式(4-3-1)可以看到，4 点 DFT 除了纯虚数单位 j 之外不再涉及其他复数乘法，可以作为基 4 FFT 的基本单元。下面以 16 点 DFT 为例简单介绍基 4 DIF-FFT 算法流程。

设 $N=4^M$，将 N 点 DFT 分成 4 个长为 $N/4$ 的 DFT 之和：

$$X(k)=\sum_{n=0}^{N/4-1} x(n)W_N^{nk}+\sum_{n=N/4}^{N/2-1} x(n)W_N^{nk}+\sum_{n=N/2}^{3N/4-1} x(n)W_N^{nk}+\sum_{n=3N/4}^{N-1} x(n)W_N^{nk}$$

分别令 $k=4r, k=4r+2, k=4r+1$ 及 $k=4r+3, r=0,1,\cdots,\frac{N}{4}-1$，根据上式有

$$X(4r)=\sum_{n=0}^{N/4-1}\left[\left(x(n)+x\left(n+\frac{N}{2}\right)\right)+\left(x\left(n+\frac{N}{4}\right)+x\left(n+\frac{3N}{4}\right)\right)\right]W_{N/4}^{nr}$$

$$X(4r+2)=\sum_{n=0}^{N/4-1}\left[\left(x(n)+x\left(n+\frac{N}{2}\right)\right)-\left(x\left(n+\frac{N}{4}\right)+x\left(n+\frac{3N}{4}\right)\right)\right]W_N^{2n}W_{N/4}^{nr}$$

$$X(4r+1)=\sum_{n=0}^{N/4-1}\left[\left(x(n)-x\left(n+\frac{N}{2}\right)\right)-\mathrm{j}\left(x\left(n+\frac{N}{4}\right)-x\left(n+\frac{3N}{4}\right)\right)\right]W_N^{n}W_{N/4}^{nr}$$

$$X(4r+3)=\sum_{n=0}^{N/4-1}\left[\left(x(n)-x\left(n+\frac{N}{2}\right)\right)+\mathrm{j}\left(x\left(n+\frac{N}{4}\right)-x\left(n+\frac{3N}{4}\right)\right)\right]W_N^{3n}W_{N/4}^{nr}$$

令

$$x_1(n)=x(n)+x\left(n+\frac{N}{2}\right)+x\left(n+\frac{N}{4}\right)+x\left(n+\frac{3N}{4}\right) \tag{4-3-2}$$

$$x_2(n)=\left[\left(x(n)+x\left(n+\frac{N}{2}\right)\right)-\left(x\left(n+\frac{N}{4}\right)+x\left(n+\frac{3N}{4}\right)\right)\right]W_N^{2n} \tag{4-3-3}$$

$$x_3(n)=\left[\left(x(n)-x\left(n+\frac{N}{2}\right)\right)-\mathrm{j}\left(x\left(n+\frac{N}{4}\right)-x\left(n+\frac{3N}{4}\right)\right)\right]W_N^{n} \tag{4-3-4}$$

$$x_4(n)=\left[\left(x(n)-x\left(n+\frac{N}{2}\right)\right)+\mathrm{j}\left(x\left(n+\frac{N}{4}\right)-x\left(n+\frac{3N}{4}\right)\right)\right]W_N^{3n} \tag{4-3-5}$$

则有

$$X(4r)=\sum_{n=0}^{N/4-1}x_1(n)\,W_{N/4}^{nr}=\mathrm{DFT}[x_1(n)] \tag{4-3-6}$$

$$X(4r+2)=\sum_{n=0}^{N/4-1}x_2(n)\,W_{N/4}^{nr}=\mathrm{DFT}[x_2(n)] \tag{4-3-7}$$

$$X(4r+1)=\sum_{n=0}^{N/4-1}x_3(n)\,W_{N/4}^{nr}=\mathrm{DFT}[x_3(n)] \tag{4-3-8}$$

$$X(4r+3)=\sum_{n=0}^{N/4-1}x_4\,W_{N/4}^{nr}=\mathrm{DFT}[x_4(n)] \tag{4-3-9}$$

式(4-3-2)到式(4-3-5)完成一个"四入-四出"的蝶形运算，构造了4个短序列$x_1(n)\sim x_4(n)$，式(4-3-6)到式(4-3-9)计算短序列的DFT：$X(4r)$，$X(4r+2)$，$X(4r+1)$，$X(4r+3)$，它们合在一起就是原序列的DFT。如果$N=16$，式(4-3-6)到式(4-3-9)都是4点DFT，已经是基4 FFT的最小单元，无须再分解。

$N=16$时的基4 FFT的运算流图如图4-3-1所示，虚竖线左侧为第一级蝶形运算，得到$x_1(n)\sim x_4(n)$，虚竖线右侧为第二级蝶形运算，也就是4点DFT。虚线矩形框内就是一个4点DFT，输入是$x_1(n)$，输出是$X(4r)$。

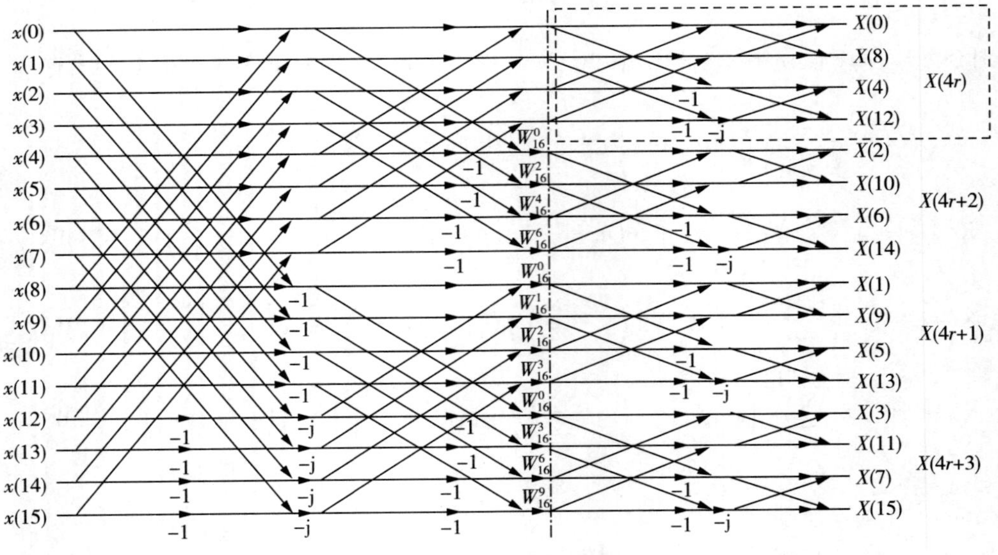

图4-3-1 基4 DIF-FFT运算流图($N=16$)

图4-3-1的输入是顺序的，输出是乱序的，显然属于DIF-FFT。由于基4 FFT算法不断将序列4等分，算法结构的级数仅是基2 FFT算法的一半。N点序列基4 FFT算法所需的复数乘法约为$\frac{3}{8}N\cdot\log_2N$(不包括与j的复数乘法)，相比基2 FFT有进一步降

低。需要说明的是，由于该算法不断将序列 4 等分，它要求输入序列长度为 4 的整数次幂。

此外，还有学者提出以 8 为基的 FFT 算法，基 8 FFT 的蝶形运算量更大，更适合具有多个并行硬件乘法器和加法器的 DSP 芯片或者 FPGA 芯片。通过汇编语言或者硬件描述语言编程，合理编排指令流水和硬件资源，单周期或者几个周期完成一个完整的蝶形运算，将会大大提高 FFT 算法速度。也就是说，FFT 算法结构和处理器指令系统、运算资源高度相关，根据运算资源优化 FFT 算法才能充分发挥计算平台的性能。

4.3.2　分裂基 FFT 算法简介

分裂基算法于1984年由法国学者杜美尔和霍尔曼提出，它同时使用基2和基4算法，被认为是目前基于 N 等于 2 的整数次幂各个算法中效率最高的一种。该算法的基本思路：对偶序号输出使用基 2 FFT 算法，对奇序号输出采用基 4 FFT 算法。分裂基算法具有更少的乘法次数和加法次数，并仍能保持基 2 FFT 中算法优美简洁的结构。N 点序列的分裂基 FFT 算法所需的复数乘法次数为 $\frac{1}{3}N \cdot \log_2 N - \frac{2}{9}N + \frac{2}{9}(-1)^M$。可以看到，较之所有基 2 FFT 算法，分裂基算法复数乘法次数最少，这是由于该算法更加合理地安排了算法结构，使无关紧要的旋转因子最大限度地减少。

在 20 年前，微处理器、DSP 和 FPGA 等芯片的速度、规模有限，科研人员为了提高 FFT 速度，不断提出优化算法，但是算法的复杂程度也不断提高，增加了工程应用的难度。目前，大规模集成电路技术快速发展，基 2 FFT 由于代码结构规整、工程实现方便而得到广泛应用。国产魂芯 2 号单核 DSP 实现 1024 点单精度浮点基 2 FFT 算法耗时仅为 2.3 μs，满足目前大多数情况下实时信号处理的需要。

习　题

1. 请论述基 2 DIT－FFT 算法在构思时的思路和实现时的步骤有何不同之处。

2. 序列 $x_1(n)$ 长度为 180，序列 $x_2(n)$ 长度为 100，若用基 2 FFT 来计算两个序列的线性卷积，则 FFT 点数至少要取多少点？

3. 16 点基 2 DIT－FFT 算法结构中最多有多少个不同的旋转因子？

4. 假定某硬件系统完成一次复数乘法平均需要 2 μs，完成一次复数加法平均需要 0.2 μs。在 N 为 256、512、1024、2048 和 4096 时，分别给出直接根据定义和根据基 2 DIT－FFT 计算 N 点 DFT 所需的时间。

5. 请分别画出 16 点基 2 DIT－FFT 算法和 16 点基 2 DIF－FFT 算法的结构图，并指出算法总共需要进行多少次复数乘法和多少次复数加法。

6. 在 MATLAB 环境下，结合本章 4.2 节，利用 MATLAB 自带的 FFT 函数，完成 IFFT 函数的编写，并以不同长度的方波、三角波等信号来验证所写函数的正确性。

7. 在 MATLAB 环境下，结合本章 4.2 节，仅调用一次 $N/2$ 点 FFT 函数，编程完成一个 N 点实序列 DFT 计算。并在 N 为 256、512、1024、2048 和 4096 时，记录所编程序耗时和直接将 N 点实序列送入 N 点 FFT 函数耗时。

8. 在MATLAB或C语言环境下，尝试直接根据DFT定义式编写DFT计算函数；根据DIT-FFT算法结构编写DFT快速计算函数。在不同长度的复数序列（$N=2^M$）情况下对两个函数进行测试和验证，并对比时间开销。在此基础上，尝试利用旋转因子相关叙述进一步优化DIT-FFT算法效率，并以复数序列为输入，对结果的正确性和计算时间开销进行测试和验证。

第 5 章　数字系统的网络结构和量化效应

数字系统的网络结构和量化效应是工程应用中需要考虑的重要问题。不同的网络结构对应于不同的信号处理算法，不同算法的性能会有差异。实际系统的系统参数、输入数据以及运算结果等都只能用有限精度的数来表示，导致系统输出存在误差，即量化效应，也称为有限字长效应。本章先分析无限脉冲响应（Infinite Impulse Response，IIR）系统和有限脉冲响应（Finite Impulse Response，FIR）系统典型结构的性能差异，再讨论信号的量化误差、系统参数量化误差、乘法运算误差和系统结构差异导致的量化效应问题。

5.1　信号流图

时域离散系统可以用式（5－1－1）或式（5－1－2）来表示：

$$y(n)=\sum_{i=0}^{M} b_i x(n-i)-\sum_{i=1}^{N} a_i y(n-i) \tag{5-1-1}$$

$$H(z)=\frac{\sum_{i=0}^{M} b_i z^{-i}}{1+\sum_{i=1}^{N} a_i z^{-i}} \tag{5-1-2}$$

式（5－1－1）中的基本运算是乘法、加法和单位延迟，这些运算可以用信号流图来表示。基本运算的信号流图如图 5－1－1 所示。

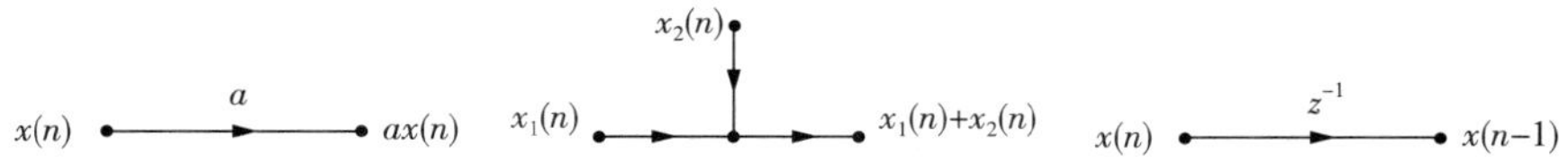

（a）乘法支路　（b）加法支路　（c）单位延迟支路

图 5－1－1　基本运算的信号流图

流图由节点和支路构成。圆点表示节点，支路表示节点之间的联系。用节点变量来表示节点处的信号，用箭头和增益来表示支路。箭头表示信号的流向，z^{-1} 与 a 作为增益标在箭头旁边。节点变量等于流入节点的各支路之和，各支路输入都等于流出节点变量。

如果一个系统的网络是由乘法、加法和延迟 3 种基本运算构成的，并且如果网络中存在环路，则环路中一定包含延迟支路，这样的流图称为基本信号流图。图 5－1－2 所示为基本信号流图，而图 5－1－3 所示为非基本信号流图，因为图 5－1－3 中出现了抽象支路 $H(z)$。

同一系统可以有多种实现方式，也就是有多种网络结构，信号流图能直观表示系统的网络结构。下面讨论 IIR 系统和 FIR 系统的网络结构及其性能差异。

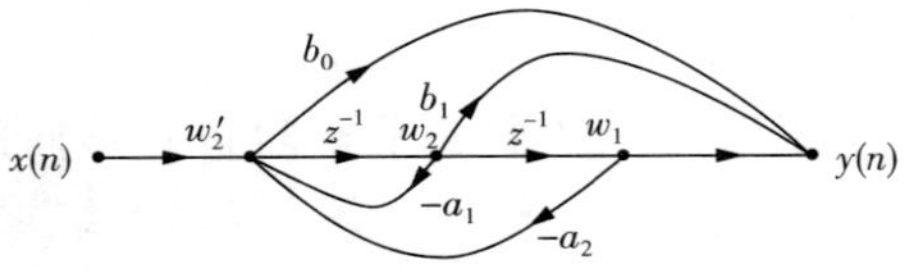

图 5－1－2　基本信号流图

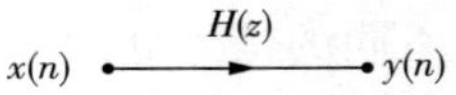

图 5－1－3　非基本信号流图

5.2　IIR 系统的网络结构

式(5－1－1) 和式(5－1－2) 所表示的系统就是 IIR 系统，系统的输出不仅与系统的外部输入有关（滑动平均部分：$\sum_{i=0}^{M-1} b_i x(n-i)$），还与系统的输出有关（自回归部分：$\sum_{i=1}^{N-1} a_i y(n-i)$）。即使停止了系统的外部输入，由于反馈的存在，IIR 系统的输出还会一直延续下去，只不过输出会越来越小。

5.2.1　IIR 系统的直接型结构

以 $M=N=2$ 为例，根据式(5－1－1) 可以直接画出系统的"原始"结构，如图 5－2－1(a) 所示，系统 $H(z)$ 可以看成是 $H_1(z)$ 和 $H_2(z)$ 的级联。交换级联顺序，得到图 5－2－1(b)。图 5－2－1(b) 中节点 w_{11}、w_{12}、w_{13} 与节点 w_{21}、w_{22}、w_{23} 分别相等，将相等的节点合并，得到图 5－2－2，即直接型结构。

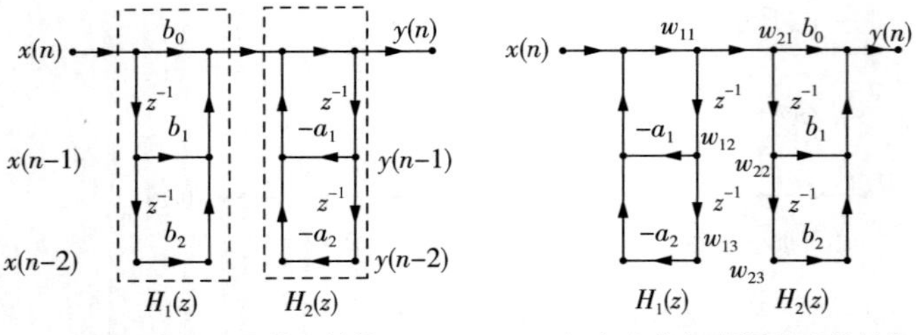

（a）系统的"原始"结构　　（b）交换级联顺序后的结构

图 5－2－1　IIR 系统的结构

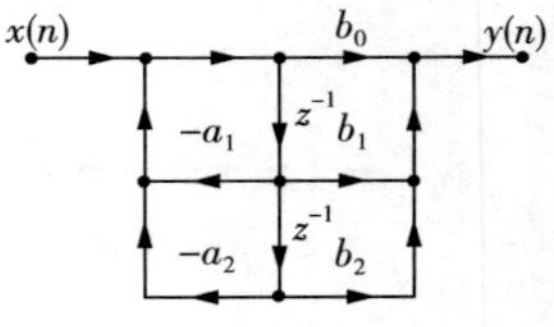

图 5－2－2　IIR 系统直接型结构（$M=N=2$）

直接型结构减少了两个延迟支路，简化了网络。需要注意：$H_1(z)$ 中的支路增益为 $-a_i$，增益的符号与式(5－1－1) 中 $y(n-i)$ 的系数符号一致，与式(5－1－2) 中分母多项式的系数符号相反。

因果稳定的 IIR 系统的极点都应该在单位圆内部，但是由于存在计算误差，极点可能会超出单位圆,从而导致系统不稳定,需要对极点的位置进行微调或者减小输入信号的幅度。一般来说,IIR 系统一般不直接采用高阶结构,而是将系统分解成一阶、二阶系统的级联或者并联,以保持系统频率特性和系统的稳定性。

5.2.2 IIR 系统的级联型结构

对式(5-1-2)的分子、分母多项式进行因式分解,得到式(5-2-1):

$$H(z)=b_0\frac{\prod_{i=1}^{M}(1-c_i z^{-1})}{\prod_{i=1}^{N}(1-d_i z^{-1})} \tag{5-2-1}$$

由于式(5-1-2)中的 a_i 和 b_i 都是实数,经过因式分解后得到的零点 c_i 和极点 d_i 是实数或者是共轭成对的复数。将共轭成对零点(极点)因式展开成二次三项式,其系数仍然是实数。分子、分母各取一个二次三项式组成一个二阶子网络 $H_k(z)$ 如下:

$$H_k(z)=\frac{b_{0k}+b_{1k}z^{-1}+b_{2k}z^{-2}}{a_{0k}+a_{1k}z^{-1}+a_{2k}z^{-2}} \tag{5-2-2}$$

式(5-2-2)中,$b_{0k}=a_{0k}=1$,b_{1k}、b_{2k}、a_{1k} 和 a_{2k} 均为实数,称 $H_k(z)$ 为二阶基本节。若 b_{2k} 为 0,或者 b_{1k} 和 b_{2k} 均为 0,$H_k(z)$ 仍为二阶网络;若 b_{2k} 和 a_{2k} 均为 0,或者 b_{1k}、b_{2k} 和 a_{2k} 均为 0,$H_k(z)$ 则为一阶网络。一个高阶 IIR 系统可以由若干个一阶或者二阶子系统级联而成,即

$$H(z)=b_0\prod_{k=0}^{K}H_k(z) \tag{5-2-3}$$

IIR 系统的级联型结构如图 5-2-3 所示。与直接型结构相比,级联型结构具有以下优点:

(1) 子系统的极点少,有利于控制系数有限字长带来的误差;

(2) 子系统的零点、极点就是整个系统的零点、极点,通过调整每一个子系统的系数,可以方便地实现系统频率特性的调整;

(3) 每个基本节结构相同,便于模块化实现。FPGA 实现 IIR 系统时常用级联型结构。

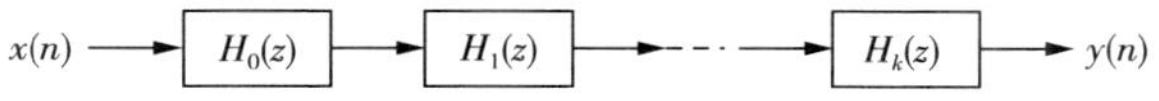

图 5-2-3　IIR 系统的级联型结构

MATLAB 中的 tf2sos 函数将直接型转换为级联型,而 sos2tf 函数则是将级联型转换为直接型。tf2sos 将直接型结构转换为多个二阶系统 $H_k(z)$ 的级联:

$$H(z)=\prod_{k=1}^{K}\frac{b_{0k}+b_{1k}z^{-1}+b_{2k}z^{-2}}{\alpha_{0k}+\alpha_{1k}z^{-1}+\alpha_{2k}z^{-2}}$$

tf2sos 函数的调用格式如下:

$$[SOS,G]=tf2sos(B,A)$$

SOS 为系数矩阵，每行包含一个二阶节的 6 个元素，前 3 个元素是二阶节的分子系数，后 3 个元素是二阶节的分母系数，G 是系统增益。SOS 矩阵如下：

$$SOS=\begin{bmatrix} b_{01} & b_{11} & b_{21} & a_{01} & a_{11} & a_{21} \\ b_{02} & b_{12} & b_{22} & a_{02} & a_{12} & a_{22} \\ \vdots & \vdots & \vdots & \vdots & \vdots & \vdots \\ b_{0K} & b_{1K} & b_{2K} & a_{0K} & a_{1K} & a_{2K} \end{bmatrix}$$

5.2.3 IIR 系统的并联型结构

对式(5－1－2)进行部分分式展开，可以得到下式：

$$H(z)=A_0+\sum_{i=1}^{N}\frac{A_i z}{z-d_i} \tag{5-2-4}$$

式(5－2－4)中，$d_i \neq 0$，$A_0=H(0)$，A_i 等于 $H(z)/z$ 在 $z=d_i$ 的留数。A_i 的计算方法如下：

$$A_i=\left.\frac{H(z)(z-d_i)}{z}\right|_{z=d_i},i=1,2,\cdots,N \tag{5-2-5}$$

式(5－1－2)中，a_i 和 b_i 都是实数，所以 A_i 和 d_i 是实数或者是共轭成对的复数。将具有共轭成对极点的一对因式相加：

$$H_k(z)=\frac{A_k z}{z-d_k}+\frac{A_k^* z}{z-d_k^*}=\frac{b_{0k}+b_{1k}z^{-1}}{1+a_{1k}z^{-1}+a_{2k}z^{-2}} \tag{5-2-6}$$

式(5－2－6)中，$b_{0k}=A_k+A_k^*$，$b_{1k}=-(A_k d_k^*+A_k^* d_k)$，$a_{1k}=-(d_k+d_k^*)$，$a_{2k}=d_k d_k^*$。若 $b_{1k}=0$，$a_{2k}=0$，$H_k(z)$ 则为一阶系统。$H(z)$ 可用若干一阶或二阶子系统相加来实现，即

$$H(z)=A_0+\sum_{k=1}^{K}H_k(z) \tag{5-2-7}$$

式(5－2－7)就是 IIR 系统的并联型表示，其结构如图 5－2－4 所示。

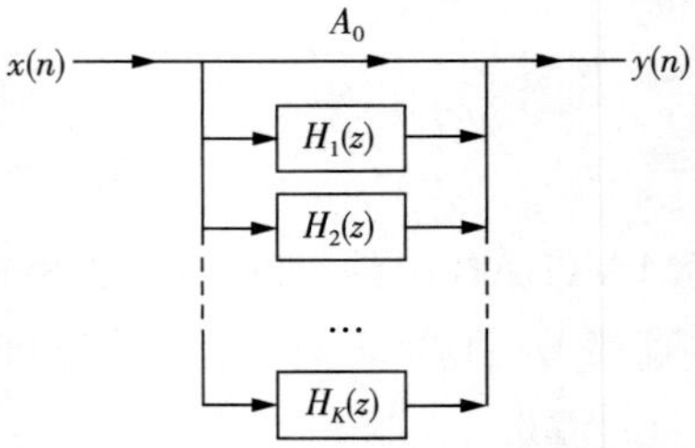

图 5－2－4 IIR 系统的并联型结构

并联型结构中，子系统的极点是整个系统的极点，但是子系统的零点不一定是整个系统的零点，因此并联型结构的极点调整方便，而零点调整不方便。从图 5－2－4 可见，各子系统产生的误差互不影响，无误差积累，因此并联型网络结构产生的误差最小。

MATLAB 的 residuez 函数将式(5－1－2)所示的有理分式 $H(z)$ 分解为简单有理分

式之和：

$$H(z)=\frac{r(1)}{1-p(1)z^{-1}}+\cdots+\frac{r(N)}{1-p(N)z^{-1}}+k(1)+k(2)z^{-1}+\cdots+k(M-N)z^{-(M-N)}$$

(5－2－8)

式(5－2－8)中，$r(i)$ 构成列向量 R，$p(i)$ 构成列向量 P，$k(i)$ 构成行向量 K。如果 $H(z)$ 在 $p(i)$ 处有一个 m 阶重极点，则 $H(z)$ 中包含以下部分：

$$\frac{r(i)}{1-p(i)z^{-1}}+\frac{r(i+1)}{[1-p(i)z^{-1}]^2}+\cdots+\frac{r(i+m-1)}{[1-p(N)z^{-1}]^m}$$

已知 $H(z)$ 系数向量 B、A，就可以调用 residuez 函数：

[R,P,K]＝residuez(B,A)

得到向量 R、P 和 K 后，就可以得到系统的并联结构。另外，也方便了用部分分式展开法求解 $H(z)$ 的逆 Z 变换。已知 R、P 和 K，还可以调用 residuez 函数得到 B、A：

[B,A]＝residuez(R,P,K)

IIR 系统不同结构的乘法运算量化效应不同。其中，直接型系统的量化效应最大，并联型系统的量化效应最小，而级联型的量化效应居中，具体情况可以阅读本章 5.5 节。

【例 5－2－1】 设 IIR 滤波器的系统函数为

$$H(z)=\frac{1+3z^{-1}+3z^{-2}+z^{-3}}{1-1.5z^{-1}+z^{-2}-0.25z^{-3}}$$

画出该系统的直接型、级联型和并联型结构。

解：(1) 直接型结构。

记 $H(z)$ 分子、分母多项式的系数向量为 $B=[b_0,b_1,b_2,b_3]=[1,3,3,1]$ 和 $A=[a_0,a_1,a_2,a_3]=[1,-1.5,1,-0.25]$，系统的直接型结构如图 5－2－5 所示。需要注意，系统滑动平均部分的支路增益为 b_i，而自回归部分支路增益为 $-a_i$，$i\neq 0$。

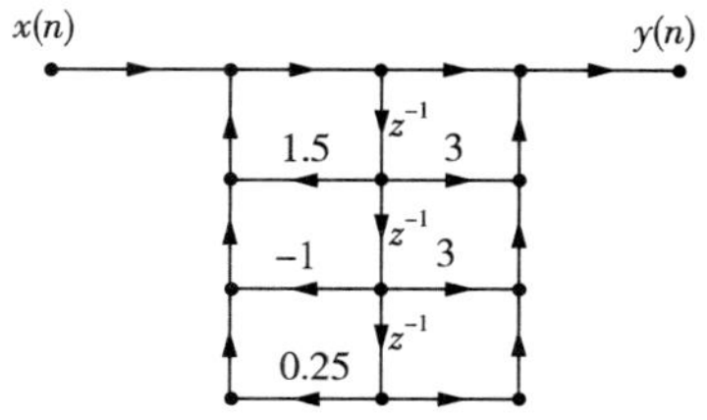

图 5－2－5　系统的直接型结构

(2) 级联型结构。

对 $H(z)$ 进行因式分解：

$$H(z)=\frac{(1+z^{-1})^3}{(1-0.5z^{-1})(1-z^{-1}+0.5z^{-2})}$$

$$=\frac{1+z^{-1}}{1-0.5z^{-1}}\cdot\frac{1+2z^{-1}+z^{-2}}{1-z^{-1}+0.5z^{-2}}=H_1(z)\,H_2(z)$$

系统分解成一阶系统和二阶系统的级联，系统的级联型结构如图 5－2－6 所示。

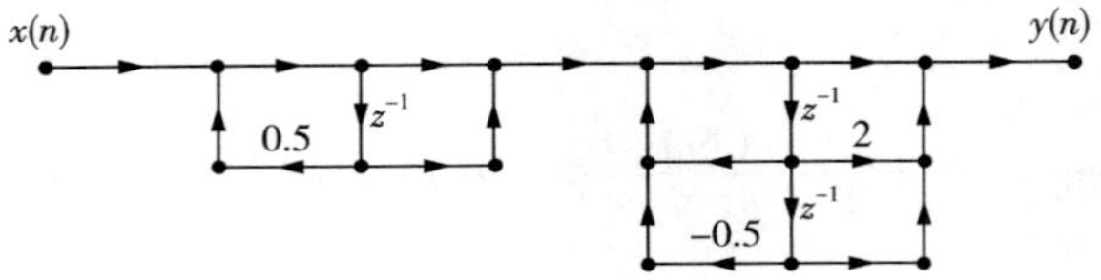

图 5-2-6 系统的级联型结构

调用 tf2sos 函数将 $H(z)$ 转换为级联型结构，程序如下：

```
B = [1,3,3,1];A = [1, - 1.5, 1, - 0.25];
[S,G] = tf2sos(B,A);
```

运行结果：

```
G = 1;
SOS = 1  1  0  1  - 0.5  0
      1  2  1  1  - 1   0.5
```

(3) 并联型结构。

对 $H(z)$ 进行部分分式展开，并将共轭因式合并成二次三项式，如下：

$$H(z)=A_0+\frac{A_1}{1-0.5z^{-1}}+\frac{\beta_{k0}+\beta_{k1}z^{-1}}{1-z^{-1}+0.5z^{-2}}$$

$A_0=H(0)=-4$。根据式(5-2-5)得到$A_1=27$。再用待定系数法求得$\beta_{k0}=-22$，$\beta_{k1}=13$。系统的并联型结构表示如下：

$$H(z)=-4+\frac{27}{1-0.5z^{-1}}+\frac{-22+13z^{-1}}{1-z^{-1}+0.5z^{-2}}$$

系统的并联型结构如图 5-2-7 所示。

利用 residuez 将 $H(z)$ 进行展开的程序：

```
B = [1,3,3,1];A = [1, - 1.5, 1, - 0.25];
[R,P,K] = residuez(B,A);
```

程序运行结果：

```
R = [- 11.0 - 2.0i, - 11.0 + 2.0i, 27.0];
P = [0.5 + 0.5i, 0.5 - 0.5i, 0.5];
K = [- 4]
```

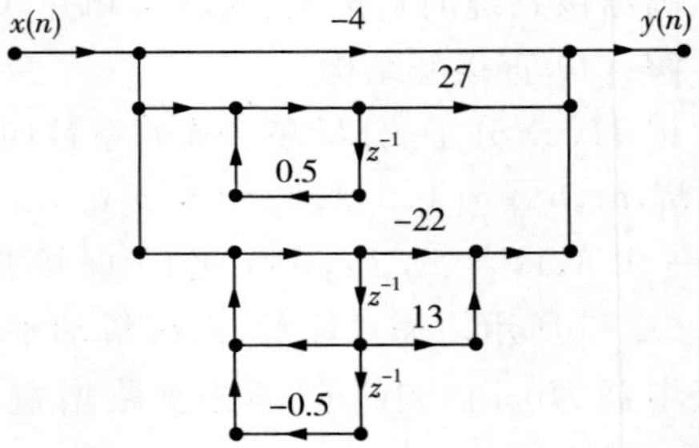

图 5-2-7 系统的并联型结构

5.3 FIR 系统的网络结构

FIR 系统的差分方程和系统函数如下：

$$y(n)=\sum_{i=0}^{N-1}b_i x(n-i) \tag{5-3-1}$$

$$H(z)=\sum_{i=0}^{N-1} b_i z^{-i} \tag{5-3-2}$$

从式(5-3-1)可以看出,FIR 系统的输出 $y(n)$ 只与系统的输入 $x(n)$ 及 n 之前若干时刻的输入有关,与系统输出无关,也就是系统中不存在环路。若系统的输入有限长,则系统输出也有限长。从式(5-3-2)可以看出,系统函数 $H(z)$ 只有分子多项式,无分母多项式,也就是说系统无非 0 极点,系统一定是稳定的。令 $x(n)=\delta(n)$,代入式(5-3-1),不难得到

$$h(n)=\sum_{i=0}^{N-1} b_i\delta(n-i)=\{b_0,b_1,\cdots,b_{N-1}\}$$

由上式可知,FIR 系统的单位脉冲响应 $h(n)$ 就是系统差分方程的系数 b_i,$0\leqslant i\leqslant N-1$,显然,$h(n)$ 是有限长的。因此,式(5-3-1)和式(5-3-2)可分别改写成如下形式:

$$y(n)=\sum_{i=0}^{N-1} h(i)x(n-i) \tag{5-3-3}$$

$$H(z)=\sum_{n=0}^{N-1} h(n)z^{-n} \tag{5-3-4}$$

5.3.1 FIR 系统的直接型结构

按照式(5-3-3)画出 FIR 系统的直接型结构,如图 5-3-1 所示。直接型结构又称为抽头延迟线结构、横向结构或者横截型结构。

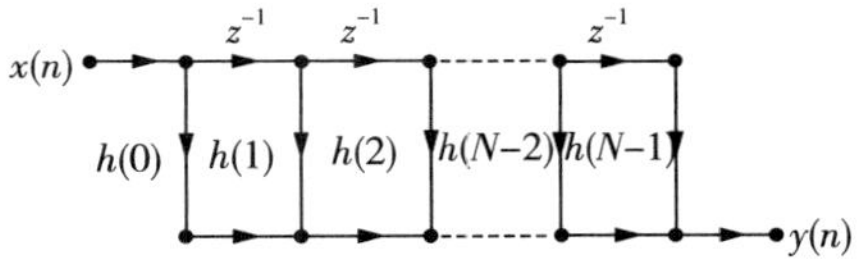

图 5-3-1　FIR 系统的直接型结构

5.3.2 FIR 系统的级联型结构

FIR 系统的阶数越高,直接型结构的乘法运算量化效应越大,将高阶系统分解成几个一阶或者二阶系统的级联,可以减小乘法运算的量化效应。式(5-3-2)改写为

$$H(z)=\prod_{k=0}^{K} H_k(z) \tag{5-3-5}$$

式(5-3-5)中,$H_k(z)=b_{0k}+b_{1k}z^{-1}+b_{2k}z^{-2}$,$b_{0k}$、$b_{1k}$、$b_{2k}$ 都为实数,称 $H_k(z)$ 为二阶 FIR 子系统。若 $b_{2k}=0$,$H_k(z)$ 为一阶 FIR 子系统。

【例 5-3-1】 已知 $H(z)=1-2.6z^{-1}+2.26z^{-2}-0.656z^{-3}$,画出该系统的级联型结构。

解: $H(z)=(1-0.8z^{-1})(1-1.8z^{-1}+0.82^{-2})$,其级联型结构如图 5-3-2 所示。

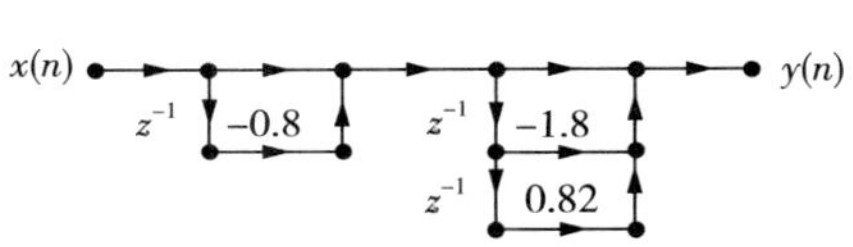

图 5-3-2　FIR 系统的级联型结构

可用[SOS,G]=tf2sos(B,A)将直接型

结构转换成级联型,这里 B=[1 −2.6 2.26 −0.656],A=1。

FIR 系统的级联型结构除了对有限字长效应不敏感外,也便于系统的零点调整。子系统$H_k(z)$的零点就是整个系统的零点,可以通过修改b_{0k}、b_{1k}、b_{2k}来调整$H_k(z)$的零点位置,从而实现对整个系统频率特性的控制。

5.3.3 FIR 系统的频率采样结构

设系统单位脉冲响应为 $h(n)$,其 Z 变换可由它的 DFT 重构得到:

$$H(z)=\frac{1}{N}\sum_{k=0}^{N-1}H(k)\frac{1-z^{-N}}{1-W_N^{-k}z^{-1}} \tag{5-3-6}$$

式(5-3-6)可改写成如下形式:

$$H(z)=\frac{1-z^{-N}}{N}\sum_{k=0}^{N-1}\frac{H(k)}{1-W_N^{-k}z^{-1}}=H_1(z)\,H_2(z) \tag{5-3-7}$$

其中:

$$H_1(z)=\frac{1-z^{-N}}{N},H_2(z)=\sum_{k=0}^{N-1}\frac{H(k)}{1-W_N^{-k}z^{-1}}=\sum_{k=0}^{N-1}H_k(z)$$

可见,系统可以分解成$H_1(z)$和$H_2(z)$的级联,而$H_2(z)$又是 N 个一阶 IIR 系统的并联。FIR 系统的频率采样结构如图 5-3-3 所示。

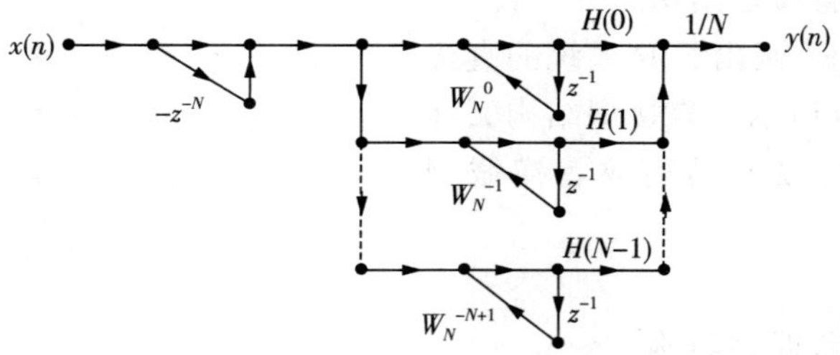

图 5-3-3 FIR 系统的频率采样结构

频率采样结构的优点如下:

(1) 只要 $H(k)$ 已知,就能根据式(5-3-6)设计实现滤波器,无须求系统的单位脉冲响应或差分方程的系数,并且可以用来设计任意形状的频响曲线;

(2) 只要 N 相等,频率采样结构相同,改变 $H(k)$ 能实现可编程 FIR 系统,便于标准化。

频率采样结构存在稳定性问题和复数乘法运算问题,下面予以分析解决。

(1) 稳定性问题

令$H_1(z)=0$得到系统的 N 个非 0 零点c_k 如下:

$$c_k=\sqrt[N]{1}=e^{j\frac{2\pi k}{N}},k=0,1,\cdots,N-1$$

式(5-3-7)中的$H_2(z)$含有 N 个非 0 极点d_k:

$$d_k = W_N^{-k} = \mathrm{e}^{\mathrm{j}\frac{2\pi k}{N}}, k = 0, 1, \cdots, N-1$$

系统的零点和极点都均布在单位圆圆周上，且完全相等，因此零极点相互抵消，所以频率采样结构 FIR 系统理论上是稳定的。但是，由于存在计算误差，c_k 和d_k 不一定能全部抵消，从而影响系统的稳定性。解决方法是将系统的零点、极点都往单位圆内收缩一点，即

$$c_k = d_k = r\mathrm{e}^{\mathrm{j}\frac{2\pi k}{N}}, k = 0, 1, \cdots, N-1$$

其中 r 为小于 1 且接近于 1 的实数。这样，即使零点、极点不能抵消，但是极点也在单位圆内，能保证 FIR 系统的稳定性。调整后的系统函数为

$$H(z) = \frac{1 - r^N z^{-N}}{N} \sum_{k=0}^{N-1} \frac{H(k)}{1 - r W_N^{-k} z^{-1}} \tag{5-3-8}$$

(2) 复数乘法运算问题

$H(k)$ 和W_N^{-k} 一般是复数，直接按照式(5-3-8)实现，需要进行复数运算。$h(n)$ 一般为实序列，其 DFT 满足共轭对称性，$H(k) = H^*(N-k)$。利用该性质将$H_k(z)$ 和 $H_{N-k}(z)$ 合并：

$$\begin{aligned} H'_k(z) &= H_k(z) + H_{N-k}(z) \\ &= \frac{H(k)}{1 - r W_N^{-k} z^{-1}} + \frac{H(N-k)}{1 - r W_N^{-(N-k)} z^{-1}} \\ &= \frac{H(k)}{1 - r W_N^{-k} z^{-1}} + \frac{H^*(k)}{1 - r W_N^{k} z^{-1}} \end{aligned}$$

$$H'_k(z) = \frac{\alpha_{0k} + \alpha_{1k} z^{-1}}{1 - 2r\cos\left(\frac{2\pi k}{N}\right) z^{-1} + r^2 z^{-2}} \tag{5-3-9}$$

其中，$\alpha_{0k} = 2\mathrm{Re}[H(k)]$，$\alpha_{1k} = -2r\mathrm{Re}[H(k) W_N^k]$。

对于实序列 $h(n)$，$H(0) = \sum_{n=0}^{N-1} h(n)$ 为实数。当 N 为偶数时，根据 $H\left(\frac{N}{2}\right) = H^*\left(\frac{N}{2}\right)$，可知 $H\left(\frac{N}{2}\right)$ 也是实数。当 N 为偶数时，对式(5-3-8)进行合并化简，得到

$$H(z) = \frac{1 - r^N z^{-N}}{N} \left[\frac{H(0)}{1 - rz^{-1}} + \frac{H(N/2)}{1 + rz^{-1}} + \sum_{k=1}^{\frac{N}{2}-1} \frac{\alpha_{0k} + \alpha_{1k} z^{-1}}{1 - 2r\cos\left(\frac{2\pi k}{N}\right) z^{-1} + r^2 z^{-2}}\right] \tag{5-3-10}$$

当 N 为奇数时，$H(z)$ 可以表示为

$$H(z) = \frac{1 - r^N z^{-N}}{N} \left[\frac{H(0)}{1 - rz^{-1}} + \sum_{k=1}^{\frac{N-1}{2}} \frac{\alpha_{0k} + \alpha_{1k} z^{-1}}{1 - 2r\cos\left(\frac{2\pi k}{N}\right) z^{-1} + r^2 z^{-2}}\right] \tag{5-3-11}$$

当 N 较大时，子系统 $H_k(z)$ 数量多，运算代价高。但是，对于窄带滤波器，非零 $H(k)$ 较少，系统成本降低。因此频率采样结构特别适合于窄带 FIR 系统的实现。

IIR 滤波器一般无线性相位特性，$H(k)$ 不易构造，因此 IIR 滤波器不采用频率抽样结构。

5.3.4　FIR 系统的线性相位结构

如果 FIR 系统的单位脉冲响应 $h(n)$ 是实偶对称或者是实奇对称的，该系统具有线性相位特性(将在第 7 章分析线性相位特性的条件和特点)。当 N 为偶数时，式(5-3-3) 改写为

$$\begin{aligned} y(n) &= \sum_{i=0}^{N-1} h(i)x(n-i) \\ &= \sum_{i=0}^{N/2-1} h(i)x(n-i) + \sum_{i=N/2}^{N-1} h(i)x(n-i) \\ &= \sum_{i=0}^{N/2-1} h(i)x(n-i) + \sum_{i=0}^{N/2-1} h(N-1-i)x(n-(N-1-i)) \end{aligned}$$

将 $h(N-1-i)=\pm h(i)$ 代入上式，得到

$$y(n) = \sum_{i=0}^{N/2-1} h(i)[x(n-i) \pm x(n-(N-1-i))] \tag{5-3-12}$$

式(5-3-12) 中，"+"表示 $h(n)$ 偶对称，"−"表示 $h(n)$ 奇对称，二者对应的线性相位结构如图 5-3-4 所示。和式(5-3-3) 相比，线性相位结构减少了一半乘法运算，节约了运算资源。

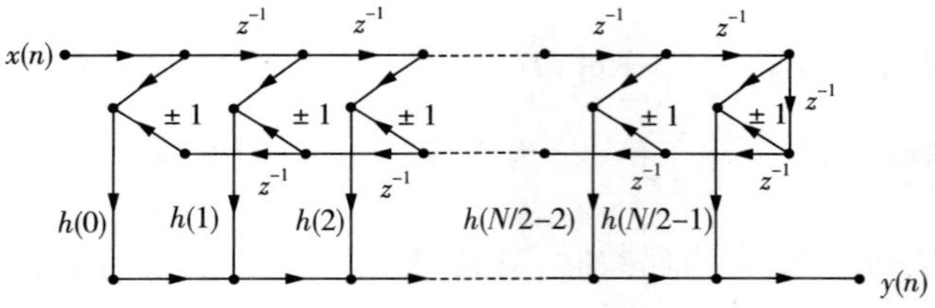

图 5-3-4　FIR 系统的线性相位结构(N 为偶数)

当 N 为奇数时，式(5-3-3) 改写为

$$y(n) = \sum_{i=0}^{(N-1)/2-1} h(i)[x(n-i) \pm x(n-(N-1-i))] + h\left(\frac{N-1}{2}\right)x\left(n-\frac{N-1}{2}\right) \tag{5-3-13}$$

与 N 为偶数的情况相比，式(5-3-13) 多了中间项 $h\left(\frac{N-1}{2}\right) \cdot x\left(n-\frac{N-1}{2}\right)$，另外求和区间有所差别。式(5-3-13) 所示的线性相位结构如图 5-3-5 所示。图 5-3-4 和

图 5-3-5 中，"+"表示 $h(n)$ 偶对称，"−"表示 $h(n)$ 奇对称。

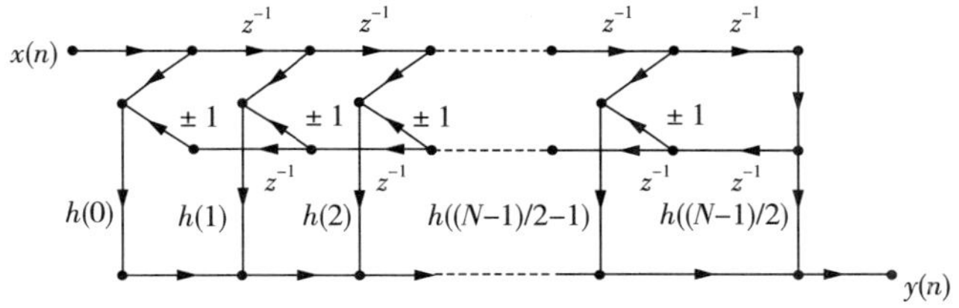

图 5-3-5　FIR 系统的线性相位结构（N 为奇数）

5.4　离散时间系统的格型结构

1973 年，美国学者 Gray 和 Markel 提出格型结构(Lattice Structure)，其优点如下：

(1) 对有限字长效应的敏感度低，适合递推算法；

(2) 模块化结构，便于实现高速并行处理；

(3) 一个 m 阶格型滤波器可以产生 1 到 m 阶的 m 个横向滤波器的输出。

格型结构滤波器在功率谱估计、语音处理、自适应滤波等方面得到了广泛的应用。这种结构有 3 种形式：全零点系统的格型结构，全极点系统的格型结构，零极点系统的格型结构，下面分别予以介绍。

5.4.1　全零点系统的格型结构

一个 M 阶的 FIR 滤波器的系统函数 $H(z)$ 可写成如下形式：

$$H(z)=B(z)=\sum_{i=0}^{M} b_i z^{-i}=1+\sum_{i=1}^{M} b_M^{(i)} z^{-i} \tag{5-4-1}$$

其中 $b_M^{(i)}$ 表示 M 阶 FIR 滤波器的第 i 个系数，并假设 $b_M^{(0)}=1$，其格型结构如图 5-4-1 所示。

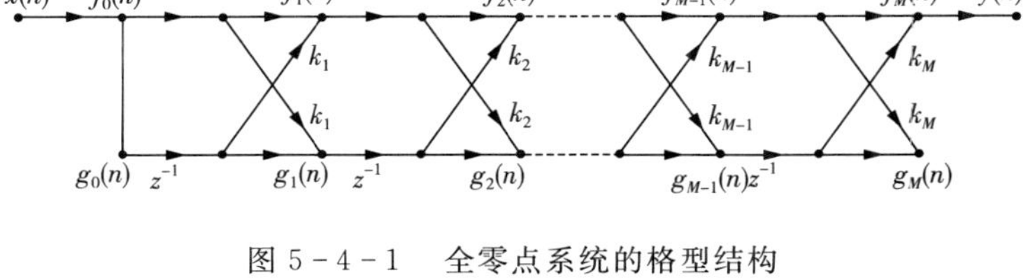

图 5-4-1　全零点系统的格型结构

由图 5-4-1 可以看出，系统是由 M 个基本单元级联而成，各单元形式相同，每个单元有两个输入端和两个输出端，只是系数 k_m 不同，该系数称为反射系数。下面求反射系数 k_m。

如图 5-4-2 所示，全零点系统基本单元的输入、输出关系如下：

$$\begin{cases} f_m(n)=f_{m-1}(n)+k_m g_{m-1}(n-1) \\ g_m(n)=k_m f_{m-1}(n)+g_{m-1}(n-1) \end{cases} \quad (5-4-2)$$

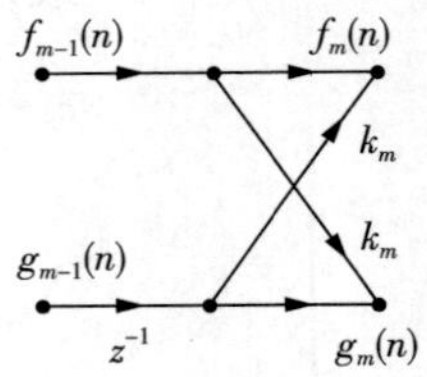

图 5-4-2
全零点系统基本单元

式(5-4-2)中，$f_m(n)$、$g_m(n)$ 分别为第 m 个基本单元的上、下端的输出序列，$f_{m-1}(n)$、$g_{m-1}(n)$ 分别为该单元的上、下端的输入序列，且 $f_0(n)=g_0(n)=x(n)$，$y(n)=f_M(n)$。

设$B_m(z)$、$J_m(z)$分别表示由输入端$x(n)$至第m个单元的上、下输出端 $f_m(n)$、$g_m(n)$ 对应的系统函数，即

$$\begin{cases} B_m(z)=F_m(z)/F_0(z)=1+\sum_{i=1}^{m} b_m^{(i)} z^{-i} \\ J_m(z)=G_m(z)/G_0(z) \end{cases} \quad (m=1,2,\cdots,M) \quad (5-4-3)$$

当 $m=M$ 时，$B_m(z)=B(z)$。对式(5-4-2)两边进行 Z 变换：

$$\begin{cases} F_m(z)=F_{m-1}(z)+k_m z^{-1} G_{m-1}(z) \\ G_m(z)=k_m F_{m-1}(z)+z^{-1} G_{m-1}(z) \end{cases} \quad (5-4-4)$$

对式(5-4-4)分别除以$F_0(z)$和$G_0(z)$，再代入$B_m(z)$、$J_m(z)$，得

$$\begin{bmatrix} B_m(z) \\ J_m(z) \end{bmatrix}=\begin{bmatrix} 1 & k_m z^{-1} \\ k_m & z^{-1} \end{bmatrix}\begin{bmatrix} B_{m-1}(z) \\ J_{m-1}(z) \end{bmatrix} \quad (5-4-5)$$

$$\begin{bmatrix} B_{m-1}(z) \\ J_{m-1}(z) \end{bmatrix}=(1-k_m^2)^{-1}\begin{bmatrix} 1 & -k_m \\ -k_m z & z \end{bmatrix}\begin{bmatrix} B_m(z) \\ J_m(z) \end{bmatrix} \quad (5-4-6)$$

式(5-4-5)和式(5-4-6)分别给出了格型结构中由低阶到高阶和由高阶到低阶的递推关系，两个式子中同时包含$B_m(z)$和$J_m(z)$，而只有$B_m(z)$已知，所以应找出$B_m(z)$和$B_{m-1}(z)$之间的递推关系。

因为$B_0(z)=J_0(z)=1$，根据式(5-4-5)，有

$$B_1(z)=B_0(z)+k_1 z^{-1} J_0(z)=1+k_1 z^{-1}$$

$$J_1(z)=k_1 B_0(z)+z^{-1} J_0(z)=k_1+z^{-1}$$

可见

$$J_1(z)=z^{-1} B_1(z^{-1})$$

令 $m=2,3,\cdots,M$，同理可推导出：

$$J_m(z)=z^{-m} B_m(z^{-1}) \quad (5-4-7)$$

将式(5-4-7)代入式(5-4-5)，得

$$\begin{cases} B_m(z) = B_{m-1}(z) + k_m z^{-m} B_{m-1}(z^{-1}) \\ B_{m-1}(z) = [B_m(z) - k_m z^{-m} B_m(z^{-1})]/(1-k_m^2) \end{cases} \tag{5-4-8}$$

式(5-4-8)给出了$B_m(z)$和$B_{m-1}(z)$之间的递推关系。将$B_m(z)=1+\sum_{i=1}^{m} b_m^{(i)} z^{-i}$代入式(5-4-8)中第二个式子，得到

$$\begin{aligned} & 1+\sum_{i=1}^{m-1} b_{m-1}^{(i)} z^{-i} \\ & = \left[1+\sum_{i=1}^{m} b_m^{(i)} z^{-i} - k_m z^{-m}\left(1+\sum_{i=1}^{m} b_m^{(i)} z^{i}\right)\right]/(1-k_m^2) \\ & = \left[1+b_m^{(m)} z^{-m} - k_m z^{-m} - k_m b_m^{(m)} + \sum_{i=1}^{m-1} b_m^{(i)} z^{-i} - k_m z^{-m}\sum_{i=1}^{m-1} b_m^{(i)} z^{i}\right]/(1-k_m^2) \\ & = \left[1+(b_m^{(m)}-k_m) z^{-m} - k_m b_m^{(m)} + \sum_{i=1}^{m-1}(b_m^{(i)} - k_m b_m^{(m-i)}) z^{-i}\right]/(1-k_m^2) \end{aligned}$$

上面推导过程中用到了以下关系：

$$z^{-m}\sum_{i=1}^{m-1} b_m^{(i)} z^{i} = \sum_{p=1}^{m-1} b_m^{(p)} z^{(p-m)} = \sum_{i=1-m}^{-1} b_m^{(m+i)} z^{i} = \sum_{i=1}^{m-1} b_m^{(m-i)} z^{-i}$$

再利用待定系数法得到递推关系：

$$\begin{cases} k_m = b_m^{(m)} \\ b_{m-1}^{(i)} = [b_m^{(i)} - k_m b_m^{(m-i)}]/(1-k_m^2) \end{cases} \quad (i=1,2,\cdots,(m-1);m=1,2,\cdots,M) \tag{5-4-9}$$

从 $H(z)=B(z)=B_M(z)$ 出发，递推求出$k_M,k_{M-1},\cdots,k_1$，具体递推步骤如下：

(1) 首先得到$k_M=b_M^{(M)}$；

(2) 根据$b_{M-1}^{(i)}=[b_M^{(i)}-k_M b_M^{(M-i)}]/(1-k_M^2)$求得$b_{M-1}^{(i)}$，$i=1,2,\cdots,M-1$，$k_{M-1}=b_{M-1}^{(M-1)}$；

(3) 重复步骤(2)，求出$k_M,k_{M-1},\cdots,k_1$ 和$B_{M-1}(z),B_{M-2}(z),\cdots,B_1(z)$。

【例 5-4-1】 FIR 滤波器差分方程为

$$y(n)=x(n)+\frac{13}{24}x(n-1)+\frac{5}{8}x(n-1)+\frac{1}{3}x(n-3)$$

求出其格型结构的反射系数，并画出格型结构图。

解：由差分方程得到

$$H(z)=B(z)=1+\sum_{i=1}^{3} b_3^{(i)} z^{-i} = 1+\frac{13}{24}z^{-1}+\frac{5}{8}z^{-2}+\frac{1}{3}z^{-3}$$

可知$b_3^{(1)}=\frac{13}{24}$,$b_3^{(2)}=\frac{5}{8}$,$b_3^{(3)}=\frac{1}{3}$。

反射系数k_m递推求解过程如下：

(1) $k_3=b_3^{(3)}=\frac{1}{3}$；

(2) $b_2^{(1)}=\frac{b_3^{(1)}-k_3\,b_3^{(2)}}{1-k_3^2}=\frac{\frac{13}{24}-\frac{5}{24}}{\frac{8}{9}}=\frac{3}{8}$,$b_2^{(2)}=\frac{b_3^{(2)}-k_3\,b_3^{(1)}}{1-k_3^2}=\frac{1}{2}$,$k_2=b_2^{(2)}=\frac{1}{2}$；

(3) $b_1^{(1)}=\frac{b_2^{(1)}-k_2\,b_2^{(1)}}{1-k_2^2}=\frac{1}{4}$,$k_1=b_1^{(1)}=\frac{1}{4}$。

系统的格型结构如图 5-4-3 所示。

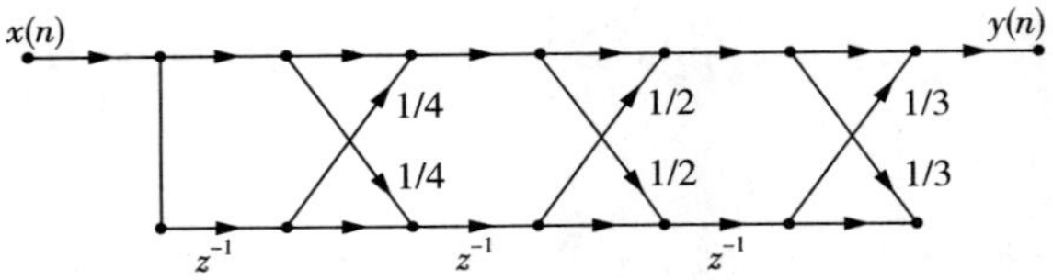

图 5-4-3　系统的格型结构图

5.4.2　全极点系统的格型结构

全极点系统就是系统函数分子为 1 的 IIR 系统，即

$$H(z)=\frac{Y(z)}{X(z)}=\frac{1}{1+\sum_{i=1}^{M}a_M^{(i)}z^{-i}}=\frac{1}{A_M(z)} \tag{5-4-10}$$

全极点系统与 FIR 系统互逆，FIR 系统的$H'(z)=A_M(z)$，可以按照系统求逆规则得到全极点系统的格型结构。以图 5-4-1 的 FIR 系统为基础，系统求逆步骤如下：

(1) 将输入至输出的非延时支路全部反向，各支路的增益为原常数值的倒数；

(2) 将指向这条非延时通路各节点的其他支路增益乘以 -1，节点 $f_m(n)$ 换成 $f_{m-1}(n)$；

(3) 交换系统的输入与输出，并水平翻转网络结构图，得到全极点系统的格型结构图。

按以上步骤，对图 5-4-1 进行求逆转换，得到全极点系统的格型结构如图 5-4-4 所示。

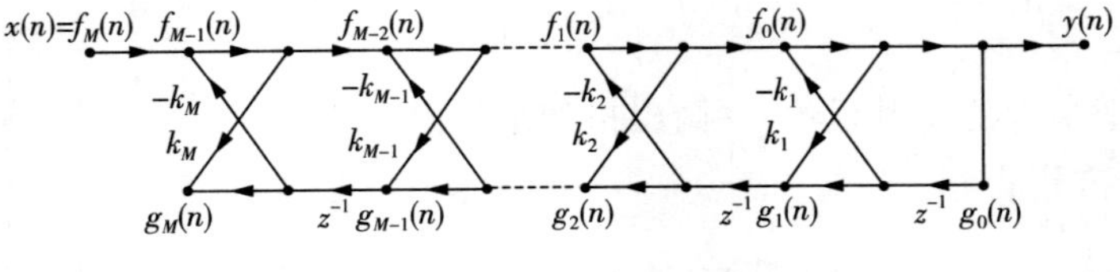

图 5-4-4　全极点系统的格型结构

根据图 5-4-4，得到全极点系统格型结构基本单元的时域方程如下：

$$\begin{cases} f_{m-1}(n)=f_m(n)-k_m g_{m-1}(n-1) \\ g_m(n)=k_m f_{m-1}(n)+g_{m-1}(n-1) \end{cases} \tag{5-4-11}$$

其中，$f_M(n)=x(n)$，$f_0(n)=g_0(n)=y(n)$。

根据以上分析可知，全极点系统 $1/A_M(z)$ 中的k_m 与全零点系统$A_M(z)$ 的k_m 完全相等，因此直接求解全零点系统$A_M(z)$ 的参数k_m，从而得到全极点系统中的k_m 和 $-k_m$。

定义 $f_m(n)$ 到 $y(n)$ 的系统函数为

$$\frac{1}{A_m(z)}=\frac{Y(z)}{F_m(z)}$$

定义从 $y(n)$ 到$g_m(n)$ 的系统函数为

$$\overline{A}_m(z)=\frac{G_m(z)}{Y(z)}$$

下面推导$\overline{A}_m(z)$ 与$A_m(z)$ 之间的关系。

当系统阶数 $M=1$ 时，根据式(5-4-11)，有

$$\begin{cases} y(n)=f_1(n)-k_1 y(n-1) \\ g_1(n)=k_1 y(n)+y(n-1) \end{cases} \tag{5-4-12}$$

对上式做 Z 变换，有

$$\begin{cases} \dfrac{Y(z)}{F_1(z)}=\dfrac{1}{A_1(z)}=\dfrac{1}{1+k_1 z^{-1}} \\ \dfrac{G_1(z)}{Y(z)}=\overline{A}_1(z)=k_1+z^{-1} \end{cases} \tag{5-4-13}$$

可见，$\overline{A}_1(z)=z^{-1}A_1(z^{-1})$。

当系统阶数 $M=2$ 时，根据式(5-4-11)，有

$$\begin{cases} f_1(n)=f_2(n)-k_2 g_1(n-1) \\ g_2(n)=k_2 f_1(n)+g_1(n-1) \end{cases} \tag{5-4-14}$$

式(5-4-14)中，$f_2(n)=x(n)$。根据式(5-4-12)，得到 $f_1(n)$ 和$g_1(n-1)$，代入上式，有

$$\begin{cases} y(n)+k_1 y(n-1)=f_2(n)-k_2(k_1 y(n-1)+y(n-2)) \\ g_2(n)=k_2(y(n)+k_1 y(n-1))+k_1 y(n-1)+y(n-2) \end{cases}$$

对上式做 Z 变换，并进行整理，有

$$\begin{cases} \dfrac{Y(z)}{F_2(z)}=\dfrac{1}{A_2(z)}=\dfrac{1}{1+(k_1+k_1k_2)z^{-1}+k_2 z^{-2}} \\ \dfrac{G_2(z)}{Y(z)}=\overline{A}_2(z)=k_2+(k_1+k_1k_2)z^{-1}+z^{-2} \end{cases} \tag{5-4-15}$$

可见，$\overline{A}_2(z)=z^{-2}A_2(z^{-1})$。

以此类推，可以得到

$$\overline{A}_m(z)=z^{-m}A_m(z^{-1}) \tag{5-4-16}$$

式(5－4－16)表示的结论与式(5－4－7)类似。在零极点系统格型结构的参数求解中需要用到式(5－4－16)。

【例 5－4－2】 全极点 IIR 系统差分方程为

$$H(z)=\frac{1}{1+\frac{13}{24}z^{-1}+\frac{5}{8}z^{-2}+\frac{1}{3}z^{-3}}$$

求出其格型结构的反射系数，并画出格型结构图。

解：$A_M(z)=1+\frac{13}{24}z^{-1}+\frac{5}{8}z^{-2}+\frac{1}{3}z^{-3}=1+\sum_{i=1}^{3}b_3^{(i)}z^{-i}$，根据例题5－4－1的计算结果，得到

$$k_3=b_3^{(3)}=\frac{1}{3},k_2=\frac{1}{2},k_1=\frac{1}{4}$$

系统的格型结构如图 5－4－5 所示。

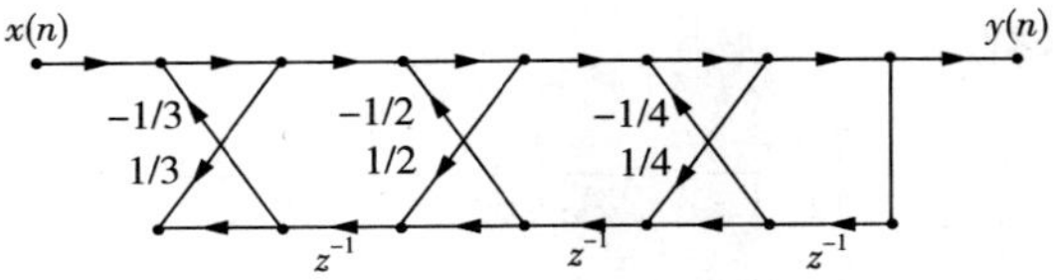

图 5－4－5 系统的格型结构

5.4.3 零极点系统的格型结构

一个在有限 z 平面($0<|z|<+\infty$)既有零点又有极点的系统的函数可表示为

$$H(z)=\frac{B(z)}{A(z)}=\frac{\sum_{i=0}^{N}b_N^{(i)}z^{-i}}{1+\sum_{i=1}^{N}a_N^{(i)}z^{-i}} \tag{5-4-17}$$

该系统的格型结构如图 5－4－6 所示，图中k_m 称为反射，c_i 称为梯形参数。

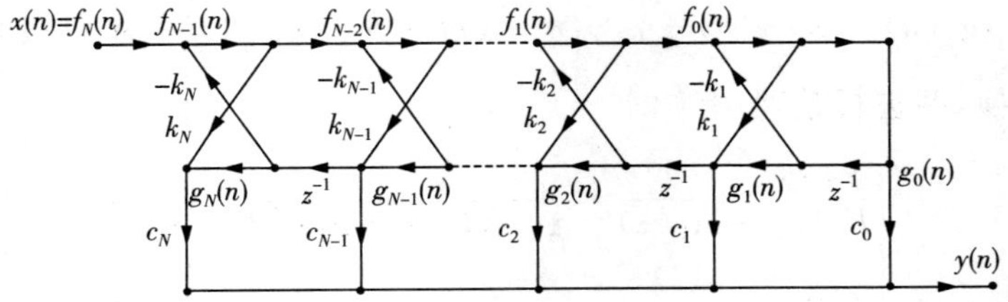

图 5－4－6 零极点系统的格型结构

从图 5-4-6 可以看出：

(1) 若$k_1=k_2=\cdots=k_N=0$，则图 5-4-6 变成一个 N 阶 FIR 系统的直接型结构；

(2) 若$c_0=1, c_1=c_2=\cdots=c_N=0$，那么图 5-4-6 变成全极点系统的格型结构。

因此，图 5-4-6 上半部分对应于全极点系统 $1/A_M(z)$，下半部分对应于全零点系统 $B(z)$。由于下半部分对上半部分无任何反馈，故$k_1, k_2, \cdots, k_N$ 仍可按全极点系统的方法求出，但上半部分对下半部分有影响，所以c_i 和全零点系统的b_i 不会相同。下面设法求出系数$c_i, i=0,1,\cdots,N$。

设从$g_0(n)$ 至$g_m(n)$ 之间的系统函数设为

$$\overline{A}_m(z)=\frac{G_m(z)}{G_0(z)} \tag{5-4-18}$$

从 $x(n)$ 至$g_m(n)$ 之间的系统函数为

$$\overline{H}_m(z)=\frac{G_m(z)}{X(z)}=\frac{G_0(z)\overline{A}_m(z)}{X(z)} \tag{5-4-19}$$

因为从 $x(n)$ 至 $f_0(n)$ 及$g_0(n)$ 间为全极点系统，所以有

$$\frac{F_0(z)}{X(z)}=\frac{G_0(z)}{X(z)}=\frac{1}{A(z)} \tag{5-4-20}$$

将式(5-4-20) 代入式(5-4-19)，得

$$\overline{H}_m(z)=\frac{\overline{A}_m(z)}{A(z)} \tag{5-4-21}$$

$H(z)$ 可由$\overline{H}_0(z), \overline{H}_1(z), \cdots, \overline{H}_N(z)$ 分别用$C_0, C_1, \cdots, C_N$ 加权再相加得到：

$$H(z)=\frac{B(z)}{A(z)}=\sum_{m=0}^{N}\frac{c_m\overline{A}_m(z)}{A(z)}$$

将式(5-4-16) 代入上式，得

$$H(z)=\sum_{m=0}^{N}\frac{c_m z^{-m}A_m(z^{-1})}{A(z)} \tag{5-4-22}$$

根据式(5-4-22)，当 $N=2$ 时，有

$$B(z)=b_2^{(0)}+b_2^{(1)}z^{-1}+b_2^{(2)}z^{-2}=c_0A_0(z^{-1})+c_1z^{-1}A_1(z^{-1})+c_2z^{-2}A_2(z^{-2}) \tag{5-4-23}$$

其中，

$$A_0(z^{-1})=1$$

$$A_1(z^{-1})=1+a_1^{(1)}z$$

$$A_2(z^{-2})=1+a_2^{(1)}z+a_2^{(2)}z^2$$

令式(5-4-23) 两边的同次幂的系数相等，可得

$$b_2^{(0)}=c_0+c_1\,a_1^{(1)}+c_2\,a_2^{(2)}$$

$$b_2^{(1)}=c_1+c_2\,a_2^{(1)}$$

$$b_2^{(2)}=c_2$$

由上式，可求得c_2、c_1、c_0。对于任意 N，有下式成立：

$$c_k=b_N^{(k)}-\sum_{m=k+1}^{N}c_m\,a_m^{(m-k)},k=0,1,\cdots,N \tag{5-4-24}$$

【例 5-4-3】 设零极点系统差分方程为

$$H(z)=\frac{1-0.5z^{-1}+0.2z^{-2}+0.7z^{-3}}{1-1.8313708z^{-1}+1.431959z^{-2}-0.448z^{-3}}$$

求出其格型结构的反射系数和梯形系数。

解：求全极点模型的参数k_m。实际上是用求全零点型的方法求得。全零点系统为

$$H'(z)=1-1.8313708z^{-1}+1.431959z^{-2}-0.448z^{-3}$$

可知，$b_3^{(1)}=-1.8313708,b_3^{(2)}=1.4319595,b_3^{(3)}=-0.448$。

(1) $k_3=b_3^{(3)}=-0.448$；

(2) $b_2^{(1)}=\dfrac{b_3^{(1)}-k_3\,b_3^{(2)}}{1-k_3^2}=\dfrac{-1.1898529}{0.799296}=-1.4886262,b_2^{(2)}=\dfrac{b_3^{(2)}-k_3\,b_3^{(1)}}{1-k_3^2}=\dfrac{0.6115053}{0.799296}=0.7650549,k_2=b_2^{(2)}=0.7650549$；

(3) $b_1^{(1)}=\dfrac{b_2^{(1)}-k_2\,b_2^{(1)}}{1-k_2^2}=\dfrac{-0.3497454}{0.414691}=-0.8433879,k_1=b_1^{(1)}=-0.8433879$。

全极点型参数k_m：$k_3=-0.448,k_2=0.7650549,k_1=-0.8433879$。

全极点模型中的$a_m^{(i)}$ 也等于全零点系统中的$b_m^{(i)}$，即

$$a_3^{(1)}=-1.8313708,a_3^{(2)}=1.4319595,a_3^{(3)}=-0.448$$

$$a_2^{(1)}=1.4886262,a_2^{(2)}=0.7650549$$

$$a_1^{(1)}=-0.8433879$$

再根据系统函数 $H(z)$ 的分子式，得到

$$b_3^{(1)}=-0.5,b_3^{(2)}=0.2,b_3^{(3)}=0.7$$

利用式子$c_k=b_N^{(k)}-\sum\limits_{m=k+1}^{N}c_m\,a_m^{(m-k)}(k=0,1,\cdots,N)$ 求得

$$c_3=b_3^{(3)}=0.7$$

$$c_2=b_3^{(2)}-c_3a_3^{(1)}=1.4819596$$

$$c_1=b_3^{(1)}-c_2a_2^{(1)}-c_3a_3^{(2)}=0.7037122$$

$$c_0=b_3^{(0)}-c_1a_1^{(1)}-c_2a_2^{(2)}-c_3a_3^{(3)}=0.7733219$$

MATLAB 提供了直接型结构和格型结构之间相互转换的函数，常用调用格式如下：

(1)k＝tf2latc(b)，将 FIR 系统直接型转换为格型。

(2)k＝tf2latc(1,a)，将全极点 IIR 系统直接型转换为格型。

(3)[k,c]＝tf2latc(b,a)，将零极点 IIR 系统直接型转换为格型。

(4)[b,a]＝latc2tf(k,c)，将格型转换为直接型。

其中，b、a 为系统函数的分子、分母多项式的系数构成的向量，k、c 分别是格型结构中反射参数k_m 和梯形参数c_i 构成的向量。对于全极点系统，也可以调用[k,c]＝tf2latc(1,a)，不过向量 c 中仅第一个元素为 1，其余元素都为零。对于全零点系统，如果调用[k,c]＝tf2latc(b,1)，则向量 k 为全零，而向量 c 等于向量 b。

得到系统的格型参数后，可以用格型滤波函数 latcfilt 对信号进行滤波。调用格式如下：

(1)[y,g]＝latcfilt(k,x)，全零点系统格型滤波；

(2)[y,g]＝latcfilt(k,1,x)，全极点系统格型滤波；

(3)[y,g]＝latcfilt(k,c,x)，零极点系统格型滤波。

其中，k、c 分别是格型结构中反射参数k_m 和梯形参数c_i 构成的向量，x 是系统输入信号，y 是正向滤波输出(格型结构中上面一条通路的输出)，g 是反向滤波输出(格型结构中下面一条通路的输出)。

5.5　数字系统的量化效应

本章前面四节讨论了系统的网络结构，一种结构代表一种算法，而算法还需要通过软件或者硬件系统来具体实现。信号采集所用的 A/D 转换器的位数总是有限的，导致 A/D 转换结果存在量化误差。处理器、存储器的位数有限，导致系统参数的精度也有限。另外，运算器本身的运算精度也有限，计算也存在误差。因此，对于实际的数字系统来说，系统的输出与理论值之间一定存在误差。此外，系统参数误差及运算器的计算误差还会导致数字系统不稳定，从而造成中间或者最终的计算结果溢出。上述现象就是数字系统的量化效应，也称为有限字长效应。

本节先介绍数的量化及量化误差，再讨论各种量化效应，包括 A/D 转换器的量化误差、系统参数的量化误差以及运算量化误差所导致的量化效应。由于浮点数能兼顾动态范围和精度，其量化效应较小，本节仅讨论定点数处理系统中的量化效应。

5.5.1　数的量化及量化误差

量化(Quantization)就是用有限精度的数值来表示某范围内连续变化的数据。在数字信号处理中，量化是指用有限长的二进制编码来表示、存储输入信号的值和运算结果，以及参与运算的系统参数等。比如某个数为 0.817，可以用二进制序列表示为$(0110100010010011\cdots)_2$，如果只用 8 位二进制数来表示，就是$(01101000)_2$，对应的十进制数为 0.8125，二者的误差为 0.0045。该差值是由于所用二进制数的位数有限而造成的，称为量化误差。

假设数字信号处理系统的参数和数据被归一化到 1 到 −1 之间，可以用 $b+1$ 位二进制数对其进行量化表示，记为$(d_b d_{b-1} d_{b-2} \cdots d_1 d_0)_2$，最高位$d_b$ 表示数的正负，其余 b 位表示数据的大小，d_{b-1} 位权重是2^{-1}，d_0 位权重最小，为2^{-b}，显然量化步长 $q=2^{-b}$。

假设用 $x(n)$ 表示数据的原始值，用 $\hat{x}(n)$ 表示数据的量化值，量化公式如下：

$$\hat{x}(n)=q \cdot [x(n)/q]_R \tag{5-5-1}$$

其中，$[\cdot]_R$ 表示对d_0 位右边的二进制位进行尾数处理。尾数处理有两种方法：一种是舍入法，即若$d_{-1}=0$，不进位，若$d_{-1}=1$，则进位；另一种是截尾法，即将d_{-1} 及其右边的所有各位都舍去。这两种尾数处理方法的误差是不一样的。用 $e(n)$ 表示量化误差：

$$e(n)=\hat{x}(n)-x(n) \tag{5-5-2}$$

$x(n)$ 一般是随机信号，那么 $e(n)$ 也是随机的，也称 $e(n)$ 为量化噪声。根据式(5-5-1) 的定义，舍入法的量化误差$e_R(n)$ 满足 $-q/2 \leqslant e_R(n) \leqslant q/2$，均值$\mu_R$ 为 0；截尾法的量化误差 $e_T(n)$ 满足$-q \leqslant e_T(n) \leqslant 0$，均值$\mu_T$ 为 $-q/2$。一般假设 $e(n)$ 是与 $x(n)$ 不相关的平稳随机序列，且是符合均匀分布的白噪声，即 $p(e_R)=p(e_T)=1/q$。舍入法和截尾法量化噪声的概率密度曲线如图 5-5-1 所示。

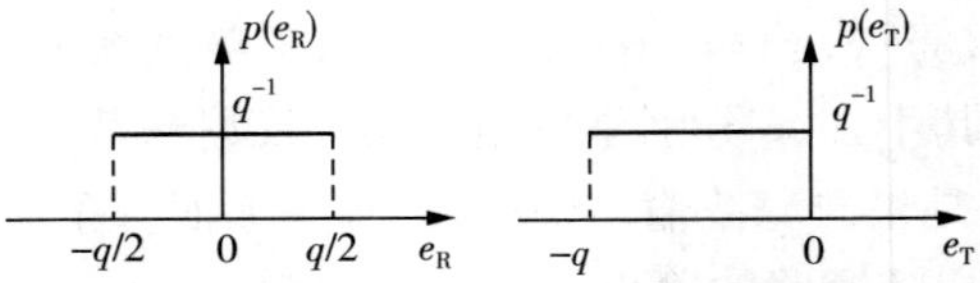

（a）舍入法概率密度　（b）截尾法概率密度

图 5-5-1　量化噪声的概率密度曲线

舍入法量化噪声的方差为

$$\sigma_R^2=\int_{-q/2}^{q/2}(e_R-\mu_R)^2 p(e_R)\mathrm{d}e_R=\int_{-q/2}^{q/2} e_R^2 \frac{1}{q}\mathrm{d}e_R=\frac{q^2}{12} \tag{5-5-3}$$

截尾法量化噪声的方差为

$$\sigma_T^2=\int_{-q}^{0}(e_T-\mu_T)^2 p(e_T)\mathrm{d}e_T=\int_{-q}^{0}\left(e_T+\frac{q}{2}\right)^2 \frac{1}{q}\mathrm{d}e_T=\frac{q^2}{12} \tag{5-5-4}$$

MATLAB采用双精度(64 bit)浮点数进行计算，相对于一般 16 位和 32 位精度来说，其运算精度近乎无限。MATLAB适合用于分析数字系统的量化效应。式(5-5-1)中的除法运算结果要进行取整，MATLAB 取整函数：round(x)—— 舍入；ceil(x)—— 向上取整；floor(x)—— 向下取整，即截尾；fix(x)；等等。其中 round 最为常用。当 $x>0$ 时，fix(x) 作用与 floor(x) 相同；当 $x<0$ 时，fix(x) 作用与 ceil(x) 相同。

另外，MATLAB 还有专用量化函数 quant(x,q)，q 为量化步长，量化方式是舍入量化。

【例 5-5-1】　量化字长为 8 位，1 位符号位，即 $b=7$，对 $x=0.578$ 进行量化，代码如下：

```
b = 7;x = 0.978;q = 2^ - b;
x1q = q * round(x/q);
```

```
x2q = q * floor(x/q);
x3q = quant(x,q);
```

程序运行结果为

```
x1q = x3q = 0.578125,x2q = 0.5703125
```

5.5.2 A/D 转换器的量化效应

用A/D转换器对模拟信号 $x_a(t)$ 进行采样、量化，量化前信号记为 $x(n)$，量化后信号记为 $\hat{x}(n)$，量化误差 $e(n)=\hat{x}(n)-x(n)$。A/D 转换器输出 $\hat{x}(n)$ 可表示为

$$\hat{x}(n)=x(n)+e(n) \tag{5-5-5}$$

假设 $x_a(t)$ 不含噪声，也不考虑采样噪声，仅考虑量化噪声，下面分析量化对 A/D 转换器输出信噪比的影响。设信号 $x_a(t)$ 的平均功率记为σ_x^2，$|x_a(t)|\leqslant A$，$e(n)$ 的平均功率记为σ_e^2，A/D 转换器的输出信噪比 SNR 为

$$\text{SNR}=10\times\lg\frac{\sigma_x^2}{\sigma_e^2} \tag{5-5-6}$$

SNR 的单位为 dB。量化步长 $q=A\,2^{-b}$，量化噪声 $e(n)$ 的方差$\sigma_e^2=\dfrac{q^2}{12}=\dfrac{A^2\,2^{-2b}}{12}$，代入式(5-5-6)，得到

$$\text{SNR}=10\times\lg\frac{\sigma_x^2}{A^2}+6.02b+10.79 \tag{5-5-7}$$

式(5-5-7)表明，A/D 转换器的位数 b 越大，信噪比越高，每增加 1 bit，信噪比增加约 6 dB。另外，输入信号的平均功率σ_x^2 越大，输出信噪比也越高。如果信号最大幅度 $A=1$，则有

$$\text{SNR}=10\times\lg\sigma_x^2+6.02b+10.79 \tag{5-5-8}$$

设 $x_a(t)$ 在区间$[-A,A]$上服从正态分布。对于正态分布，$x_a(t)$ 的幅度值一般落在 $\pm 3\sigma_x$ 以内，取$\sigma_x=A/3$ 代入式(5-5-7)，有

$$\text{SNR}=10\times\lg\frac{1}{9}+6.02b+10.79=6.02b+1.25 \tag{5-5-9}$$

如果要求 SNR $>$ 60 dB，由式(5-5-7)计算得到 $b>10$；若要求 SNR $>$ 90 dB，则$b\geqslant 15$。

假设 $x_a(t)$ 在区间$[-A,A]$上服从均匀分布，信号功率为

$$\sigma_x^2=\int_{-A}^{A}x^2\,p(x)\mathrm{d}x=\frac{1}{2A}\int_{-A}^{A}x^2\mathrm{d}x=\frac{A^2}{3}$$

代入式(5-5-7)，有

$$\mathrm{SNR}=10\times\lg\frac{1}{3}+6.02b+10.79=6.02b+6.02 \tag{5-5-10}$$

如果要求 SNR > 60 dB,由式(5-5-10)计算得到 $b\geqslant 9$;若要求 SNR > 90 dB,则 $b\geqslant 14$。可见这两种信号分布模型对 A/D 转换器的位数要求相差 1 位。位数越高的 A/D 转换器价格越贵,要根据实际情况选择合适的 A/D 转换器。

5.5.3 信号量化对系统输出的影响

将 $\hat{x}(n)$ 输入系统 $h(n)$ 后,输出记为 $\hat{y}(n)$:

$$\hat{y}(n)=[x(n)+e(n)]*h(n)=x(n)*h(n)+e(n)*h(n)=y(n)+v(n)$$

其中,$v(n)$ 是量化误差 $e(n)$ 通过系统后产生的噪声。$v(n)$ 的均值为

$$\mu_v=E\left[\sum_{k=0}^{+\infty}h(k)e(n-k)\right]=\sum_{k=0}^{+\infty}h(k)E[e(n-k)]=\mu_e\sum_{n=0}^{+\infty}h(n)$$

对于舍入型量化误差,μ_e 为 0,对于截尾法量化误差,$\mu_e=-q/2$,因此有

$$\mu_v=\begin{cases}0, & \mu_e=0\\ -\dfrac{q}{2}\displaystyle\sum_{n=0}^{+\infty}h(n), & \mu_e=-\dfrac{q}{2}\end{cases} \tag{5-5-11}$$

可见,截尾量化误差导致系统输出信号中的误差均值一般不为 0。$v(n)$ 的方差为

$$\begin{aligned}\sigma_v^2&=E[v^2(n)]=E\left[\sum_{k=0}^{+\infty}h(k)e(n-k)\sum_{m=0}^{+\infty}h(m)e(n-m)\right]\\&=\sum_{k=0}^{+\infty}\sum_{m=0}^{+\infty}h(k)h(m)E[e(n-k)e(n-m)]\end{aligned}$$

$e(n)$ 为白噪声,$E[e^2(n)]=q^2/12$,代入上式,有

$$\sigma_v^2=\frac{q^2}{12}\sum_{n=0}^{+\infty}h^2(n) \tag{5-5-12}$$

可见,输出信号噪声功率与输入信号的量化噪声功率成正比,且与系统单位脉冲响应有关。

5.5.4 数字系统的系数量化效应

式(5-1-1)和式(5-3-1)中的系数 a_i、b_i 决定了系统的特性。实际系统中的系数总是用有限位数来表示的,因此存在系数量化误差。系数量化误差直接影响了零点、极点的位置,而零点、极点位置的变化会导致系统频率特性的变化。对于 IIR 系统,系数误差可能导致极点移到单位圆圆周上,破坏系统的稳定性。另外,在系数参数存在量化误差的情况下,不同的系统结构对系数量化误差的敏感性不同,即输出序列值的误差不同。

1. 系数参数量化误差对 FIR 系统性能的影响

FIR 系统的频率特性可以表示为

$$H(e^{j\omega}) = \sum_{n=0}^{M} h(n) e^{-j\omega n} \tag{5-5-13}$$

与式(5-3-1)相比可知,FIR 系统单位脉冲响应 $h(n)$ 就是系统的系数b_i。$h(n)$ 被量化后引入量化噪声 $e(n)$,即 $\hat{h}(n) = h(n) + e(n)$。量化后的系统频率特性表示为

$$\hat{H}(e^{j\omega}) = H(e^{j\omega}) + E(e^{j\omega}) \tag{5-5-14}$$

式(5-5-14)反映了系数量化对 FIR 系统频率特性的影响。对于 $E(e^{j\omega})$ 有

$$|E(e^{j\omega})| = \left| \sum_{n=0}^{M} e(n) e^{-j\omega n} \right| \leqslant \sum_{n=0}^{M} |e(n)| \tag{5-5-15}$$

即在任意频率 ω 处,FIR 系统幅频特性的误差绝对值小于系数量化误差的绝对值和。对于舍入法量化,$|e(n)| \leqslant q/2 = 2^{-(b+1)}$,代入式(5-5-15)有

$$|E(e^{j\omega})| \leqslant \sum_{n=0}^{M} 2^{-(b+1)} = (M+1)\, 2^{-(b+1)} \tag{5-5-16}$$

根据式(5-5-16)可以确定系数量化所需的字长 b。假设 $M=40$,$|E(e^{j\omega})| \leqslant 0.001$,计算得到 $b \geqslant 15$。

2. 系数参数量化误差对 IIR 系统性能的影响

IIR 系统的系统函数为

$$H(z) = \frac{\sum_{i=0}^{M} b_i z^{-i}}{1 + \sum_{i=1}^{N} a_i z^{-i}} = \frac{B(z)}{A(z)} \tag{5-5-17}$$

系数量化后的系统函数为

$$\hat{H}(z) = \frac{\sum_{i=0}^{M} \hat{b}_i z^{-i}}{1 + \sum_{i=1}^{N} \hat{a}_i z^{-i}} = \frac{\hat{B}(z)}{\hat{A}(z)} \tag{5-5-18}$$

其中$\hat{b}_i = b_i + \Delta b_i$,$\hat{a}_i = a_i + \Delta a_i$,$\Delta a_i$、$\Delta b_i$ 为系数的量化误差。IIR 系统极点位置的变化对系统性能影响较大,下面分析 Δa_i 对系统极点的影响。对式(5-5-17)分母进行因式分解:

$$A(z) = 1 + \sum_{i=1}^{N} a_i z^{-i} = \prod_{k=1}^{N} (1 - p_k z^{-1}) \tag{5-5-19}$$

式(5-5-19)中,p_k 是系统的极点。设$\hat{p}_k = p_k + \Delta p_k$,$\Delta p_k$ 是由 Δa_i 引起的极点偏差:

$$\Delta p_k = \sum_{i=1}^{N} \frac{\partial p_k}{\partial a_i} \Delta a_i \tag{5-5-20}$$

式(5-5-20)中，$\frac{\partial p_k}{\partial a_i}$决定了$\Delta a_i$对$\Delta p_k$的影响程度，下面推导$\frac{\partial p_k}{\partial a_i}$。根据式(5-5-19)，有

$$\left.\frac{\partial A(z)}{\partial p_k}\right|_{z=p_k} \cdot \frac{\partial p_k}{\partial a_i} = \left.\frac{\partial A(z)}{\partial a_i}\right|_{z=p_k} \tag{5-5-21}$$

式中

$$\frac{\partial A(z)}{\partial a_i} = z^{-i}$$

$$\frac{\partial A(z)}{\partial p_k} = -z^{-1} \prod_{l=1,l\neq k}^{N} (1 - p_l z^{-1}) = -z^{-1} z^{-(N-1)} \prod_{l=1,l\neq k}^{N} (z - p_l)$$

对式(5-5-21)进行整理得到

$$\frac{\partial p_k}{\partial a_i} = \left.\frac{\partial A(z)/\partial a_i}{\partial A(z)/\partial p_k}\right|_{z=p_k} = -\left.\frac{z^{N-i}}{\prod_{l=1,l\neq k}^{N} (z - p_l)}\right|_{z=p_k} = -\frac{p_k^{N-i}}{\prod_{l=1,l\neq k}^{N} (p_k - p_l)} \tag{5-5-22}$$

将式(5-5-22)代入式(5-5-20)，得到

$$\Delta p_k = -\sum_{i=1}^{N} \frac{p_k^{N-i}}{\prod_{l=1,l\neq k}^{N} (p_k - p_l)} \Delta a_i \tag{5-5-23}$$

式(5-5-23)表示系统参数的量化误差对第k个极点引起的偏差，由该式可以得到如下结论：

(1) 极点偏移与系数量化误差的大小有关，Δa_i减小，则Δp_k减小。

(2) 极点越密集，Δp_k对Δa_i越敏感。$p_k - p_l$是极点p_l指向p_k的矢量，式(5-5-23)的分母多项式是所有极点(不包括p_k)指向p_k的矢量之积，显然极点越密集，极点间距越短，分母就越小，那么Δp_k对Δa_i就越敏感。

(3) 极点偏差与系统函数的阶数N有关，阶数越高，Δp_k越大。

对于高选择性的窄带滤波器，N一般较大，且极点密集，系数量化误差会导致较大的极点偏移，极点可能会移出单位圆，影响系统的频率特性和稳定性。因此，IIR 系统一般不直接采用高阶结构，而是将系统分解成一阶、二阶系统的级联或并联，以保持系统的频率特性和稳定性。

【例5-5-2】 模拟带通滤波器的通带为600 Hz到800 Hz，通带衰减小于0.5 dB，阻带为0到400 Hz和1000 Hz以上，阻带衰减大于50 dB，系统抽样频率为6000 Hz，用椭圆滤波器法设计 IIR 滤波器。分析系统参数量化对系统零点、极点和幅频特性的影响，以及

系统结构对系统参数量化效应的影响。

解:(1) 先用 ellipord 和 ellip 函数设计得到 IIR 滤波器的系数向量 B、A,滤波器阶数为 8。再对 B、A 进行量化,量化字长分别取 10 bit 和 15 bit,画出二者的零点、极点图,分别如图 5-5-2(a)(b) 所示,可见零点和极点位置都有较大差异,特别是图 5-5-2(a) 中有两对极点落在单位圆外部,系统不稳定。图 5-5-2(c)(d) 是二者的幅频曲线,可见10 bit 量化的幅频曲线与未量化系统的幅频曲线误差较大,15 bit 量化时误差较小。

(2) 利用 tf2sos 函数将 10 bit 量化的直接型结构转换成 4 个二阶系统的级联,图 5-5-3(a) ~ (d) 为 10 bit 量化时 4 个二阶系统的零点、极点图,极点都在单位圆内部,系统稳定。再将 4 个二阶系统级联,10 bit 量化和 15 bit 量化级联系统的幅频曲线分别如图 5-5-3(e)(f) 所示,级联系统的幅频特性与未量化直接型系统的幅频曲线误差大大减小。

```
fpl = 600;fpu = 800;fsl = 400;fsu = 1000;Fs = 6000;
wp = [2 * fpl/Fs,2 * fpu/Fs];ws = [2 * fsl/Fs,2 * fsu/Fs];rp = 0.5;rs = 50;
[N,wp] = ellipord(wp,ws,rp,rs);  [B,A] = ellip(N,rp,rs,wp);
q1 = 2^ - 10;q2 = 2^ - 15;
Aq1 = quant(A,q1);Bq1 = quant(B,q1);Aq2 = quant(A,q2);Bq2 = quant(B,q2);
subplot(2,2,1);zplane(Bq1,Aq1);xlabel({'实部';'(a)'});ylabel('虚部');
subplot(2,2,2);zplane(Bq2,Aq2);xlabel({'实部';'(b)'});ylabel('虚部');
[H1,w] = freqz(B,A);  H1 = 20 * log(abs(H1));
[H2,w] = freqz(Bq1,Aq1);H2 = 20 * log(abs(H2));
[H3,w] = freqz(Bq2,Aq2);H3 = 20 * log(abs(H3));
subplot(2,2,3);plot(w/pi,H1,'k',w/pi,H2,'-- k');
xlabel({'\omega/\pi';'(c)'});ylabel('|H(e^j^\omega)|/dB');
axis([0,1, - 250,20]);legend('未量化','10bit 量化')
subplot(2,2,4);plot(w/pi,H1,'k',w/pi,H3,'-- k');
xlabel({'\omega/\pi';'(d)'});ylabel('|H(e^j^\omega)|/dB');
axis([0,1, - 250,20]);legend('未量化','15bit 量化')
figure;
sos = tf2sos(B,A);sost = quant(sos,q1);
R1 = sost(1,:);R2 = sost(2,:);R3 = sost(3,:);R4 = sost(4,:);
subplot(2,2,1);zplane(R1(1:3),R1(4:6));  xlabel({'实部';'(a)'});ylabel('虚部');
subplot(2,2,2);zplane(R2(1:3),R2(4:6));  xlabel({'实部';'(b)'});ylabel('虚部');
subplot(2,2,3);zplane(R3(1:3),R3(4:6));  xlabel({'实部';'(c)'});ylabel('虚部');
subplot(2,2,4);zplane(R4(1:3),R4(4:6));  xlabel({'实部';'(c)'});ylabel('虚部');
figure;
[H41,w] = freqz(R1(1:3),R1(4:6));[H42,w] = freqz(R2(1:3),R2(4:6));
[H43,w] = freqz(R3(1:3),R3(4:6));[H44,w] = freqz(R4(1:3),R4(4:6));
H4 = H41. * H42. * H43. * H44;H4 = 20 * log(abs(H4));
subplot(2,2,1);plot(w/pi,H1,'k',w/pi,H4,'-- k');legend('直接型','级联型')
xlabel({'\omega/\pi';'(e)'});ylabel('|H(e^j^\omega)|/dB');axis([0,1, - 250,20])
```

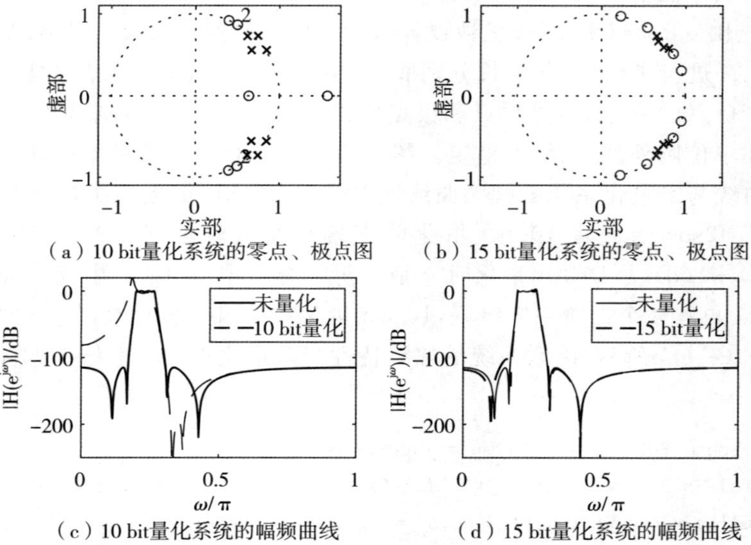

（a）10 bit量化系统的零点、极点图　（b）15 bit量化系统的零点、极点图

（c）10 bit量化系统的幅频曲线　（d）15 bit量化系统的幅频曲线

图 5－5－2　系数量化对 IIR 系统特性的影响

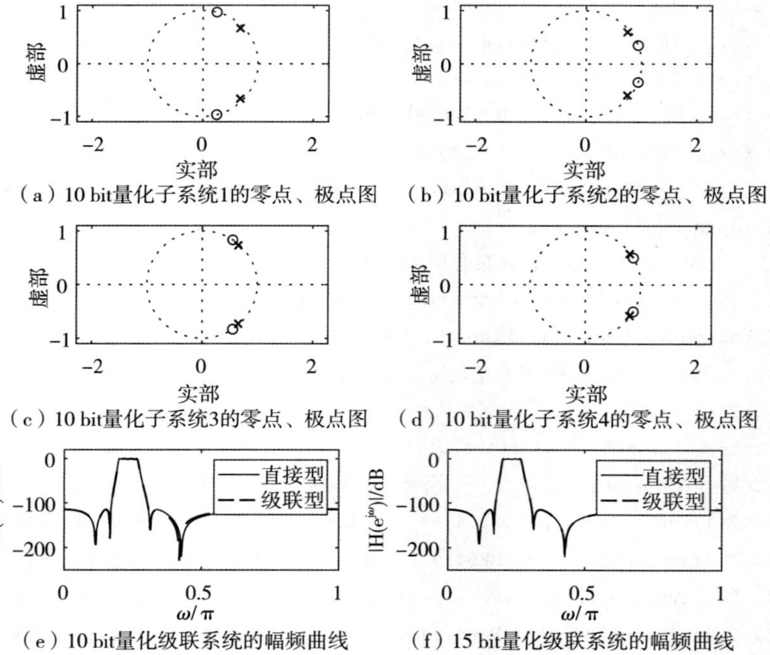

（a）10 bit量化子系统1的零点、极点图　（b）10 bit量化子系统2的零点、极点图

（c）10 bit量化子系统3的零点、极点图　（d）10 bit量化子系统4的零点、极点图

（e）10 bit量化级联系统的幅频曲线　（f）15 bit量化级联系统的幅频曲线

图 5－5－3　系数量化对 IIR 子系统特性的影响

5.5.5　数字系统的运算量化效应

数字系统包含的基本运算有延时、乘法和加法 3 种。延时不造成字长的变化，无量化效应。定点小数相加后字长不会增加，无须进行舍入或截尾处理；定点小数相加的溢出

问题可以通过乘以适当的比例因子的办法来解决。定点小数相乘没有溢出问题，但字长会增加，因此必须采用截尾或舍入处理。另外，运算误差还与系统的网络结构有关。下面主要讨论乘法运算量化效应以及系统结构对乘法运算量化效应的影响。

1. 乘法运算的量化模型

为了简化分析和计算，假定运算量化误差满足：运算量化噪声为均匀分布的平稳白噪声、运算量化噪声之间不相关、运算量化噪声和信号之间不相关。

设理想乘法运算为$v_2(n)=a\,v_1(n)$，对实际乘法运算，引入舍入误差 $e(n)$，即

$$\hat{v}_2(n)=v_2(n)+e(n) \tag{5-5-24}$$

$e(n)$ 的噪声功率为$\sigma_e^2=\dfrac{q^2}{12}$。乘法量化噪声模型如图 5-5-4 所示。

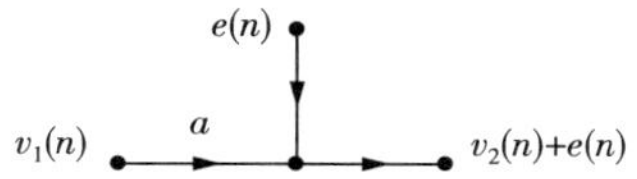

图 5-5-4　乘法量化噪声模型

2. IIR 系统的乘法运算量化效应

将 IIR 系统的差分方程重写如下：

$$y(n)=\sum_{i=0}^{M} b_i x(n-i)-\sum_{i=1}^{N} a_i y(n-i) \tag{5-5-25}$$

考虑乘法运算量化效应的网络结构（$M=N=3$）如图 5-5-5 所示。系数b_i 引入的乘法量化误差为$e_{b_i}(n)$，系数a_i 引入的乘法量化误差为$e_{a_i}(n)$。假设采用舍入法进行尾数处理，$E[e_{b_i}(n)]=E[e_{a_i}(n)]=0$，$E[e_{b_i}^2(n)]=E[e_{a_i}^2(n)]=\dfrac{q^2}{12}$。从图 5-5-5 可见，$e_{b_i}(n)$ 不经过系统，而$e_{a_i}(n)$ 要经过系统，因此系统输出总的乘法运算误差为

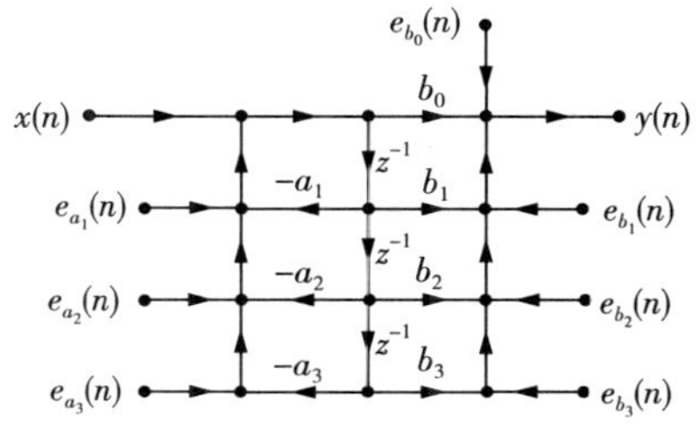

图 5-5-5　考虑乘法运算量化效应的网络结构（$M=N=3$）

$$v(n)=\sum_{i=0}^{M} e_{b_i}(n)+\sum_{i=1}^{N} e_{a_i}(n)*h(n)=e_B(n)+e_A(n) \tag{5-5-26}$$

$v(n)$ 的均值为

$$\mu_v=\sum_{i=0}^{M} E[e_{b_i}(n)]+\sum_{i=1}^{N}\sum_{m=0}^{+\infty} h(m)E[e_{a_i}(n)]=0$$

$\mu_v=0$，且$e_B(n)$ 与$e_A(n)$ 不相关，$v(n)$ 的方差为

$$\begin{aligned}\sigma_v^2&=E[(e_B(n)+e_A(n))^2]\\&=E[e_B^2(n)]+E[e_A^2(n)]\end{aligned} \tag{5-5-27}$$

$e_{b_i}(n)$ 之间互不相关，所以有

$$E[e_B^2(n)]=\sum_{i=0}^{M}E[e_{b_i}^2(n)]=\frac{M+1}{12}q^2 \tag{5-5-28}$$

$e_{a_i}(n)$ 之间互不相关，因此$e_{a_i}(n)*h(n)$ 之间也互不相关，所以有

$$\begin{aligned}E[e_A^2(n)]&=\sum_{i=1}^{N}E[(e_{a_i}(n)*h(n))^2]\\&=\sum_{i=1}^{N}E\Big[\sum_{m=-\infty}^{+\infty}h(m)\,e_{ai}(n-m)\sum_{l=-\infty}^{+\infty}h(l)\,e_{a_i}(n-l)\Big]\\&=\sum_{i=1}^{N}\sum_{m=0}^{+\infty}\sum_{l=0}^{+\infty}h(m)h(l)E[e_{a_i}(n-m)\,e_{a_i}(n-l)]\\&=\sum_{i=1}^{N}\sum_{m=0}^{+\infty}\sum_{l=0}^{+\infty}h(m)h(l)E[e_{a_i}^2(n)]\\&=\sum_{i=1}^{N}\frac{q^2}{12}\sum_{m=0}^{+\infty}\sum_{l=0}^{+\infty}h(m)h(l)\\&=\sum_{i=1}^{N}\frac{q^2}{12}\sum_{m=0}^{+\infty}h^2(m)\end{aligned}$$

$$E[e_A^2(n)]=\frac{Nq^2}{12}\sum_{m=0}^{+\infty}h^2(m) \tag{5-5-29}$$

最后，得到乘法运算总的量化噪声方差：

$$\sigma_v^2=\frac{M+1}{12}q^2+\frac{Nq^2}{12}\sum_{m=0}^{+\infty}h^2(m) \tag{5-5-30}$$

根据 Parseval 定理得

$$\sum_{m=0}^{+\infty}h^2(m)=\frac{1}{\mathrm{j}2\pi}\oint_c H(z)H(z^{-1})z^{-1}\,\mathrm{d}z$$

可以按照式(5-5-31) 来计算σ_v^2：

$$\sigma_v^2=\frac{M+1}{12}q^2+\frac{Nq^2}{12}\frac{1}{\mathrm{j}2\pi}\oint_c H(z)H(z^{-1})z^{-1}\,\mathrm{d}z \tag{5-5-31}$$

式(5-5-31)的第一项是b_i 的乘法运算造成的(如果$b_0=1$，则该项改为$\frac{M}{12}q^2$)，第二项是a_i 的乘法运算造成的。对于一个直接型结构 IIR 系统，可以按照式(5-5-31) 来计算系统乘法运算总的量化误差功率。

【例 5-5-3】 某二阶系统的系统函数为

$$H(z)=\frac{0.2+0.1z^{-1}}{(1-0.9z^{-1})(1-0.8z^{-1})},|z|>0.9$$

请分别讨论直接型、级联型、并联型三种网络的乘法运算量化效应。

解:(1) 直接型网络结构的量化效应。

在该系统中,$M=1,N=2$,根据式(5-5-21),有

$$\sigma_v^2=\frac{2q^2}{12}+\frac{2q^2}{12}\frac{1}{\mathrm{j}2\pi}\oint_c H(z)H(z^{-1})z^{-1}\mathrm{d}z$$

$$=\frac{q^2}{6}+\frac{q^2}{6}(\mathrm{Res}[H(z)H(z^{-1})z^{-1},0.9]+\mathrm{Res}[H(z)H(z^{-1})z^{-1},0.8])$$

$$=\frac{q^2}{6}+\frac{q^2}{6}\times 8.041=1.507q^2$$

(2) 级联型网络结构的量化效应。

$$H(z)=\frac{0.2+0.1z^{-1}}{(1-0.9z^{-1})}\cdot\frac{1}{(1-0.8z^{-1})}=H_1(z)H_2(z)$$

$H(z)$级联型网络结构如图 5-5-6 所示。$e_0(n)$经过整个系统,$e_1(n)$、$e_2(n)$和$e_3(n)$经过$H_2(z)$,级联系统乘法运算总的误差功率为

$$\sigma_v^2=\frac{q^2}{12}\frac{1}{\mathrm{j}2\pi}\oint_c H(z)H(z^{-1})z^{-1}\mathrm{d}z+\frac{3q^2}{12}\frac{1}{\mathrm{j}2\pi}\oint_c H_2(z)H_2(z^{-1})z^{-1}\mathrm{d}z$$

$$=\frac{q^2}{12}\times 8.041+\frac{3q^2}{12}\mathrm{Res}[H_2(z)H_2(z^{-1})z^{-1},0.8]$$

$$=\frac{q^2}{12}\times 8.041+\frac{3q^2}{12}\times 2.778=1.365q^2$$

级联系统的$\sigma_v^2=1.365q^2$,小于直接型结构乘法运算量化误差的方差。

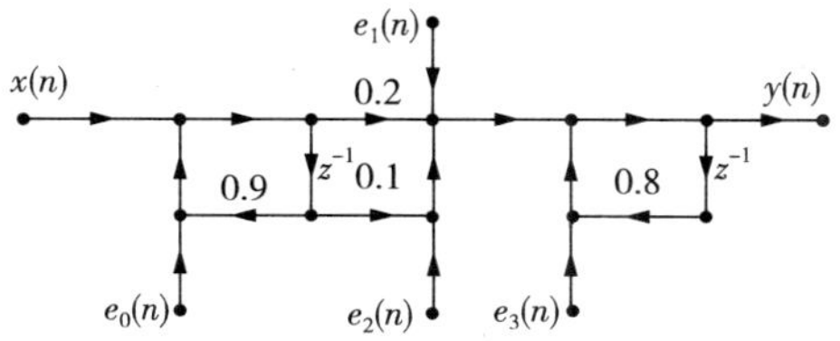

图 5-5-6　级联型网络结构

(3) 并联型网络结构的量化效应。

$$H(z)=\frac{2.8}{1-0.9z^{-1}}+\frac{-2.6}{1-0.8z^{-1}}=H_1(z)\times 2.8+H_2(z)\times(-2.6)$$

改变倍乘因子2.8、−2.6的位置，给出两种并联型网络结构，分别如图5-5-7(a)(b)所示。

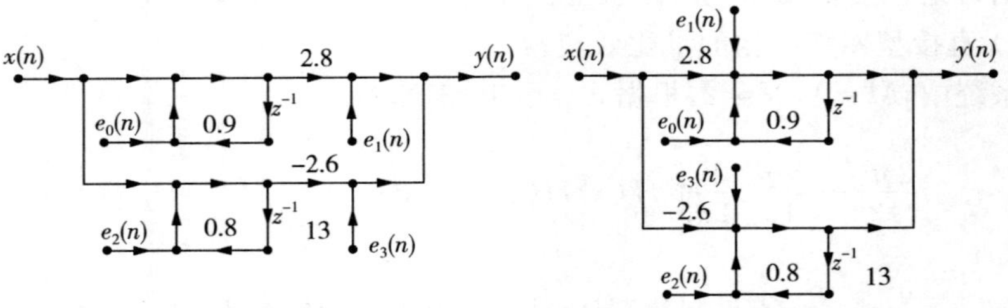

（a）倍乘因子后置网络结构　　（b）倍乘因子前置网络结构

图 5-5-7　并联型网络结构

按照图 5-5-7(a)，级联系统总的乘法运算量化误差为

$$v(n)=v_1(n)+v_2(n)=[e_0(n)*h_1(n)+e_1(n)]+[e_2(n)*h_2(n)+e_3(n)]$$

$v(n)$ 的方差为

$$\sigma_v^2=\frac{q^2}{12}\times\frac{1}{\mathrm{j}2\pi}\oint_c H_1(z)H_1(z^{-1})z^{-1}\mathrm{d}z+\frac{q^2}{12}+\frac{q^2}{12}\times\frac{1}{\mathrm{j}2\pi}\oint_c H_2(z)H_2(z^{-1})z^{-1}\mathrm{d}z+\frac{q^2}{12}$$

$$=\frac{2q^2}{12}+\frac{q^2}{12}(\mathrm{Res}[H_1(z)H_1(z^{-1})z^{-1},0.9]+\mathrm{Res}[H_2(z)H_2(z^{-1})z^{-1},0.8])$$

$$=\frac{2q^2}{12}+\frac{q^2}{12}\times 8.041=0.837q^2$$

按照图 5-5-7(b)，级联系统总的乘法运算量化误差为

$$v(n)=v_1(n)+v_2(n)=[e_0(n)+e_1(n)]*h_1(n)+[e_2(n)+e_3(n)]*h_2(n)$$

$v(n)$ 的方差为

$$\sigma_v^2=\frac{2q^2}{12}\times\frac{1}{\mathrm{j}2\pi}\oint_c H_1(z)H_1(z^{-1})z^{-1}\mathrm{d}z+\frac{2q^2}{12}\times\frac{1}{\mathrm{j}2\pi}\oint_c H_2(z)H_2(z^{-1})z^{-1}\mathrm{d}z$$

$$=\frac{2q^2}{12}(\mathrm{Res}[H_1(z)H_1(z^{-1})z^{-1},0.9]+\mathrm{Res}[H_2(z)H_2(z^{-1})z^{-1},0.8])$$

$$=\frac{2q^2}{12}\times 8.041=1.34q^2$$

从本例可见，IIR 系统的乘法运算量化效应与系统参数、系统结构均有关。直接型系统的量化效应最大，并联型系统的量化效应最小，而级联型的量化效应居中。另外，从图 5-5-7 可见，即使都是并联型结构，结构内部的微调也会影响乘法运算的量化效应。

3. IIR 系统中极限环振荡现象

假设某一阶因果 IIR 系统为

$$y(n)=x(n)+0.875y(n-1) \tag{5-5-32}$$

理论上，其单位脉冲响应为 $h(n)=0.9^n u(n)$，$h(n)$ 为正小数，随 n 增大而逐渐衰减。对 $h(n)$ 做无符号位的 3 bit 舍入量化，记 $\hat{h}(n)=[\cdot]_R$。$\delta(n)=1$ 的 3 bit 表示为 111，0.875 用 3 bit 表示为 111，$\hat{h}(n)$ 计算如下：

$\hat{h}(0)=[\delta(0)]_R=[111]_R=111$，对应十进制数为 0.875；

$\hat{h}(1)=[0.875\times\hat{h}(0)]_R=[111\times111]_R=[100001]_R=100$，对应十进制数为 0.5；

$\hat{h}(2)=[0.875\times\hat{h}(1)]_R=[111\times100]_R=[011100]_R=100$，对应十进制数为 0.5；

$\hat{h}(3)=[0.875\times\hat{h}(2)]_R=[111\times100]_R=[011100]_R=100$，对应十进制数为 0.5。

继续计算，$\hat{h}(n)$ 一直为 0.5，不再减小。这种奇怪现象是由乘法运算的舍入误差造成的。$\hat{h}(2)=[011100]_R$，舍入处理产生了进位，$\hat{h}(2)=100=\hat{h}(1)$，再计算 $\hat{h}(3)$，$\hat{h}(3)$ 自然等于 $\hat{h}(2)$。可见进位操作抵消了式(5-5-32)中系数 0.875 的衰减作用，导致系统输出维持恒定。这种现象就是极限环振荡。对于本系统，对 $\hat{h}(n)$ 量化时不采用进位处理，而是采用截断处理，则可以避免极限环振荡。

从以上分析可知，IIR 系统是由于存在反馈才可能存在极限环振荡。FIR 系统没有反馈，因此 FIR 系统不存在极限环振荡。极限环振荡除了系统输出恒定外，也可以是等幅振荡。通过增大量化字长、调整舍入处理方式可以减小极限环振荡幅度。

4. FIR 系统的乘法运算量化效应

一个 M 阶 FIR 系统的差分方程为

$$y(n)=\sum_{i=0}^{M} b_i x(n-i) \tag{5-5-33}$$

式(5-5-33)中有 $M+1$ 个乘法运算，对应有 $M+1$ 个乘法量化误差，即

$$\hat{y}(n)=y(n)+\sum_{i=0}^{M} e_i(n)=y(n)+v(n) \tag{5-5-34}$$

输出噪声的方差为

$$\sigma_v^2=E\Big[\sum_{i=0}^{M}|e_i(n)|^2\Big]=\frac{(M+1)q^2}{12} \tag{5-5-35}$$

可见，FIR 系统的乘法运算量化误差与系数大小无关，与系统阶数有关。当然，如果有系数 b_i 为 1，则会减小 σ_v^2。假设 $b_0=b_M=1$，减少两次乘法，则 $\sigma_v^2=\dfrac{(M-1)q^2}{12}$。

将 FIR 系统分解成两个子系统的级联：$H(z)=H_1(z)H_2(z)$，$H_1(z)$ 的输入为 $x(n)$、输出为 $w(n)$，$H_2(z)$ 的输入为 $w(n)$、输出为 $y(n)$。下面分析级联型结构 FIR 系统的乘法运算量化误差。系统的最后输出为

$$\hat{y}(n)=y(n)+v_2(n)=\hat{w}(n)*h_2(n)+v_2(n) \tag{5-5-36}$$

将 $\hat{w}(n)=w(n)+v_1(n)=x(n)*h_1(n)+v_1(n)$ 代入式(5-5-36)，有

$$\hat{y}(n)=x(n)*h_1(n)*h_2(n)+v_1(n)*h_2(n)+v_2(n) \tag{5-5-37}$$

可见系统总的舍入误差为

$$v(n)=v_1(n)*h_2(n)+v_2(n) \tag{5-5-38}$$

总的误差噪声功率为

$$\sigma_v^2=E\{[v_1(n)*h_2(n)+v_2(n)]^2\} \tag{5-5-39}$$

假设$v_1(n)$与$v_2(n)$不相关，有

$$\sigma_v^2=E\{[v_1(n)*h_2(n)]^2\}+E[v_2^2(n)] \tag{5-5-40}$$

参考式(5-5-12)，有

$$\sigma_v^2=\sigma_{v_1}^2\sum_{n=0}^{+\infty}h_2^2(n)+\sigma_{v_2}^2 \tag{5-5-41}$$

假设$H(z)$为四阶系统，根据式(5-5-35)有$\sigma_v^2=\frac{5q^2}{12}$。假设$H_1(z)$、$H_2(z)$都是二阶子系统，且$\sigma_{v_1}^2=\sigma_{v_2}^2=\frac{2q^2}{12}$，则$\sigma_v^2=\frac{2q^2}{12}\left(\sum_{n=0}^{+\infty}h_2^2(n)+1\right)$，要使$\sigma_v^2<\frac{5q^2}{12}$，分解系统时要确保$\sum_{n=0}^{+\infty}h_2^2(n)<1.5$。

以上讨论表明，级联型FIR系统总的乘法运算量化噪声功率与系统分解方式、子系统单位脉冲响应有关，需要结合系统其他方面性能进行综合设计。

【例5-5-4】 某FIR系统的系统函数为

$$H(z)=0.1+0.25z^{-1}+0.3z^{-2}+0.25z^{-3}+0.1z^{-4}$$

请分析其直接型和级联型结构的乘法运算量化效应。

解：(1) 直接型结构乘法量化效应分析。

$M=4$，按照式(5-5-35)，直接型结构乘法量化误差的方差为

$$\sigma_v^2=\frac{5q^2}{12}=0.417q^2$$

(2) 级联型结构乘法量化效应分析。

先将系统分解成下面两个系统的级联：

$$H(z)=(0.1+0.2z^{-1}+0.1z^{-2})(1+0.5z^{-1}+z^{-2})=H_1(z)H_2(z)$$

按照式(5-5-41)，级联型结构乘法量化误差的方差为

$$\sigma_v^2=\sigma_{v_1}^2\sum_{n=0}^{+\infty}h_2^2(n)+\sigma_{v_2}^2$$

因为$H_1(z)$的三个系数都不等于1，$H_2(z)$的一个系数不等于1，所以

$$\sigma_{v_1}^2=\frac{3q^2}{12},\sigma_{v_2}^2=\frac{q^2}{12}$$

$$\sigma_v^2 = \frac{3q^2}{12}(1+0.5^2+1)+\frac{q^2}{12}=0.646q^2$$

再将系统分解成以下两个系统的级联：

$$H(z)=(1+2z^{-1}+z^{-2})(0.1+0.05z^{-1}+0.1z^{-2})=H_3(z)H_4(z)$$

按照式(5-5-41)，系统乘法量化误差的方差为

$$\sigma_v^2=\sigma_{v_3}^2\sum_{n=0}^{+\infty}h_4^2(n)+\sigma_{v_4}^2$$

$$\sigma_v^2=\frac{q^2}{12}(0.1^2+0.05^2+0.1^2)+\frac{3q^2}{12}=0.252q^2$$

第二种级联方式获得的乘法运算量化误差的方差最小。从例5-5-4可见，级联型结构的乘法量化效应不一定比直接型小。但是，合理设计级联方式能取得比直接型更小的乘法量化误差功率。

习　题

1. 设系统用下面的差分方程描述：

$$y(n)=x(n)+\frac{1}{3}x(n-1)+\frac{3}{4}y(n-1)-\frac{1}{8}y(n-2)$$

试画出系统的直接型、级联型和并联型结构。

2. 用级联型结构和并联型结构实现传递函数 $H(z)=\dfrac{3z^3-3.5z^2+2.5z}{(z^2-z-1)(z-0.5)}$。

3. 设系统的系统函数为

$$H(z)=\frac{2(1-0.19z^{-1})(1-0.31z^{-1}+1.32z^{-2})}{(1-0.25z^{-1})(1-z^{-1}+0.5z^{-2})}$$

试画出该系统各种可能的级联型结构，并指出哪种结构最好。

4. 已知滤波器单位抽样响应为 $h(n)=\begin{cases}0.5^{n-1}, 0\leqslant n\leqslant 5\\ 0, 其他\end{cases}$，画出其横截型结构。

5. 画出系统 $H(z)=\left(1-\frac{1}{2}z^{-1}\right)(1+6z^{-1})\left(1+\frac{1}{6}z^{-1}\right)(1-z^{-1})$ 的横截型结构。

6. 给出图中所示系统的差分方程和系统函数。

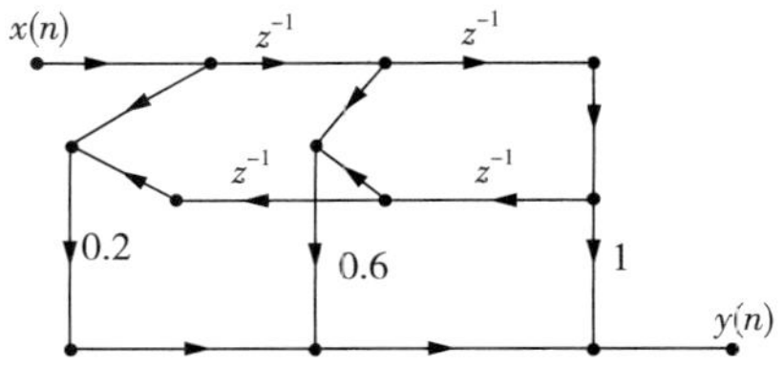

习题 6 图

7. 设 FIR 系统的系统函数为

$$H(z)=4(1+z^{-1})(1-1.414z^{-1}+z^{-2})$$

请用 MATLAB 求解其格型结构中的反射系数，并画出其格型结构图。

8. 设全极点系统的系统函数为

$$H(z)=\frac{1}{(1-0.5z^{-1})(1+0.9z^{-1}+0.18z^{-2})}$$

请用MATLAB求解其格型结构中的反射系数，并画出其格型结构图。

9. 某系统的系统函数为

$$H(z)=\frac{4(1+z^{-1})(1-1.414z^{-1}+z^{-2})}{(1-0.5z^{-1})(1+0.9z^{-1}+0.18z^{-2})}$$

请用MATLAB求解其格型结构中的反射系数和梯形系数，并画出其格型结构图。

10. 已知FIR滤波器的$h(n)=0.25\delta(n)+0.5\delta(n-1)+0.25\delta(n-2)$，试用频率采样法实现该滤波器，采样点数$N=5$。请画出频率采样结构，写出滤波器参数的计算公式。

11. 假设$x_a(t)$在区间$[-3,3]$上均匀分布，采用A/D转换器对其进行采样量化，不考虑信号$x_a(t)$自身的噪声和采样过程噪声，仅考虑量化过程噪声，要求量化信号的信噪比达到80 dB，请确定A/D转换器的位数。

12. 设某一阶因果IIR系统差分方程为

$$y(n)=x(n)+0.875y(n-1)$$

系统字长为4 bit，分别采用舍入和截断两种处理方式来计算该系统的单位脉冲响应，并分析系统是否存在极限环振荡现象。

13. 某FIR系统的系统函数为

$$H(z)=0.1(1+z^{-1})(1+0.5z^{-1}+z^{-2})$$

请设计一种级联型结构，使得系统的乘法运算量化误差的方差最小。

14. 模拟低通滤波器的通带为0到700 Hz，通带衰减小于0.5 dB，阻带为1000 Hz以上，阻带衰减大于60 dB，系统抽样频率为5000 Hz。试用MATLAB的FDATool工具设计一个IIR椭圆滤波器，并分析系数量化对系统极点和幅度响应的影响。

第 6 章　无限脉冲响应数字滤波器的设计

本章先介绍数字滤波器和模拟滤波器的基本概念和技术指标，然后介绍模拟滤波器的设计方法，将模拟滤波器转换为数字滤波器的两种间接设计法：脉冲响应不变法和双线性变换法，最后介绍其他几种设计方法。

6.1　滤波器的基本概念

如果滤波器的输入、输出信号是模拟信号，该滤波器称为模拟滤波器。如果滤波器的输入、输出信号是数字信号，则该滤波器称为数字滤波器。数字滤波器精度高、设计灵活、实现方便、功能强大，可以实现模拟滤波器无法实现的特殊滤波功能和复杂系统。结合 A/D 转换器和 D/A 转换器，数字滤波器可以对模拟信号进行滤波。数字滤波在雷达、通信和导航等领域中得到了广泛应用。

当输入信号中有用成分的频带与噪声或者干扰分量的频带不重叠时，可以用一个选频滤波器来抑制噪声和干扰并保留有用成分，该选频滤波器就是经典滤波器。现代滤波器是指输入信号中的有用成分与噪声或者干扰分量的频带有重叠，选频滤波器则难以滤除噪声和干扰，此时需要采用统计意义下的最佳滤波器来滤波，比如维纳滤波器、自适应滤波器以及卡尔曼滤波器等。本书仅讨论经典滤波器的设计方法。

本节先讨论数字滤波器的分类及技术指标，再简要分析模拟滤波器的技术指标。

6.1.1　数字滤波器的分类

数字滤波器有多种分类方法，简单介绍如下。

(1) 无限脉冲响应滤波器和有限脉冲响应滤波器。二者的系统函数分别为

$$H(z)=\frac{\sum_{i=0}^{M} b_i z^{-i}}{1+\sum_{i=1}^{N} a_i z^{-i}} \tag{6-1-1}$$

$$H(z)=\sum_{n=0}^{N} h(n) z^{-n} \tag{6-1-2}$$

IIR 滤波器的阶数由系统函数分母多项式的阶数决定。式(6－1－1)中的 $H(z)$ 为 N 阶 IIR 数字滤波器的系统函数，一般情况下 $M=N$。由于 IIR 系统中存在环路，系统的输出经过延时、衰减后又输入系统，导致系统的单位脉冲响应无限长。式(6－1－2)中的 $H(z)$ 为 N 阶 FIR 数字滤波器的系统函数。FIR 系统中无环路，系统的单位脉冲响应是

有限长的。IIR 滤波器一般不具有线性相位特性，因此主要关注它的选频性能，对其相频特性不作要求。而对于 FIR 滤波器，在关注其幅度特性的同时，还希望其具有线性相位特性。

(2) 选频滤波器和其他滤波器。图 6-1-1 所示为理想数字低通、高通、带通和带阻滤波器的幅频特性，这些滤波器均属于选频滤波器，其他滤波器有微分器、希尔伯特变换器、相位校正器等。数字滤波器的频率响应$H(e^{j\omega})$是以 2π 为周期的，因此在$[-\pi,\pi]$或者$[0,2\pi]$上描述数字滤波器的频率特性。由于滤波器单位脉冲响应一般是实序列，$H(e^{j\omega})$在$[0,2\pi]$上是共轭对称的，$|H(e^{j\omega})|$在$[0,2\pi]$上是偶对称的，即$|H(e^{j\omega})|=|H(e^{j(2\pi-\omega)})|$。

由图 6-1-1 可见，低通滤波器的通带中心位于 2π 的整数倍处，而高通滤波器的通带中心位于 π 的奇数倍处。带通滤波器的通带中心不含 π 的整数倍频率点，而带阻滤波器的通带中心含 π 的整数倍频率点。

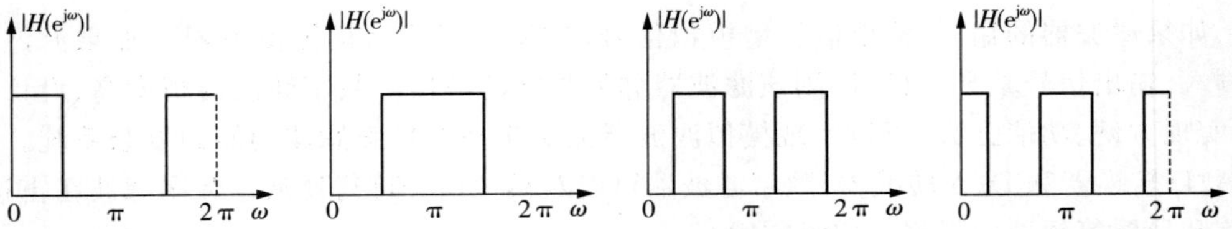

(a) 低通滤波器　(b) 高通滤波器　(c) 带通滤波器　(d) 带阻滤波器

图 6-1-1　理想数字低通、高通、带通和带阻滤波器的幅频特性

选频滤波器对通带、阻带的幅频曲线形状没有具体要求，只要求其通带、阻带的波纹幅度分别小于某个常数即可，通常将这种要求称为“片段常数”特性。

6.1.2 数字滤波器的技术指标

设数字滤波器的输入为 $x(n)$、输出为 $y(n)$，二者的傅里叶变换分别为 $X(e^{j\omega})=|X(e^{j\omega})|e^{j\theta_X(\omega)}$ 和 $Y(e^{j\omega})=|Y(e^{j\omega})|e^{j\theta_Y(\omega)}$，则滤波器的频率响应 $H(e^{j\omega})$ 可用下式表示：

$$H(e^{j\omega})=\frac{Y(e^{j\omega})}{X(e^{j\omega})}=|H(e^{j\omega})|e^{j\theta(\omega)} \tag{6-1-3}$$

$$|H(e^{j\omega})|=\frac{|Y(e^{j\omega})|}{|X(e^{j\omega})|} \tag{6-1-4}$$

$$\theta(\omega)=\theta_Y(\omega)-\theta_X(\omega) \tag{6-1-5}$$

$|H(e^{j\omega})|$ 称为幅频特性，表示信号通过滤波器后各频率成分振幅的衰减大小，滤波器输出幅度一般小于输入幅度，因此 $0\leqslant|H(e^{j\omega})|\leqslant1$。通带内，$|H(e^{j\omega})|$越接近 1 越好；阻带内，$|H(e^{j\omega})|$越接近 0 越好。如果$|H(e^{j\omega})|>1$，可以用 $\max|H(e^{j\omega})|$对其进行归一化，以保证$|H(e^{j\omega})|\leqslant1$。

$\theta(\omega)$ 称为相频特性，表示各频率成分通过滤波器后的相位变化情况，$\theta(\omega)$ 一般小于 0。$\theta(\omega)$ 对应于时间上的延时，该延时定义为滤波器的相延时：

$$\tau = -\theta(\omega)/\omega$$

显然，延时 $\tau > 0$。

图 6-1-1 所示为理想滤波器的幅频特性，其通带幅度为 1，阻带幅度为 0，表示系统对通带内所有频率分量的幅度无衰减，对阻带内所有频率分量的幅度衰减为无穷大。理想滤波器的相频特性为线性相位，即 $\theta(\omega) = -\tau\omega$，$\tau$ 为常数。

理想滤波器的单位脉冲响应是无限长的非因果序列，因此是不可实现的，只能用实际的可实现滤波器来逼近它。实际滤波器允许通带和阻带中都存在一定的误差，即通带幅度不是一个常数，阻带幅度不是绝对为零，通带与阻带之间还存在过渡带。下面介绍数字滤波器幅频特性的技术指标，数字滤波器相位特性的详细介绍见本书第 7 章。

图 6-1-2 所示为低通数字滤波器的幅频特性，ω_p 和 ω_s 分别称为通带截止频率和阻带截止频率。区间 $[0, \omega_p]$ 称为通带，通带满足 $(1-\delta_1) < |H(e^{j\omega})| \leqslant 1$。区间 $[\omega_s, \pi]$ 称为阻带，阻带满足 $|H(e^{j\omega})| \leqslant \delta_2$。$\delta_1$ 称为通带波纹幅度，δ_2 称为阻带波纹幅度。区间 $[\omega_p, \omega_s]$ 称为过渡带，过渡带上的幅度曲线一般是单调下降的。

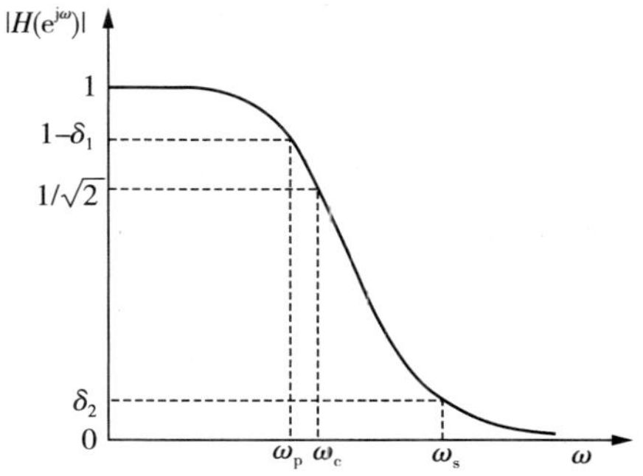

图 6-1-2　低通数字滤波器的幅频特性

图 6-1-2 中，通带和阻带幅度都是单调下降的，其实幅度非单调下降的滤波器也很常见。图 6-1-3 所示为通带和阻带都存在波动的低通滤波器的幅度函数。

工程上常用 $20\lg|H(e^{j\omega})|$ 表示滤波器的幅频特性。因为 $0 < |H(e^{j\omega})| \leqslant 1$，所以 $-\infty < 20\lg|H(e^{j\omega})| \leqslant 0$，$20\lg|H(e^{j\omega})|$ 也称为损耗函数、衰减函数或者增益函数，单位是 dB。图 6-1-3 中，幅度函数值在 0 和 1 之间，阻带波纹幅度较小。图 6-1-4 是图 6-1-3 对应的损耗函数，损耗函数扩大了阻带幅度的取值范围，便于观察滤波器的幅度特性。

习惯上，衰减量用 $-20\lg|H(e^{j\omega})|$ 表示，衰减量为正数。通带内允许的最大衰减记为 α_p，阻带内允许的最小衰减记为 α_s。对图 6-1-2 所示的单调下降幅频特性，α_p 和 α_s 分别为

$$\alpha_p = -20\lg|H(e^{j\omega_p})| = -20\lg(1-\delta_1) \tag{6-1-6}$$

$$\alpha_s = -20\lg|H(e^{j\omega_s})| = -20\lg\delta_2 \tag{6-1-7}$$

当 $\omega = \omega_c$ 时，$|H(e^{j\omega_c})| = \sqrt{2}/2$，$-20\lg|H(e^{j\omega_c})| = 3\ \text{dB}$，称 ω_c 为通带 3 dB 截止频率。

低通滤波器性能由 ω_p、α_p 和 ω_s、α_s 确定。α_p 越小则通带波纹越小，α_s 越大则阻带波纹越小，因此，α_p 越小越好，α_s 越大越好。ω_p 与 ω_s 间距越小，过渡带越窄、选频性能越好。

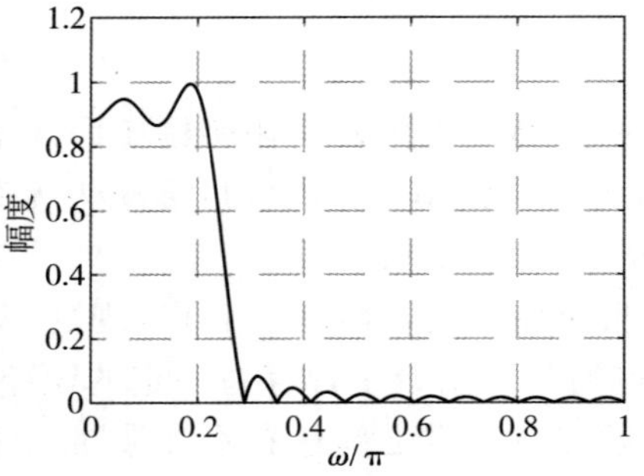

图 6-1-3　通带和阻带都存在波动的低通滤波器的幅度函数

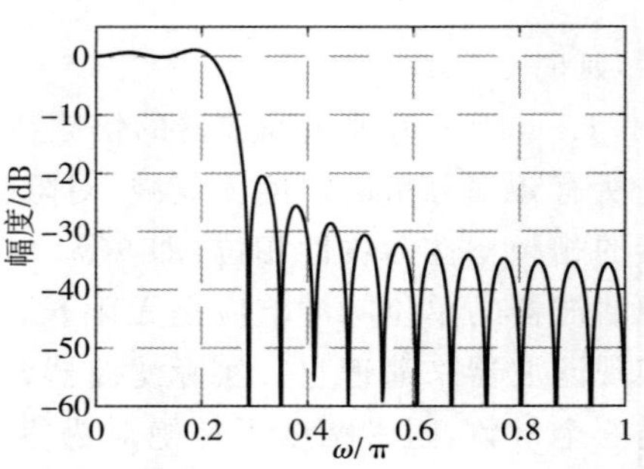

图 6-1-4　通带和阻带都存在波动的低通滤波器的损耗函数

6.1.3　模拟滤波器的技术指标

模拟滤波器可分为低通、高通、带通和带阻滤波器，理想模拟滤波器的幅频特性如图 6-1-5 所示。设计模拟滤波器时，可以先设计低通模拟滤波器，再通过频率转换将低通滤波器转换成所需要类型的滤波器，这里先介绍模拟低通滤波器的技术指标。

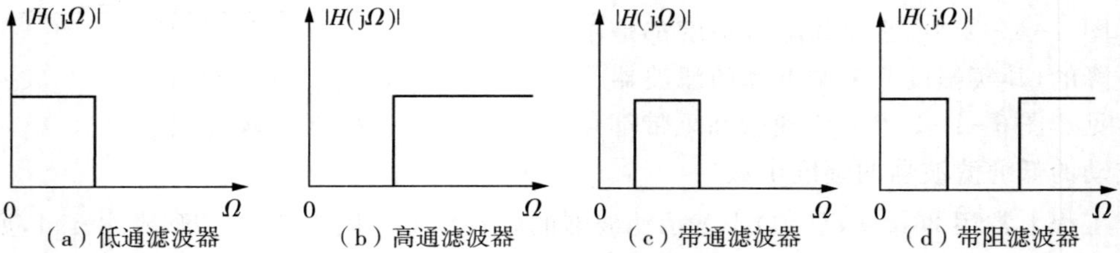

图 6-1-5　理想模拟滤波器的幅频特性

用 $h(t)$、$H(s)$、$H(\mathrm{j}\Omega)$ 分别表示模拟滤波器的单位冲激响应、系统函数和频率响应函数。模拟滤波器的指标可以由幅频响应函数 $|H(\mathrm{j}\Omega)|$ 的几个关键参数给出。一般使用归一化幅频响应函数，即 $\max|H(\mathrm{j}\Omega)|=1$。模拟滤波器设计就是根据滤波器指标求出系统函数 $H(s)$。

和数字滤波器一样，常用 $A(\Omega)=20\lg|H(\mathrm{j}\Omega)|$ 来描述模拟滤波器的幅频特性。$A(\Omega)$ 也称为损耗函数、衰减函数或者增益函数，单位是 dB。$|H(\mathrm{j}\Omega)|$ 的取值范围是 1 到 0，通过非线性的对数变换将 $A(\Omega)$ 的取值范围扩大为 0 到 $-\infty$，特别是放大了阻带的波动幅度，便于观察阻带幅频特性的变化。

图 6-1-6 为模拟低通滤波器的幅度特性，图 6-1-6(a) 为幅频特性描述，图 6-1-6(b) 为损耗函数描述。Ω_{p} 和 Ω_{s} 分别为通带和阻带截止频率，δ_1 和 δ_2 分别为通带和阻带波纹的幅度。α_{p} 为通带最大衰减，α_{s} 为阻带最小衰减，二者都大于 0，单位是 dB。

由图 6-1-6 可见，对于单调下降的幅度特性，α_{p} 和 α_{s} 可表示成如下形式：

$$\alpha_{\mathrm{p}}=-A(\Omega_{\mathrm{p}})=-20\lg|H(\mathrm{j}\Omega_{\mathrm{p}})|=-20\lg(1-\delta_1) \tag{6-1-8}$$

$$\alpha_s = -A(\Omega_s) = -20\lg|H(j\Omega_s)| = -20\lg\delta_2 \tag{6-1-9}$$

由于 $|H(j\Omega_c)|=1/\sqrt{2}$，$-20\lg|H(j\Omega_c)|=3$ dB，所以称 Ω_c 为通带 3 dB 截止频率。

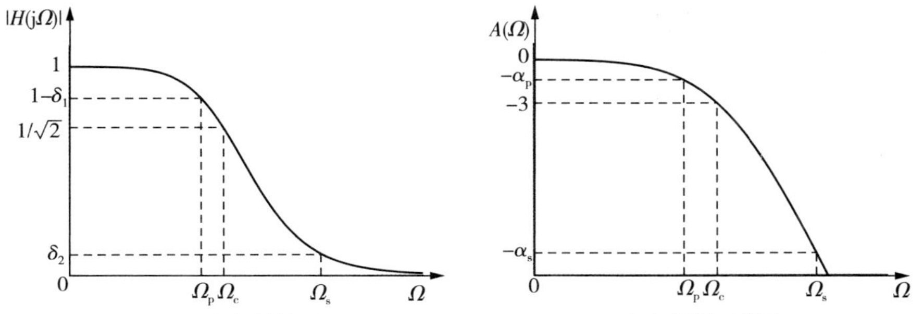

（a）幅频特性图　（b）损耗函数图

图 6-1-6　模拟低通滤波器的幅度特性

设计模拟滤波器 $H(s)$，就是希望其幅度函数 $|H(j\Omega)|$ 满足指标要求。滤波器的单位冲激响应为实函数，其傅里叶变换满足 $H^*(j\Omega)=H(-j\Omega)$，因此有式(6-1-10)成立：

$$|H(j\Omega)|^2 = H(j\Omega)H^*(j\Omega) = H(j\Omega)H(-j\Omega) = H(s)H(-s)|_{s=j\Omega} \tag{6-1-10}$$

如果能由 α_p、Ω_p 和 α_s、Ω_s 求出 $|H(j\Omega)|^2$，就可以得到 $H(s)H(-s)$，再由 $H(s)H(-s)$ 在 s 平面左半平面的极点构成 $H(s)$，以保证 $H(s)$ 因果稳定。可见幅度平方函数 $|H(j\Omega)|^2$ 是关键。

IIR 滤波器设计方法有间接法和直接法。间接设计法的步骤：先设计模拟滤波器得到系统函数 $H(s)$，然后将 $H(s)$ 按某种方法转换成数字滤波器的系统函数 $H(z)$。之所以采用间接法设计 IIR 滤波器，是因为模拟滤波器的设计方法成熟，有完整的设计公式和表格可用。本章介绍的脉冲响应不变法和双线性变换法就是间接法。直接法是直接在频域或者时域中设计数字 IIR 滤波器，设计时需要计算机辅助。

FIR 滤波器不能采用间接法，常用的设计方法有窗函数法、频率采样法和等波纹逼近法，这些方法都可以在时域或者频域直接设计数字滤波器。

本章只介绍 IIR 滤波器的设计方法，而 FIR 滤波器的设计方法将在第 7 章介绍。

6.2　模拟滤波器的设计

经典的模拟滤波器有巴特沃斯(Butterworth)滤波器，切比雪夫(Chebyshev) Ⅰ 型、Ⅱ 型滤波器，椭圆(Ellipse)滤波器和贝塞尔(Bessel)滤波器等。巴特沃斯滤波器幅频特性单调下降；切比雪夫 Ⅰ 型滤波器具有通带等波纹、阻带单调下降的幅频特性；切比雪夫 Ⅱ 型滤波器具有通带单调下降、阻带等波纹的幅频特性；椭圆滤波器通带和阻带均具有等波纹幅频特性；贝塞尔滤波器通带内有较好的线性相位特性。

下面先介绍模拟低通滤波器的设计方法,包括巴特沃斯滤波器、切比雪夫滤波器和椭圆滤波器的设计方法,然后讨论高通、带通和带阻滤波器的设计方法。

6.2.1 巴特沃斯低通滤波器的设计

英国工程师斯蒂芬·巴特沃斯(Stephen Butterworth)于1930年发表的一篇论文中提出了巴特沃斯滤波器。下面介绍该滤波器的设计方法。

1. 巴特沃斯低通滤波器的设计原理

巴特沃斯低通滤波器的幅度平方函数$|G(\mathrm{j}\Omega)|^2$为

$$|G(\mathrm{j}\Omega)|^2=\frac{1}{1+\left(\frac{\Omega}{\Omega_c}\right)^{2N}} \tag{6-2-1}$$

式(6-2-1)中,N为滤波器的阶数。当$\Omega=0$时,$|G(\mathrm{j}\Omega)|=1$;当$\Omega=\Omega_c$时,$|G(\mathrm{j}\Omega)|=\frac{\sqrt{2}}{2}$,因此$\Omega_c$是通带3 dB频率。滤波器幅度特性与$\Omega$、$N$的关系如图6-2-1所示。$|G(\mathrm{j}\Omega)|$随$\Omega$加大单调下降。$N$愈大,则通带幅度愈平坦,过渡带与阻带幅度下降愈快,滤波器的选频性能就越好。

根据式(6-2-1),以s替换$\mathrm{j}\Omega$,将幅度平方函数$|G(\mathrm{j}\Omega)|^2$写成s的函数:

$$G(s)G(-s)=\frac{1}{1+\left(\frac{s}{\mathrm{j}\Omega_c}\right)^{2N}} \tag{6-2-2}$$

式(6-2-2)表明,$G(s)G(-s)$有$2N$个极点,极点s_k用式(6-2-3)表示:

$$s_k=(-1)^{\frac{1}{2N}}(\mathrm{j}\Omega_c)=\Omega_c \mathrm{e}^{\mathrm{j}\pi\left(\frac{1}{2}+\frac{2k+1}{2N}\right)},k=0,1,2,\cdots,2N-1 \tag{6-2-3}$$

$2N$个极点等间隔分布在半径为Ω_c的圆周上,间隔是$\frac{\pi}{N}$。例如$N=4$,极点间隔为$\pi/4$,$G(s)\cdot G(-s)$的极点分布如图6-2-2所示。

为保证滤波器因果稳定,只取s平面左半平面上的N个极点构成$G(s)$。$G(s)$的表达式为

$$G(s)=\frac{\Omega_c^N}{\prod_{k=0}^{N-1}(s-s_k)} \tag{6-2-4}$$

由于不同滤波器的边界频率不同,为使设计公式和图表统一,需要对频率进行归一化。式(6-2-4)中,分子之所以取Ω_c^N,就是为了用Ω_c对s进行归一化。将式(6-2-4)整理成如下形式:

$$G(s)=\frac{1}{\prod_{k=0}^{N-1}\left(\frac{s}{\Omega_c}-\frac{s_k}{\Omega_c}\right)} \tag{6-2-5}$$

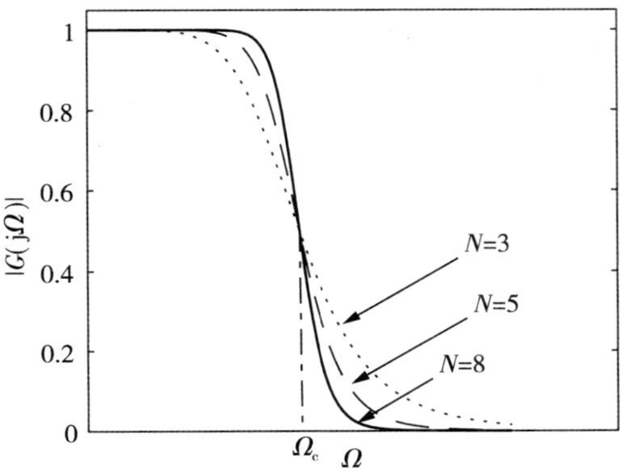

图 6-2-1　滤波器幅度特性与 Ω、N 的关系

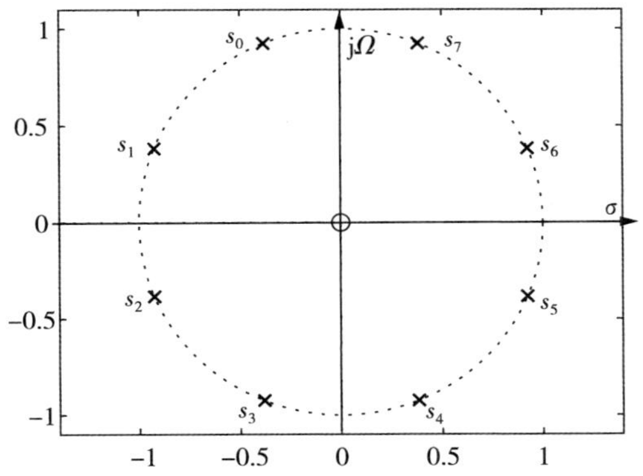

图 6-2-2　$G(s)\cdot G(-s)$ 的极点分布（$N=4$）

令 $p=s/\Omega_c=\mathrm{j}\lambda$，$\lambda=\Omega/\Omega_c$。$\lambda$ 称为归一化频率，p 称为归一化复频率。这样巴特沃斯低通滤波器的归一化系统函数为

$$G(p)=\frac{1}{\prod_{k=0}^{N-1}(p-p_k)} \tag{6-2-6}$$

式(6-2-6)中，$p_k=s_k/\Omega_c$，称之为归一化极点，用式(6-2-7)表示：

$$p_k=\mathrm{e}^{\mathrm{j}\pi\left(\frac{1}{2}+\frac{2k+1}{2N}\right)},k=0,1,\cdots,N-1 \tag{6-2-7}$$

这样，只要根据技术指标求出阶数 N，就可以按照式(6-2-7)求出 N 个极点，再按照式(6-2-6)得到低通滤波器的归一化系统函数 $G(p)$。再去归一化，即将 $p=s/\Omega_c$ 代入 $G(p)$ 中，便得到模拟滤波器的系统函数 $G(s)$。

求出 N 后，可以查表 6-2-1 得到极点 p_k。将 p_k 代入式(6-2-6)，展开得到 $G(p)$：

$$G(p)=\frac{1}{p^N+b_{N-1}p^{N-1}+b_{N-2}p^{N-2}+\cdots+b_1p+b_0} \tag{6-2-8}$$

式(6-2-8)中,分母的系数b_k可以查表6-2-2得到。表6-2-3给出了归一化巴特沃斯低通滤波器的分母因子式,便于设计级联型或者直接型结构。

由式(6-2-4)可知,只要求出巴特沃斯滤波器的阶数N和通带3 dB频率Ω_c,就可以求出滤波器的系统函数$G(s)$。下面先介绍阶数N的确定方法。

将$\Omega=\Omega_p$代入式(6-2-1)中,再将$|G(j\Omega)|^2$代入式(6-1-8),得到

$$1+\left(\frac{\Omega_p}{\Omega_c}\right)^{2N}=10^{\alpha_p/10} \tag{6-2-9}$$

将$\Omega=\Omega_s$代入式(6-2-1)中,再将$|G(j\Omega)|^2$代入式(6-1-9),得到

$$1+\left(\frac{\Omega_s}{\Omega_c}\right)^{2N}=10^{\alpha_s/10} \tag{6-2-10}$$

由式(6-2-9)和式(6-2-10)得

$$\left(\frac{\Omega_s}{\Omega_p}\right)^{N}=\sqrt{\frac{10^{\alpha_s/10}-1}{10^{\alpha_p/10}-1}}$$

令

$$\lambda_{sp}=\frac{\Omega_s}{\Omega_p} \tag{6-2-11}$$

$$k_{sp}=\sqrt{\frac{10^{\alpha_s/10}-1}{10^{\alpha_p/10}-1}} \tag{6-2-12}$$

得到N的计算公式如下:

$$N=\frac{\lg k_{sp}}{\lg \lambda_{sp}} \tag{6-2-13}$$

求出的N一般非整数,要向上取整。N取整后变大,所得滤波器得过渡带宽小于给定指标。

如果没有给出Ω_c,可以按照式(6-2-9)或式(6-2-10)分别求出Ω_c:

$$\Omega_c=\Omega_p\ (10^{0.1\alpha_p}-1)^{-\frac{1}{2N}} \tag{6-2-14}$$

$$\Omega_c=\Omega_s\ (10^{0.1\alpha_s}-1)^{-\frac{1}{2N}} \tag{6-2-15}$$

根据式(6-2-14)确定Ω_c时,Ω_p已知,即通带指标刚好满足要求。由于N偏大,滤波器过渡带变窄,$|G(j\Omega)|$下降更快,滤波器在Ω_s处的衰减量大于α_s,因此阻带指标有富裕。

如果采用式(6-2-15)确定Ω_c,此时Ω_s已知,即阻带指标刚好满足要求。由于N偏大,滤波器过渡带变窄,在过渡带,随着Ω的减小,$|G(j\Omega)|$上升更快,滤波器在Ω_p处的衰减量小于α_p,因此通带指标有富裕。

表 6-2-1　归一化巴特沃斯低通滤波器的极点

阶数 N	$p_{0,N-1}$	$p_{1,N-2}$	$p_{2,N-3}$	$p_{3,N-4}$	p_4
1	−1.0000				
2	−0.7071±j0.7071				
3	−0.5000±j0.8660	−1.0000			
4	−0.3827±j0.9239	−0.9239±j0.3827			
5	−0.3090±j0.9511	−0.8090±j0.5878	−1.0000		
6	−0.2588±j0.9659	−0.7071±j0.7071	−0.9659±j0.2588		
7	−0.2225±j0.9749	−0.6235±j0.7818	−0.9091±j0.4339	−1.0000	
8	−0.1951±j0.9808	−0.5556±j0.8315	−0.8351±j0.5556	−0.9808±j0.1951	
9	−0.1736±j0.9848	−0.5000±j0.8660	−0.7660±j0.6428	−0.9397±j0.3420	−1.0000

表 6-2-2　归一化巴特沃斯低通滤波器的分母多项式

阶数 N	分母多项式:$B(p)=p^N+b_{N-1}p^{N-1}+b_{N-2}p^{N-2}+\cdots+b_1p+b_0$								
	b_0	b_1	b_2	b_3	b_4	b_5	b_6	b_7	b_8
1	1.0000								
2	1.0000	1.4142							
3	1.0000	2.0000	2.0000						
4	1.0000	2.6131	3.4142	2.6131					
5	1.0000	3.2361	5.2361	5.2361	3.2361				
6	1.0000	3.8637	7.4641	9.1416	7.4641	3.8637			
7	1.0000	4.4940	10.0978	14.5918	14.5918	10.0978	4.4940		
8	1.0000	5.1258	13.1371	21.8462	25.6884	21.8642	13.1371	5.1258	
9	1.0000	5.7588	16.5817	31.1634	41.9864	41.9864	31.1634	16.5817	5.7588

表 6-2-3　归一化巴特沃斯低通滤波器的分母因子式

阶数 N	分母因子式:$B(p)=B_1(p)B_2(p)\cdots B_{\lfloor N/2\rfloor}(p)$,$\left\lfloor \frac{N}{2} \right\rfloor$表示取大于等于$\frac{N}{2}$的最小整数
1	$(p+1)$
2	$(p^2+1.4142p+1)$
3	$(p^2+p+1)(p+1)$
4	$(p^2+0.7654p+1)(p^2+1.8478p+1)$
5	$(p^2+0.6180p+1)(p^2+1.6180p+1)(p+1)$
6	$(p^2+0.5176p+1)(p^2+1.4142p+1)(p^2+1.9319p+1)$
7	$(p^2+0.4450p+1)(p^2+1.2470p+1)(p^2+1.8019p+1)(p+1)$
8	$(p^2+0.3902p+1)(p^2+1.1111p+1)(p^2+1.6629p+1)(p^2+1.9616p+1)$
9	$(p^2+0.3473p+1)(p^2+p+1)(p^2+1.5321p+1)(p^2+1.8974p+1)(p+1)$

总结巴特沃斯低通滤波器的设计步骤如下:

(1) 根据 Ω_p、α_p 和 Ω_s、α_s 求出滤波器的阶数 N。

(2) 按照式(6-2-7)求出归一化极点 p_k，将 p_k 代入式(6-2-6)，得到归一化低通系统函数 $G(p)$。或者根据阶数 N 直接查表 6-2-1 ~ 表 6-2-3 得到 $G(p)$。

(3) 对 $G(p)$ 去归一化，得到滤波器系统函数 $G(s)=G(p)\big|_{p=\frac{s}{\Omega_c}}$，$\Omega_c$ 为通带 3 dB 频率。

【例 6-2-1】 已知低通滤波器通带截止频率 $f_p=4$ kHz，通带最大衰减 $\alpha_p=2$ dB，阻带截止频率 $f_s=14$ kHz，阻带最小衰减 $\alpha_s=30$ dB，请设计巴特沃斯低通滤波器。

解：(1) 确定阶数 N。

$$\lambda_{sp}=\frac{2\pi f_s}{2\pi f_p}=3.5,k_{sp}=\sqrt{\frac{10^{\alpha_s/10}-1}{10^{\alpha_p/10}-1}}=41.32$$

$$N=\frac{\lg 41.32}{\lg 3.5}=2.97,\text{取 } N=3$$

(2) 按照式(6-2-7)，其极点为

$$p_0=e^{j\frac{2}{3}\pi},p_1=e^{j\pi},p_2=e^{j\frac{4}{3}\pi}$$

将极点 p_k 代入式(6-2-6)，得到归一化低通系统函数：

$$G(p)=\frac{1}{\prod_{k=0}^{2}(p-p_k)}$$

也可以由 $N=3$ 直接查表得到归一化低通系统函数：

$$G(p)=\frac{1}{p^3+2p^2+2p+1}$$

(3) 对 $G(p)$ 去归一化。先求 3 dB 截止频率 Ω_c，按照式(6-2-14)，得到

$$\Omega_c=\Omega_p\ (10^{0.1\alpha_p}-1)^{-\frac{1}{2N}}=2\pi\times 4.37\ \text{krad/s}$$

将 Ω_c 代入式(6-2-15)得到

$$\Omega_s'=\Omega_c\ (10^{0.1\alpha_s}-1)^{\frac{1}{2N}}=2\pi\times 13.81\ \text{krad/s}$$

Ω_s' 比题中给出的 Ω_s 小，滤波器在 $\Omega_s=2\pi\times 14$ krad/s 处的衰减大于 30 dB，阻带指标有富裕。

将 $p=s/\Omega_c$ 代入 $G(p)$ 中，得到

$$G_1(s)=\frac{2.0697\times 10^{13}}{s^3+5.4913\times 10^4 s^2+1.5077\times 10^9 s+2.0697\times 10^{13}}$$

按照式(6-2-15)计算 Ω_c：

$$\Omega_c=\Omega_s\ (10^{0.1\alpha_s}-1)^{-\frac{1}{2N}}=2\pi\times 4.428\ \text{krad/s}$$

将 $p=s/\Omega_c$ 代入 $G(p)$ 中，得到

$$G_2(s)=\frac{2.1531\times 10^{13}}{s^3+5.564\times 10^4 s^2+1.5479\times 10^9 s+2.1531\times 10^{13}}$$

$G_1(s)$ 和$G_1(s)$ 的分子、分母多项式的系数有所差别，但是二者都是满足指标要求的。

2. 用 MATLAB 函数设计巴特沃斯滤波器

函数 buttap、buttord 和 butter 是巴特沃斯滤波器设计函数，其调用格式如下。

(1) [Z,P,K]＝buttap(N)，返回N阶巴特沃斯归一化(3 dB截止频率$\Omega_c=1$)模拟低通滤波器的零点向量Z、极点向量P和增益K。得到的系统函数为

$$G(p)=K\frac{(p-Z(1))(p-Z(2))\cdots(p-Z(N))}{(p-P(1))(p-P(2))\cdots(p-P(N))} \tag{6-2-16}$$

如果要从零点、极点得到系统函数，可以调用函数[B,A]＝zp2tf(Z,P,K)。

(2)[N,wc]＝buttord (wp,ws,rp,rs)，返回巴特沃斯数字滤波器的阶数N和3 dB频率 wc。wp和ws分别为数字滤波器的通带截止频率和阻带截止频率(关于π归一化)。rp和rs分别为通带最大衰减和阻带最小衰减。当ws≤wp时，表示高通滤波器；当wp＝[wp1,wp2]，ws＝[ws1,ws2]时，表示带通或带阻滤波器，这时wc也是二维向量。

(3)[N,wc]＝buttord (wp,ws,rp,rs,' s ')，返回巴特沃斯模拟滤波器的阶数N和3 dB频率wc。wp、ws和wc是实际模拟角频率(rad/s)。其他参数与格式(2)相同。

(4) [B,A]＝butter (N,wc,' ftype ')，返回N阶巴特沃斯数字滤波器系统函数分子和分母多项式的系数向量B和A。N和wc可调用buttord得到。根据B、A写出系统函数：

$$G(z)=\frac{B(z)}{A(z)}=\frac{B(1)+B(2)z^{-1}+\cdots+B(N)z^{-(M-1)}+B(M+1)z^{-M}}{A(1)+A(2)z^{-1}+\cdots+A(N)z^{-(M-1)}+A(M+1)z^{-M}} \tag{6-2-17}$$

式(6-2-17)中，$B(k)$ 和$A(k)$ 分别为向量B和A的第k个元素。对于低通和高通数字滤波器，$M=N$；对于带通和带阻数字滤波器，$M=2N$。

(5) [B,A]＝butter (N,wc,' ftype ',' s ')，返回巴特沃斯模拟滤波器系统函数的分子和分母多项式的系数向量B和A。N和wc可调用buttord得到。ftype缺省表示低通滤波器，ftype为high表示高通滤波器。当wc为二维向量[wc1,wc2]时，缺省ftype表示带通滤波器，type＝stop表示带阻滤波器，[wc1,wc2]为通带下、上截止频率。模拟滤波器系统函数为

$$G(s)=\frac{B(s)}{A(s)}=\frac{B(1)s^M+B(2)s^{M-1}+\cdots+B(M)s+B(M+1)}{A(1)s^M+A(2)s^{M-1}+\cdots+A(M)s+A(M+1)} \tag{6-2-18}$$

对于低通和高通模拟滤波器，$M=N$；对于带通和带阻模拟滤波器，$M=2N$。

式(6-2-16)～式(6-2-18)也适用于后面介绍的切比雪夫滤波器和椭圆滤波器。

【例6-2-2】 用buttord和butter设计巴特沃斯低通模拟滤波器，要求与例6-2-1相同。

解:主要程序如下:

```
wp = 2 * pi * 4000;ws = 2 * pi * 14000;rp = 2;rs = 30;   % 设置滤波器指标参数
[N,wc] = buttord(wp,ws,rp,rs,'s');   % 计算阶数 N 和 3 dB 截止频率 wc
[B,A] = butter(N,wc,'s');   % 计算系统函数分子分母多项式系数
k = 0:511;fk = 0:10000;wk = 2 * pi * fk;
Hk = freqs(B,A,wk);
plot(fk/1000,20 * log10(abs(Hk)));grid on
```

运行结果如下:

```
N = 3,wc = 27821;
B = [0  0  0  2.1535e + 13];A = [1  5.5643e + 04  1.5481e + 09  2.1535e + 13]
```

将 B 和 A 代入式(6-2-17)得到系统函数

$$G(s)=\frac{B(4)}{A(1)s^3+A(2)s^2+A(3)s+A(4)}$$

$$=\frac{2.1535\times 10^{13}}{s^3+5.5643\times 10^4 s^2+1.5481\times 10^9 s+2.1535\times 10^{13}}$$

3 阶巴特沃斯模拟低通滤波器的损耗函数如图 6-2-3 所示。在 $f_s=14$ kHz时,衰减 30 dB,阻带刚好满足指标要求,可见 buttord 函数是使用式(6-2-15)计算 3 dB 截止频率的。

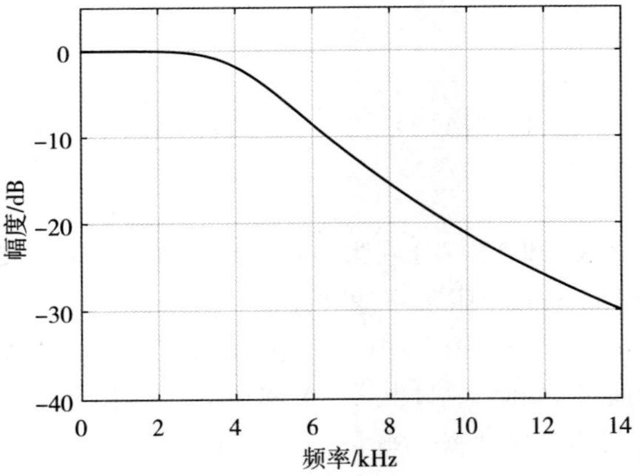

图 6-2-3　3 阶巴特沃斯模拟低通滤波器的损耗函数

6.2.2　切比雪夫滤波器的设计

1. 切比雪夫滤波器的设计原理

巴特沃斯滤波器频率特性曲线随频率增大而单调下降,当边界频率点的衰减量满足要求时,带内衰减则会有富裕。如果能将逼近精度均匀分布在整个通带或者阻带内,就可以降低滤波器阶数,从而减小滤波器的实现成本。可采用具有等波纹特性的逼近函数来达到这种均匀逼近。切比雪夫滤波器幅频特性就具有这种等波纹特性,它有两种形

式：幅频特性在通带内是等波纹的、在阻带内是单调下降的切比雪夫 Ⅰ 型滤波器，幅频特性在通带内是单调下降、在阻带内是等波纹的切比雪夫 Ⅱ 型滤波器。以“切比雪夫”来命名该滤波器，是为了纪念俄罗斯数学家巴夫尼提·列波维其·切比雪夫。图 6-2-4 给出了切比雪夫 Ⅰ 型和 Ⅱ 型滤波器幅频特性。

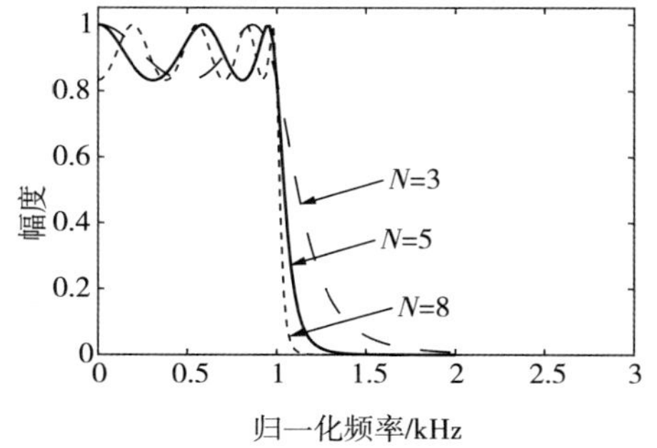

（a）切比雪夫 Ⅰ 型滤波器的幅频特性

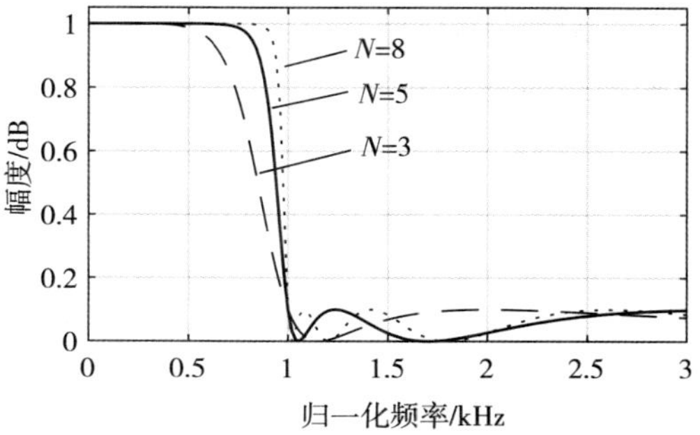

（b）切比雪夫 Ⅱ 型滤波器的幅频特性

图 6-2-4　切比雪夫 Ⅰ 型和 Ⅱ 型滤波器的幅频特性

这里仅介绍切比雪夫 Ⅰ 型滤波器的设计方法。该滤波器的幅度平方函数 $|G(\mathrm{j}\Omega)|^2$ 为

$$|G(\mathrm{j}\Omega)|^2=\frac{1}{1+\varepsilon^2 C_N^2\left(\dfrac{\Omega}{\Omega_\mathrm{p}}\right)} \tag{6-2-19}$$

式(6-2-19)中，ε 为小于 1 的正数，设定通带幅度波动的程度，ε 越大，则波动越大；Ω_p 为通带截止频率。令 $\lambda=\Omega/\Omega_\mathrm{p}$，$\lambda$ 为归一化频率。$C_N(\lambda)$ 为 N 阶切比雪夫多项式：

$$C_N(\lambda)=\begin{cases}\cos(N\arccos\lambda), & |\lambda|\leqslant 1\\ \mathrm{ch}(N\mathrm{arch}\lambda), & |\lambda|>1\end{cases}$$

下面分析 $C_N(\lambda)$ 的特点。当 $|\lambda|\leqslant 1$ 时，令 $\varphi=\arccos\lambda$，则 $\lambda=\cos\varphi$，则有

$$C_N(\lambda)=\cos(N\varphi)$$

$$C_{N+1}(\lambda)=\cos[(N+1)\varphi]=\cos(N\varphi)\cos\varphi-\sin(N\varphi)\sin\varphi$$

$$C_{N-1}(\lambda)=\cos[(N-1)\varphi]=\cos(N\varphi)\cos\varphi+\sin(N\varphi)\sin\varphi$$

容易得到

$$C_{N+1}(\lambda)=2\lambda C_N(\lambda)-C_{N-1}(\lambda) \tag{6-2-20}$$

具体有 $C_0(\lambda)=1$，$C_1(\lambda)=\lambda$，$C_2(\lambda)=2\lambda^2-1$，$C_3(\lambda)=4\lambda^3-3\lambda$，$C_4(\lambda)=8\lambda^4-8\lambda^2+1$。可见 $C_N(\lambda)$ 是关于 λ 的多项式，$|C_N(\lambda)|\leqslant 1$，且 N 越大，$C_N(\lambda)$ 过零点数量越多。

当 $|\lambda|>1$ 时，令 $\varphi=\mathrm{arch}\lambda$，则

$$C_N(\lambda)=\mathrm{ch}(N\varphi)=(\mathrm{e}^{N\varphi}+\mathrm{e}^{-N\varphi})/2 \tag{6-2-21}$$

根据双曲余弦函数的特性可知：$C_N(\lambda)>1$，当 $|\lambda|>1$ 时，随着 λ 的增大，$C_N(\lambda)$ 迅速上升，且 N 越大，$C_N(\lambda)$ 上升越快。

这样，当 $\Omega\leqslant\Omega_p$ 时，$|\lambda|\leqslant 1$，$\varepsilon^2 C_N^2(\lambda)$ 在 0 至 ε^2 之间波动，所以 $|G(j\Omega)|^2$ 在 $[0,\Omega_p]$ 上等波纹波动，最大值为 1，最小值为 $1/(1+\varepsilon^2)$。当 $\Omega>\Omega_p$ 时，$|\lambda|>1$，$C_N(\lambda)$ 迅速上升，因此 $|G(j\Omega)|^2$ 随 Ω 加大而迅速减小。图 6-2-5 所示为 4 阶切比雪夫 Ⅰ 型低通滤波器和巴特沃斯低通滤波器的幅频特性对比，显然，切比雪夫 Ⅰ 型低通滤波器比巴特沃斯低通滤波器有较窄的过渡带。

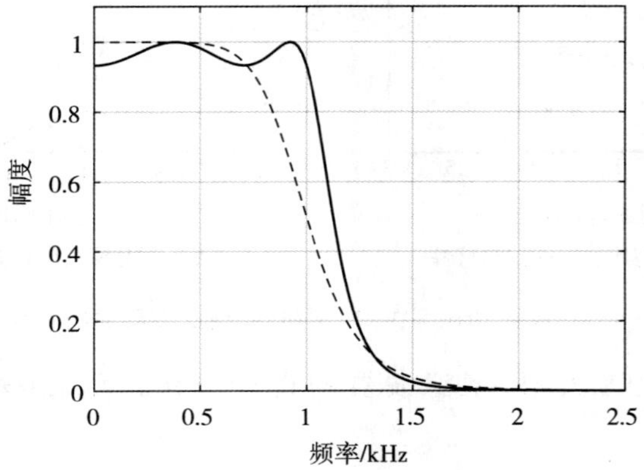

图 6-2-5　4 阶切比雪夫 Ⅰ 型低通滤滤器和巴特沃斯低通滤波器的幅频特性对比

按照式(6-2-19)，幅度平方函数与 ε、Ω_p、N 有关。定义通带最大衰减 α_p 为

$$\alpha_p=-10\lg\frac{1}{1+\varepsilon^2}=10\lg(1+\varepsilon^2)$$

因此

$$\varepsilon^2=10^{0.1\alpha_p}-1 \tag{6-2-22}$$

根据 α_p，可求出 ε。阶数 N 影响通带内波动的疏密和过渡带的宽度。设阻带截止频率为 Ω_s，在 Ω_s 处的 $|G(j\Omega)|^2$ 用式(6-2-19)确定：

$$|G(j\Omega_s)|^2=\frac{1}{1+\varepsilon^2 C_N^2\left(\dfrac{\Omega_s}{\Omega_p}\right)}=\frac{1}{1+\varepsilon^2 C_N^2(\lambda_s)} \tag{6-2-23}$$

式(6-2-23)中，$\lambda_s=\Omega_s/\Omega_p$。因为 $\lambda_s>1$，有

$$C_N(\lambda_s)=\mathrm{ch}(N\mathrm{arch}\,\lambda_s)=\frac{1}{\varepsilon}\sqrt{\frac{1}{|G(j\Omega_s)|^2}-1}$$

可以解出

$$N=\frac{\mathrm{arch}\left[\dfrac{1}{\varepsilon}\sqrt{\dfrac{1}{|G(j\Omega_s)|^2}-1}\right]}{\mathrm{arch}(\lambda_s)} \tag{6-2-24}$$

$$\Omega_s = \Omega_p \mathrm{ch}\left\{\frac{1}{N}\mathrm{arch}\left[\frac{1}{\varepsilon}\sqrt{\frac{1}{|G(\mathrm{j}\Omega_s)|^2}-1}\right]\right\} \tag{6-2-25}$$

3 dB 频率用 Ω_c 表示为 $|G(\mathrm{j}\Omega_c)|^2=\frac{1}{2}$。

按照式(6-2-19)，有 $\varepsilon^2 C_N^2(\lambda_c)=1$，$\lambda_c=\frac{\Omega_c}{\Omega_p}$，通常取 $\lambda_c>1$，因此

$$C_N(\lambda_c)=\mathrm{ch}(N\mathrm{arch}\,\lambda_c)=\pm\frac{1}{\varepsilon}$$

上式中仅取正号，得到 3 dB 频率计算公式：

$$\Omega_c=\Omega_p\mathrm{ch}\left(\frac{1}{N}\mathrm{arch}\,\frac{1}{\varepsilon}\right) \tag{6-2-26}$$

Ω_p 通常是设计指标给定的。由式(6-2-22)和式(6-2-24)求出 ε 和 N 后，可以求出滤波器的极点并确定归一化系统函数 $G(p)$，再代入 $p=s/\Omega_p$，得到 $G(s)$。下面略去繁杂的求解过程，仅介绍一些有用的结论。

设 $H(s)$ 的极点为 $s_i=\sigma_i+\mathrm{j}\Omega_i$，可以证明：

$$\begin{cases}\sigma_i=-\Omega_p\mathrm{sh}\xi\sin\frac{2i-1}{2N}\\ \Omega_i=\Omega_p\mathrm{ch}\xi\cos\frac{2i-1}{2N}\end{cases}\quad(i=1,2,\cdots,N) \tag{6-2-27}$$

$$\xi=\frac{1}{N}\mathrm{arsh}\,\frac{1}{\varepsilon} \tag{6-2-28}$$

$$\frac{\sigma_i^2}{\Omega_p^2\mathrm{sh}^2\xi}+\frac{\Omega_i^2}{\Omega_p^2\mathrm{ch}^2\xi}=1 \tag{6-2-29}$$

式(6-2-29)是一个椭圆方程，长半轴为 $\Omega_p\mathrm{ch}\xi$(在虚轴上)，短半轴为 $\Omega_p\mathrm{sh}\xi$(在实轴上)。令 $b\Omega_p$ 和 $a\Omega_p$ 分别表示长半轴和短半轴，可推导出：

$$a=\frac{1}{2}(\beta^{\frac{1}{N}}-\beta^{-\frac{1}{N}}) \tag{6-2-30}$$

$$b=\frac{1}{2}(\beta^{\frac{1}{N}}+\beta^{-\frac{1}{N}}) \tag{6-2-31}$$

$$\beta=\frac{1}{\varepsilon}+\sqrt{\frac{1}{\varepsilon^2}+1} \tag{6-2-32}$$

因此滤波器的极点就是一组分布在 $b\Omega_p$ 为长半轴、$a\Omega_p$ 为短半轴的椭圆上的点。为保证系统的因果稳定性，由左半平面的极点构成 $G(p)$，即

$$G(p)=\frac{1}{c\prod_{i=1}^{N}(p-p_i)} \tag{6-2-33}$$

式(6-2-33)中,c是待定系数。根据幅度平方函数(6-2-19)可导出:$c=\varepsilon\cdot 2^{N-1}$,代入式(6-2-33),得到归一化的系统函数为

$$G(p)=\frac{1}{\varepsilon\cdot 2^{N-1}\prod_{i=1}^{N}(p-p_i)} \tag{6-2-34}$$

去归一化后的系统函数为

$$G(s)=G(p)\big|_{p=\frac{s}{\Omega_p}}=\frac{\Omega_p^N}{\varepsilon\cdot 2^{N-1}\prod_{i=1}^{N}(s-\Omega_p\cdot p_i)} \tag{6-2-35}$$

按照上述分析,归纳出切比雪夫滤波器设计步骤如下:

(1) 确定指标参数α_p、Ω_p、α_s 和 Ω_s,它们满足

$$\alpha_p=10\lg\frac{1}{|G(j\Omega_p)|^2} \tag{6-2-36}$$

$$\alpha_s=10\lg\frac{1}{|G(j\Omega_s)|^2} \tag{6-2-37}$$

(2) 求滤波器阶数 N 和参数ε。归一化频率$\lambda_p=1$,$\lambda_s=\Omega_s/\Omega_p$。由式(6-2-18)得到

$$\frac{1}{|G(j\Omega_p)|^2}=1+\varepsilon^2C_N(\lambda_p),\frac{1}{|G(j\Omega_s)|^2}=1+\varepsilon^2C_N(\lambda_s)$$

将以上两式代入式(6-2-36)和式(6-2-37),得到

$$10^{0.1\alpha_p}=1+\varepsilon^2C_N(\lambda_p)=1+\varepsilon^2\cos^2(N\mathrm{arccos}1)=1+\varepsilon^2$$

$$10^{0.1\alpha_s}=1+\varepsilon^2C_N(\lambda_s)=1+\varepsilon^2\mathrm{ch}^2(N\mathrm{arch}\,\lambda_s)$$

$$\frac{10^{0.1\alpha_s}-1}{10^{0.1\alpha_p}-1}=\mathrm{ch}^2(N\mathrm{arch}\,\lambda_s)$$

令

$$k_{sp}=\sqrt{\frac{10^{0.1\alpha_s}-1}{10^{0.1\alpha_p}-1}} \tag{6-2-38}$$

得到

$$N=\frac{\mathrm{arch}\,k_{sp}}{\mathrm{arch}\,\lambda_s} \tag{6-2-39}$$

N 向上取整,作为滤波器的阶数。再按照式(6-2-22)求出ε:

$$\varepsilon^2=10^{0.1\alpha_p}-1 \tag{6-2-40}$$

(3) 求归一化系统函数 $G(p)$。先按照式(6-2-41)求出归一化极点p_i,$i=1$,$2,\cdots,N$。

$$p_i = -\text{sh}\xi \sin\frac{(2i-1)\pi}{2N} + \text{jch}\xi\cos\frac{(2i-1)\pi}{2N} \tag{6-2-41}$$

将 ε 和 p_i 代入式(6-2-34)，得到 $G(p)=\dfrac{1}{\varepsilon\cdot 2^{N-1}\prod\limits_{i=1}^{N}(p-p_i)}$。

(4) 将 $G(p)$ 去归一化，得到模拟滤波器的 $G(s)$：

$$G(s)=G(p)\big|_{p=s/\Omega_p} \tag{6-2-42}$$

上述计算过程中用到以下公式：

$$\text{arch}x=\ln(x+\sqrt{x^2-1}), \text{arsh}x=\ln(x+\sqrt{x^2+1})$$

$$\text{ch}x=\frac{e^x+e^{-x}}{2}, \ \text{sh}x=\frac{e^x-e^{-x}}{2}$$

【例 6-2-3】 设计低通切比雪夫滤波器，要求通带截止频率 $f_p=4$ kHz，通带最大衰减 $\alpha_p=0.5$ dB，阻带截止频率 $f_s=14$ kHz，阻带最小衰减 $\alpha_s=30$ dB。

解：(1) 滤波器的技术指标如下：

$$\alpha_p=0.5\ \text{dB}, \Omega_p=2\pi f_p=8000\pi\ \text{rad/s}$$

$$\alpha_s=30\ \text{dB}, \Omega_s=2\pi f_s=28000\pi\ \text{rad/s}$$

$$\lambda_p=1, \lambda_s=\frac{f_s}{f_p}=3.5$$

(2) 由式(6-2-39)和(6-2-40)求阶数 N 和 ε：

$$k_{sp}=\sqrt{\frac{10^{0.1\alpha_s}-1}{10^{0.1\alpha_p}-1}}=90.49$$

$$N=\frac{\text{arch}\,k_{sp}}{\text{arch}\,\lambda_s}=\frac{\ln(k_{sp}+\sqrt{k_{sp}^2-1})}{\ln(\lambda_s+\sqrt{\lambda_s^2-1})}=\frac{5.19}{1.92}=2.7, \text{取 } N=3$$

$$\varepsilon=\sqrt{10^{0.1\alpha_p}-1}=\sqrt{10^{0.05}-1}=0.349$$

$$\xi=\frac{1}{3}\text{arsh}\,\frac{1}{0.349}=0.592, \text{sh}\xi=\frac{e^\xi-e^{-\xi}}{2}=0.627, \text{ch}\xi=\frac{e^\xi+e^{-\xi}}{2}=1.18$$

由式(6-2-41)求出 $N=3$ 时的极点 p_i：

$$p_1=-0.314+\text{j}1.021, p_2=-0.627, p_3=-0.314-\text{j}1.021$$

(3) 将极点 p_i、N 和 ε 代入式(6-2-34)求 $G(p)$：

$$G(p)=\frac{1}{0.349\times 2^{(3-1)}\prod\limits_{i=1}^{3}(p-p_i)}$$

$$=\frac{1}{1.396(p+0.627)(p^2+0.628p+1.141)}$$

$$=\frac{0.716}{p^3+1.255p^2+1.538p+0.715}$$

(4)$\Omega_p=8000\pi=25133$，将 $G(p)$ 去归一化，得到

$$G(s)=G(p)\big|_{p=s/\Omega_p}=\frac{1.137\times10^{13}}{s^3+3.154\times10^4s^2+9.715\times10^8s+1.135\times10^{13}}$$

2. 用MATLAB设计切比雪夫滤波器

切比雪夫Ⅰ型滤波器设计函数有 cheblap、cheblord 和 cheby1，调用格式如下：

(1)[z,p,k]=cheblap(N,rp)；

(2)[N,wn]=cheblord(wp,ws,rp,rs)；

(3)[N,wn]=cheblord(wp,ws,rp,rs,'s')；

(4)[B,A]=cheby1(N,rp,wn,'ftype')；

(5)[B,A]=cheby1(N,rp,wn,'ftype','s')。

切比雪夫Ⅱ型滤波器设计函数有 cheb2ap、cheb2ord 和 cheby2，调用格式如下：

(1)[Z,P,K]=cheb2ap(N,rs)；

(2)[N,wn]=cheb2ord(wp,ws,rp,rs)；

(3)[N,wn]=cheb2ord(wp,ws,rp,rs,'s')；

(4)[B,A]=cheby2(N,rs,wn,'ftype')；

(5)[B,A]=cheby2(N,rs,wn,'ftype','s')。

参数 wn 是通带截止频率(关于 π 归一化)，而不是 3 dB 截止频率。其他参数含义与巴特沃斯滤波器设计函数中的参数相同。

【例6-2-4】 调用MATLAB函数设计切比雪夫Ⅰ型、Ⅱ型模拟低通滤波器。要求同例 6-2-3。

解：主要程序如下：

```
wp = 2*pi*4000;ws = 2*pi*14000;rp = 0.5;rs = 30;% 设置指标参数
[N1,wn1] = cheblord(wp,ws,rp,rs,'s');  % 计算 Ⅰ 型模拟低通波器阶数和通带边界频率
[B1,A1] = cheby1(N1,rp,wn1,'s');  % 计算切比雪夫 Ⅰ 型模拟低通滤波器系统函数系数
[N2,wn2] = cheb2ord(wp,ws,rp,rs,'s');% 计算 Ⅱ 型模拟低通波器阶数和通带边界频率
[B2,A2] = cheby2(N1,rs,wn2,'s');  % 计算切比雪夫 Ⅱ 型模拟低通滤波器系统函数系数
```

运行程序，切比雪夫Ⅰ型、Ⅱ型模拟低通滤波器阶数都为3，二者的损耗函数如图 6-2-6 所示。

切比雪夫Ⅰ型模拟低通滤波器通带边界频率为 $w_{n_1}=25133$，系统函数分子分母多项式系数向量为 $B=[0\quad 0\quad 0\quad 1.1362\times10^{13}]$，$A=[1\quad 3.1489\times10^4\quad 9.6952\times10^8\quad 1.1362\times10^{13}]$。$A$、$B$ 与例 6-2-3 的计算结果基本一致。

切比雪夫Ⅱ型模拟低通滤波器通带边界频率为 $w_{n_2}=73300$，系统函数分子分母多项式系数向量为 $B=[0\quad 6.9574\times10^3\quad 0\quad 4.9842\times10^{13}]$，$A=[1\quad 7.1588\times10^4\quad 2.5382\times10^9\quad 4.9842\times10^{13}]$。

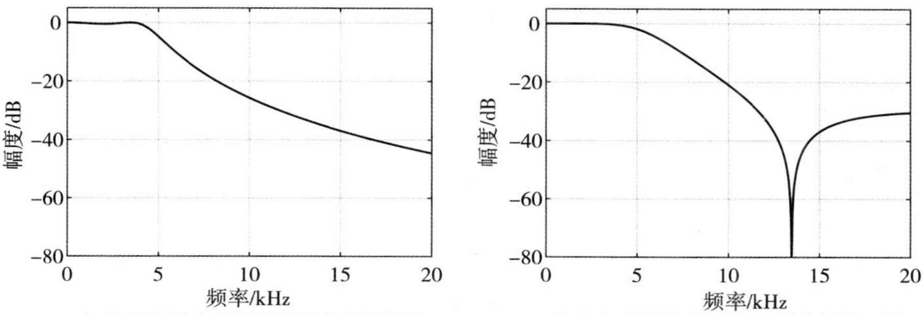

（a）切比雪夫Ⅰ型滤波器的损耗函数　（b）切比雪夫Ⅱ型滤波器的损耗函数

图 6-2-6　3 阶切比雪夫 Ⅰ 型和 Ⅱ 型模拟低通滤波器损耗函数

6.2.3　椭圆滤波器的设计

1. 椭圆滤波器的特点

椭圆(Elliptical) 滤波器在通带和阻带内都具有等波纹幅频特性。由于其极点位置与椭圆函数有关,所以取名为椭圆滤波器。考尔(Cauer) 于 1931 年首先对该滤波器进行了理论证明,所以也称为考尔滤波器。由图 6-2-7(a) 可见,椭圆滤波器通带和阻带波纹幅度固定时,阶数越高,过渡带越窄;由图 6-2-7(b) 可见,当滤波器阶数固定时,通带和阻带波纹幅度越小,过渡带就越宽。滤波器阶数 N 由通带边界频率 Ω_p、阻带边界频率 Ω_s、通带最大衰减α_p 和阻带最小衰减α_s 共同决定。

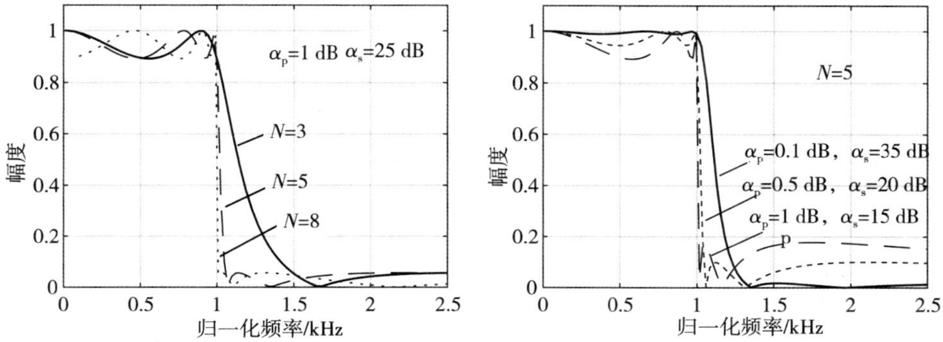

（a）椭圆滤波器的过渡带与N的关系　（b）椭圆滤波器的过渡带与波纹的关系

图 6-2-7　椭圆滤波器幅频响应曲线

阶数相同时,椭圆滤波器可以获得对理想滤波器幅频响应的最好逼近,其性价比高、应用广泛。椭圆滤波器逼近理论较为复杂,这里不进行详细推导。可以调用 MATLAB 的椭圆滤波器设计函数得到系统函数和零极点位置。

2. 用 MATLAB 函数设计椭圆滤波器

椭圆滤波器设计函数有 ellipap、ellipord 和 ellip,调用格式如下:

(1)[z,p,k]=ellipap(N,rp,rs);

(2)[N,wn]=ellipord(wp,ws,rp,rs);

(3)[N,wn]=ellipord(wp,ws,rp,rs,'s');

(4) [B,A]=ellip(N,rp,rs,wn,'ftype');

(5) [B,A]=ellip(N,rp,rs,wc,'ftype','s')。

格式(1)返回N阶归一化(通带边界频率wp=1)模拟低通椭圆滤波器的零点向量z、极点向量p和增益因子k。参数wn是通带截止频率(关于π归一化),而不是3 dB截止频率。其他参数含义与巴特沃斯滤波器设计函数中的参数相同。

【例6-2-5】 低通滤波器通带截止频率 $f_p=5$ kHz,通带最大衰减 $\alpha_p=2$ dB,阻带截止频率 $f_s=8$ kHz,阻带最小衰减 $\alpha_s=60$ dB。调用MATLAB函数设计椭圆模拟滤波器,切比雪夫Ⅰ型、Ⅱ型模拟滤波器和巴特沃斯模拟滤波器,对比各滤波器的幅度特性和阶数。

解:主要程序如下:

```
wp = 2 * pi * 5000;ws = 2 * pi * 8000;rp = 2;rs = 60; % 设置指标参数
[N1,wn1] = ellipord(wp,ws,rp,rs,'s'); % 计算椭圆低通模拟滤波器阶数和通带边界频率
[B1,A1] = ellip(N1,rp,rs,wn1,'s');   % 计算低通模拟滤波器系统函数系数
[N2,wn2] = cheb1ord(wp,ws,rp,rs,'s');   % 计算 Ⅰ 型模拟低通波器阶数和通带边界频率
[B2,A2] = cheby1(N2,rp,wn2,'s');   % 计算切比雪夫 Ⅰ 型滤波器系统函数系数
[N3,wn3] = cheb2ord(wp,ws,rp,As,'s');   % 计算 Ⅱ 型模拟低通波器阶数和通带边界频率
[B3,A3] = cheby2(N3,rs,wn3,'s');   % 计算切比雪夫 Ⅱ 型滤波器系统函数系数
[N4,wn4] = buttord(wp,ws,rp,rs,'s');   % 计算巴特沃斯波器阶数 N 和 3 dB 截止频率 wc
[B4,A4] = butter(N4,wn4,'s');   % 计算巴特沃斯滤波器系统函数
```

运行结果如图6-2-8所示,椭圆模拟滤波器阶数为5,切比雪夫Ⅰ型、Ⅱ型模拟滤波器的阶数均为8,而巴特沃斯模拟滤波器的阶数为16,可见椭圆滤波器的阶数最低。

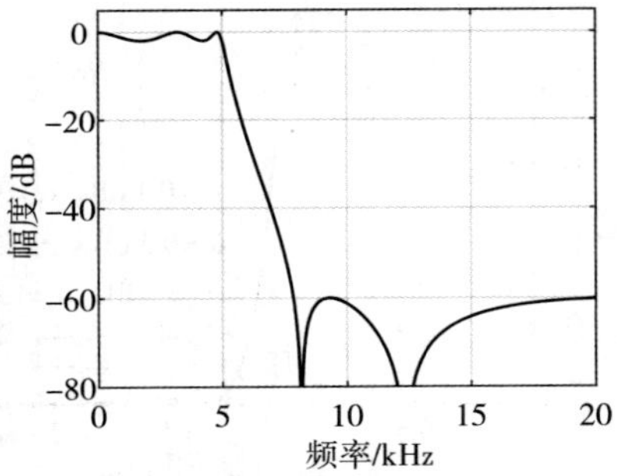

(a) 椭圆滤波器 (N=5)

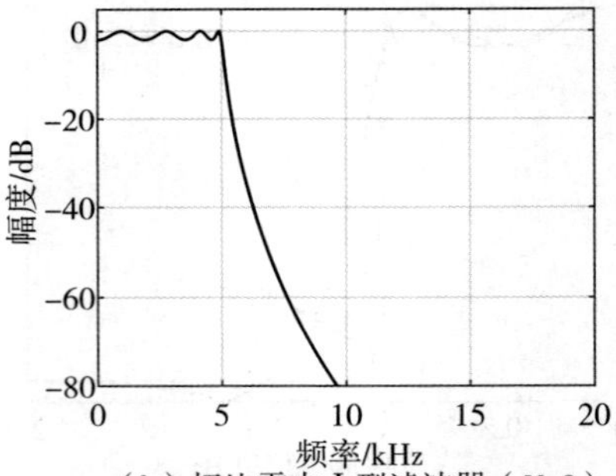

(b) 切比雪夫Ⅰ型滤波器 (N=8)

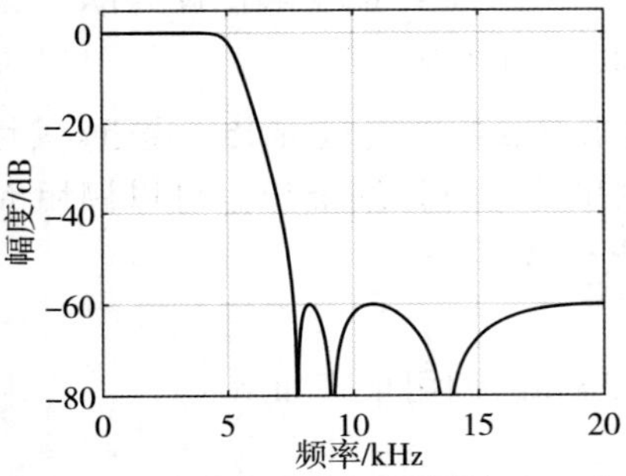

(c) 切比雪夫Ⅱ型滤波 (N=8)

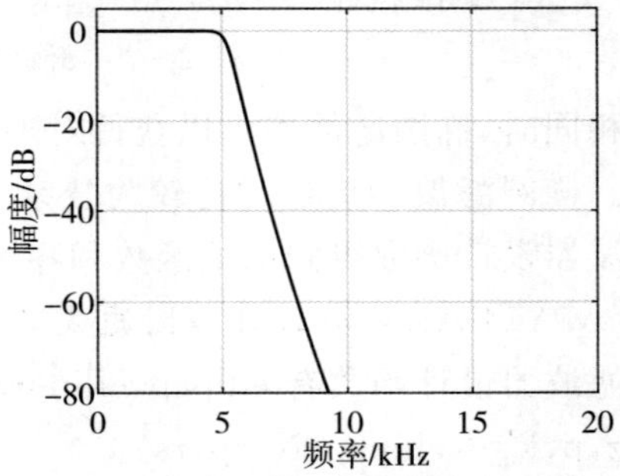

(d) 巴特沃斯滤波器 (N=16)

图 6-2-8 4种滤波器的损耗曲线

3. 常用模拟滤波器性能比较

本章介绍的 4 种模拟滤波器的特点总结如下。

(1) 幅度特性：当阶数相同时，巴特沃斯滤波器具有单调下降的幅频特性，过渡带最宽。切比雪夫 Ⅰ 型滤波器在通带具有等波纹幅频特性，过渡带和阻带是单调下降的幅频特性。切比雪夫 Ⅱ 型滤波器的通带幅频响应与巴特沃斯滤波器相似，阻带是等波纹幅频特性。两种类型的切比雪夫滤波器的过渡带宽度相等，比巴特沃斯滤波器的过渡带窄。椭圆滤波器通带和阻带均是等波纹的，过渡带最窄。

(2) 相位特性：巴特沃斯和切比雪夫滤波器在大约 3/4 的通带上非常接近线性相位特性，而椭圆滤波器仅在大约半个通带上非常接近线性相位特性。贝塞尔滤波器在整个通带逼近线性相位特性，但是过渡带比其他 4 种滤波器宽。

(3) 复杂性：滤波器幅频响应指标相同时，巴特沃斯滤波器的阶数最高，椭圆滤波器的阶数最低，且阶数相差较大。所以，椭圆滤波器的性能价格比较高。

6.2.4　模拟高通、带通、带阻滤波器的设计

前面介绍了模拟低通滤波器的设计方法，如何设计高通、带通和带阻滤波器呢？可以借助低通滤波器来设计高通、带通和带阻滤波器。

为了防止混淆，定义低通滤波器的系统函数为 $G(s)$，$s=\mathrm{j}\Omega$；低通滤波器的归一化系统函数为 $G(p)$，$p=\mathrm{j}\lambda$，$\lambda=\Omega/\Omega_c$，λ 称为归一化频率，p 称为归一化复频率。用 $H(s)$ 表示待设计模拟滤波器的系统函数，$s=\mathrm{j}\Omega$；待设计滤波器的归一化系统函数为 $H(q)$，$q=\mathrm{j}\eta$，η 称为归一化频率，q 称为归一化复频率。

高通、带通和带阻滤波器的设计步骤如下：

(1) 通过频率变换，将待设计滤波器的指标转换成低通滤波器的指标；

(2) 设计归一化低通滤波器，得到归一化的低通滤波器系统函数 $G(p)$；

(3) 对 $G(p)$ 进行频率变换，得到待设计滤波器的系统函数 $H(s)$。

1. 模拟高通滤波器的设计

图 6-2-9 是高通滤波器和低通滤波器的幅度特性对比。图 6-2-9(a) 为高通滤波器的幅度特性，Ω_{ph}、Ω_{sh} 分别为通带、阻带截止频率，其通带 3 dB 频率为 Ω_{ch}；图 6-2-9(b) 是归一化高通滤波器的幅度特性，η_{ph}、η_{sh} 是通带和阻带的归一化截止频率，$\eta_{ph}=\Omega_{ph}/\Omega_{ch}$，$\eta_{sh}=\Omega_{sh}/\Omega_{ch}$。图 6-2-9(c) 是归一化低通滤波器的幅度特性，λ_p、λ_s 为归一化低通的通带、阻带截止频率，$\lambda_p=\Omega_p/\Omega_c$，$\lambda_s=\Omega_s/\Omega_c$，$\Omega_c$ 为低通滤波器的通带 3 dB 频率。

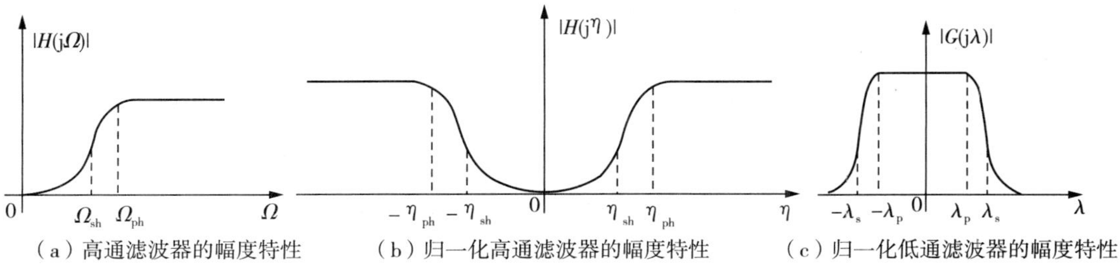

(a) 高通滤波器的幅度特性　(b) 归一化高通滤波器的幅度特性　(c) 归一化低通滤波器的幅度特性

图 6-2-9　高通滤波器和低通滤波器的幅度特性对比

根据 $|G(\mathrm{j}\lambda)|$ 的通带中心频率与 $|H(\mathrm{j}\eta)|$ 的通带中心频率之间的对应关系，不难发现：$\lambda \to 0^+$ 对应于 $\eta \to -\infty$；$\lambda \to +\infty$ 对应于 $\eta \to 0^-$，因此有

$$\lambda = -1/\eta \tag{6-2-43}$$

$|G(\mathrm{j}\lambda)|$ 的正频率部分与 $|H(\mathrm{j}\eta)|$ 的负频率部分对应，即 $-\eta_{\mathrm{ph}}$ 对应 λ_{p}，$-\eta_{\mathrm{sh}}$ 对应 λ_{s}。利用 $\lambda = -1/\eta$ 得到 λ_{p}、λ_{s} 如下：

$$\lambda_{\mathrm{p}} = -\frac{1}{-\eta_{\mathrm{ph}}} = \frac{1}{\eta_{\mathrm{ph}}}, \lambda_{\mathrm{s}} = -\frac{1}{-\eta_{\mathrm{sh}}} = \frac{1}{\eta_{\mathrm{sh}}}$$

上式将归一化高通滤波器的指标转化为归一化低通滤波器的指标。

根据式(6-2-11)有

$$\lambda_{\mathrm{sp}} = \frac{\Omega_{\mathrm{s}}}{\Omega_{\mathrm{p}}} = \frac{\lambda_{\mathrm{s}}}{\lambda_{\mathrm{p}}}$$

利用 λ_{sp} 和 α_{p}、α_{s} 就可以求出归一化低通系统 $G(p)$。

根据 $\lambda = -1/\eta$，有 $\mathrm{j}\lambda = \dfrac{1}{\mathrm{j}\eta}$，得到归一化复频率变量 p、q 之间的关系如下：

$$p = \frac{1}{q} \tag{6-2-44}$$

利用式(6-2-44)得到 $H(q)$：

$$H(q) = G(p)\big|_{p=1/q} \tag{6-2-45}$$

式(6-2-45)将低通系统转换为待设计的高通系统，再将 $q = s/\Omega_{\mathrm{ch}}$ 代入上式进行去归一化：

$$H(s) = H(q)\big|_{q=s/\Omega_{\mathrm{ch}}} \tag{6-2-46}$$

式(6-2-45)和式(6-2-46)可以合并成一步运算：

$$H(s) = G(p)\big|_{p=\frac{\Omega_{\mathrm{ch}}}{s}} \tag{6-2-47}$$

注意，式(6-2-47)中的 Ω_{ch} 是高通滤波器的通带 3 dB 频率。

总结以上，得到模拟高通滤波器的设计步骤如下：

(1) 确定高通滤波器的指标 Ω_{ph}、α_{p} 和 Ω_{sh}、α_{s}，并用 $\eta = \Omega/\Omega_{\mathrm{ch}}$ 来归一化截止频率；

(2) 确定归一化低通滤波器的指标，$\lambda_{\mathrm{p}} = \dfrac{1}{\eta_{\mathrm{ph}}}$，$\lambda_{\mathrm{s}} = \dfrac{1}{\eta_{\mathrm{sh}}}$，$\alpha_{\mathrm{p}}$ 和 α_{s} 不变；

(3) 设计归一化低通滤波器，得到其归一化系统函数 $G(p)$；

(4) 用 $p = \Omega_{\mathrm{ch}}/s$ 对 $G(p)$ 进行去归一化及频率转换，得到高通滤波器的系统函数 $H(s)$。

如果高通滤波器的 Ω_{ch} 未知，可以令 $\Omega_{ch}=\Omega_{ph}$，进行高通滤波器的频率归一化，这样 $\eta_{ph}=\dfrac{\Omega_{ph}}{\Omega_{ch}}=1$，$\lambda_p=\dfrac{1}{\eta_{ph}}=1$。在将 $G(p)$ 转换为 $H(s)$ 时，也可以令 $p=\dfrac{\Omega_{ph}}{s}$，但是所得的滤波器幅度特性会有一定误差。为减小误差，可以根据低通滤波器的通带 3 dB 频率 Ω_c 得到高通滤波器的通带 3 dB 频率 Ω_{ch}，不难得到二者的关系如下：

$$\Omega_{ch}=1/\Omega_c$$

可以根据式(6-2-15) 来求 Ω_c（为了保证通带指标有富裕）：

$$\Omega_c=\Omega_s\ (10^{0.1\alpha_s}-1)^{-\frac{1}{2N}}$$

上式中 Ω_s 为低通滤波器的阻带截止频率，$\Omega_s=1/\Omega_{sh}$。进一步得到

$$\Omega_{ch}=\Omega_{sh}\ (10^{0.1\alpha_s}-1)^{\frac{1}{2N}}$$

MATLAB 的 buttord 函数就是采用 $p=\Omega_{ch}/s$ 来设计高通滤波器，滤波器的幅度响应优于用 $p=\Omega_{ph}/s$ 所得系统的幅度响应。

【例 6-2-6】　设计巴特沃斯模拟高通滤波器，要求通带边界频率为 4 kHz，阻带边界频率为 1 kHz，通带最大衰减为 2 dB，阻带最小衰减为 30 dB。

解：(1) 高通指标为 $\Omega_{ph}=2\pi\times4000$，$\alpha_p=2$ dB，$\Omega_{sh}=2\pi\times1000$，$\alpha_s=30$ dB。

(2) 确定归一化低通指标。由于 Ω_{ch} 未知，因此用 Ω_{ph} 对高通滤波器进行频率归一化：$\eta_{ph}=1$，$\eta_{sh}=\Omega_{sh}/\Omega_{ph}=\dfrac{2\pi\times1000}{2\pi\times4000}=1/4$。

归一化低通指标为 $\lambda_p=\dfrac{1}{\eta_{ph}}=1$，$\lambda_s=\dfrac{1}{\eta_{sh}}=4$，$\alpha_p$ 和 α_s 不变。

(3) 设计归一化低通系统函数 $G(p)$。

$$\lambda_{sp}=\lambda_s/\lambda_p=4,\ k_{sp}=\sqrt{\frac{10^{\alpha_s/10}-1}{10^{\alpha_p/10}-1}}=\sqrt{\frac{999}{0.58}}=41.5$$

$$N=\frac{\lg 41.5}{\lg 4}=2.68，取\ N=3$$

查表 6-2-2 得到 $G(p)=\dfrac{1}{p^3+2p^2+2p+1}$。

(4) 先用 $p=\Omega_{ph}/s$ 对 $G(p)$ 进行转换。

$$H(s)=\frac{1}{p^3+2p^2+2p+1}\bigg|_{p=\Omega_{ph}/s}=\frac{s^3}{\Omega_{ph}^3+2\Omega_{ph}^2 s+2\Omega_{ph}s^2+s^3}$$

将 $\Omega_{ph}=8000\pi=25132$ 代入上式，得到

$$H_1(s)=\frac{s^3}{s^3+5.0264\times10^4 s^2+1.2632\times10^9 s+1.5873\times10^{13}}$$

下面用 $p=\Omega_{ch}/s$ 对 $G(p)$ 进行转换。先将 $\Omega_s=\frac{1}{\Omega_{sh}}=\frac{1}{2000\pi}$，$\alpha_s=30$ dB，$N=3$ 代入 $\Omega_{ch}=\Omega_{sh}(10^{0.1\alpha_s}-1)^{\frac{1}{2N}}$，计算得到 $\Omega_{ch}=19866$。利用 $p=\Omega_{ch}/s$ 得到

$$H_2(s)=\frac{s^3}{s^3+3.9732\times10^4s^2+7.893\times10^8s+7.84\times10^{12}}$$

$H_1(s)$ 和 $H_2(s)$ 的分母多项式的系数有一定差别。可以调用函数 buttord 和 butter 设计巴特沃斯高通滤波器，主要程序如下：

```
wp = 2 * pi * 4000;ws = 2 * pi * 1000;rp = 2;rs = 30;  % 高通滤波器指标参数
[N,wc] = buttord(wp,ws,rp,rs,'s');  % 计算滤波器阶数 N 和 3 dB 频率
[B,A] = butter(N,wc,'high','s');  % 计算系统函数分子分母多项式系数
```

程序运行结果：

```
N = 3,wc = 19866;
B = [1  0  0  0];A = [1  3.9732e+04  7.8931e+08  7.8401e+12]
```

由 B 和 A 写出高通滤波器系统函数：

$$H_3(s)=\frac{s^3}{s^3+3.9732\times10^4s^2+7.8931\times10^8s+7.8401\times10^{12}}$$

可见，$H_3(s)$ 与 $H_2(s)$ 的分母多项式系数基本相等。

2. 带通滤波器的设计

图 6-2-10(a) 为带通滤波器的幅度特性，Ω_{pl}、Ω_{pu} 分别为通带的下截止频率和上截止频率，Ω_{sl} 为下阻带截止频率，Ω_{su} 为上阻带截止频率，通带带宽为 $B=\Omega_{pu}-\Omega_{pl}$。图 6-2-10(b) 是归一化带通滤波器的幅度特性，频率归一化公式为 $\eta=\Omega/B$。$\eta_{pu}=\Omega_{pu}/B$，$\eta_{pl}=\Omega_{pl}/B$，$\eta_{su}=\Omega_{su}/B$，$\eta_{sl}=\Omega_{sl}/B$，不难得到 $\eta_{pu}-\eta_{pl}=1$。图 6-2-10(c) 是归一化低通滤波器的幅度特性。下面推导 λ 与 η 之间的转换公式。

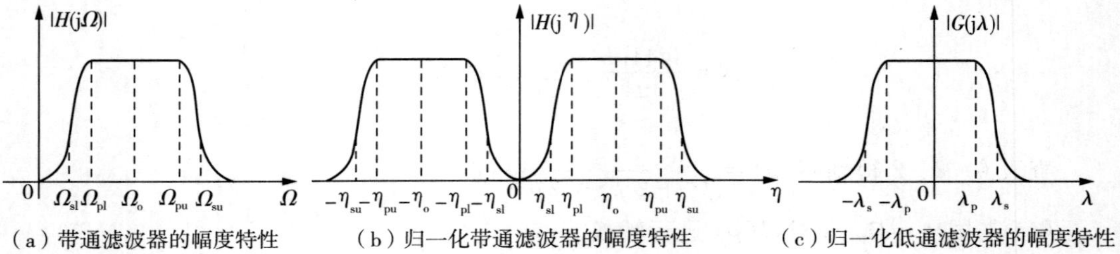

(a) 带通滤波器的幅度特性　　(b) 归一化带通滤波器的幅度特性　　(c) 归一化低通滤波器的幅度特性

图 6-2-10　带通滤波器和低通滤波器的幅度特性对比

根据图 6-2-10 中 $|G(j\lambda)|$ 的通带中心、阻带中心与 $|H(j\eta)|$ 的通带中心、阻带中心之间的对应关系，不难发现：

(1) $\lambda=0$ 对应 $\eta=\pm\eta_0$，得到关系式：$\lambda=\eta^2-\eta_0^2$，η_0 为通带几何中心，其值待定。

(2) $\lambda\to\pm\infty$ 对应 $\eta=0$，得到关系式：$\lambda=b/\eta$，b 待定。

综合(1)(2) 可以得到

$$\lambda = b(\eta^2 - \eta_0^2)/\eta$$

将 $\eta = \eta_{pu}$ 对应 $\lambda = \lambda_p$，$\eta = \eta_{pl}$ 对应 $\lambda = -\lambda_p$，代入上式得到

$$\lambda_p = b(\eta_{pu}^2 - \eta_0^2)/\eta_{pu}$$

$$-\lambda_p = b(\eta_{pl}^2 - \eta_0^2)/\eta_{pl}$$

可令归一化低通滤波器的$\lambda_p = 1$，且$\eta_{pu} - \eta_{pl} = 1$，解上面两式可得

$$b = 1,\ \eta_0^2 = \eta_{pu}\eta_{pl}$$

因此，带通滤波器和低通滤波器之间的频率转换公式为

$$\lambda = \frac{\eta^2 - \eta_0^2}{\eta},\ \eta_0^2 = \eta_{pu}\eta_{pl} \tag{6-2-48}$$

对比图 6-2-10(b) 和图 6-2-10(c) 可知，η_{su} 对应λ_s，η_{sl} 对应$-\lambda_s$。利用式(6-2-48) 得到低通滤波器的归一化截止频率：

$$\lambda_{s_1} = \frac{\eta_{su}^2 - \eta_0^2}{\eta_{su}},\ \lambda_{s_2} = -\frac{\eta_{sl}^2 - \eta_0^2}{\eta_{sl}}$$

λ_{s_1} 和λ_{s_2} 的值可能不相等，取其中较小者作为λ_s，这样在较大者处的阻带衰减指标就会有富裕。

下面推导从归一化低通滤波器到模拟带通滤波器的转换公式。根据式(6-2-48) 有

$$p = j\lambda = j\frac{\eta^2 - \eta_0^2}{\eta} = \frac{(j\eta)^2 + \eta_0^2}{j\eta} = \frac{q^2 + \eta_0^2}{q} \tag{6-2-49}$$

为了去归一化，将 $q = s/B$ 代入式(6-2-49)，得到

$$p = \frac{s^2 + \Omega_{pu}\Omega_{pl}}{s(\Omega_{pu} - \Omega_{pl})} \tag{6-2-50}$$

因此

$$H(s) = G(p)\mid_{p=\frac{s^2+\Omega_{pu}\Omega_{pl}}{s(\Omega_{pu}-\Omega_{pl})}} \tag{6-2-51}$$

需要注意，如果 $G(p)$ 是 N 阶滤波器，经过式(6-2-51) 的转换后，$H(s)$ 的阶数为 $2N$。

总结模拟带通滤波器的设计步骤如下：

(1) 确定模拟带通滤波器的指标 Ω_{pl}、Ω_{pu}、α_p 和 Ω_{sl}、Ω_{su}、α_s，并对截止频率归一化；

(2) 确定归一化低通滤波器指标，$\lambda_p=1$，$\lambda_s=\min\left\{\dfrac{\eta_{su}^2-\eta_0^2}{\eta_{su}}, -\dfrac{\eta_{sl}^2-\eta_0^2}{\eta_{sl}}\right\}$，$\alpha_p$ 和 α_s 不变；

(3) 设计归一化低通系统 $G(p)$；

(4) 根据式(6-2-51) 对 $G(p)$ 进行去归一化及频率转换得到带通滤波器 $H(s)$。

因为巴特沃斯低通滤波器的归一化频率不是 Ω_p，而是 Ω_c，将 $B=\Omega_{pu}-\Omega_{pl}$ 代入式(6-2-49) 进行去归一化，系统幅度响应会有误差。设 B_c 为带通滤波器的通带 3 dB 频率，应该用 $q=s/B_c$ 进行去归一化。下面求 B_c 并进行去归一化。

对比图 6-2-10(a) 和图 6-2-10(c)，不难得到 $\dfrac{\lambda_c}{\lambda_p}=\dfrac{B_c}{B}$，而 $\lambda_p=1$，则 $B_c=\lambda_c B$。归一化低通滤波器的 3 dB 截止频率 $\lambda_c=\lambda_s(10^{0.1\alpha_s}-1)^{-1/2N}$。

用 B_c 对带通滤波器进行频率归一化：$\eta_{pu}=\Omega_{pu}/B_c$，$\eta_{pl}=\Omega_{pl}/B_c$，再将 $\eta_0^2=\eta_{pu}\eta_{pl}$ 和 $q=s/B_c$ 代入式(6-2-49) 进行去归一化：

$$p=\frac{q^2+\eta_0^2}{q}\bigg|_{q=s/B_c}=\frac{s^2+\Omega_{pu}\Omega_{pl}}{s\lambda_c(\Omega_{pu}-\Omega_{pl})} \tag{6-2-52}$$

因此

$$H(s)=G(p)\big|_{p=\frac{s^2+\Omega_{pu}\Omega_{pl}}{s\lambda_c(\Omega_{pu}-\Omega_{pl})}} \tag{6-2-53}$$

【例 6-2-7】 设计巴特沃斯模拟带通滤波器，通带上、下边界频率分别为 7 kHz 和 4 kHz，阻带上、下边界频率分别为 9 kHz 和 2 kHz，通带最大衰减为 1 dB，阻带最小衰减为 20 dB。

解：(1) 所给带通滤波器指标：

$$f_{pl}=4\ \text{kHz}, f_{pu}=7\ \text{kHz}, \alpha_p=1\ \text{dB}$$

$$f_{sl}=2\ \text{kHz}, f_{su}=9\ \text{kHz}, \alpha_s=20\ \text{dB}$$

$B=f_{pu}-f_{pl}=3$ kHz，归一化带通指标为

$$\eta_{pl}=f_{pl}/B=4/3, \eta_{pu}=f_{pu}/B=7/3, \alpha_p=1\ \text{dB}$$

$$\eta_{sl}=f_{sl}/B=2/3, \eta_{su}=f_{su}/B=9/3, \alpha_s=20\ \text{dB}$$

(2) 计算归一化低通指标：

$$\lambda_p=1, \lambda_{s_1}=\frac{\eta_{su}^2-\eta_0^2}{\eta_{su}}=1.96, \lambda_{s_2}=-\frac{\eta_{sl}^2-\eta_0^2}{\eta_{sl}}=4$$

取 $\lambda_p=1$、$\alpha_p=1$ dB，$\lambda_s=1.96$，$\alpha_s=20$ dB。

(3) 计算得到 $N=4.48$，取 $N=5$，查表得归一化低通函数 $G(p)$。

(4) 用式(6-2-51) 将 $G(p)$ 转换成带通滤波器的系统函数 $H(s)$。

可调用 MATLAB 中 buttord 和 butter 函数设计巴特沃斯模拟带通滤波器，主要程序如下：

```
wp = 2 * pi * [4000,7000];ws = 2 * pi * [2000,9000];rp = 1;rs = 20;   % 设置带通指标
[N,wc] = buttord(wp,ws,rp,rs,'s');   % 计算阶数 N 和 3 dB 截止频率
[B,A] = butter(N,wc,'s');   % 计算系统函数分子分母多项式系数向量 B 和 A
```

程序运行结果：

```
N = 5
B = [0  0  0  0  0  6.9703e + 21  0  0  0  0  0]
A = [1  7.5625e + 04  8.3866e + 09  4.0121e + 14  2.2667e + 19  7.0915e + 23  2.5056e +
28  4.9024e + 32  1.1328e + 37  1.1291e + 41 1.6504e + 45]
```

$N=5$，带通滤波器阶数为 10。10 阶巴特沃斯模拟带通滤波器的损耗函数曲线如图 6－2－11 所示。

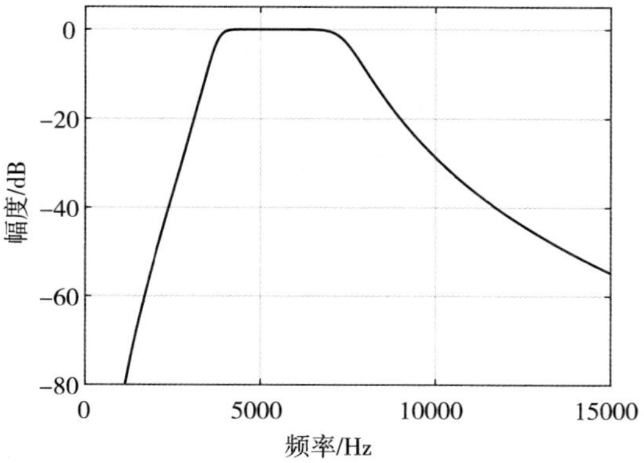

图 6－2－11　10 阶巴特沃斯模拟带通滤波器的损耗函数曲线

3．带阻滤波器的设计

图 6－2－12(a) 为带阻滤波器的幅度特性，Ω_{pl}、Ω_{pu} 分别为下通带截止频率和上通带截止频率，Ω_{sl} 为阻带的下截止频率，Ω_{su} 为阻带的上截止频率，阻带带宽为 $B=\Omega_{su}-\Omega_{sl}$。图 6－2－12(c) 是归一化带阻滤波器的幅度特性，频率归一化公式为 $\eta=\Omega/B$。$\eta_{su}=\Omega_{su}/B$，$\eta_{sl}=\Omega_{sl}/B$，$\eta_{pu}=\Omega_{pu}/B$，$\eta_{pl}=\Omega_{pl}/B$，不难得到 $\eta_{su}-\eta_{sl}=1$。图 6－2－12(b) 是归一化低通滤波器的幅度特性。下面推导 λ 与 η 之间的转换公式。

根据图 6－2－12 中 $|G(j\lambda)|$ 的通带中心、阻带中心与 $|H(j\eta)|$ 的通带中心、阻带中心之间的对应关系，不难发现：

(1)$\lambda\to+\infty$ 对应 $\eta=\eta_0$，得到关系式：$\lambda=1/(\eta_0-\eta)$，η_0 为阻带几何中心，其值待定。

(2)$\lambda\to-\infty$，对应 $\eta=-\eta_0$，得到关系式：$\lambda=1/(\eta_0+\eta)$。

(3)$\lambda=0$，对应 $\eta=0$，得到关系式：$\lambda=b\eta$，b 待定。

综合(1)(2)(3) 得到

$$\lambda=b\eta/(\eta_0^2-\eta^2)$$

将 $\eta=\eta_{su}$ 对应 $\lambda=-\lambda_s$，$\eta=\eta_{sl}$ 对应 $\lambda=\lambda_s$ 代入上式得到

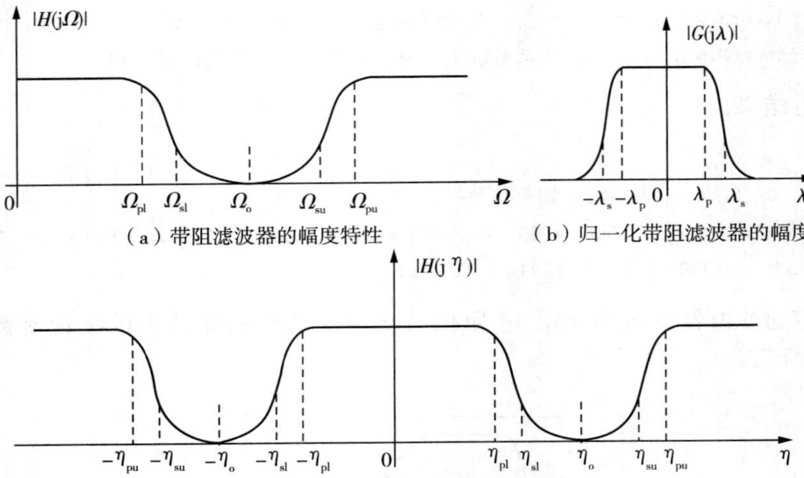

（a）带阻滤波器的幅度特性　（b）归一化带阻滤波器的幅度特性

（c）归一化低通滤波器的幅度特性

图 6-2-12　带阻滤波器和低通滤波器的幅度特性对比

$$-\lambda_s = b\eta_{su}/(\eta_0^2 - \eta_{su}^2)$$

$$\lambda_s = b\eta_{sl}/(\eta_0^2 - \eta_{sl}^2)$$

已知$\eta_{su} - \eta_{sl} = 1$，再令$\lambda_s = 1$，解得

$$b = 1,\ \eta_0^2 = \eta_{su}\eta_{sl}$$

因此，带阻滤波器和低通滤波器之间的频率转换公式为

$$\lambda = \frac{\eta}{\eta_0^2 - \eta^2},\ \eta_0^2 = \eta_{su}\eta_{sl} \tag{6-2-54}$$

对比图 6-2-12(b) 和图 6-2-12(c) 可知，η_{pu} 对应 $-\lambda_p$，η_{pl} 对应λ_p。利用式(6-2-54) 得到低通滤波器的归一化截止频率：

$$\lambda_{p_1} = -\frac{\eta_{pu}}{\eta_0^2 - \eta_{pu}^2},\ \lambda_{p_2} = \frac{\eta_{pl}}{\eta_0^2 - \eta_{pl}^2}$$

取λ_{p_1} 和λ_{p_2} 的较大的值作为λ_p 以保证通带指标有富裕。不难推导出$\lambda_p < 1$。

根据λ_p、λ_s 以及α_p、α_s 就可以设计得到$G(p)$。下面推导从$G(p)$ 到模拟带阻滤波器的转换公式。根据式(6-2-54) 有

$$p = j\lambda = j\frac{\eta}{\eta_0^2 - \eta^2} = \frac{q}{q^2 + \eta_0^2} \tag{6-2-55}$$

将 $q = s/B$ 代入式(6-2-55)，得到

$$p = \frac{s(\Omega_{su} - \Omega_{sl})}{s^2 + \Omega_{su}\Omega_{sl}} \tag{6-2-56}$$

因此

$$H(s)=G(p)\mid_{p=\frac{s(\Omega_{su}-\Omega_{sl})}{s^2+\Omega_{su}\Omega_{sl}}} \tag{6-2-57}$$

和带通滤波器一样，带阻滤波器的阶数也是低通滤波器阶数的两倍。

模拟带阻滤波器的设计步骤如下：

(1) 确定模拟带通滤波器的指标 Ω_{pl}、Ω_{pu}、α_p 和 Ω_{sl}、Ω_{su}、α_s，并对截止频率归一化；

(2) 确定归一化低通滤波器指标，$\lambda_s=1$，$\lambda_p=\max\left\{-\frac{\eta_{pu}}{\eta_0^2-\eta_{pu}^2},\frac{\eta_{pl}}{\eta_0^2-\eta_{pl}^2}\right\}$，$\alpha_p$ 和 α_s 不变；

(3) 设计归一化低通系统 $G(p)$；

(4) 用式(6-2-57) 对 $G(p)$ 进行去归一化及频率转换得到带阻滤波器 $H(s)$。

需要注意，设计带通滤波器时用 $B=\Omega_{pu}-\Omega_{pl}$ 作为归一化带宽，以确保通带几何中心 η_0 在 Ω_{pu}/B 和 Ω_{pl}/B 之间。而设计带阻滤波器时用 $B=\Omega_{su}-\Omega_{sl}$ 作为归一化带宽，以确保阻带几何中心 η_0 在 Ω_{su}/B 和 Ω_{sl}/B 之间。

和带通滤波器一样，直接将 $B=\Omega_{su}-\Omega_{sl}$ 代入式(6-2-55) 来设计带阻滤波器，系统幅度响应也会存在一定误差。令 B_c 为阻带的 3 dB 带宽，不难得到：

$$\frac{\lambda_c}{\lambda_p}=\frac{B_c}{B}$$

将 $\lambda_c=\lambda_s(10^{0.1\alpha_s}-1)^{-1/2N}$ 和 $\lambda_s=1$ 代入上式，得到

$$B_c=\frac{1}{\lambda_p}(10^{0.1\alpha_s}-1)^{-1/2N}B \tag{6-2-58}$$

用 B_c 对边界频率归一化，将 $\eta_{su}=\Omega_{su}/B_c$，$\eta_{sl}=\Omega_{sl}/B_c$，$q=s/B_c$ 代入式(6-2-55) 得到

$$p=\frac{sB_c}{s^2+\Omega_{su}\Omega_{sl}} \tag{6-2-59}$$

【例 6-2-8】 设计模拟带阻滤波器，要求阻带上、下边界频率分别为 4 kHz 和 7 kHz，通带上下边界频率分别为 2 kHz 和 9 kHz，通带最大衰减为 1 dB，阻带最小衰减为 20 dB。

解：(1) 所给带通滤波器指标：

$$f_{sl}=4\ \text{kHz},f_{su}=7\ \text{kHz},\alpha_s=20\ \text{dB},f_{pl}=2\ \text{kHz},f_{pu}=9\ \text{kHz},\alpha_p=1\ \text{dB}$$

$B=f_{su}-f_{sl}=3$ kHz，归一化带通滤波器指标为

$$\eta_{pl}=f_{pl}/B=2/3,\eta_{pu}=f_{pu}/B=3,\alpha_p=1\ \text{dB}$$

$$\eta_{sl}=f_{sl}/B=4/3,\eta_{su}=f_{su}/B=7/3,\alpha_s=20\ \text{dB}$$

(2) 计算归一化低通指标：

$$\lambda_s=1,\lambda_{p_1}=-\frac{\eta_{pu}}{\eta_0^2-\eta_{pu}^2}=0.51,\lambda_{p_2}=\frac{\eta_{pl}}{\eta_0^2-\eta_{pl}^2}=0.25$$

取 $\lambda_p=0.51$，$\alpha_p=1$ dB，$\lambda_s=1$，$\alpha_s=20$ dB。

(3) 求归一化低通系统函数 $G(p)$。设计过程与例 6-2-1 完全相同。

$$\lambda_{sp}=\lambda_s/\lambda_p=1.96,k_{sp}=\sqrt{\frac{10^{\alpha_s/10}-1}{10^{\alpha_p/10}-1}}=\sqrt{\frac{99}{0.26}}=19.5$$

$$N=\frac{\lg 19.5}{\lg 1.96}=4.4,\text{取 } N=5$$

(4) 用式(6-2-57) 将 $G(p)$ 转换成带通滤波器的系统函数 $H(s)$。

可以调用 MATLAB 中的 buttord、butter、ellipord 和 ellip 函数直接设计巴特沃斯带阻滤波器、椭圆带阻滤波器，主要程序如下：

```
wp = 2 * pi * [2000,9000];ws = 2 * pi * [4000,7000];rp = 1;rs = 20;   % 设置带阻滤波器指标参数
[N1,wc1] = buttord(wp,ws,rp,rs,'s');   % 计算带阻滤波器阶数 N 和 3 dB 截止频率
[B1,A1] = butter(N1,wc1,'stop','s');   % 计算带阻滤波器系统函数多项式系数
[N2,wc2] = ellipord(wp,ws,rp,rs,'s');   % 计算带阻滤波器阶数 N 和 3 dB 截止频率
[B2,A2] = ellip(N2,rp,rs,wc2,'stop','s');   % 计算带阻滤波器系统函数多项式系数
```

程序运行结果：

```
N1 = 5
B1 = [1, 0, 5.527e + 09, 0, 1.2219e + 19, 0, 1.3507e + 28, 0, 7.4652e + 36, 0, 1.6504e + 45]
A1 = [1, 9.6579e + 04, 1.0191e + 10, 5.6622e + 14, 3.0252e + 19, 1.0394e + 24, 3.3441e + 28,
6.9186e + 32, 1.3764e + 37, 1.442e + 041, 1.6504e + 045]
N2 = 3
B2 = [1,  - 1.8190e - 12,  3.0648e + 09,  - 0.0017,  2.1179e + 18, - 3.0854e + 05,
3.5884e + 26]
A2 = [1,  8.2096e + 04, 4.9449e + 09, 2.4468e + 14, 3.5139e + 18, 4.1456e + 22, 3.5884e + 26]
```

带阻滤波器是 $2N$ 阶的。10 阶巴特沃斯带阻滤波器和 6 阶椭圆带阻滤波器的损耗函数如图 6-2-13 所示。

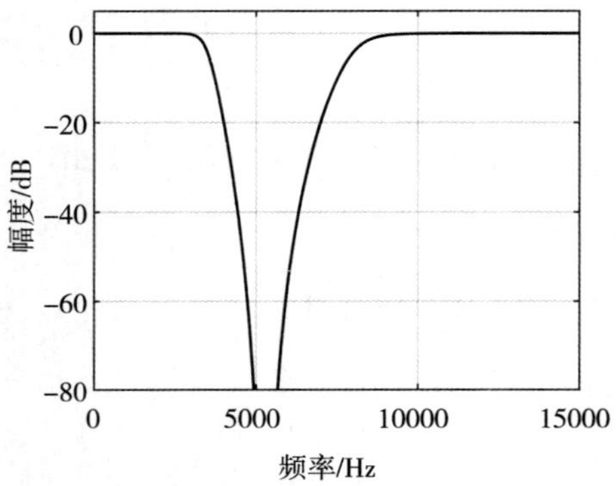

(a) 10阶巴特沃斯带阻滤波器的损耗函数

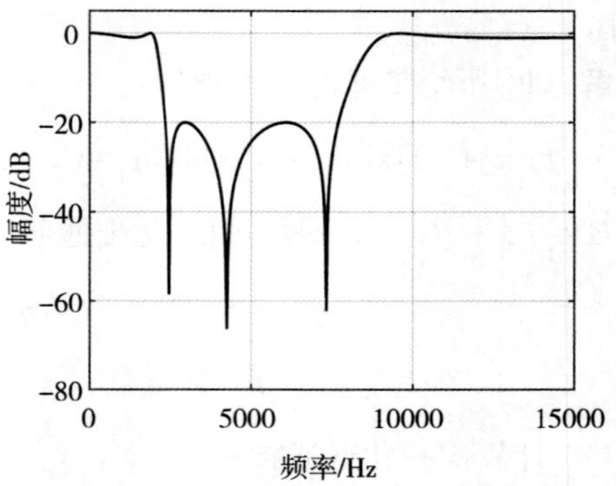

(b) 6阶椭圆带阻滤波器的损耗函数

图 6-2-13　10 阶巴特沃斯带阻滤波器和 6 阶椭圆带阻滤波器的损耗函数对比

6.3　用脉冲响应不变法设计 IIR 数字低通滤波器

借助模拟滤波器来设计数字 IIR 滤波器是一种间接设计法。其设计步骤是先将数字滤波器技术指标转换为模拟滤波器的技术指标，并设计模拟滤波器 $H(s)$，再将 $H(s)$ 转换成数字滤波器 $H(z)$。$H(s)$ 转换成 $H(z)$ 时要满足以下要求：

(1) s 平面的左半平面映射到 z 平面的单位圆内部，以保证数字系统的因果稳定性。

(2) 数字滤波器的幅度响应模仿模拟滤波器的幅度响应，数字频率和模拟频率之间呈线性关系。

将系统函数 $H(s)$ 转换为 $H(z)$ 的方法有多种，常用方法有脉冲响应不变法和双线性变换法，本节先介绍脉冲响应不变法。脉冲响应不变法是一种时域逼近方法，它是对模拟滤波器单位冲击响应 $h(t)$ 进行采样得到 $h(n)$，将 $h(n)$ 作为数字滤波器的单位脉冲响应。

下面推导从 $H(s)$ 到 $H(z)$ 的转换公式。设 $H(s)$ 只有单阶极点，且分母多项式的阶次高于分子多项式的阶次，此时可以将 $H(s)$ 用部分分式表示为

$$H(s)=\sum_{i=1}^{N}\frac{A_i}{s-s_i} \tag{6-3-1}$$

式(6－3－1)中，s_i 为 $H(s)$ 的单阶极点。对 $H(s)$ 进行逆变换，得到

$$h(t)=\sum_{i=1}^{N}A_i e^{s_i t}u(t) \tag{6-3-2}$$

式(6－3－2)中，$u(t)$ 是单位阶跃函数。对 $h(t)$ 进行等间隔采样，采样间隔为 T，得到

$$h(n)=h(nT)=\sum_{i=1}^{N}A_i e^{s_i nT}u(nT) \tag{6-3-3}$$

对式(6－3－3)进行 Z 变换，得到数字滤波器的系统函数 $H(z)$ 如下：

$$H(z)=\sum_{i=1}^{N}\frac{A_i}{1-e^{s_i T}z^{-1}} \tag{6-3-4}$$

对比式(6－3－1)和式(6－3－4)，$H(s)$ 的极点 s_i 映射到 z 平面的极点为 $e^{s_i T}$，系数 A_i 不变。

下面分析 s 平面和 z 平面之间的映射关系，从而找到这种转换方法的优缺点。这里以理想采样信号 $\hat{h}(t)$ 作为桥梁来推导该映射关系。$\hat{h}(t)$ 表示如下：

$$\hat{h}(t)=\sum_{n=-\infty}^{+\infty}h(t)\delta(t-nT)$$

对 $\hat{h}(t)$ 进行拉氏变换，得到

$$\hat{H}(s)=\int_{-\infty}^{+\infty}\hat{h}(t)e^{-st}dt=\int_{-\infty}^{+\infty}\left[\sum_{n=-\infty}^{+\infty}h(t)\delta(t-nT)\right]e^{-st}dt=\sum_{n=-\infty}^{+\infty}h(nT)e^{-snT}$$

上式中，$h(n)=h(nT)$，因此有

$$\hat{H}(s)=\sum_{n=-\infty}^{+\infty}h(n)e^{-snT}=\sum_{n=-\infty}^{+\infty}h(n)z^{-n}\Big|_{z=e^{sT}}=H(z)\mid_{z=e^{sT}} \quad (6-3-5)$$

可见 $\hat{h}(t)$ 的拉氏变换与相应的采样序列 $h(n)$ 的 z 变换之间的映射关系为

$$z=e^{sT} \quad (6-3-6)$$

式(6－3－6)就是脉冲响应不变法对应的 s 平面到 z 平面的映射关系。

设 $s=\sigma+j\Omega$，$z=re^{j\omega}$，按照式(6－3－6)得到 $re^{j\omega}=e^{\sigma T}e^{j\Omega T}$，因此有

$$r=e^{\sigma T},\omega=\Omega T \quad (6-3-7)$$

$\omega=\Omega T$ 表明数字频率与模拟角频率之间是线性关系。由 $r=e^{\sigma T}$ 可知：

$$\begin{cases}\sigma=0\rightarrow r=1\\ \sigma<0\rightarrow r<1\\ \sigma>0\rightarrow r>1\end{cases}$$

也就是说，s 平面的虚轴($\sigma=0$)映射为 z 平面的单位圆($r=1$)，s 平面左半平面($\sigma<0$)映射为 z 平面单位圆内($r<1$)，s 平面右半平面($\sigma>0$)映射为 z 平面单位圆外($r>1$)。可见，该映射保持了系统的因果稳定性。

由于下式成立：

$$z=e^{sT}=e^{\sigma T}e^{j(\Omega+\frac{2\pi}{T}M)T},\ M\text{ 为任意整数}$$

所以 $z=e^{sT}$ 是一个周期为 $2\pi/T$ 的周期函数。映射 $z=e^{sT}$ 的实质是将 s 平面沿着虚轴分割成一条条宽为 $2\pi/T$ 的条带，每个条带都映射为整个 z 平面，Ω 从 $(2M-1)\pi/T$ 到 $(2M+1)\pi/T$ 对应 ω 从 $-\pi$ 变化到 π，具体如图 6－3－1 所示。

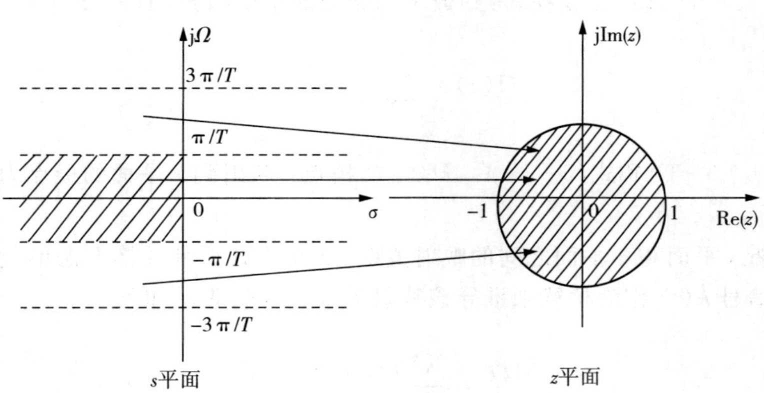

图 6－3－1 脉冲响应不变法 s 平面和 z 平面之间的映射关系

下面进一步讨论数字滤波器的幅频特性与模拟滤波器的幅频特性之间的关系。由式(2-1-38)和式(2-1-39)得到

$$\hat{H}(\mathrm{j}\Omega)=\frac{1}{T}\sum_{k=-\infty}^{+\infty}H\left(\mathrm{j}\Omega-\mathrm{j}\,\frac{2\pi}{T}k\right) \tag{6-3-8}$$

$$H(\mathrm{e}^{\mathrm{j}\omega})=\frac{1}{T}\sum_{k=-\infty}^{+\infty}H\left(\mathrm{j}\,\frac{\omega}{T}-\frac{2\pi k}{T}\right) \tag{6-3-9}$$

式(6-3-8)说明$\hat{H}(\mathrm{j}\Omega)$是$H(\mathrm{j}\Omega)$以$2\pi/T$为周期的周期延拓函数，如果$H(\mathrm{j}\Omega)$不是限于$\pm\pi/T$之间，$\hat{H}(\mathrm{j}\Omega)$则会在$\pi/T$的奇数倍附近产生频谱混叠。映射到$z$平面，$H(\mathrm{e}^{\mathrm{j}\omega})$就会在$\omega=\pm\pi$附近产生频谱混叠。如图 6-3-2 所示，频谱混叠会使数字滤波器在$\omega=\pm\pi$附近的频率特性偏离模拟滤波器在$\pm\pi/T$附近的频率特性。因此，脉冲响应不变法只能设计低通或者带通数字滤波器，不能设计高通滤波器和带阻滤波器。

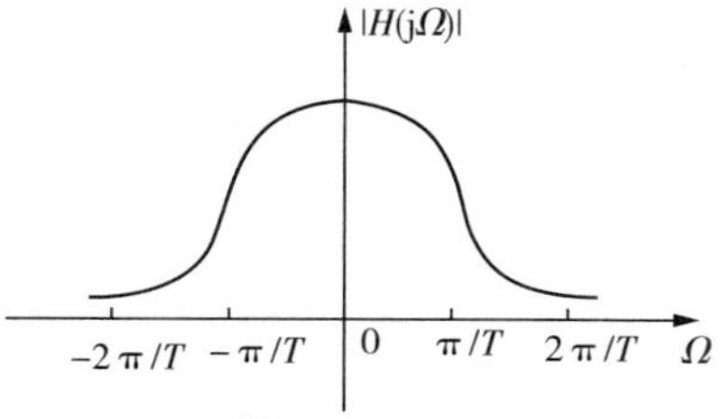

(a) 模拟滤波器幅度响应

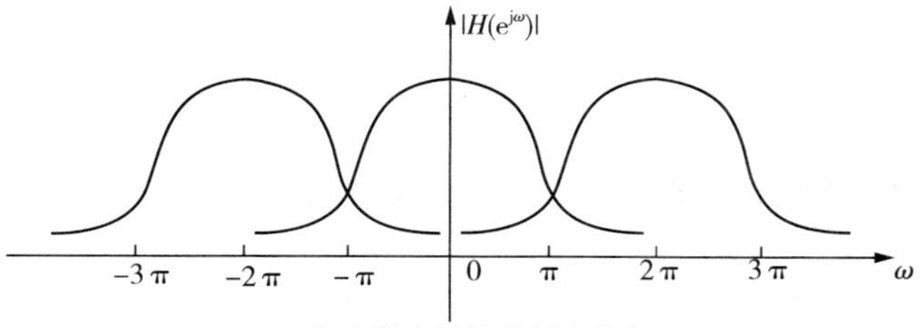

(b) 数字滤波器幅度响应

图 6-3-2　脉冲响应不变法的频谱混叠示意图

假设$\hat{H}(\mathrm{j}\Omega)$没有频谱混叠现象，即

$$H(\mathrm{j}\Omega)=0,\ |\Omega|>\frac{\pi}{T}$$

由式(6-3-9)得到

$$H(\mathrm{e}^{\mathrm{j}\omega})=\frac{1}{T}H\left(\mathrm{j}\,\frac{\omega}{T}\right),\ |\omega|<\pi \tag{6-3-10}$$

式(6-3-10)说明，如果不考虑频谱混叠现象，用脉冲响应不变法设计的数字滤波器可以很好地重现原模拟滤波器的频响特性。但是，$H(\mathrm{e}^{\mathrm{j}\omega})$的幅度与采样间隔成反比，当$T$很小时，$|H(\mathrm{e}^{\mathrm{j}\omega})|$的幅度会很大。为避免这一问题，令

$$h(n) = T \cdot h(nT)$$

那么

$$H(z) = \sum_{i=1}^{N} \frac{TA_i}{1 - e^{s_i T} z^{-1}} \tag{6-3-11}$$

此时

$$H(e^{j\omega}) = H\left(j\,\frac{\omega}{T}\right), |\omega| < \pi \tag{6-3-12}$$

$H(s)$ 的极点s_i 一般是复数，且共轭成对出现，将式(6－3－1) 中一对复数共轭极点s_i 和 s_i^* 放在一起，形成一个二阶节。设模拟滤波器的二阶节的形式为

$$H_i(s) = \frac{s + \sigma_i}{(s + \sigma_i)^2 + \Omega_i^2} \tag{6-3-13}$$

其极点为 $-\sigma_i \pm j\Omega_i$。可以推导出相应的数字滤波器二阶节(只有实数乘法) 的形式为

$$H_i(z) = \frac{1 - z^{-1} e^{-\sigma_i T} \cos\Omega_i T}{1 - 2z^{-1} e^{-\sigma_i T} \cos\Omega_i T + z^{-2} e^{-2\sigma_i T}} \tag{6-3-14}$$

如果模拟滤波器二阶节的形式为

$$H_i(s) = \frac{\Omega_i}{(s + \sigma_i)^2 + \Omega_i^2} \tag{6-3-15}$$

其极点为 $-\sigma_i \pm j\Omega_i$，则对应的数字滤波器二阶节的形式为

$$H_i(z) = \frac{z^{-1} e^{-\sigma_i T} \sin\Omega_i T}{1 - 2z^{-1} e^{-\sigma_i T} \cos\Omega_i T + z^{-2} e^{-2\sigma_i T}} \tag{6-3-16}$$

式(6－3－14) 和式(6－3－16) 避免了复数乘法，简化了系统运算。

从时域上看，数字滤波器的单位脉冲响应能很好地逼近模拟滤波器的单位冲激响应。但是，有限阶的模拟滤波器不可能是理想带限的，所以，脉冲响应不变法的缺点是会产生不同程度的频谱混叠，其适合用于低通滤波器和带通滤波器的设计，不适合用于高通滤波器和带阻滤波器的设计。

对于脉冲响应不变法，如果给定了模拟滤波器的指标或者系统函数 $H(s)$，选择 T 时，要使得 $|\Omega_s| < \pi/T$，并且 T 越小，Ω_s 离 π/T 就越远，频谱混叠就越小。如果先给定了数字低通滤波器的技术指标，满足$\omega_s < \pi$，而 $\Omega_s = \omega_s/T$，那么一定满足 $\Omega_s < \pi/T$，这样 T 可以任选。此时，频谱混叠程度完全取决于α_s，α_s 越小，混叠越小。

MATLAB 中的 impinvar 函数就是采用脉冲响应不变法将模拟滤波器转换为数字滤波器。该函数调用格式如下：

```
[Bz,Az]=impinvar(B,A,Fs)
```

将分子、分母多项式系数向量为 B、A 的模拟滤波器 $H(s)$ 转换成数字滤波器 $H(z)$。$H(z)$ 的分子、分母多项式系数向量为 Bz、Az。Fs 为采样频率。Fs 缺省时，其值为 1 Hz。

【例 6-3-1】　用脉冲响应不变法设计数字低通滤波器，要求通带和阻带具有单调下降特性，指标参数如下：$\omega_p=0.2\pi$ rad，$\alpha_p=2$ dB，$\omega_s=0.7\pi$ rad，$\alpha_s=20$ dB。

解：(1) 取 $T=1$，将数字滤波器设计指标转换为模拟滤波器指标。

$$\Omega_p=\frac{\omega_p}{T}=0.2\pi \text{ rad/s},\alpha_p=2 \text{ dB}$$

$$\Omega_s=\frac{\omega_s}{T}=0.7\pi \text{ rad/s},\alpha_s=20 \text{ dB}$$

(2) 选择巴特沃斯滤波器，设计模拟滤波器 $G(s)$，设计过程同例 6-2-1，求得阶数 $N=3$。

(3) 按照式(6-3-1) 和式(6-3-11)，将 $G(s)$ 转换成 $G(z)$：

$$G(s)=\sum_{k=1}^{3}\frac{A_k}{s-s_k},G(z)=\sum_{k=1}^{3}\frac{TA_k}{1-e^{s_kT}z^{-1}}$$

上式计算繁琐，可以用 MATLAB 函数来设计，T 分别取 1 s 和 0.025 ms，主要程序如下：

```
T = 1;Fs = 1/T;wp = 0.2 * pi/T;ws = 0.7 * pi/T;rp = 2;rs = 20;
[N1,wc1] = buttord(wp,ws,rp,rs,'s');
[B1,A1] = butter(N1,wc1,'s');
fk = 0:Fs/2/512:Fs/2;wk = 2 * pi * fk;
Hk = freqs(B1,A1,wk);
subplot(2,2,1);plot(fk,20 * log10(abs(Hk)));
[Bz1,Az1] = impinvar(B1,A1,Fs);
wk = 0:2 * pi/256:2 * pi
Hz = freqz(Bz1,Az1,wk);
subplot(2,2,2);plot(wk/pi,20 * log10(abs(Hz)));
% T = 0.025ms 时的设计程序省略
```

程序运行结果如下：

(1) $T=1$ s 时得到的模拟滤波器系统函数分子、分母多项式的系数向量为

$$B_1=[0\quad 0\quad 0\quad 1.0689],A_1=[1\quad 2.0449\quad 2.0908\quad 1.0689]$$

(2) $T=1$ s 时得到的数字滤波器系统函数分子、分母多项式的系数向量为

$$B_{z1}=[0\quad 0.2538\quad 0.1296\quad 0],A_{z1}=[1\quad -1.1189\quad 0.6328\quad -0.1294]$$

(3) $T=0.025$ ms 时得到的模拟滤波器系统函数分子、分母多项式的系数向量为

$$B_2=[0\quad 0\quad 0\quad 68407877356244.9]$$

$$A_2=[1\quad 81795.9939120234\quad 3345292310.02789\quad 68407877356244.9]$$

(4)$T=0.025$ ms时得到的数字滤波器系统函数分子、分母多项式的系数向量为

$$B_{z2}=[0\quad 0.2538\quad 0.1296\quad 0],A_{z2}=[1\quad -1.1189\quad 0.6328\quad -0.1294]$$

图6-3-3是用脉冲响应不变法设计的数字低通滤波器的损耗函数曲线。可见,T分别取1 s和0.025 ms时,对应的模拟滤波器的幅度特性曲线的形状相同,但是二者带宽范围不一样(横坐标单位不同),对应的数字滤波器的幅度特性曲线完全相同,且在$\omega=\pi$处的混叠都很小。

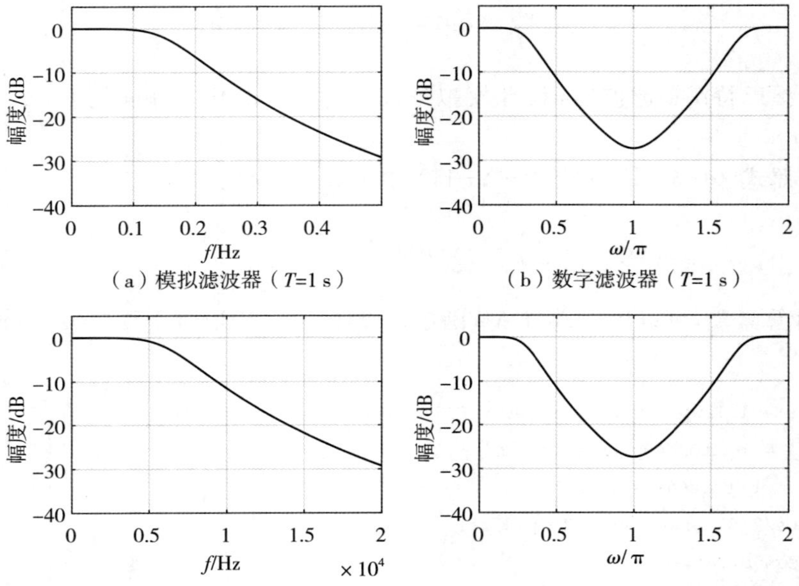

(a)模拟滤波器(T=1 s)　(b)数字滤波器(T=1 s)

(c)模拟滤波器(T=0.025 ms)　(d)数字滤波器(T=0.025 ms)

图6-3-3　用脉冲响应不变法设计的数字低通滤波器的损耗函数曲线

T取不同值时,模拟滤波器系统函数的系数向量差别大,而数字滤波器系统函数的系数向量相同。由B_{z1}和A_{z1}写出数字滤波器系统函数如下:

$$H(z)=\frac{0.2538z^{-1}+0.1296z^{-2}}{1-1.1189z^{-1}+0.6328z^{-2}-0.1294z^{-3}}$$

从本例题结果可见,对于给定数字滤波器指标的情况,T的取值对脉冲响应不变法的设计结果无影响,但是不同的T值对应的模拟滤波器的频率范围不同。

【例6-3-2】 低通滤波器通带截止频率$f_p=4$ kHz,通带最大衰减$\alpha_p=2$ dB,阻带截止频率$f_s=14$ kHz,阻带最小衰减$\alpha_s=30$ dB,调用buttord和butter设计巴特沃斯低通模拟滤波器,再用impinvar函数将该滤波器转换为数字滤波器。采样频率F_s分别取28 kHz和40 kHz,比较不同采样频率对数字滤波器幅度特性的影响。

解:主要程序如下:

```
wp = 2 * pi * 4000;ws = 2 * pi * 14000;Rp = 2;As = 30;   % 设置滤波器参数
```

```
Fs = 28000;
[N,wc] = buttord(wp,ws,Rp,As,'s');   % 计算模拟滤波器阶数 N 和 3 dB 截止频率
[B,A] = butter(N,wc,'s');   % 计算滤波器系统函数分子分母多项式系数
fk = 0:Fs/2/512:Fs/2;wk = 2 * pi * fk;
Hk = freqs(B,A,wk);
subplot(2,2,1);
plot(fk/1000,20 * log10(abs(Hk)));
[Bz1,Az1] = impinvar(B,A,Fs);
wk = 0:2 * pi/512:2 * pi;
Hz = freqz(Bz1,Az1,wk);
subplot(2,2,2);
plot(wk/pi,20 * log10(abs(Hz)));
%Fs = 40000Hz 的程序略
```

$F_s=28000$ Hz 时,得到数字低通滤波器的系统函数系数向量为

$$B_{z1}=[3.8978\times10^{-16}\quad 0.2383\quad 0.1239\quad 0],A_{z1}=[1\quad -1.1637\quad 0.6640\quad -0.1370]$$

$F_s=40000$ Hz 时,得到数字低通滤波器的系统函数系数向量为

$$B_{z2}=[2.7285\times10^{-16}\quad 0.1029\quad 0.0649\quad 0],A_{z2}=[1\quad -1.6627\quad 1.0794\quad -0.2488]$$

运行程序,得到滤波器损耗函数如图 6-3-4 所示。

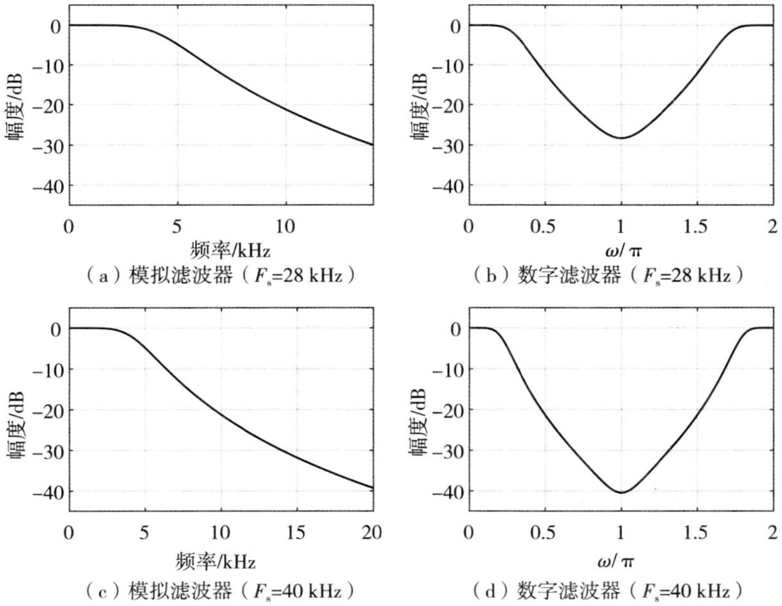

图 6-3-4　不同采样频率对应的数字滤波器损耗函数对比

图 6-3-4(a) 和图 6-3-4(c) 都是模拟滤波器的幅度特性,二者完全相同,只不过图 6-3-4(a) 中横坐标最高频率是14 kHz,图 6-3-4(c) 中横坐标最高频率是 20 kHz。图 6-3-4(b) 是$F_s=28$ kHz 时得到的数字低通滤波器幅度特性,$f_s=F_s/2$,不满足

$2\pi f_s < \frac{\pi}{T}$，此时该滤波器幅度曲线在 $\omega = \pi$ 处有混叠，衰减量不足 30 dB。图 6-3-4(d)是 $F_s = 40$ kHz 时得到的数字低通滤波器幅度特性，$f_s < F_s/2$，满足 $2\pi f_s < \frac{\pi}{T}$，此时该滤波器幅度曲线在 $\omega = \pi$ 处混叠很小，滤波器在 π 处的衰减量达到 40 dB，在 $\omega_s = \frac{2\pi f_s}{F_s} = 0.7\pi$ 处的衰减量达到 30 dB，保持了滤波器的频率特性。可见，在给定模拟滤波器指标时，采用脉冲响应不变法设计数字滤波器，采样频率要满足 $F_s > 2f_s$。

6.4 用双线性变换法设计 IIR 数字低通滤波器

脉冲响应不变法在 $\omega = \pm\pi$ 附近存在频谱混叠，其原因是模拟滤波器幅频响应在 $\pm\pi/T$ 处不为 0。可以通过非线性频率压缩将整个 Ω 轴压缩到 $\pm\pi/T$ 之间，彻底消除 $\pm\pi/T$ 处的频谱混叠。Ω 经过非线性频率压缩后，记为 Ω_1，可以采用正切变换实现频率非线性压缩：

$$\Omega = \frac{2}{T}\tan\left(\frac{1}{2}\Omega_1 T\right) \tag{6-4-1}$$

式(6-4-1)中，T 为采样间隔。Ω 与 Ω_1 的关系图如图 6-4-1 所示，当 Ω 由 $-\infty$ 经过 0 到 $+\infty$ 时，Ω_1 则从 $-\pi/T$ 经过 0 到 π/T。令 $s=\sigma+\mathrm{j}\Omega$，$s_1=\sigma_1+\mathrm{j}\Omega_1$，$\sigma=\sigma_1$，式(6-4-1)将整个 s 平面压缩为 s_1 平面，且 $-\pi/T < \Omega_1 < \pi/T$。

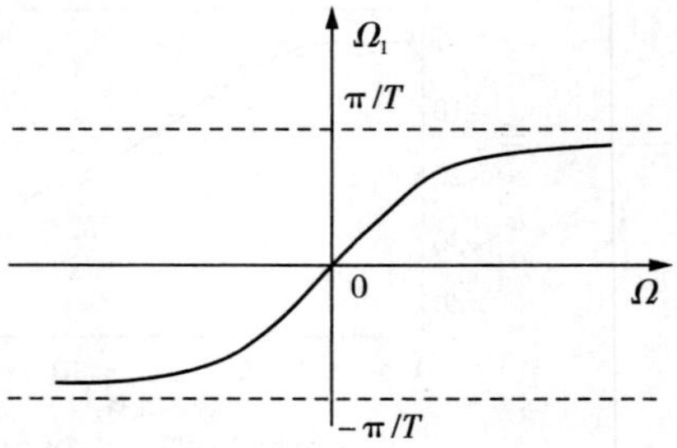

图 6-4-1 Ω 与 Ω_1 的关系图

由式(6-4-1)有

$$\mathrm{j}\Omega = \frac{2}{T}\frac{\mathrm{e}^{\mathrm{j}\Omega_1 T/2} - \mathrm{e}^{-\mathrm{j}\Omega_1 T/2}}{\mathrm{e}^{\mathrm{j}\Omega_1 T/2} + \mathrm{e}^{-\mathrm{j}\Omega_1 T/2}} = \frac{2}{T}\frac{1-\mathrm{e}^{-\mathrm{j}\Omega_1 T}}{1+\mathrm{e}^{-\mathrm{j}\Omega_1 T}}$$

令 $s=\mathrm{j}\Omega$，$s_1=\mathrm{j}\Omega_1$，并代入上式，得到

$$s = \frac{2}{T}\frac{1-\mathrm{e}^{-s_1 T}}{1+\mathrm{e}^{-s_1 T}} \tag{6-4-2}$$

再通过 $z=\mathrm{e}^{s_1 T}$，从 s_1 平面转换到 z 平面，得到

$$s = \frac{2}{T}\frac{1-z^{-1}}{1+z^{-1}} \tag{6-4-3}$$

$$z = \frac{2/T + s}{2/T - s} \tag{6-4-4}$$

式(6-4-3)和式(6-4-4)称为双线性变换。

双线性变换映射关系如图 6-4-2 所示。第一次映射，s 平面到 s_1 平面的非线性频率压缩，

使 $H(s_1)$ 限于 $-\frac{\pi}{T}\sim\frac{\pi}{T}$，$s_1$ 平面到 z 平面就不会产生频谱混叠了。第二次映射，$z=e^{s_1 T}$，s_1 平面的 $\pm\pi/T$ 之间水平条带的左半部分映射到 z 平面单位圆内部，保证了 $H(z)$ 的因果稳定性。

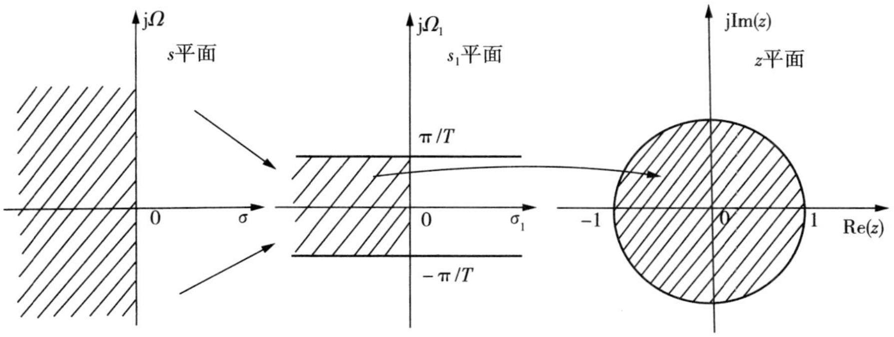

图 6－4－2　双线性变换映射关系

双线性变换法中，Ω 和 ω 之间是什么关系呢？令 $s=j\Omega$，$z=e^{j\omega}$，并代入式(6－4－3)，得

$$j\Omega=\frac{2}{T}\frac{1-e^{-j\omega}}{1+e^{-j\omega}}$$

$$\Omega=\frac{2}{T}\tan\frac{1}{2}\omega \qquad (6-4-5)$$

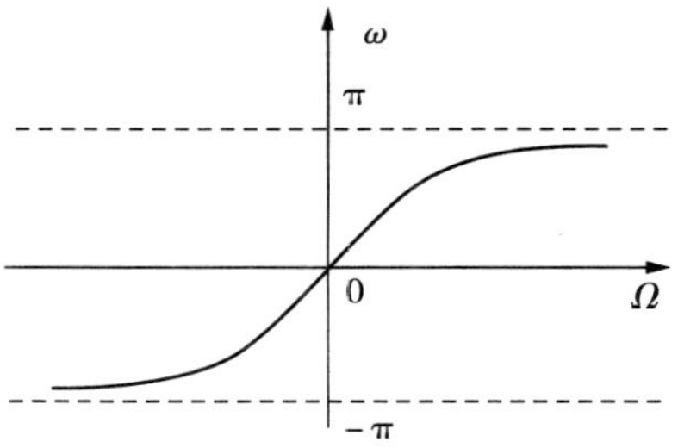

图 6－4－3　双线性变换法的频率关系

式(6－4－5)说明，Ω 与 ω 成非线性的正切关系。双线性变换法的频率关系如图 6－4－3 所示。在 $\omega=0$ 附近，Ω 和 ω 接近线性关系；当 ω 增大时，Ω 增大得愈来愈快。正是这种非线性关系消除了频谱混叠。

由于 Ω 与 ω 之间呈非线性正切关系，导致数字滤波器频率响应相对模拟滤波器的频率特性有失真。双线性变换法幅度和相位特性的非线性映射示意图如图 6－4－4 所示。

失真具体表现如下：

(1) 如果 Ω 的刻度是均匀的，则 ω 的刻度是非均匀的，而且随 ω 增加愈来愈密。因此数字滤波器的边界频率值与对应模拟滤波器的边界频率值成非线性关系。

(2) 如果模拟滤波器的幅度特性不是片段常数的，则存在数字滤波器幅度特性失真。图 6－4－4(a) 中，模拟滤波器的通带幅度响应是斜的直线段，而对应数字滤波器的通带幅度响应则是弯曲的线段，存在幅度特性失真。当然，如果模拟滤波器的幅度是片段常数，则数字滤波器无幅度特性失真。实际上，选频滤波器一般逼近片段常数特性滤波器。

(3) 如果模拟滤波器的相位函数不是片段常数，对应数字滤波器的相位特性也有失真，如图 6－4－4(b) 所示。但是，实际应用一般不关心 IIR 滤波器的相位特性。

通过分析可知，上述(2)(3) 两点并不影响双线性变换法的应用，关键是第(1) 点，要消除 Ω 与 ω 之间的非线性关系对数字滤波器频率刻度均匀性的影响。

间接法设计 IIR 数字滤波器，其设计过程包括 3 个步骤：第一步是把待设计的数字滤波器边界频率转换为对应模拟滤波器的边界频率；第二步是设计出该模拟滤波器；第三步是将该模拟滤波器转换为数字滤波器。第三步如果采用双线性变换法，不可避免会导致 Ω 与 ω 之间呈非线性的正切关系：$\Omega=\frac{2}{T}\tan\frac{\omega}{2}$。但是，第一步的频率转换方式是可以选择的。第一步的频率转换可以用线性转换 $\Omega=\omega/T$，也可以用非线性转换对模拟频率进行"预畸变校正"，从而抵消第三步频率转换的非线性。

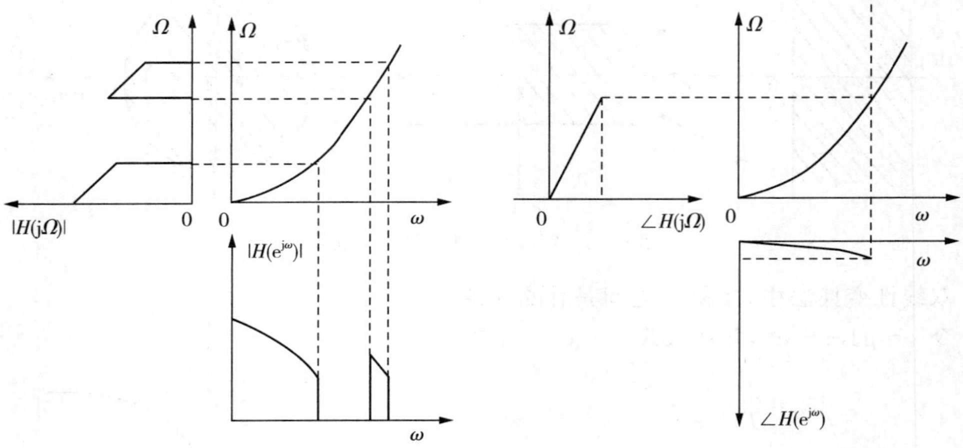

（a）幅度特性失真示意图　　　　（b）相位失真示意图

图 6-4-4　双线性变换法幅度和相位特性的非线性映射示意图

以数字滤波器通带截止频率 ω_p 为例，先按式(6-4-5)将 ω_p 转为模拟滤波器频率 Ω_p：

$$\Omega_p=\frac{2}{T}\tan\frac{1}{2}\omega_p$$

再设计模拟滤波器。记设计得到的滤波器通带截止频率为 ω'_p，根据式(6-4-5)有

$$\omega'_p=2\arctan\left(\frac{T}{2}\Omega_p\right)=2\arctan\left[\frac{T}{2}\cdot\frac{2}{T}\tan\left(\frac{1}{2}\omega_p\right)\right]=\omega_p$$

ω'_p 等于给定的数字频率 ω_p，消除了数字滤波器频率刻度不均匀的问题。

如果第一步使用线性映射关系 $\Omega=\omega/T$，则 $\Omega_p=\omega_p/T$，经过第三步的非线性映射后：

$$\omega'_p=2\arctan\left(\frac{T}{2}\Omega_p\right)=2\arctan\left(\frac{T}{2}\cdot\omega_p/T\right)=2\arctan\left(\frac{\omega_p}{2}\right)\neq\omega_p$$

ω'_p 不等于给定的数字频率 ω_p，因此不能消除数字滤波器频率刻度不均匀的问题。

可见，"预畸变校正"彻底消除了数字滤波器频率刻度不均匀问题，使得双线性变换法能适合设计片段常数特性 IIR 滤波器。

在设计过程中，要用到采样间隔 T。双线性变换法不存在混叠现象，尤其对于设计片段常数滤波器，T 可以任选。为简化计算，一般取 $T=2$ s。实际应用中，适当减小 T，可以使得数字滤波器的幅频响应曲线更逼近模拟滤波器的幅频特性。

总结 IIR 数字低通滤波器的设计步骤如下：

(1) 确定待设计数字低通滤波器的技术指标。

(2) 将数字滤波器的ω_p、ω_s 指标转换为模拟滤波器的 Ω_p、Ω_s，有两种转换公式：

① 脉冲响应不变法：$\Omega=\omega/T$；

② 双线性变换法(频率预畸变)：$\Omega=\dfrac{2}{T}\tan\dfrac{\omega}{2}$。

(3) 根据模拟滤波器的技术指标，设计得到模拟滤波器的系统函数 $G(s)$。

(4) 将 $G(s)$ 转换为 $G(z)$，有两种转换方法：

① 脉冲响应不变法：对 $G(s)$ 进行部分方式展开，得到 $G(s)=\sum\limits_{i=1}^{N}\dfrac{A_i}{s-s_i}$，再用 $z=e^{sT}$ 映射得到 $G(z)=\sum\limits_{i=1}^{N}\dfrac{TA_i}{1-e^{s_iT}z^{-1}}$。

② 双线性变换法：$G(z)=G(s)\mid_{s=\frac{2}{T}\frac{1-z^{-1}}{1+z^{-1}}}$。

显然，脉冲响应不变法将 $G(s)$ 转换为 $G(z)$ 的过程较为复杂，建议采用双线性变换法。但是，当滤波器的阶数较高时，双线性变换法计算仍然较为烦琐。可以用 MATLAB 函数 bilinear 将模拟滤波器转换为数字滤波器，bilinear 函数调用格式如下：

[Bz,Az] = bilinear(B,A,Fs)

B、A 是模拟滤波器系统函数的分子、分母多项式的系数向量，Fs 是系统采样频率。Bz、Az 是数字滤波器系统函数的分子、分母多项式的系数向量。注意，设计模拟滤波器时，需要先利用公式 $\Omega=\dfrac{2}{T}\tan\dfrac{1}{2}\omega$ 将数字滤波器截止频率转换为模拟滤波器截止频率(进行频率预畸变)，该公式中的 $T=1/F_s$。

MATLAB 还提供了直接设计数字 IIR 滤波器的函数，常用的 4 种滤波器设计函数如下：

(1) 巴特沃斯滤波器。

[N,wc] = buttord(wp,ws,rp,rs), [B,A] = butter(N,wc,'ftype')

(2) 切比雪夫 Ⅰ 型滤波器。

[N,wc] = cheb1ord(wp,ws,rp,rs), [B,A] = cheby1(N,rp,wc,'ftype')

(3) 切比雪夫 Ⅱ 型滤波器。

[N,wc] = cheb2ord(wp,ws,rp,rs), [B,A] = cheby2(N,rs,wc,'ftype')

(4) 椭圆滤波器。

[N,wc] = ellipord(wp,ws,rp,rs), [B,A] = ellip(N,rp,rs,wc,'ftype')

上述函数就是采用双线性变换法来直接设计数字 IIR 滤波器的，wp、ws 都是数字频率对 π 的归一化值，取值范围在 0 到 1 之间。相关参数的详细说明见 6.2 节。

【例 6-4-1】 设计低通数字滤波器，要求频率低于 0.2π rad 时，允许幅度误差在

2 dB 以内；在频率 0.7π 到 π 之间的阻带衰减大于 20 dB。指定模拟滤波器采用巴特沃斯低通滤波器，请用双线性变换法设计该数字滤波器。

解：(1) 数字低通技术指标：

$$\omega_p = 0.2\pi \text{ rad}, \alpha_p = 2 \text{ dB}$$

$$\omega_s = 0.7\pi \text{ rad}, \alpha_s = 20 \text{ dB}$$

(2) 预畸变校正。取 $T=1$，计算相应模拟低通的技术指标为

$$\Omega_p = \frac{2}{T}\tan\frac{\omega_p}{2} = 2\tan 0.1\pi = 0.6498 \text{ rad/s}, \alpha_p = 2 \text{ dB}$$

$$\Omega_s = \frac{2}{T}\tan\frac{\omega_s}{2} = 2\tan 0.35\pi = 3.9252 \text{ rad/s}, \alpha_s = 20 \text{ dB}$$

(3) 设计巴特沃斯低通模拟滤波器。根据式(6-2-13) 阶数 N 计算如下：

$$\lambda_{sp} = \frac{\Omega_s}{\Omega_p} = \frac{3.9252}{0.6498} = 6.0406$$

$$k_{sp} = \sqrt{\frac{10^{\alpha_s/10}-1}{10^{\alpha_p/10}-1}} = 13.01$$

$$N = \frac{\lg k_{sp}}{\lg \lambda_{sp}} = \frac{\lg 13.01}{\lg 6.0406} = 1.43$$

取 $N=2$。将 Ω_s 和 α_s 代入式(6-2-15)，求得 $\Omega_c = 1.24$ rad/s。这样保证阻带技术指标满足要求，通带指标有富余。

根据 $N=2$，查表 6-2-1 得到的归一化低通原型系统函数为

$$G(p) = \frac{1}{p^2 + 1.4142p + 1}$$

将 $p = s/\Omega_c$ 代入 $G(p)$，去归一化得到实际的 $G(s)$ 为

$$G(s) = \frac{1.54}{s^2 + 1.75s + 1.54}$$

(4) 用双线性变换法将 $G(s)$ 转换成数字滤波器 $G(z)$，即

$$G(z) = G(s)\Big|_{s=2\frac{1-z^{-1}}{1+z^{-1}}} = \frac{0.17(1+z^{-1})^2}{1-0.54z^{-1}+0.22z^{-2}}$$

利用 bilinear 函数设计数字滤波器的程序如下：

```
T = 1;Fs = 1/T;
wpz = 0.2;wsz = 0.7;rp = 2;rs = 20;
wp = 2 * Fs * tan(wpz * pi/2);ws = 2 * Fs * tan(wsz * pi/2);   % 预畸变校正转换指标
[N,wc] = buttord(wp,ws,rp,rs,'s');   % 设计模拟滤波器
[B,A] = butter(N,wc,'s');
fk = 0:Fs/512:Fs;wk = 2 * pi * fk;
```

```
Hk = freqs(B,A,wk);
subplot(2,2,1);
plot(fk,20 * log10(abs(Hk)));
[Bz,Az] = bilinear(B,A,Fs);   % 用双线性变换法转换成数字滤波器
wk = 0:pi/512:pi;
Hz = freqz(Bz,Az,wk);
subplot(2,2,2);
plot(wk/pi,20 * log10(abs(Hz)));
```

运行程序得到的数字滤波器系统函数分子、分母多项式系数向量为

$$B_z = [0.170762188887421 \quad 0.341524377774842 \quad 0.170762188887421]$$

$$A_z = [1 \quad -0.540683776448460 \quad 0.223732531998145]$$

B_z、A_z 的值和手工计算的值基本一致。运行程序得到的模拟滤波器和数字滤波器的幅度特性如图 6－4－5 所示。图 6－4－5 表明数字滤波器满足技术指标要求，无频谱混叠。

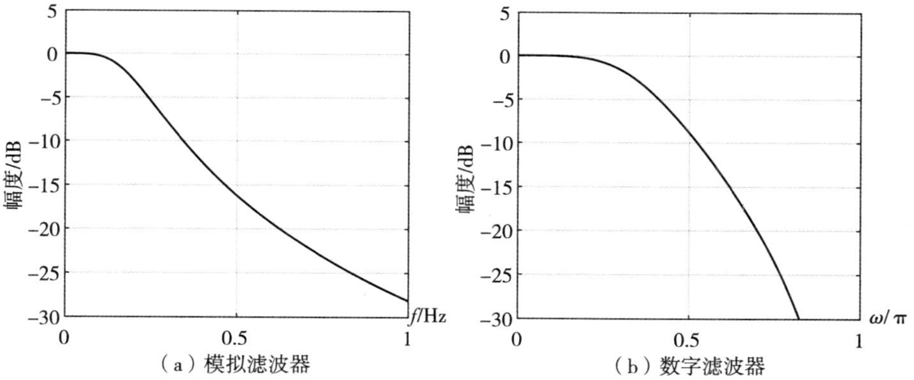

图 6－4－5　模拟滤波器和数字滤波器幅度特性

调用 buttord 和 butter 函数直接设计数字滤波器的程序如下：

```
wpz = 0.2;wsz = 0.7;rp = 2;rs = 20;
[N,wc] = buttord(wpz,wsz,rp,rs);   % 调用 buttord 和 butter 直接设计数字滤波器
[Bz1,Az1] = butter(N,wc);
wk = 0:pi/512:pi;Hz = freqz(Bz1,Az1,wk);
```

运行程序得到的 B_{z1}、A_{z1} 与 B_z、A_z 完全相同。

6.5　数字高通、带通和带阻滤波器的设计

对于数字高通、带通和带阻滤波器的设计，通用方法为双线性变换。先将数字滤波器边界频率转换为模拟滤波器的边界频率，并设计出该模拟滤波器 $H(s)$，再通过双线性

变换将其转换成数字滤波器 $H(z)$。具体设计步骤如下：

(1) 确定待设计数字滤波器的技术指标；

(2) 频率预畸变，将数字滤波器的边界频率转换成模拟滤波器的边界频率；

(3) 将模拟滤波器 $H(s)$ 的技术指标转换成归一化模拟低通滤波器 $G(p)$ 的技术指标；

(4) 设计归一化模拟低通滤波器 $G(p)$；

(5) 对 $G(p)$ 去归一化，并进行频率变换，得到所需类型滤波器的 $H(s)$；

(6) 采用双线性变换法将 $H(s)$ 转换成 $H(z)$。

这里要说明的是，如果设计的是数字低通或者数字带通滤波器，可以采用脉冲响应不变法。但对于数字高通或者数字带阻滤波器，则只能采用双线性变换法设计。

MATLAB中的各种IIR-DF设计函数就是按照如上步骤来设计的，可以直接调用这些函数设计各种类型的IIR数字滤波器。下面通过例题说明按照上述步骤设计高通、带通、带阻数字滤波器的设计方法。

【例6-5-1】 设计一个数字高通滤波器，要求通带截止频率$\omega_p=0.8\pi$ rad，通带衰减不大于3 dB，阻带截止频率$\omega_s=0.2\pi$ rad，阻带衰减不小于40 dB。采用巴特沃斯滤波器。

解：(1) 确定数字高通的技术指标：

$$\omega_p=0.8\pi\ \text{rad},\alpha_p=3\ \text{dB}$$

$$\omega_s=0.2\pi\ \text{rad},\alpha_s=40\ \text{dB}$$

(2) 将高通数字滤波器的技术指标转换成高通模拟滤波器的设计指标。令 $T=2$ s，预畸变校正得到模拟滤波器边界频率：

$$\Omega_{ph}=\tan\frac{1}{2}\omega_p=3.0776\ \text{rad/s},\alpha_p=3\ \text{dB}$$

$$\Omega_{sh}=\tan\frac{1}{2}\omega_s=0.3249\ \text{rad/s},\alpha_s=40\ \text{dB}$$

(3) 计算归一化模拟低通滤波器的技术指标。

$$\lambda_p=1,\lambda_s=\frac{1}{\eta_{sh}}=\Omega_{ph}/\Omega_{sh}=9.468,\alpha_p\text{ 和}\alpha_s\text{ 不变}$$

(4) 设计归一化模拟滤波器 $G(p)$。

$$k_{sp}=\sqrt{\frac{10^{0.1\alpha_s}-1}{10^{0.1\alpha_p}-1}}=100.23,\lambda_{sp}=\frac{\lambda_s}{\lambda_p}=9.468$$

$$N=\frac{\lg k_{sp}}{\lg\lambda_{sp}}=2.05,\text{取 } N=3$$

查表6-2-1，得到归一化模拟低通滤波器系统函数为

$$G(p)=\frac{1}{p^3+2p^2+2p+1}$$

如果用 Ω_{ph} 来去归一化，滤波器的频率响应误差较大，因此用 Ω_{ch} 来去归一化。先利用式(6-2-15)求模拟低通滤波器的 Ω_c，而模拟低通的阻带截止频率 $\Omega_s=1/\Omega_{sh}$，因此

$$\Omega_c=1/\Omega_{sh}\ (10^{0.1\alpha_s}-1)^{-\frac{1}{2N}}=0.6631$$

高通滤波器的 3 dB 截止频率 $\Omega_{ch}=\dfrac{1}{\Omega_c}=1.508$。

(5) 将 $G(p)$ 转换成模拟高通滤波器。

$$H(s)=G(p)\,|_{p=\frac{\Omega_{ch}}{s}}=\frac{s^3}{s^3+2\Omega_{ch}s^2+2\Omega_{ch}^2s+\Omega_{ch}^3}=\frac{s^3}{s^3+3.02s^2+4.54s+3.43}$$

(6) 用双线性变换法将 $H(s)$ 转换成 $H(z)$：

$$H(z)=H(s)\,|_{s=\frac{1-z^{-1}}{1+z^{-1}}}=\frac{0.0834\,(1-z^{-1})^3}{1+0.735z^{-1}+0.478z^{-2}+0.076z^{-3}}$$

利用 buttord 和 butter 函数直接设计数字高通滤波器的主要程序如下：

```
wpz = 0.8;wsz = 0.2;rp = 3;rs = 40;
[N,wc] = buttord(wpz,wsz,rp,rs);   % 调用 buttord 和 butter 直接设计数字滤波器
[Bz,Az] = butter(N,wc,'high');
```

程序运行结果如下：

```
N = 3;
Bz = [0.0834   - 0.2501  0.2501   - 0.0834];
Az = [1  0.7355  0.4773  0.0748]
```

系数向量 B_z、A_z 与人工计算结果一致。高通数字滤波器的损耗函数如图 6-5-1 所示。

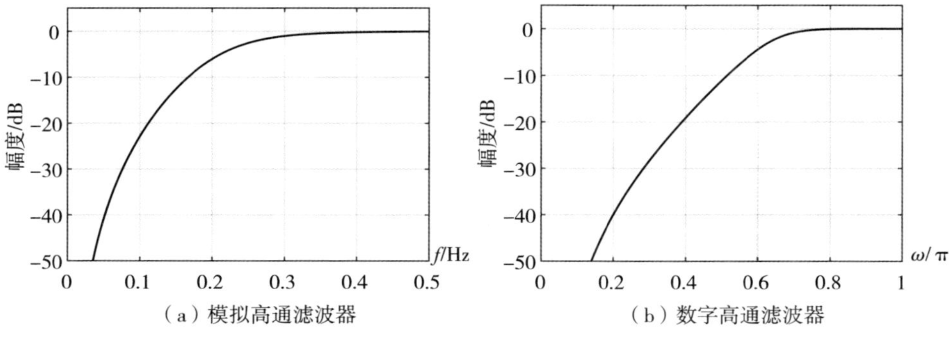

图 6-5-1　高通数字滤波器的损耗函数

【例 6-5-2】　设计巴特沃斯数字带通滤波器对模拟信号进行滤波，要求模拟滤波器通带上、下边界频率分别为 7 kHz 和 4 kHz，阻带上、下边界频率分别为 9 kHz 和 2 kHz，通带最大衰减为 1 dB，阻带最小衰减为 20 dB。

解：这是一个用数字滤波器对模拟信号进行带通滤波处理的应用实例，先对模拟信

号进行 A/D 转换，再进行数字带通滤波处理。采用巴特沃斯数字带通滤波器，设计过程如下：

(1) 确定带通模拟滤波器指标：

$$f_{pl}=4\ \text{kHz}, f_{pu}=7\ \text{kHz}, \alpha_p=1\ \text{dB}$$

$$f_{sl}=2\ \text{kHz}, f_{su}=9\ \text{kHz}, \alpha_s=20\ \text{dB}$$

(2) 确定系统采样频率和数字滤波器的指标：
采样频率应该大于 f_{su} 的两倍以上，这里取$F_s=20\ \text{kHz}$。
根据 $\omega=\frac{2\pi f}{F_s}$，得到数字带通滤波器边界频率：

$$\omega_{pl}=\frac{2\pi f_{pl}}{F_s}=0.4\pi, \omega_{pu}=\frac{2\pi f_{pu}}{F_s}=0.7\pi, \omega_{sl}=\frac{2\pi f_{sl}}{F_s}=0.2\pi, \omega_{pu}=\frac{2\pi f_{pu}}{F_s}=0.9\pi$$

(3) 利用公式 $\Omega=\frac{2}{T}\tan\frac{\omega}{2}$ 进行频率预畸变，得到模拟滤波器截止频率，取 $T=2$。

$$\Omega_{pl}=\tan\frac{\omega_{pl}}{2}=0.7265, \Omega_{pu}=\tan\frac{\omega_{pu}}{2}=1.9626, \Omega_{sl}=\tan\frac{\omega_{sl}}{2}=0.3249$$

$$\Omega_{su}=\tan\frac{\omega_{su}}{2}=6.3138, B=\Omega_{pu}-\Omega_{pl}=1.2361$$

(4) 归一化带通指标为

$$\eta_{pl}=\Omega_{pl}/B=0.5877, \eta_{pu}=\Omega_{pu}/B=1.5877, \alpha_p=1\ \text{dB}$$

$$\eta_{sl}=\Omega_{sl}/B=0.2628, \eta_{su}=\Omega_{su}/B=5.1078, \alpha_s=20\ \text{dB}$$

$$\eta_0^2=\eta_{pl}\ \eta_{pu}=0.933$$

(5) 计算归一化低通指标：

$$\lambda_p=1, \lambda_{s_1}=-\frac{\eta_{sl}^2-\eta_0^2}{\eta_{sl}}=3.2874, \lambda_{s_2}=\frac{\eta_{su}^2-\eta_0^2}{\eta_{su}}=4.9251$$

取$\lambda_p=1, \alpha_p=1\ \text{dB}, \lambda_s=3.2874, \alpha_s=20\ \text{dB}$。
(6) 计算得到 $N=2.4981$，取 $N=3$，查表得归一化低通函数为

$$G(p)=\frac{1}{p^3+2p^2+2p+1}$$

(7) 用式(6-2-51) 将 $G(p)$ 转换成带通滤波器的系统函数 $H(s)$：

$$H_1(s)=G(p)\Big|_{p=\frac{s^2+1.4258}{1.2361s}}$$

$$=\frac{1.8887s^3}{s^6+2.4722s^5+7.3333s^4+8.9384s^3+10.4558s^2+5.0275s+2.8985}$$

用通带 3 dB 频率去归一化如下：

$$B_c = B\lambda_s(10^{0.1\alpha_s}-1)^{-1/2N} = 1.2361\times 3.2874\times 0.4649 = 1.8893$$

$$H_2(s) = G(p)\mid_{p=\frac{s^2+1.4258}{1.8893s}}$$

$$= \frac{6.7438s^3}{s^6+3.7786s^5+11.4163s^4+17.5188s^3+16.2774s^2+7.6815s+2.8985}$$

利用 MATLAB 中的 buttord、butter 函数设计得到$B_c=1.8894$，模拟滤波器系统函数为

$$H_3(s) = \frac{6.744s^3}{s^6+3.7786s^5+11.4168s^4+17.5201s^3+16.2795s^2+7.6829s+2.8992}$$

可见，$H_3(s)$ 与$H_2(s)$ 的分子、分母多项式的系数基本相同。

(8) 调用 MATLAB 的 bilinear 函数将$H_3(s)$ 转换为 $H(z)$：

[Bz,Az] = bilinear(B,A,Fs)

因为前面取 $T=2$，因此设置 $F_s=0.5$。

也可以调用 buttord、butter 函数直接设计数字带通滤波器。

主要程序如下：

```
Fs = 20000;fpl = 4000;fpu = 6000;fsl = 2000;fsu = 7000;rp = 1;rs = 20;
wpz = 2 * [fpl,fpu]/Fs;wsz = 2 * [fsl,fsu]/Fs;
[N,wp2] = ellipord(wpz,wsz,rp,rs);[Bz,Az] = ellip(N,rp,rs,wp2);
[Hz,W] = freqz(Bz,Az);
```

运行程序，得到 B_z、A_z，整理得到数字带通滤波器系统函数如下：

$$H(z) = \frac{0.1113-0.334z^{-2}+0.334z^{-4}-0.1113z^{-6}}{1+0.6065z^{-1}+0.5867z^{-2}+0.306z^{-3}+0.4299z^{-4}+0.0909z^{-5}+0.0432z^{-6}}$$

6 阶巴特沃斯数字带通滤波器的损耗函数如图 6-5-2 所示。

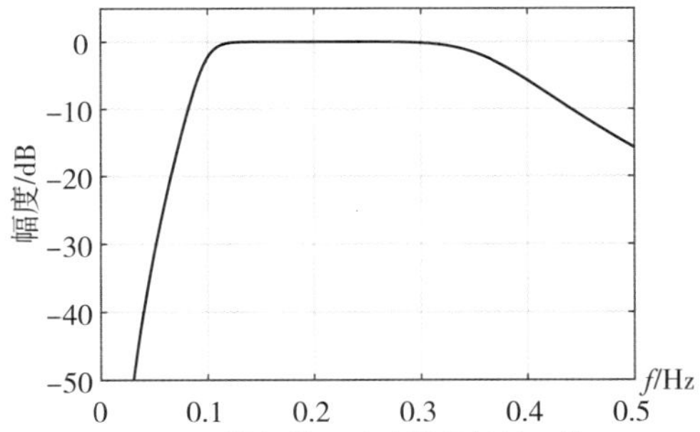

(a) 模拟带通滤波器的损耗函数

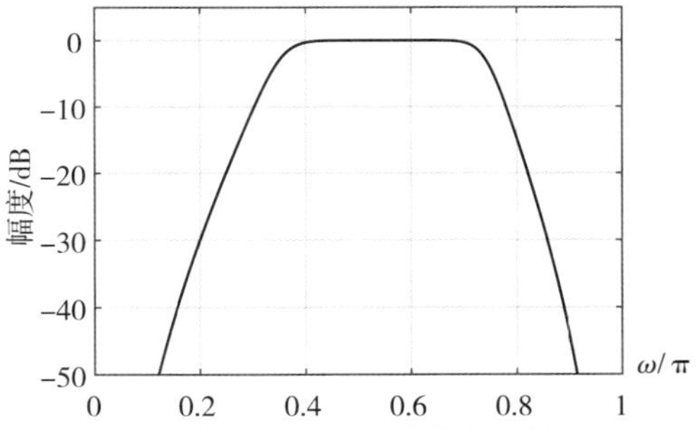

(b) 数字带通滤波器的损耗函数

图 6-5-2　6 阶巴特沃斯数字带通滤波器的损耗函数

【例 6-5-3】 设计数字带通滤波处理对模拟信号进行滤波，系统采样频率为 20000 Hz。要求保留 4000～6000 Hz 频段的频率成分，衰减小于 1 dB；滤除 0～3000 Hz 和 7000 Hz 以上频段的频率成分，衰减大于 55 dB。要求滤波器阶数最低。

解：为了使滤波器阶数最低，选用椭圆滤波器。主要程序如下：

```
Fs = 20000;T = 1/Fs;fpl = 4000;fpu = 6000;fsl = 3000;fsu = 7000;rp = 1;rs = 55;
wplz = 2 * fpl/Fs;wpuz = 2 * fpu/Fs;wslz = 2 * fsl/Fs;wsuz = 2 * fsu/Fs;
wpz = [wplz,wpuz];wsz = [wslz,wsuz];
[N,wp2] = ellipord(wpz,wsz,rp,rs);  [Bz,Az] = ellip(N,rp,rs,wp2);
[Hz,W] = freqz(Bz,Az);subplot(2,2,1);plot(W/pi,20 * log10(abs(Hz)));
```

运行程序,得到 $N=4$,得到系统函数系数向量如下:

$$B_z=[0.0076\quad -6.7121\times10^{-18}\quad -0.0035\quad 1.3424\times10^{-17}\quad 0.0109$$
$$6.7122\times10^{-18}\quad -0.0035\quad 1.6780\times10^{-18}\quad 0.0076];$$
$$A_z=[1\quad 1.3323\times10^{-15}\quad 3.0455\quad 2.1927\times10^{-15}\quad 3.8223$$
$$1.3045\times10^{-15}\quad 2.2925\quad 2.7756\times10^{-17}\quad 0.5527]$$

椭圆数字带通滤波器的损耗函数曲线如图 6-5-3 所示。

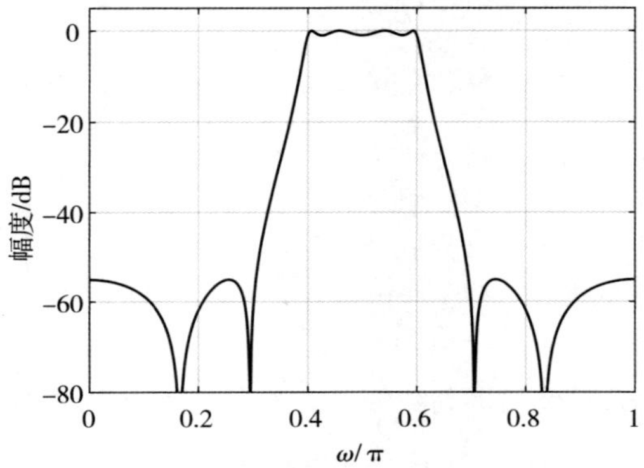

图 6-5-3 椭圆数字带通滤波器的损耗函数曲线

【例6-5-4】 设计巴特沃斯数字带阻滤波器对模拟信号进行滤波,要求模拟滤波器通带下、上边界频率分别为 2 kHz 和 9 kHz,阻带下、上边界频率分别为 4 kHz 和 7 kHz,通带最大衰减为 1 dB,阻带最小衰减为 20 dB。

解:(1) 确定带通模拟滤波器指标。

$$f_{pl}=2\text{ kHz},f_{pu}=9\text{ kHz},\alpha_p=1\text{ dB}$$

$$f_{sl}=4\text{ kHz},f_{su}=6\text{ kHz},\alpha_s=20\text{ dB}$$

(2) 确定系统采样频率和数字滤波器的指标。

采样频率应该大于 f_{su} 的两倍以上,这里取$F_s=20$ kHz。

根据 $\omega=\dfrac{2\pi f}{F_s}$,得到对应数字滤波器截止频率:

$$\omega_{pl}=\frac{2\pi f_{pl}}{F_s}=0.2\pi,\omega_{pu}=\frac{2\pi f_{pu}}{F_s}=0.9\pi,\omega_{sl}=\frac{2\pi f_{sl}}{F_s}=0.4\pi,\omega_{pu}=\frac{2\pi f_{pu}}{F_s}=0.7\pi$$

(3) 带阻滤波器必须要用双线性变换法来设计。先用公式 $\Omega=\dfrac{2}{T}\tan\dfrac{\omega}{2}$ 进行频率预畸变校正,得到模拟带阻滤波器截止频率。为方便计算,取 $T=2$。

$$\Omega_{sl}=\tan\frac{\omega_{pl}}{2}=0.7265,\Omega_{su}=\tan\frac{\omega_{pu}}{2}=1.9626$$

$$\Omega_{pl}=\tan\frac{\omega_{sl}}{2}=0.3249,\Omega_{pu}=\tan\frac{\omega_{su}}{2}=6.3138,B=\Omega_{su}-\Omega_{sl}=1.2361$$

归一化带阻滤波器的指标为

$$\eta_{pl}=\Omega_{pl}/B=0.2628,\eta_{pu}=\Omega_{pu}/B=5.1078,\alpha_p=1\text{ dB}$$

$$\eta_{sl}=\Omega_{sl}/B=0.5877,\eta_{su}=\Omega_{su}/B=1.5877,\alpha_s=20\text{ dB}$$

$$\eta_0^2=\eta_{sl}\eta_{su}=0.933$$

(4) 计算归一化低通指标:

$$\lambda_s=1,\lambda_{p_1}=-\frac{\eta_{pu}}{\eta_0^2-\eta_{pu}^2}=0.2030,\lambda_{p_2}=\frac{\eta_{pl}}{\eta_0^2-\eta_{pl}^2}=0.3042$$

取$\lambda_s=1,\alpha_s=20\text{ dB},\lambda_p=0.3042,\alpha_p=1\text{ dB}$。

(5) 计算得到 $N=2.4981$,取 $N=3$,查表得归一化低通函数为

$$G(p)=\frac{1}{p^3+2p^2+2p+1}$$

(6) 把 $B=1.2361$ 代入式(6-2-51),将 $G(p)$ 转换成带通滤波器。

$$H_1(s)=G(p)\big|_{p=\frac{1.2361s}{s^2+1.4258}}$$

$$=\frac{s^6+3.7083s^4+4.5838s^2+1.8887}{s^6+2.4722s^5+7.3333s^4+8.9384s^3+10.4558s^2+5.0275s+2.8985}$$

对于巴特沃斯滤波器,用阻带 3 dB 带宽B_c 来去归一化的效果更好。

$$B_c=B\frac{1}{\lambda_p}(10^{0.1\alpha_s}-1)^{-1/2N}=1.2361\times\frac{1}{0.3042}\times0.4649=1.8893$$

$$H_2(s)=G(p)\big|_{p=\frac{1.8893s}{s^2+1.4258}}$$

$$=\frac{s^6+4.2774s^4+6.0987s^2+2.8985}{s^6+3.7786s^5+11.4163s^4+17.5188s^3+16.2774s^2+7.6815s+2.8985}$$

MATLAB 中的 buttord、butter 函数设计得到的带宽为$B_c=1.8894$,系统函数为

$$H_3(s)=\frac{s^6+4.2778s^4+6.0997s^2+2.8992}{s^6+3.7786s^5+11.4168s^4+17.5201s^3+16.2795s^2+7.6829s+2.8992}$$

可见,$H_2(s)$ 与$H_3(s)$ 的分子、分母多项式的系数基本相等。

(7) 调用 MATLAB 的 bilinear 函数将$H_3(s)$ 转换为 $H(z)$:

[Bz,Az] = bilinear(B,A,Fs)

因为前面取 $T=2$，因此设置 $F_s=0.5$。

也可以调用 buttord、butter 函数直接设计数字带阻滤波器，主要程序如下：

```
Fs = 20000;
fpl = 4000;fpu = 6000;fsl = 2000;fsu = 7000;rp = 1;rs = 20;
wpz = 2 * [fpl,fpu]/Fs;wsz = 2 * [fsl,fsu]/Fs;
[N,wp2] = buttord(wpz,wsz,rp,rs);
[Bz1,Az1] = butter(N,wp2,'stop');
[Hz1,W] = freqz(Bz1,Az1);
```

运行程序得到向量 B_z、A_z，整理得到数字带阻滤波器系统函数如下：

$$H(z)=\frac{0.2357+0.2483z^{-1}+0.7942z^{-2}+0.5067z^{-3}+0.7942z^{-4}+0.2483z^{-5}-0.2357z^{-6}}{1+0.6065z^{-1}+0.5867z^{-2}+0.306z^{-3}+0.4299z^{-4}+0.0909z^{-5}+0.0432z^{-6}}$$

6 阶巴特沃斯数字带阻滤波器的损耗函数如图 6-5-4 所示。

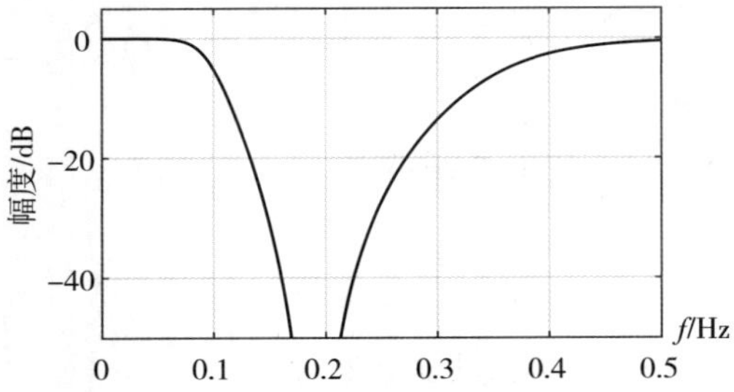

（a）模拟带阻滤波器的损耗函数

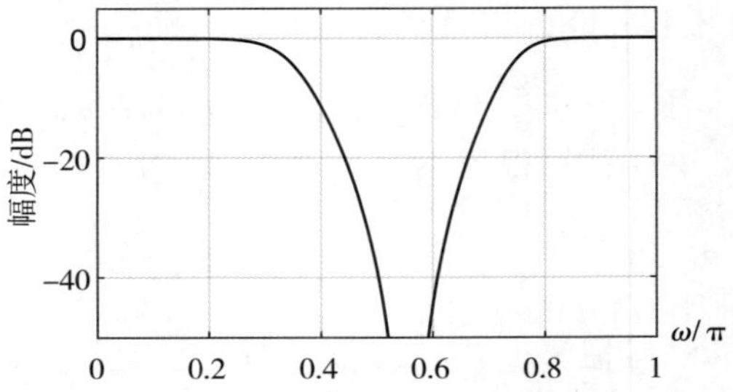

（b）数字带阻滤波器的损耗函数

图 6-5-4　6 阶巴特沃斯数字带阻滤波器的损耗函数

【例 6-5-5】　设计数字带阻滤波器对模拟信号进行滤波。要求滤除 4000～6000 Hz频段的频率成分，衰减大于 55 dB；保留 0～3000 Hz 和 7000 Hz 以上频段的频率成分，衰减小于 1 dB。系统采样频率为 20000 Hz，要求滤波器阶数最低。

解：为了使滤波器阶数最低，选用椭圆滤波器。调用 MATLAB 中的 ellipord 和 ellip 函数直接设计数字带阻滤波器，ellip 中要加入滤波器类型参数“stop”。主要程序如下：

```
Fs = 20000;fpl = 3000;fpu = 7000;fsl = 4000;fsu = 6000;rp = 1;rs = 55;
wpz = 2 * [fpl,fpu]/Fs;  wsz = 2 * [fsl,fsu]/Fs;
[N,wp2] = ellipord(wpz,wsz,rp,rs);
[Bz,Az] = ellip(N,rp,rs,wp2,'stop');
[Hz,W] = freqz(Bz,Az);
```

程序运行，得到结果如下：

$$N=4$$

$B_z=[0.3721\quad -7.8485\times10^{-16}\quad 1.4542\quad -2.1274\times10^{-15}\quad 2.1648\quad -1.9621\times10^{-15}\quad 1.4542\quad -5.7832\times10^{-16}\quad 0.3721]$

$A_z=[1\quad -4.4409\times10^{-16}\quad 2.14639\quad -2.6645\times10^{-15}\quad 2.125\quad -2.498\times10^{-15}\quad 1\quad -1.027\times10^{-15}\quad 0.2559]$

8 阶椭圆数字带阻滤波器的损耗函数如图 6-5-5 所示。

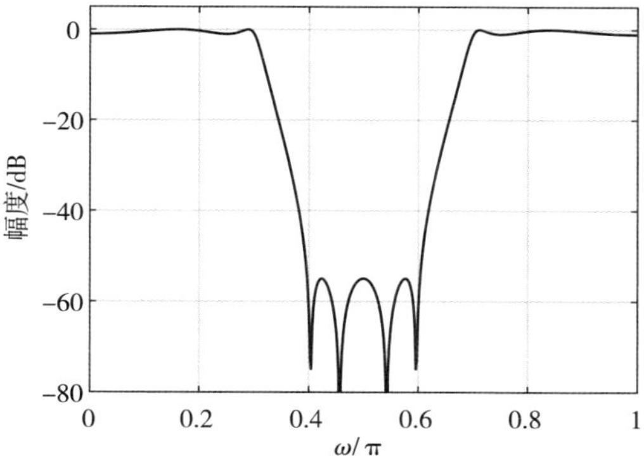

图 6-5-5　8 阶椭圆数字带阻滤波器的损耗函数

对于滤波器的频率变换，除了本节介绍的模拟域的频率变换以外，在数字域也可以进行频率变换。在数字域进行频率变换的设计过程：先将模拟低通滤波器采用脉冲响应不变法或者双线性变换法转换成数字滤波器，再在数字域利用频率变换将低通滤波器转换成所需类型的数字滤波器。

6.6　IIR 数字滤波器的其他设计方法

6.6.1　IIR 数字滤波器的直接设计方法

本章前面所介绍的 IIR 数字滤波器间接设计方法，其 IIR 数字滤波器幅度特性受到所选模拟滤波器特性的限制。例如，巴特沃斯低通滤波器的幅度特性是单调下降的，而切比雪夫低通滤波器的幅度特性在带内波动等。如果要求滤波器幅度特性曲线的形状任意，则不能采用这种方法。

数字域直接设计法可以设计任意形状幅度特性的 IIR 滤波器。IIR 滤波器的数字域直接设计方法有零极点累试法、频域幅度平方误差最小法和参数化建模方法。下面简单介绍零极点累试法和频域幅度平方误差最小法。

1. 零极点累试法

根据本书 2.4.3 节内容可知，系统零点、极点分别对应幅度特性曲线的谷点和峰点。零极点累试法的思想是根据期望的幅度特性先确定零点、极点的位置，再按照零点、极点写出其系统函数，将其幅度特性与期望的幅度特性进行比较，如不满足要求，可通过移动零点、极点位置或增加(减少)零点、极点进行修正。这种修正是多次的，因此称为零极点累试法。这种方法简单、直观，特别适合于设计陷波器。在设计陷波器时，一般在该频率处设置一对共轭零点和一对共轭极点，以减小过渡带、提升选择性。

【例 6-6-1】　已知 $x(t)=\cos(2200\pi t)+\cos(2500\pi t)+\cos(2800\pi t)$，用零极点累试法设计一个陷波器，滤除 1250 Hz 的频率分量，系统采样频率为 10000 Hz。

解：3 个频率分量对应的数字频率分别为 0.22π、0.25π、0.28π。要滤除 0.25π 这个

分量，可以设置一对共轭零点 $\mathrm{e}^{\mathrm{j}\pi/4}$、$\mathrm{e}^{-\mathrm{j}\pi/4}$，构成如下系统：

$$H_1(z)=(1-\mathrm{e}^{\mathrm{j}\pi/4}z^{-1})(1-\mathrm{e}^{-\mathrm{j}\pi/4}z^{-1})=1-\sqrt{2}z^{-1}+z^{-2}$$

为了减小过渡带、提升滤波器的选择性，可以增加一对共轭极点 $r\mathrm{e}^{\mathrm{j}\pi/4}$、$r\mathrm{e}^{-\mathrm{j}\pi/4}$，$r$ 小于 1 且接近于 1，以保证系统的因果稳定性，构成如下系统：

$$H_2(z)=\frac{(1-\mathrm{e}^{\mathrm{j}\pi/4}z^{-1})(1-\mathrm{e}^{-\mathrm{j}\pi/4}z^{-1})}{(1-r\mathrm{e}^{\mathrm{j}\pi/4}z^{-1})(1-r\mathrm{e}^{-\mathrm{j}\pi/4}z^{-1})}=\frac{1-\sqrt{2}z^{-1}+z^{-2}}{1-r\sqrt{2}z^{-1}+r^2z^{-2}}$$

用 MATLAB 编写程序检验两个系统的性能，部分程序如下：

```
bz = [exp(i * pi/4)  exp(- i * pi/4)];  % 一对共轭零点
r = 0.95;
az = [r * exp(i * pi/4)  r * exp(- i * pi/4)];  % 一对共轭极点
B = poly(bz);  % 分子多项式系数向量
A1 = [1];  % 系统 1 分母多项式系数向量
A2 = poly(az);  % 系统 2 分母多项式系数向量
y1t = filter(B,A1,xt);  [H1,W] = freqz(B,A1);
y2t = filter(B,A2,xt);  [H2,W] = freqz(B,A2);
```

零极点累试法设计的陷波器幅度特性对比如图 6-6-1 所示。$H_1(z)$ 系统的过渡带宽，$H_2(z)$ 系统的过渡带窄，$H_2(z)$ 对 0.22π、0.28π 这两个分量的衰减较小。可见，增加共轭极点改善了陷波器的性能。

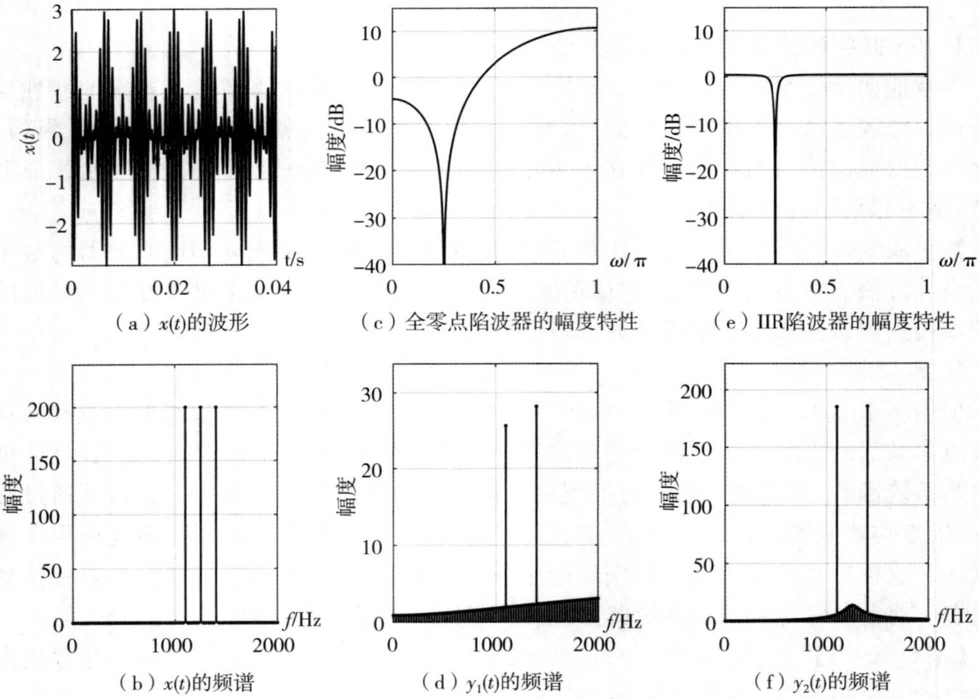

图 6-6-1　零极点累试法设计的陷波器幅度特性对比

2. 频域幅度平方误差最小法

频域幅度平方误差最小法设计原理复杂，这里仅介绍用 MATLAB 中的 yulewalk 函数来直接设计 IIR 滤波器。yulewalk 函数通过拟合期望的频率响应来设计递归 IIR 数字滤波器。yulewalk 的名称反映其求滤波器分母系数的方法：求理想的指定幅值平方响应的逆 FFT，并使用所得的自相关函数样本求解修正的 Yule－Walker 方程。

yulewalk 函数的调用格式：

[b,a] = yulewalk(n,f,m)

行向量 b 和 a 分别包含 n 阶 IIR 滤波器的 $n+1$ 个分子系数和分母系数，该滤波器的频率幅值特征逼近向量 f 和 m 给出的频率幅值特征。f 是频率点向量，范围从 0 到 1，其中 1 代表 Nyquist 频率。m 是 f 中各频率点的幅度值。f 和 m 可以设定任何形状的幅度特性（包括多频带响应）。

用 yulewalk 函数设计多频带滤波器的程序如下：

```
m = [0  0  1  1  0  0  1  1  0  0  0];
f = 0:0.1:1;
[b,a] = yulewalk(10,f,m);
[h,w] = freqz(b,a,128);
plot(f,m,w/pi,abs(h));
```

运行程序，绘制指定和实际的频率响应见图 6－6－2，图中实线为期望的系统幅频响应，虚线为实际的系统幅频响应，二者在边界频率处误差较大。

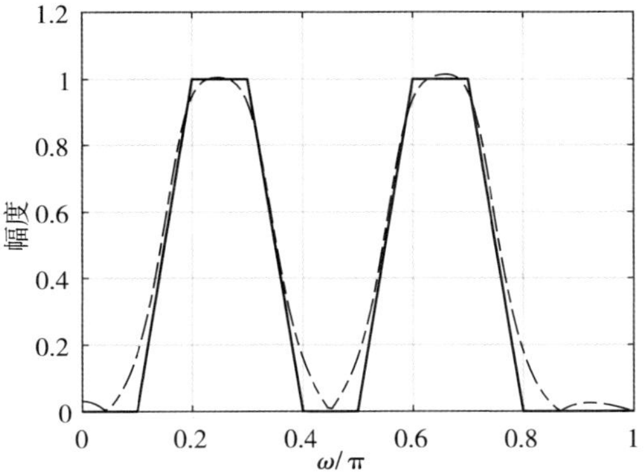

图 6－6－2　yulewalk 函数设计的多频带滤波器幅频响应对比

参数建模方法通过逼近给定的时域或频域响应得到数字滤波器，MATLAB 提供了相关建模函数。时域建模函数有 lpc、prony、stmcb，频域建模函数有 invfreqs、invfreqz。这些函数的具体使用方法请读者查阅 MATLAB 的相关文档。

6.6.2　广义巴特沃斯滤波器

利用巴特沃斯滤波器设计的 IIR 数字滤波器系统函数的分子、分母多项式阶数一般是相同的，也就是说零点和极点数目是相同的。在有些系统中，极点计算成本更高，这时可以设计零点多、极点少的系统。MATLAB 提供 maxflat 函数来设计这种零点、极点数目不一样的广义巴特沃斯低通数字滤波器。maxflat 函数的常用调用格式及参数说明如下：

(1)[B,A] = maxflat(N,M,Wn),B、A 是巴特沃斯低通滤波器系统函数的分子、分母多项式的系数向量。N 是分子多项式的阶数,M 是分母多项式的阶数,Wn 是归一化的低通滤波器通带 3 dB 频率。

(2)B = maxflat(N,' sym ',Wn),B 是系数对称巴特沃斯 FIR 滤波器的单位脉冲响应。阶数 N 必须是偶数。滤波器系数偶对称,滤波器具有线性相位特性。

设通带 3 dB 频率为 0.3π ,设计一个分子、分母多项式的阶数分别为 10 和 4 的 IIR 滤波器和一个系数长度为 10 的 FIR 滤波器。主要程序如下：

```
[B1,A1] = maxflat(10,4,0.3);
[Hz1,W] = freqz(B1,A1,128);
subplot(2,2,1);plot(W/pi,20 * log10(abs(Hz1)));grid on;
axis([0,1, - 50,5]);xlabel('\omega/\pi');ylabel('幅度 /dB');
subplot(2,2,2);zplane(B1,A1);grid on;
xlabel('实部');ylabel('虚部');
B2 = maxflat(10,'sym',0.3);
```

程序运行结果如图 6-6-3 所示。从图 6-6-3 中可以看出,IIR 滤波器的选频性能优于 FIR 滤波器。另外,IIR 滤波器除了坐标原点处有一个 6 阶重极点外,还有 4 个非零极点,而 FIR 滤波器只有坐标原点处的一个 10 阶重极点。

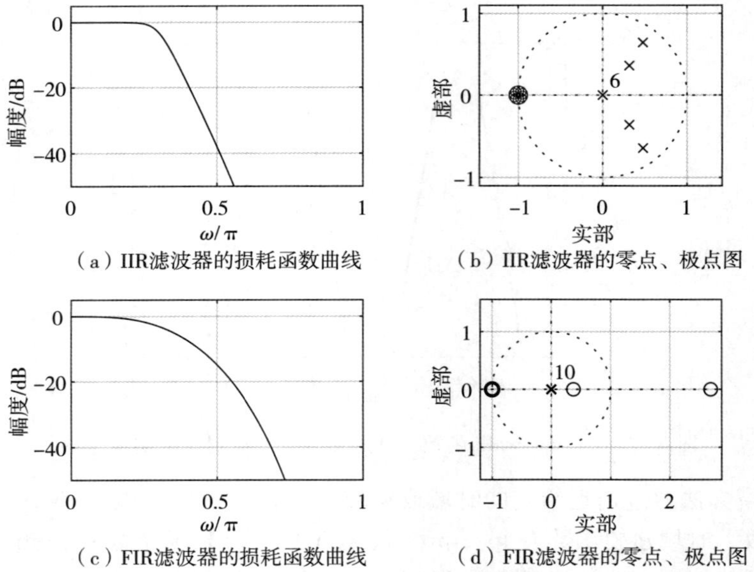

(a) IIR滤波器的损耗函数曲线 (b) IIR滤波器的零点、极点图

(c) FIR滤波器的损耗函数曲线 (d) FIR滤波器的零点、极点图

图 6-6-3 广义巴特沃斯滤波器示例

6.6.3 滤波器设计分析工具 FDATool

MATLAB 的 FDATool(Filter Design & Analysis Tool)功能强大,可以完成多种滤

波器的设计、分析和评估，包括模拟滤波器和数字滤波器。

可以在 MATLAB 主命令窗口内输入“fdatool”，打开 FDATool 界面，如图 6－6－4 所示。可以在窗口中直接设定滤波器的指标参数、类型和设计方法，设计界面简单介绍如下：

（1）Response Type（响应类型）：有低通、高通、带通、带阻等。

（2）Design Method（设计方法）：有 IIR 和 FIR 两大类。

（3）Filter Order（滤波器阶次）：阶次可由滤波器指标确定，或者直接设定最小阶次。

（4）Frequency Specifications（频率参数）：根据滤波器指标设定。频率单位设为 1，表示设计数字滤波器，数字滤波器边界频率在 0 到 1 之间。频率单位设为 Hz 或 kHz，表示设计模拟滤波器，模拟滤波器边界频率在 0 到$F_s/2$之间，F_s是采样频率。

可以导出设计好的滤波器，以便在 MATLAB 程序中使用。导出方式如下：

（1）以 m 文件形式将滤波器函数导入 MATLAB 的工作路径中。点击 File→Generate MATLAB Code→Filter DesignFunction，修改 m 文件名称并保存即可。

（2）导出为一个可供直接调用的函数。点击 File→Export，将 Export to 选择为 Workspace，Export As 选择为 Object，Variable Names 设置为 Hd，然后点击 Export 即可。Hd 就是代表滤波器的系数矩阵，可供 filter 函数调用。

点击图 6－6－4 上部工具条中的快捷按钮，可以在主窗口直接观察滤波器的频率特性和系统参数。图 6－6－5 所示的 13 个快捷按钮，从左到右分别对应的功能为滤波器参数设置、幅度特性、相位特性、幅度及相位特性、群延时、相延时、单位冲击响应／单位脉冲响应、阶跃响应、零极点图、系统函数的系数、滤波器相关说明、幅度响应估计、舍入噪声功率谱。

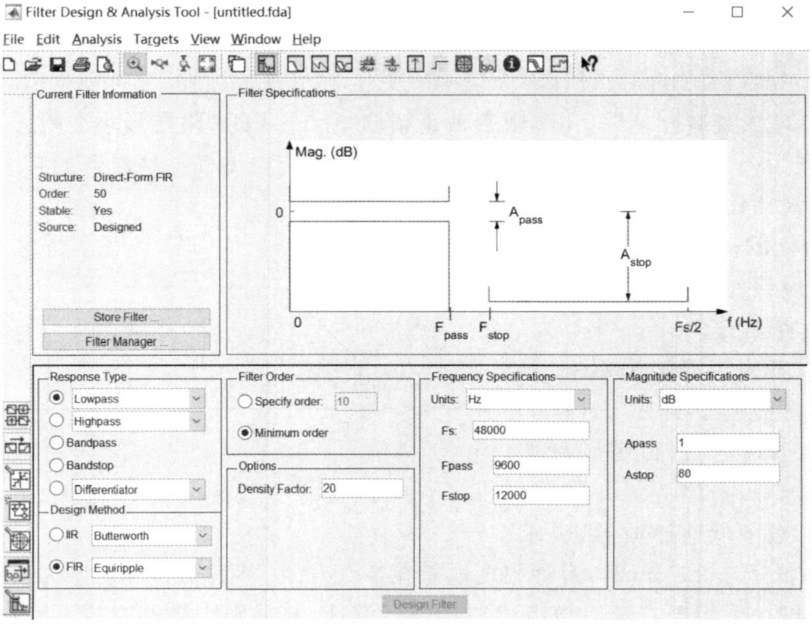

图 6－6－4　FDATool 界面

图 6-6-5 FDATool 界面中的部分快捷按钮图标

此外，图 6-6-4 左下部工具条中还有 7 个快捷按钮，从下到上分别对应的功能如下：

(1) 设计并分析滤波器(默认状态，即图 6-6-4 所示窗口)；

(2) 导入并分析滤波器；

(3) 编辑系统零点、极点；

(4) Simulink 模型实现(需要安装 DSP 模块库)；

(5) 设置量化参数，并分析滤波器量化效应；

(6) 滤波器转换；

(7) 设计多采样率滤波器。

FDATool 的功能丰富，其详细使用方法请读者查阅 MATLAB 的 FDATool help。

IIR 数字滤波器具有优良的选频性能，但是一般没有线性相位特性，要得到线性相位特性，则要另外增加相位校正网络，滤波器变得复杂。而 FIR 滤波器则比较容易获得线性相位特性，将在第 7 章介绍线性相位 FIR 滤波器的设计方法。

习　题

1. 设计一个巴特沃斯模拟低通滤波器，要求通带截止频率 $f_p=3$ kHz，通带最大衰减 $\alpha_p=3$ dB，阻带截止频率 $f_s=5$ kHz，阻带最小衰减 $\alpha_s=20$ dB。求出滤波器系统函数 $G(s)$。

2. 设计一个巴特沃斯高通滤波器，要求其通带截止频率 $f_p=10$ kHz，阻带截止频率 $f_s=8$ kHz，f_p 处最大衰减为 3 dB，阻带最小衰减 $\alpha_s=20$ dB。求出系统函数 $H(s)$。

3. 调用 MATLAB 函数设计一个切比雪夫 Ⅰ 型低通滤波器，要求通带截止频率 $f_p=3$ kHz，通带最大衰减 $\alpha_p=0.2$ dB，阻带截止频率 $f_s=5$ kHz，阻带最小衰减 $\alpha_s=20$ dB。

4. 下图为一个数字滤波器的频率响应，试画出对应原型模拟滤波器的频率响应。

(1) 假设该滤波器是用冲激响应不变法得到的；

(2) 假设该滤波器是用双线性变换法设计得到的。

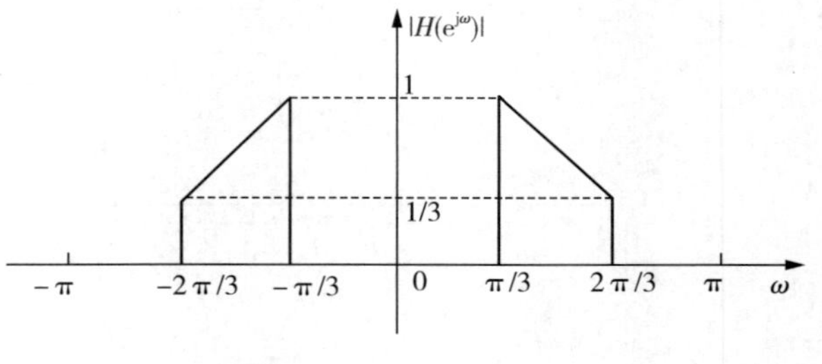

习题 4 图

5. 假设某模拟滤波器 $G(s)$ 是一个低通滤波器，又知 $H(z)=G(s)\big|_{s=\frac{z+1}{z-1}}$，请判定 $H(z)$ 是何种选频滤波器。

6. 设计数字低通滤波器，要求通带内频率低于 0.2π rad 时，容许幅度误差在 1 dB 之内；频率在 0.4π 或 π 之间的阻带衰减大于 15 dB。采用巴特沃斯模拟滤波器进行设计，并分别用脉冲响应不变法和双线性变换法进行转换。

7. 采用巴特沃斯滤波器设计一个数字高通滤波器，要求通带截止频率$\omega_p = 0.7\pi$ rad，通带衰减不大于 3 dB，阻带截止频率$\omega_s = 0.4\pi$ rad，阻带衰减不小于 20 dB。

8. 采用巴特沃斯滤波器设计一个数字带通滤波器，通带范围为 0.3π rad 到 0.5π rad，通带内最大衰减为 3 dB，0.25π rad 以下和 0.55π rad 以上为阻带，阻带内最小衰减为 15 dB。

9. 采用巴特沃斯型模拟滤波器设计一个数字带阻滤波器，阻带范围为 0.3π rad 到 0.5π rad，阻带内最小衰减为 15 dB，0.25π rad 以下和 0.55π rad 以上为通带，阻带内最大衰减为 3 dB。

10. 某模拟信号的有用频带是 4000 Hz 到 4500 Hz，信号中噪声频率小于 2500 Hz，系统采样频率为 10000 Hz。请设计一个数字滤波器对该模拟信号进行滤波，要求对 4000 Hz 以上频率分量的增益至少为 0.707 倍，对 2500 Hz 以下频率分量的增益不超过 0.16 倍，对滤波器的相位特性无特殊要求。请确定数字滤波器的类型和参数，并求出滤波器的系统函数。

11. 设系统输入 $x(t) = 0.5\cos 120\pi t + \cos 380\pi t$，系统抽样频率为 1000 Hz，要求设计一个数字滤波器，190 Hz 频率分量的输出幅度不小于 0.707，60 Hz 频率分量的输出幅度要衰减到 0.1 以下，滤波器的过渡带宽要不大于 100 Hz，希望用较小的计算代价来保证滤波器的选择性。请确定滤波器类型、通带截止频率、阻带截止频率，求出滤波器的系统函数。

12. 设计数字低通滤波器对模拟信号进行滤波，要求模拟滤波器通带截止频率为 3 kHz，阻带截止频率为 5 kHz，系统采样频率为 30 kHz，通带最大衰减为 1 dB，阻带最小衰减为 40 dB。调用 MATLAB 工具箱函数，分别采用巴特沃斯滤波器、切比雪夫 Ⅰ 型滤波器、切比雪夫 Ⅱ 型滤波器和椭圆滤波器来实现，并对比 4 种方法得到的数字滤波器的阶数和幅度特性的差异。

13. 设计数字高通滤波器对模拟信号进行滤波，要求模拟滤波器通带截止频率为 5 kHz，阻带截止频率为 3 kHz，系统采样频率为 30 kHz，通带最大衰减为 1 dB，阻带最小衰减为 40 dB。调用 MATLAB 工具箱函数，分别采用巴特沃斯滤波器、切比雪夫 Ⅰ 型滤波器、切比雪夫 Ⅱ 型滤波器和椭圆滤波器来实现，并对比 4 种方法得到的数字滤波器的阶数和幅度特性的差异。

14. 设计数字带通滤波器对模拟信号进行滤波，要求模拟滤波器通带界频率分别为 5 kHz 和 8 kHz，阻带边界频率分别为 3 kHz 和 10 kHz，系统采样频率为 30 kHz，通带最大衰减为 1 dB，阻带最小衰减为 30 dB。调用 MATLAB 工具箱函数，分别采用巴特沃斯滤波器、切比雪夫 Ⅰ 型滤波器、切比雪夫 Ⅱ 型滤波器和椭圆滤波器来实现，并对比 4 种方法得到的数字滤波器的阶数和幅度特性的差异。

15. 设计数字带阻滤波器对模拟信号进行滤波，要求模拟滤波器通带边界频率分别为 3 kHz 和 10 kHz，阻带边界频率分别为 5 kHz 和 8 kHz，系统采样频率为 30 kHz，通带最大衰减为 1 dB，阻带最小衰减为 30 dB。调用 MATLAB 工具箱函数，分别采用巴特沃斯滤波器、切比雪夫 Ⅰ 型滤波器、切比雪夫 Ⅱ 型滤波器和椭圆滤波器来实现，并对比 4 种方法得到的数字滤波器的阶数和幅度特性的差异。

第 7 章　有限脉冲响应数字滤波器的设计

有限脉冲响应滤波器是指其单位脉冲响应序列 $h(n)$ 是有限长的，该滤波器在保证幅度特性满足要求的同时，容易获得线性相位特性。FIR 滤波器没有类似 IIR 滤波器的间接设计方法，FIR 滤波器设计是直接在频域对给定频率特性进行逼近，使得频率响应函数 $H(e^{j\omega})$ 满足技术指标要求。本章介绍用窗函数法、频率采样法和等波纹逼近法来设计 FIR 滤波器。

7.1　FIR 滤波器的线性相位条件

FIR 滤波器单位脉冲响应 $h(n)$ 为实序列，长度为 N，其系统函数为

$$H(z)=\sum_{n=0}^{N-1}h(n)z^{-n} \tag{7-1-1}$$

$H(z)$ 是 z^{-1} 的 $N-1$ 次多项式，它在 z 平面上有 $N-1$ 个零点，因此式(7-1-1)表示一个 $N-1$ 阶的 FIR 系统。该系统仅在原点 $z=0$ 处有一个 $N-1$ 阶的重极点，系统绝对稳定。

7.1.1　线性相位 FIR 滤波器基本概念

对于单位脉冲响应长度为 N 的 FIR 滤波器，其频率响应可以用下面两种方法来表示：

$$H(e^{j\omega})=\sum_{n=0}^{N-1}h(n)e^{-j\omega n}=|H(e^{j\omega})|e^{j\varphi(\omega)} \tag{7-1-2}$$

$$H(e^{j\omega})=\sum_{n=0}^{N-1}h(n)e^{-j\omega n}=H_g(\omega)e^{j\theta(\omega)} \tag{7-1-3}$$

其中，$|H(e^{j\omega})|$、$H_g(\omega)$ 都称为系统幅度响应，$\varphi(\omega)$、$\theta(\omega)$ 都称为系统相位响应。$|H(e^{j\omega})|>0$，而 $H_g(\omega)$ 取值可正可负。它们的关系如下：

(1) 当 $H_g(\omega)>0$ 时，$H_g(\omega)=|H(e^{j\omega})|$，$\varphi(\omega)=\theta(\omega)$；

(2) 当 $H_g(\omega)<0$ 时，$H_g(\omega)=-|H(e^{j\omega})|$，$\varphi(\omega)=\theta(\omega)+\pi$。

可见，当 $H_g(\omega)$ 由正转负时，$\varphi(\omega)$ 会有一个 π 的相位增加，而 $\theta(\omega)$ 会保持相位特性的连续性，因此常采用式(7-1-3)表示线性相位滤波器的频率响应。

1. 滤波器的相延时与群延时

频域的相移对应时域的时移。滤波器有相延时和群延时两个概念。相延时定义为

$$\tau_{\mathrm{p}}(\omega)=-\frac{\theta(\omega)}{\omega} \tag{7-1-4}$$

相延时是 $\theta(\omega)$ 上的点与坐标原点连线的斜率的负数。

滤波器的群延时定义为

$$\tau_{\mathrm{g}}(\omega)=-\frac{\mathrm{d}\theta(\omega)}{\mathrm{d}\omega} \tag{7-1-5}$$

群延时是 $\theta(\omega)$ 的切线斜率的负数。

图 7-1-1 所示为低通滤波器的频率特性，该滤波器是线性相位低通滤波器。从图 7-1-1(b) 可见，该滤波器通带内的群延时等于相延时，且是常数。图 7-1-2 所示为带通滤波器的频率特性，该滤波器不具有线性相位特性。图 7-1-2(b) 中，直线 line 1 是曲线上的点与原点的连线，line 1 的斜率是随 ω 变化的，因此该滤波器的相延时不是常数。通带内 a、b 两点之间，$\theta(\omega)$ 近似为一段直线，可以用连接 a、b 的直线 line 2 来逼近，通带内各点的导数为常数。可见，该带通滤波器的相延时非常数，但是其在通带内的群延时为常数。

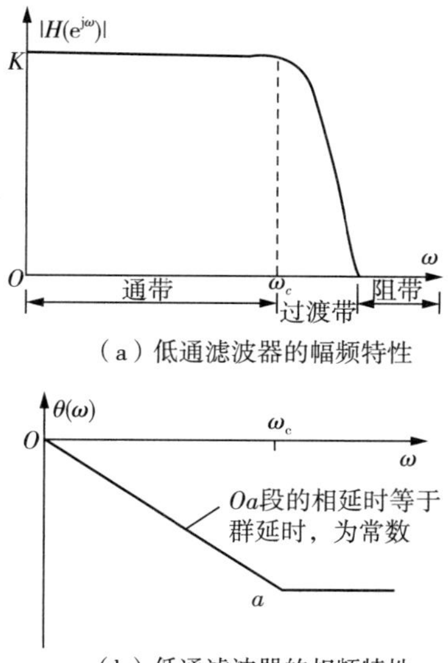

（a）低通滤波器的幅频特性

（b）低通滤波器的相频特性

图 7-1-1　低通滤波器的频率特性

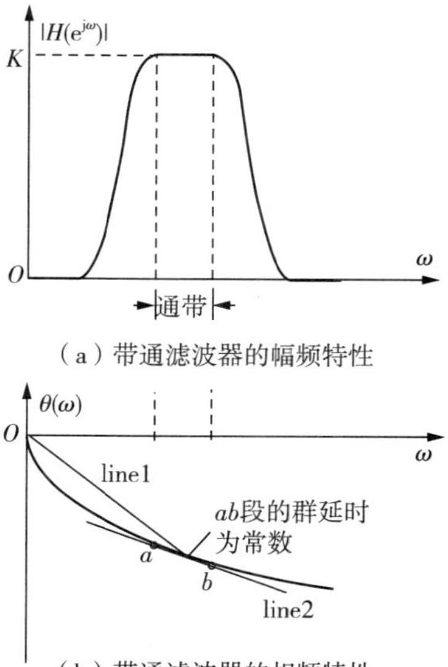

（a）带通滤波器的幅频特性

（b）带通滤波器的相频特性

图 7-1-2　带通滤波器的频率特性

相延时和群延时的意义有何不同呢？对于有些滤波器，难以保证它的相延时在较宽的频带内保持为常数，也没有必要。比如，载波被基带信号调幅后得到调幅波，调幅波通过带通滤波器时，希望滤波器输出的调幅波包络线形状不变，即要求基带信号各频率分量通过滤波器产生的延时为一个常数，而载波延时对包络形状并没有影响。下面以载波抑制调幅信号通过带通 FIR 滤波器为例来说明相延时和群延时的区别。

设带通 FIR 滤波器的频率特性为

$$H(\mathrm{e}^{\mathrm{j}\omega})=\mathrm{e}^{\mathrm{j}\theta(\omega)},\ \omega_{\mathrm{c}}-\omega_{0}\leqslant|\omega|\leqslant\omega_{\mathrm{c}}+\omega_{0} \tag{7-1-6}$$

输入信号是一个载波抑制的单频正弦调幅信号：

$$x(n)=\cos\omega_0 n\cos\omega_c n \tag{7-1-7}$$

其中，$\cos\omega_c n$ 是载波信号，$\cos\omega_0 n$ 是单频基带信号，$\omega_c \gg \omega_0$。利用积化和差公式，式(7-1-7)改写为

$$x(n)=\frac{1}{2}\cos[(\omega_c+\omega_0)n]+\frac{1}{2}\cos[(\omega_c-\omega_0)n] \tag{7-1-8}$$

$\omega_c \gg \omega_0$，$x(n)$ 是一个窄带调幅信号。式(7-1-6)表示的FIR滤波器是一个窄带带通滤波器，在通带$[\omega_c-\omega_0,\omega_c+\omega_0]$内增益等于1。$x(n)$ 经过FIR滤波器滤波后的输出信号为

$$y(n)=\frac{1}{2}\cos[(\omega_c+\omega_0)n+\theta(\omega_c+\omega_0)]+\frac{1}{2}\cos[(\omega_c-\omega_0)n+\theta(\omega_c-\omega_0)] \tag{7-1-9}$$

可见，输出信号两个频率分量的相位变化不同，分别是 $\theta(\omega_c+\omega_0)$ 和 $\theta(\omega_c-\omega_0)$。

利用和差化积三角公式，由式(7-1-9)得到

$$y(n)=\cos\left[\omega_0 n+\frac{\theta(\omega_c+\omega_0)-\theta(\omega_c-\omega_0)}{2}\right]\cos\left[\omega_c n+\frac{\theta(\omega_c+\omega_0)+\theta(\omega_c-\omega_0)}{2}\right] \tag{7-1-10}$$

式(7-1-10)表明，载波信号和基带信号的频率仍然是ω_c和ω_0，但二者的相位变化不同。载波的相位变化记为

$$\varphi(\omega_c)=\frac{[\theta(\omega_c+\omega_0)+\theta(\omega_c-\omega_0)]}{2} \tag{7-1-11}$$

基带信号的相位变化记为

$$\varphi(\omega_0)=\frac{[\theta(\omega_c+\omega_0)-\theta(\omega_c-\omega_0)]}{2} \tag{7-1-12}$$

在载波频率ω_c附近，将滤波器相位响应 $\theta(\omega)$ 展开成泰勒级数并用前两项近似，得

$$\theta(\omega)\approx\theta(\omega_c)+\left.\frac{\mathrm{d}\theta(\omega)}{\mathrm{d}\omega}\right|_{\omega=\omega_c}\cdot(\omega-\omega_c) \tag{7-1-13}$$

将式(7-1-13)分别代入式(7-1-11)和式(7-1-12)，得到

$$\varphi(\omega_c)\approx\theta(\omega_c) \tag{7-1-14}$$

$$\varphi(\omega_0)\approx\omega_0\left.\frac{\mathrm{d}\theta(\omega)}{\mathrm{d}\omega}\right|_{\omega=\omega_c} \tag{7-1-15}$$

根据式(7-1-14)计算载波信号通过系统后的延时为

$$\tau(\omega_c)=-\frac{\varphi(\omega_c)}{\omega_c}\approx-\frac{\theta(\omega_c)}{\omega_c}=\tau_p(\omega_c) \qquad (7-1-16)$$

式(7-1-16)表明载波信号的延时等于系统在ω_c点的相延时。因此，系统的相延时决定了载波信号的延时。

根据式(7-1-15)计算基带信号的延时为

$$\tau(\omega_0)=-\frac{\varphi(\omega_0)}{\omega_0}=-\frac{\mathrm{d}\theta(\omega)}{\mathrm{d}\omega}\bigg|_{\omega=\omega_c}=\tau_g(\omega_c) \qquad (7-1-17)$$

可见，基带信号的延时等于系统在ω_c点的群延时，而不等于系统在ω_c点的相延时。

群可以看成是由频率邻近的多个单频基带信号叠加构成的一个波包络，当系统在ω_c附近的群延时为一个恒定值时，各基带频率分量通过系统的延时相等，波包络的形状就不会变化，无波形失真。如果群延时不是常数，则各个基带频率分量的延时不同，组成的波包络形状就会改变，就有波形失真。因此在窄带带通系统里，无须相延时为常数，只要保证通带内的群延时为常数即可(即通带内的相位响应曲线近似为直线段即可)。

图 7-1-3 所示为载波抑制正弦调幅信号通过带通滤波器的延时情况，图中标明了调幅波的载波的延时τ_p和包络的延时τ_g。

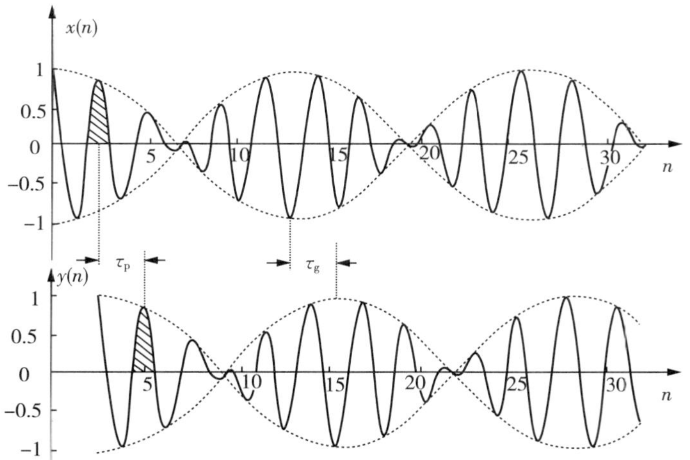

图 7-1-3　载波抑制正弦调幅信号通过带通滤波器的延时情况

2. 线性相位特性的两种情况

(1) 第一类线性相位

$$\theta(\omega)=-\tau\omega,\tau \text{ 为常数} \qquad (7-1-18)$$

相频曲线是一条经过坐标原点的直线，如图 7-1-4(a) 所示。$\tau_g(\omega)=\tau_p(\omega)=\tau$，各频率信号经过系统的延时都为常数 τ。第一类线性相位特性也称为严格线性相位特性。

(2) 第二类线性相位

$$\theta(\omega)=\theta_0-\tau\omega,\tau \text{ 为常数},\theta_0 \text{ 是起始相位} \qquad (7-1-19)$$

相频曲线也是一条直线，但不过坐标原点，如图 7-1-4(b) 所示。群延时$\tau_g(\omega)=\tau$，相延时$\tau_p(\omega)=-\frac{\theta_0}{\omega}+\tau$，不是常数。$\theta_0=-\frac{\pi}{2}$ 是第二类线性相位特性的一种典型情况。

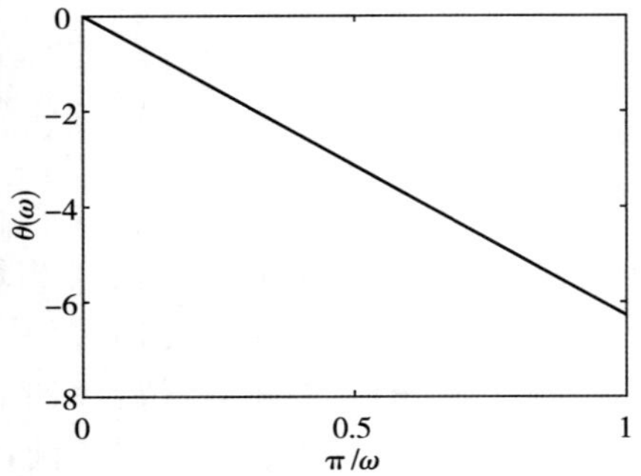

(a) 第一类线性相位

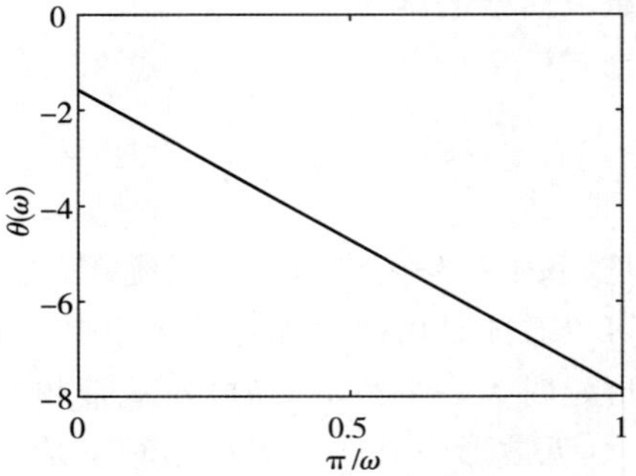

(b) 第二类线性相位

图 7-1-4　线性相位特性示意图

7.1.2　线性相位 FIR 滤波器的时域条件

不是任意 FIR 滤波器都具有线性相位特性，只有其单位脉冲响应 $h(n)$ 满足一定约束条件时，FIR 滤波器才具有线性相位特性。另外，滤波器的单位脉冲响应一般为实序列。

1. 第一类线性相位特性对 $h(n)$ 的约束

第一类线性相位 FIR 滤波器的相位函数 $\theta(\omega)=-\omega\tau$，由式(7-1-3) 得到

$$\sum_{n=0}^{N-1}h(n)\mathrm{e}^{-\mathrm{j}\omega n}=H_g(\omega)\mathrm{e}^{-\mathrm{j}\omega\tau}$$

用欧拉公式展开 $\mathrm{e}^{-\mathrm{j}\omega n}$ 和 $\mathrm{e}^{-\mathrm{j}\omega\tau}$，并根据上式两端实部、虚部对应关系得到

$$\sum_{n=0}^{N-1}h(n)\cos\omega n=H_g(\omega)\cos\omega\tau \qquad (7-1-20)$$

$$\sum_{n=0}^{N-1}h(n)\sin\omega n=H_g(\omega)\sin\omega\tau \qquad (7-1-21)$$

将式(7-1-20) 和式(7-1-21) 相除，消掉$H_g(\omega)$，并整理得到

$$\sum_{n=0}^{N-1}h(n)\cos\omega n\sin\omega\tau=\sum_{n=0}^{N-1}h(n)\sin\omega n\cos\omega\tau$$

对上式进行移项合并，并用三角函数公式化简得到

$$\sum_{n=0}^{N-1}h(n)\sin[\omega(n-\tau)]=0 \qquad (7-1-22)$$

能让式(7-1-22) 成立的条件有无穷多个，而 $h(n)\sin\omega(n-\tau)$ 关于求和区间中心 $\frac{N-1}{2}$ 奇对称是其中一个。设$\tau=\frac{N-1}{2}$，而 $\sin\omega(n-\tau)$ 式关于 $n=\tau$ 奇对称，因此 $h(n)$ 要

关于$\frac{N-1}{2}$偶对称，以保证式(7-1-22)成立。所以，τ 和 $h(n)$ 要满足如下条件：

$$\begin{cases}\tau=\dfrac{N-1}{2} \\ h(n)=h(N-1-n)\end{cases}\quad(0\leqslant n\leqslant N-1) \tag{7-1-23}$$

因此，FIR 滤波器具有第一类线性相位特性的充分条件：$h(n)$ 是实序列，且关于 $n=\frac{N-1}{2}$ 偶对称。此时，$\theta(\omega)=-(N-1)\omega/2$。$h(n)$ 的偶对称情况如图 7-1-5 所示。

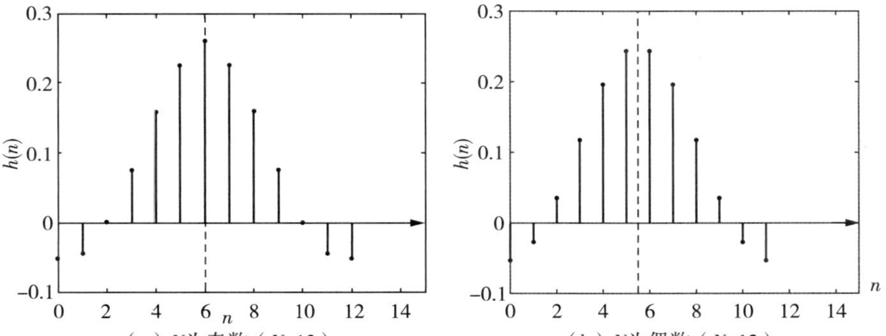

（a）N为奇数（N=13）　（b）N为偶数（N=12）

图 7-1-5　$h(n)$ 的偶对称情况

2. 第二类线性相位特性对 $h(n)$ 的约束

第二类线性相位 FIR 数字滤波器的相位函数 $\theta(\omega)=-\frac{\pi}{2}-\omega\tau$，即

$$H(e^{j\omega})=\sum_{n=0}^{N-1}h(n)e^{-j\omega n}=H_g(\omega)e^{-j\left(\frac{\pi}{2}+\omega\tau\right)}$$

经过同样的推导过程，可得到

$$\sum_{n=0}^{N-1}h(n)\cos[\omega(n-\tau)]=0 \tag{7-1-24}$$

函数 $h(n)\cos[\omega(n-\tau)]$ 关于求和区间的中心$\frac{N-1}{2}$奇对称是满足式(7-1-24)的一个解，但是 $\cos[\omega(n-\tau)]$ 关于 $n=\tau$ 偶对称，所以要求 τ 和 $h(n)$ 满足如下条件：

$$\begin{cases}\tau=\dfrac{N-1}{2} \\ h(n)=-h(N-1-n)\end{cases}\quad(0\leqslant n\leqslant N-1) \tag{7-1-25}$$

因此，长度为 N 的 FIR 滤波器具有第二类线性相位特性的充分条件：$h(n)$ 为实序列，且关于 $n=\frac{N-1}{2}$ 奇对称。$h(n)$ 的奇对称情况如图 7-1-6 所示。

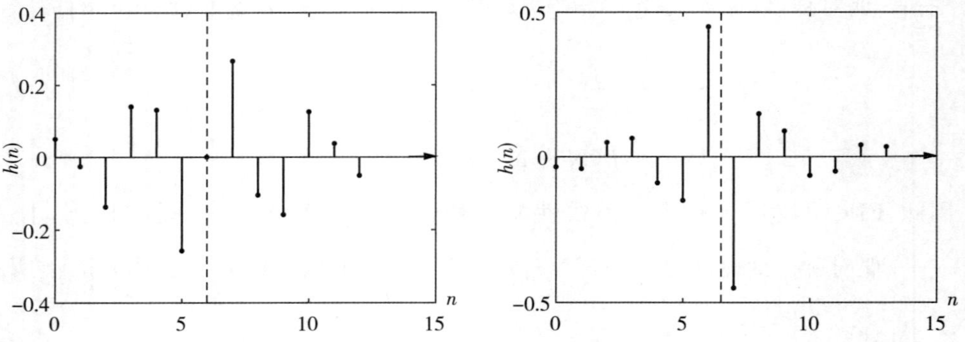

（a）N为奇数（N=13）　（b）N为偶数（N=14）

图 7-1-6　$h(n)$ 的奇对称情况

7.1.3　线性相位 FIR 滤波器的幅度特性

下面根据 $h(n)$ 是奇对称还是偶对称、N 取奇数还是偶数，分 4 种类型来讨论其幅度特性的特点。这些特点可以用于设计线性相位 FIR 滤波器。

(1) Ⅰ 型：$h(n)=h(N-1-n)$，N 为奇数

将 $h(n)=h(N-1-n)$ 和 $\theta(\omega)=-\omega\tau$ 代入式(7-1-3)，得到

$$
\begin{aligned}
H(e^{j\omega}) &= H_g(\omega)e^{-j\omega\tau}=\sum_{n=0}^{N-1}h(n)e^{-j\omega n}\\
&=h\left(\frac{N-1}{2}\right)e^{-j\omega\frac{N-1}{2}}+\sum_{n=0}^{\frac{N-1}{2}-1}\left[h(n)e^{-j\omega n}+h(N-1-n)e^{-j\omega(N-1-n)}\right]\\
&=h\left(\frac{N-1}{2}\right)e^{-j\omega\frac{N-1}{2}}+e^{-j\omega\frac{N-1}{2}}\sum_{n=0}^{\frac{N-1}{2}-1}h(n)\left[e^{-j\omega\left(n-\frac{N-1}{2}\right)}+e^{j\omega\left(n-\frac{N-1}{2}\right)}\right]\\
&=e^{-j\omega\frac{N-1}{2}}\left\{h\left(\frac{N-1}{2}\right)+\sum_{n=0}^{\frac{N-1}{2}-1}h(n)\left[e^{-j\omega\left(n-\frac{N-1}{2}\right)}+e^{j\omega\left(n-\frac{N-1}{2}\right)}\right]\right\}\\
&=e^{-j\omega\tau}\left\{h(\tau)+\sum_{n=0}^{\frac{N-1}{2}-1}2h(n)\cos[\omega(n-\tau)]\right\}
\end{aligned}
$$

其中 $\tau=(N-1)/2$。所以有

$$
H_g(\omega)=h(\tau)+\sum_{n=0}^{\frac{N-1}{2}-1}2h(n)\cos[\omega(n-\tau)] \tag{7-1-26}
$$

因为 $n-\tau$ 为整数，令 $m=n-\tau$，显然有

$$
\cos[-\omega m]=\cos[\omega m]
$$

$$\cos[(\pi-\omega)m]=\cos[(\pi+\omega)m]$$

$$\cos[(2\pi-\omega)m]=\cos[(2\pi+\omega)m]$$

即 $\cos[\omega(n-\tau)]$ 关于 $\omega=0$、π、2π 三点偶对称，所以 $H_g(\omega)$ 关于 $\omega=0$、π、2π 三点偶对称。偶对称的对称中心点 $H_g(\omega)$ 可以不为 0，因此 Ⅰ 型可以设计低通、高通、带通和带阻滤波器。$N=13$ 时，$\cos[\omega(n-6)]$ 的频率特性如图 7-1-7(a) 所示，低通 $H_g(\omega)$ 如图 7-1-7(b) 所示。

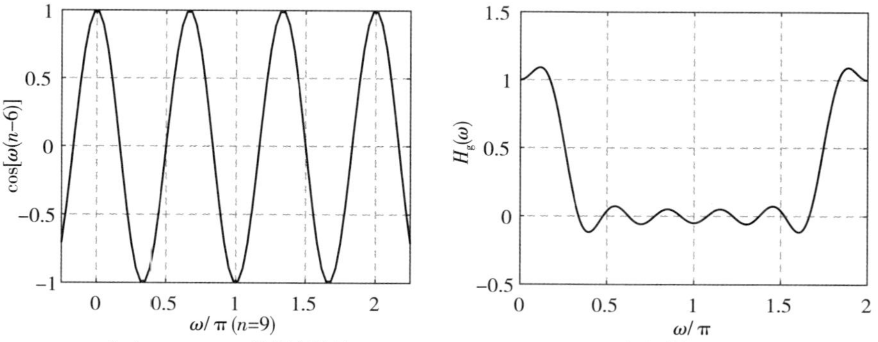

（a）cos[ω(n−6)]的频率特性　（b）低通 $H_g(\omega)$

图 7-1-7　Ⅰ 型 FIR 滤波器幅度特性示例

(2) Ⅱ 型：$h(n)=h(N-1-n)$，N 为偶数

N 为偶数，$h(n)$ 的前一半是 $h(0)\sim h(N/2-1)$，仿照 Ⅰ 型滤波器的推导方法，得到

$$H(e^{j\omega})=H_g(\omega)e^{-j\omega\tau}=\sum_{n=0}^{N-1}h(n)e^{-j\omega n}=e^{-j\omega\tau}\sum_{n=0}^{N/2-1}2h(n)\cos[\omega(n-\tau)]$$

$$H_g(\omega)=\sum_{n=0}^{N/2-1}2h(n)\cos[\omega(n-\tau)] \qquad (7-1-27)$$

式(7-1-27)中，$\tau=\dfrac{N}{2}-\dfrac{1}{2}$。

令 $m=n-\dfrac{N}{2}$，因为 N 是偶数，所以 m 为整数。当 $\omega=\pi$ 时，

$$\cos[\pi(n-\tau)]=\cos\left[m\pi+\frac{\pi}{2}\right]=0$$

而且 $\cos[\omega(n-\tau)]$ 关于过零点 $\omega=\pi$ 奇对称，推导如下：

$$\cos[(\pi-\omega)(n-\tau)]=-\sin[m\pi-\omega(n-\tau)]$$

$$\cos[(\pi+\omega)(n-\tau)]=-\sin[m\pi+\omega(n-\tau)]=\sin[m\pi-\omega(n-\tau)]$$

所以

$$\cos[(\pi-\omega)(n-\tau)]=-\cos[(\pi+\omega)(n-\tau)]$$

另外,容易推导 $\cos[\omega(n-\tau)]$ 关于 $\omega=0$ 和 2π 偶对称。

根据式(7-1-24),$H_g(\pi)=0$,$H_g(\omega)$ 关于 $\omega=\pi$ 奇对称,关于 $\omega=0$ 和 2π 偶对称。因为 $H_g(\pi)=0$,Ⅱ型不能设计高通和带阻滤波器,只能设计低通和带通滤波器。$N=12$ 时,$\cos[\omega(n-5.5)]$ 的频率特性如图 7-1-8(a) 所示,低通 $H_g(\omega)$ 如图 7-1-8(b) 所示。

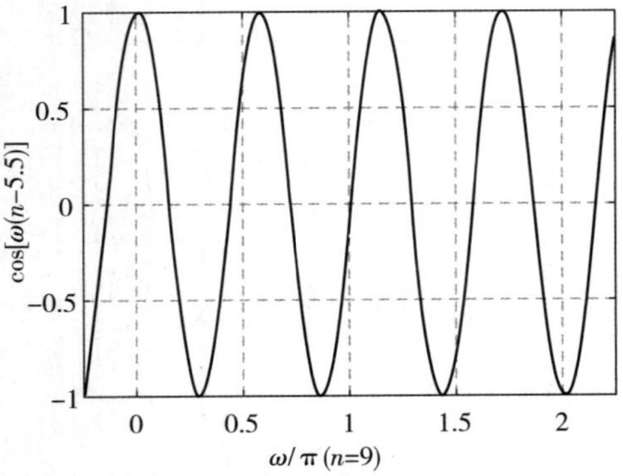

(a) cos[ω(n–5.5)]的频率特性

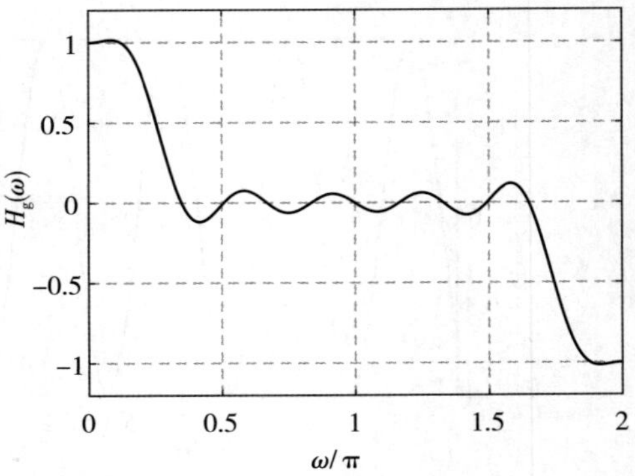

(b) 低通$H_g(\omega)$

图 7-1-8 Ⅱ型 FIR 滤波器幅度特性示例

(3)Ⅲ型:$h(n)=-h(N-1-n)$,N 为奇数

将 $h(n)=-h(N-n-1)$ 和 $\theta(\omega)=-\frac{\pi}{2}-\omega\tau$ 代入式(7-1-3),且 $h\left(\frac{N-1}{2}\right)=0$,得到

$$H(e^{j\omega})=\sum_{n=0}^{\frac{N-1}{2}-1}[h(n)e^{-j\omega n}+h(N-1-n)e^{-j\omega(N-1-n)}]$$

$$=\sum_{n=0}^{\frac{N-1}{2}-1}[h(n)e^{-j\omega n}-h(n)e^{-j\omega(N-1-n)}]$$

$$=e^{-j\omega\frac{N-1}{2}}\sum_{n=0}^{\frac{N-1}{2}-1}h(n)[e^{-j\omega\left(n-\frac{N-1}{2}\right)}-e^{j\omega\left(n-\frac{N-1}{2}\right)}]$$

$$=-je^{-j\omega\tau}\sum_{n=0}^{\frac{N-1}{2}-1}2h(n)\sin[\omega(n-\tau)]$$

$$=e^{-j\left(\frac{\pi}{2}+\omega\tau\right)}\sum_{n=0}^{M-1}2h(n)\sin[\omega(n-\tau)]$$

$$H_g(\omega)=\sum_{n=0}^{\frac{N-1}{2}-1}2h(n)\sin[\omega(n-\tau)] \tag{7-1-28}$$

由于 N 是奇数，$\tau=\frac{N-1}{2}$ 是整数，$n-\tau$ 也是整数，当 $\omega=0$、π、2π 时，$\sin[\omega(n-\tau)]=0$，$\sin[\omega(n-\tau)]$ 关于过零点 $\omega=0$、π、2π 都是奇对称的。$N=13$ 时，$\sin[\omega(n-6)]$ 的频率特性如图 7-1-9(a) 所示，关于 $\omega=0$、π、2π 奇对称。由于 $H_g(\omega)$ 在 $\omega=0$、π、2π 时都为 0，Ⅲ 型只能设计带通滤波器。$N=13$ 时，带通 $H_g(\omega)$ 如图 7-1-9(b) 所示。

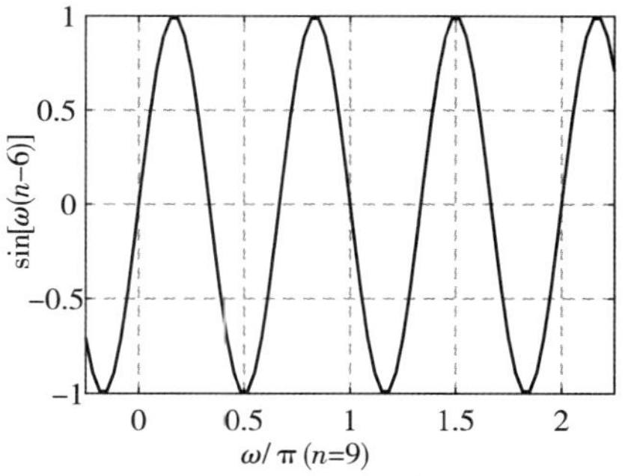

(a) sin[ω(n−6)]的频率特性

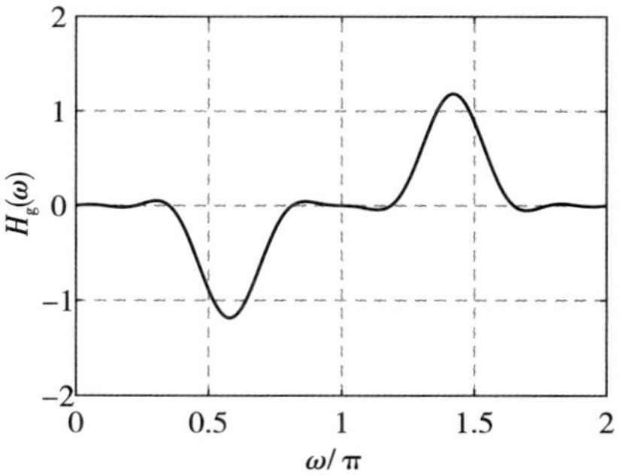

(b) 带通 $H_g(\omega)$

图 7-1-9　Ⅲ 型 FIR 滤波器幅度特性示例

(4) Ⅳ 型：$h(n)=-h(N-1-n)$，N 为偶数

N 为偶数，$\tau=\frac{N}{2}-\frac{1}{2}$，$h(n)$ 不存在中间项，其前一半是 $h(0)\sim h\left(\frac{N}{2}-1\right)$。因此有

$$H(e^{j\omega})=\sum_{n=0}^{N-1}h(n)e^{-j\omega n}=e^{-j\left(\frac{\pi}{2}+\omega\tau\right)}\sum_{n=0}^{N/2-1}2h(n)\sin[\omega(n-\tau)]$$

$$H_g(\omega)=\sum_{n=0}^{N/2-1}2h(n)\sin[\omega(n-\tau)] \tag{7-1-29}$$

当 $\omega=0$ 或 2π 时，$\sin[\omega(n-\tau)]=0$；当 $\omega=\pi$ 时，$\sin[\omega(n-\tau)]=(-1)^{n-\frac{N}{2}}$，为非零值。而且 $\sin[\omega(n-\tau)]$ 关于过零点 $\omega=0$ 和 2π 两点奇对称，关于峰值点 $\omega=\pi$ 偶对称。$N=14$ 时，$\sin[\omega(n-6.5)]$ 的频率特性如图 7-1-10(a) 所示，关于 $\omega=0$ 和 2π 奇对称，关于 $\omega=\pi$ 偶对称。由于 $H_g(0)=H_g(2\pi)=0$，所以 Ⅳ 型不能设计低通和带阻滤波器，只能设计高通和带通滤波器。$N=14$ 时，高通 $H_g(\omega)$ 如图 7-1-10(b) 所示。

$h(n)$ 偶对称、N 为奇数的 Ⅰ 型 FIR 滤波器能设计各种滤波器，并且偶对称的 $h(n)$ 更容易获得，因此 Ⅰ 型 FIR 滤波器最为常用，也是学习的重点。

7.1.4　线性相位 FIR 滤波器的零点

将 $h(n)=\pm h(N-1-n)$ 代入式(7-1-1)，得到

$$H(z)=\sum_{n=0}^{N-1}\pm h(N-1-n)z^{-n}=\pm\sum_{m=0}^{N-1}h(m)z^{-(N-1-m)}$$

$$H(z)=\pm z^{-(N-1)}H(z^{-1}) \tag{7-1-30}$$

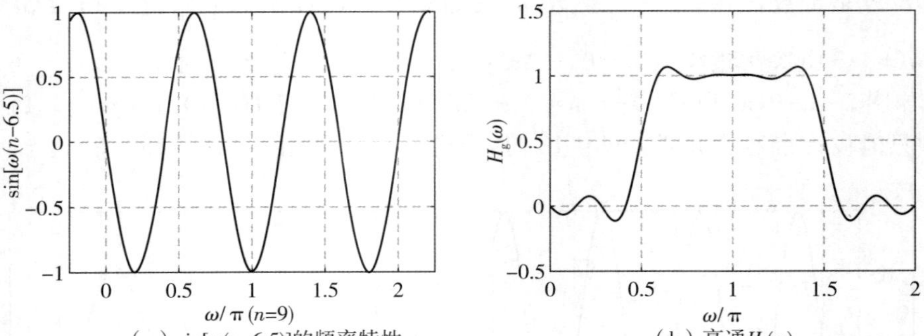

（a）sin[ω(n−6.5)]的频率特性　　（b）高通$H_g(\omega)$

图 7-1-10　Ⅳ 型 FIR 滤波器幅度特性示例

若 z_i 是 $H(z)$ 的零点，即 $H(z_i)=0$，根据上式有 $H(z_i^{-1})=0$，因此 z_i^{-1} 也是其零点。$h(n)$ 是实序列，$H(z)$ 的零点必定共轭成对出现，因此 z_i^* 和 $(z_i^{-1})^*$ 也是其零点。这样，确定其中一个零点，另外 3 个零点也就确定了，如图 7-1-11 中的零点 z_3、z_3^{-1}、z_3^* 和 $(z_3^*)^{-1}$。当然，也有一些特殊零点，如图 7-1-11 中 z_1、z_2 和 z_4。$z_1=-1$，其倒数和共轭都是 -1，因此 z_1 是一个单独出现的零点。z_2 在圆周上，有一个共轭零点 z_2^*。z_4 是单位圆内的实数零点，不存在共轭零点，但是有一个倒数零点 z_4^{-1}。

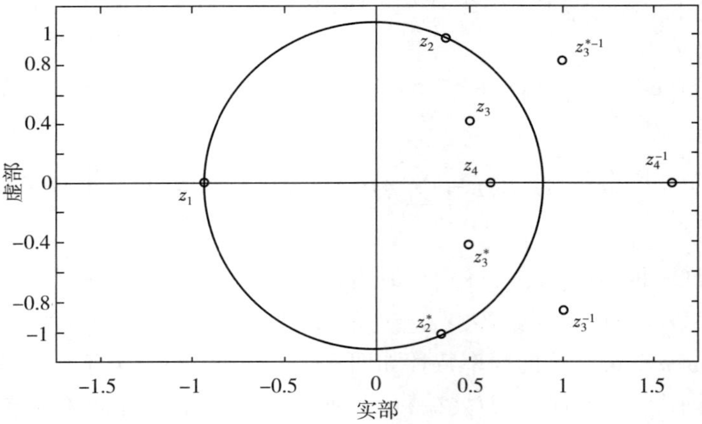

图 7-1-11　线性相位 FIR 数字滤波器的零点分布示意图

7.2　FIR 滤波器设计之窗函数法

7.2.1　窗函数法设计原理

设希望逼近的滤波器频率特性为$H_d(e^{j\omega})$，其单位脉冲响应是$h_d(n)$，二者关系如下：

$$H_d(e^{j\omega})=\sum_{n=-\infty}^{+\infty}h_d(n)e^{-j\omega n} \tag{7-2-1}$$

$$h_d(n)=\frac{1}{2\pi}\int_{-\omega_c}^{\omega_c} H_d(e^{j\omega})e^{j\omega n}d\omega \tag{7-2-2}$$

如果能够由已知的$H_d(e^{j\omega})$求出$h_d(n)$，经过 Z 变换可得到滤波器的系统函数。但通常以理想滤波器作为$H_d(e^{j\omega})$，其幅度特性逐段恒定，在边界频率处有不连续点，因而$h_d(n)$是无限长的非因果序列。例如，线性相位理想低通滤波器的频率响应函数$H_d(e^{j\omega})$为

$$H_d(e^{j\omega})=\begin{cases}e^{-j\omega\alpha}, & |\omega|\leqslant\omega_c\\ 0, & \omega_c<|\omega|\leqslant\pi\end{cases} \tag{7-2-3}$$

其单位脉冲响应$h_d(n)$为

$$h_d(n)=\frac{1}{2\pi}\int_{-\omega_c}^{\omega_c} e^{-j\omega\alpha}e^{j\omega n}d\omega=\frac{\sin[\omega_c(n-\alpha)]}{\pi(n-\alpha)} \tag{7-2-4}$$

$h_d(n)$是无限长非因果序列，其波形如图 7-2-1(a) 所示。$h_d(\alpha)$为最大值，$h_d(n)$关于$n=\alpha$偶对称。为了设计第一类线性相位 FIR 滤波器，只有截取$h_d(n)$的一段，并保证截取的一段是因果序列，且关于$n=\alpha$偶对称。可以用矩形窗$R_N(n)$来截取：

$$h(n)=h_d(n)R_N(n) \tag{7-2-5}$$

$h(n)$波形如图 7-2-1(b) 所示，可见$h(n)$是关于$n=\dfrac{N-1}{2}$偶对称的因果序列，从而保证所设计的滤波器具有线性相位特性。

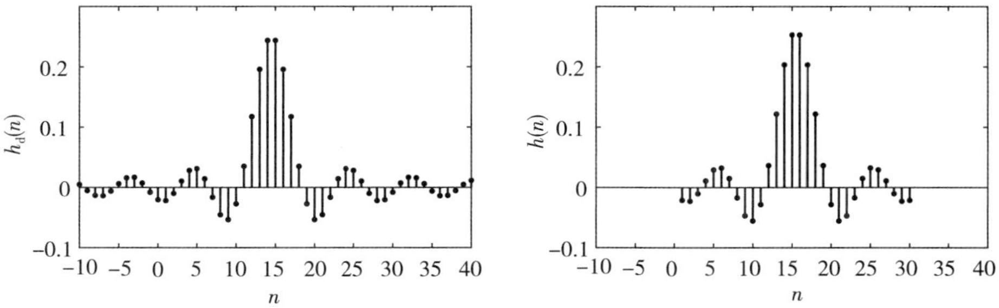

(a) 无限长非因果序列$h_d(n)$　　(b) 矩形窗截断得到的序列$h(n)$

图 7-2-1　窗函数设计法的时域波形(矩形窗，$N=30$)

用有限长序列$h(n)$去代替$h_d(n)$，所得到的频率特性$H(e^{j\omega})$与期望的频率特性$H_d(e^{j\omega})$之间存在误差，表现在频域就是吉布斯(Gibbs)效应。该效应引起过渡带加宽，通带和阻带有波纹，尤其使阻带的衰减不足，如图 7-2-2 所示。吉布斯效应也称为截断效应。

下面分析产生吉布斯效应的原因，以便减小该效应。用$w(n)$表示窗函数，用下标表示窗函数类型，矩形窗记为$w_R(n)$，N为窗函数的长度。

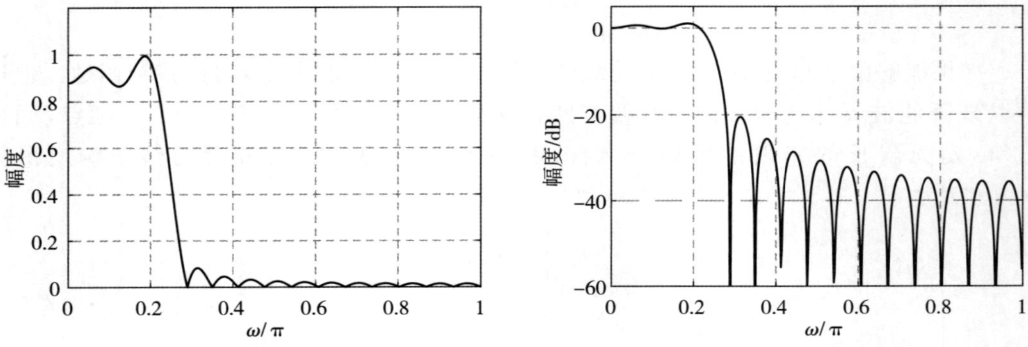

图 7-2-2 吉布斯效应

时域相乘对应频域的卷积，得到式(7-2-5)的傅里叶变换：

$$H(e^{j\omega}) = \frac{1}{2\pi}\int_{-\pi}^{\pi} H_d(e^{j\theta}) W_R(e^{j(\omega-\theta)})\,d\theta \quad (7-2-6)$$

式(7-2-6)中，$H_d(e^{j\omega}) = H_{dg}(\omega)e^{-j\omega\alpha}$，则按照式(7-2-3)，理想低通滤波器的幅度函数为

$$H_{dg}(\omega) = \begin{cases} 1, & |\omega| \leqslant \omega_c \\ 0, & \omega_c < |\omega| \leqslant \pi \end{cases}$$

$H_{dg}(\theta)$ 如图 7-2-3(a) 所示。$W_R(e^{j\omega})$ 是 $w_R(n)$ 的傅里叶变换：

$$W_R(e^{j\omega}) = \sum_{n=0}^{N-1} e^{-j\omega n} = e^{-j\frac{1}{2}(N-1)\omega}\frac{\sin\left(\frac{\omega N}{2}\right)}{\sin\left(\frac{\omega}{2}\right)} = W_{Rg}(\omega)e^{-j\alpha\omega} \quad (7-2-7)$$

$$W_{Rg}(\omega) = \frac{\sin\left(\frac{\omega N}{2}\right)}{\sin\left(\frac{\omega}{2}\right)}, \alpha = \frac{N-1}{2}$$

$W_{Rg}(\omega)$ 为矩形窗的幅度函数，它以 2π 为周期。$W_{Rg}(\theta)$ 在 $[-\pi,\pi]$ 上的波形如图 7-2-3(b) 所示，区间 $\left[-\frac{2\pi}{N},\frac{2\pi}{N}\right]$ 上的一段波形称为 $W_{Rg}(\theta)$ 的主瓣，其余较小的波动称为旁瓣或者副瓣。

将 $H_d(e^{j\omega})$ 和 $W_R(e^{j\omega})$ 代入式(7-2-6)，得到

$$H(e^{j\omega}) = \frac{1}{2\pi}\int_{-\pi}^{\pi} H_{dg}(\theta)e^{-j\theta\alpha}\, W_{Rg}(\omega-\theta)e^{-j(\omega-\theta)\alpha}\,d\theta$$

$$= e^{-j\omega\alpha} \frac{1}{2\pi}\int_{-\pi}^{\pi} H_{dg}(\theta) W_{Rg}(\omega-\theta)d\theta$$

将 $H(e^{j\omega})$ 写成 $H(e^{j\omega})=H_g(\omega)e^{-j\omega\alpha}$，则

$$H_g(\omega)=\frac{1}{2\pi}\int_{-\pi}^{\pi} H_{dg}(\theta) W_{Rg}(\omega-\theta)d\theta \qquad (7-2-8)$$

可见，加窗法得到的滤波器幅度函数 $H_g(\omega)$ 等于理想滤波器的幅度函数 $H_{dg}(\omega)$ 与矩形窗的幅度函数 $W_{Rg}(\omega)$ 的卷积。

式(7-2-8)的卷积过程如图 7-2-3 所示，卷积造成了 $H_g(\omega)$ 的波动。假设 $\omega_c \gg \frac{2\pi}{N}$，下面通过分析 $H_g(\omega)$ 在几个特殊频率点的取值来理解 $H_g(\omega)$ 的波动情况。

(1) 当 $\omega=0$ 时，$H_g(0)$ 等于图 7-2-3(a) 与(b) 中两波形乘积在 $[-\omega_c,\omega_c]$ 上的积分。

(2) 当 $\omega=\omega_c$ 时，如图 7-2-3(c) 所示，积分近似为 $W_{Rg}(\omega-\theta)$ 一半波形的积分，$H_g(\omega_c)\approx H_g(0)/2$。

(3) 当 $\omega=\omega_c-\frac{2\pi}{N}$ 时，如图 7-2-3(d) 所示，$W_{Rg}(\omega-\theta)$ 主瓣完全在区间 $[-\omega_c,\omega_c]$ 之内，而最大的一个负旁瓣在 $[-\omega_c,\omega_c]$ 之外，因此，$H_g\left(\omega_c-\frac{2\pi}{N}\right)$ 为一个最大的正峰。

(4) 当 $\omega=\omega_c+\frac{2\pi}{N}$ 时，情况如图 7-2-3(e) 所示，$W_{Rg}(\omega-\theta)$ 主瓣完全移到积分区间外边，由于最大的一个负旁瓣完全在 $[-\omega_c,\omega_c]$ 内，因此 $H_g\left(\omega_c+\frac{2\pi}{N}\right)$ 为最大的负峰。

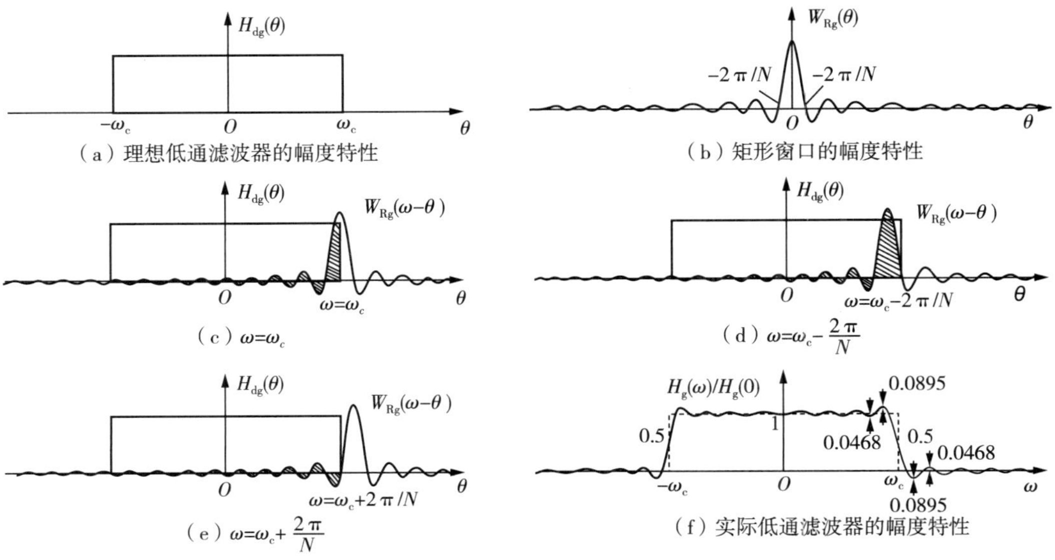

图 7-2-3　矩形窗的加窗效应

可以看出，$H_g(\omega)$ 与理想$H_{dg}(\omega)$ 的差别主要是以下两点：

(1) $H_g(\omega)$ 在ω_c 附近形成过渡带，其宽度近似等于$W_{Rg}(\omega)$ 的主瓣宽度$\frac{4\pi}{N}$。

(2) 通带和阻带都产生了波纹，$W_{Rg}(\omega)$ 主瓣和旁瓣幅度的大小直接影响$H_g(\omega)$ 波纹幅度的大小。通带波纹最大峰值在$\omega_c-\frac{2\pi}{N}$处，阻带波纹最大的负峰在$\omega_c+\frac{2\pi}{N}$处。

如何减少吉布斯效应呢？滤波器过渡带的宽度近似等于$W_{Rg}(\omega)$ 的主瓣宽度$\frac{4\pi}{N}$，加大 N 可以减小过渡带宽，但是不能减小通带及阻带的波纹。根据式(7-2-7)，主瓣峰值 $W_{Rg}(0)=N$，第一副瓣的峰值点频率为$\frac{3\pi}{N}$，FIR 滤波器单位脉冲响应的长度 N 一般大于 20，$W_{Rg}\left(\frac{3\pi}{N}\right)=\frac{\sin 1.5\pi}{\sin\left(\frac{1.5\pi}{N}\right)}\approx\frac{-1}{1.5\pi/N}$，主瓣峰值与副瓣峰值比为

$$\frac{|W_{Rg}(0)|}{\left|W_{Rg}\left(\frac{3\pi}{N}\right)\right|}\approx 1.5\pi$$

主瓣峰值和旁瓣峰值的比值为常数，单纯加大 N，$H_g(\omega)$ 波纹幅度不会减小。图 7-2-4 是长度为 8 和 16 的两个矩形窗幅度谱的对比，窗长 N 加大一倍，其主瓣峰值和第一副瓣的峰值同比例增长。旁瓣峰值相对主瓣峰值的损耗固定为 $20\log(1/1.5\pi)=-13.5$ dB。

长度为 14 和 36 的两个矩形窗的幅度特性$W_{Rg}(\omega)$ 曲线如图 7-2-5(a)(b) 所示。用这两个窗函数设计的 FIR 滤波器的幅度特性$H_g(\omega)$ 曲线如图 7-2-5(c)(d) 所示。可见，N 加大，$H_g(\omega)$ 的过渡带变窄了，但阻带最小衰减都是 21 dB，而这个衰减量往往不够。

以上分析说明，如果能加大窗函数的主瓣的幅度、减小副瓣的幅度，也就是能量更集中在低频部分，则能减小波纹。

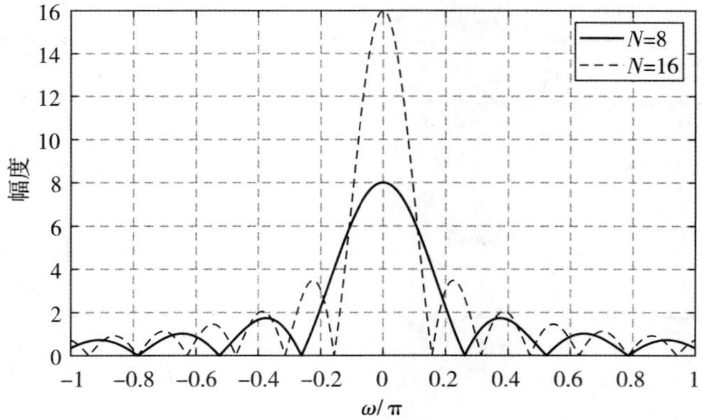

图 7-2-4　矩形窗函数长度对滤波器性能的影响

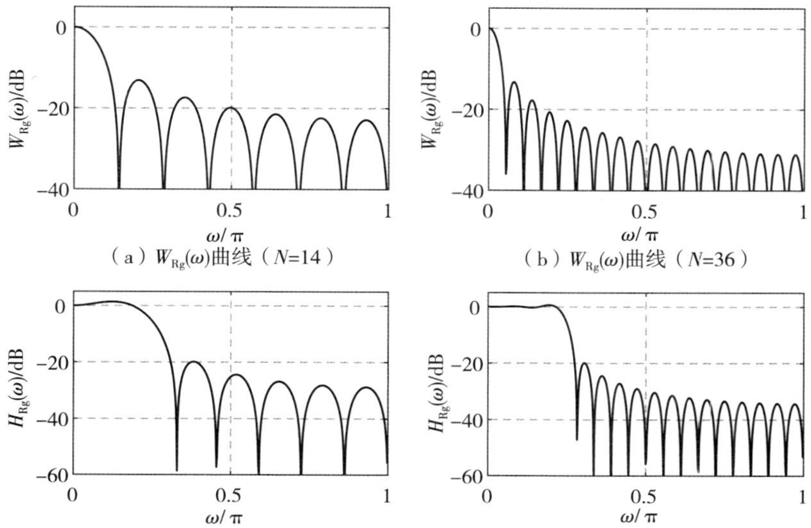

（a）$W_{Rg}(\omega)$曲线（N=14）　（b）$W_{Rg}(\omega)$曲线（N=36）

（c）$H_{Rg}(\omega)$曲线（N=14）　（d）$H_{Rg}(\omega)$曲线（N=36）

图 7－2－5　矩形窗函数长度对滤波器性能的影响

7.2.2　典型窗函数介绍

本节分析典型窗函数的幅度特性及其对滤波器性能的影响。先定义 4 个参数：

（1）旁瓣峰值α_n：窗函数最大旁瓣的峰值相对主瓣峰值的衰减；

（2）主瓣宽度B_g：窗函数主瓣两个过零点之间的带宽，近似等于滤波器过渡带宽度；

（3）阻带最小衰减α_s：用窗函数设计的 FIR 滤波器的阻带最小衰减；

（4）过渡带宽度 $\Delta\omega$：用窗函数设计的 FIR 滤波器的过渡带精确宽度。

下面以理想低通滤波器为例，对比不同窗函数的时域波形、幅度特性以及对应滤波器的损耗曲线。设低通滤波器截止频率$\omega_c=\frac{\pi}{2}$，窗长 $N=31$，滤波器阶数 $M=30$。

1. 矩形窗（Rectangle Window）

矩形窗记为$w_R(n)=R_N(n)$，其幅度函数为

$$W_{Rg}(\omega)=\frac{\sin\left(\frac{\omega N}{2}\right)}{\sin\left(\frac{\omega}{2}\right)} \tag{7-2-9}$$

矩形窗在时域的边界处突变，因此含有较多的高频分量，旁瓣幅度大。前文已经分析了，矩形窗的 4 个参数为$\alpha_n=-13$ dB，$B_g=4\pi/N$，$\alpha_s=21$ dB，$\Delta\omega=1.8\pi/N$。

2. 三角形窗（Bartlett Window）

$$w_B(n)=\begin{cases}\frac{2n}{M}, & 0\leqslant n\leqslant\frac{M}{2}\\[2ex] 2-\frac{2n}{M}, & \frac{M}{2}<n\leqslant M\end{cases} \tag{7-2-10}$$

其频谱函数为

$$W_{B}(e^{j\omega})=\frac{2}{N}\left[\frac{\sin\left(\frac{\omega N}{4}\right)}{\sin\left(\frac{\omega}{2}\right)}\right]^{2}e^{-j\frac{N-1}{2}\omega} \tag{7-2-11}$$

其幅度函数为

$$W_{Bg}(\omega)=\frac{2}{N}\left[\frac{\sin\left(\frac{\omega N}{4}\right)}{\sin\left(\frac{\omega}{2}\right)}\right]^{2} \tag{7-2-12}$$

式(7-2-12)中，$W_{Bg}\left(\frac{4\pi}{N}\right)=0$，所以主瓣宽度为$\frac{8\pi}{N}$。三角窗是线性变化的，高频分量比矩形窗要少，能量更集中在主瓣内。三角窗的时域波形、幅度特性和 FIR 低通滤波器的幅度特性如图 7-2-6 所示，4 个参数为$\alpha_n=-25\ \mathrm{dB}$，$B_g=\frac{8\pi}{N}$，$\alpha_s=25\ \mathrm{dB}$，$\Delta\omega=6.1\pi/N$。

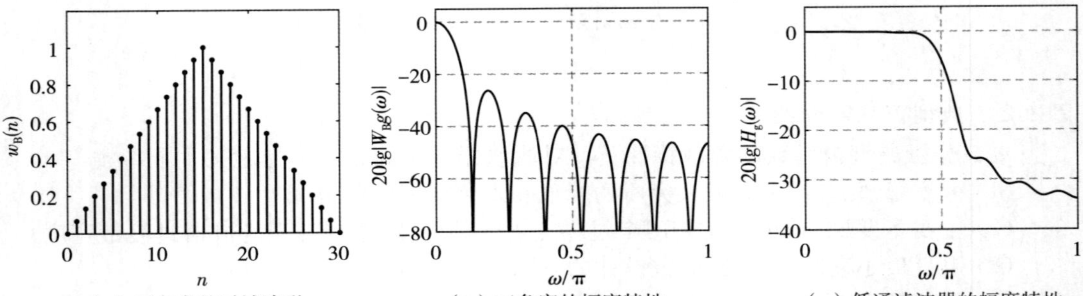

（a）三角窗的时域波形　（b）三角窗的幅度特性　（c）低通滤波器的幅度特性

图 7-2-6　三角窗的 3 种波形

3. 汉宁窗(Hanning Window)—— 升余弦窗

$$w_{Hn}(n)=0.5\left[1-\cos\left(\frac{2\pi n}{M}\right)\right]R_N(n) \tag{7-2-13}$$

$$W_{Hn}(e^{j\omega})=\left\{0.5\,W_{Rg}(\omega)+0.25\left[W_{Rg}\left(\omega+\frac{2\pi}{M}\right)+W_{Rg}\left(\omega-\frac{2\pi}{M}\right)\right]\right\}e^{-j\frac{N-1}{2}\omega}$$

其幅度函数为

$$W_{Hng}(\omega)=0.5\,W_{Rg}(\omega)+0.25\left[W_{Rg}\left(\omega+\frac{2\pi}{M}\right)+W_{Rg}\left(\omega-\frac{2\pi}{M}\right)\right]$$

汉宁窗的幅度函数$W_{Hng}(\omega)$由 3 部分相加，$W_{Rg}(\omega)$的主瓣与$W_{Rg}\left(\omega+\frac{2\pi}{M}\right)$的主瓣以及$W_{Rg}\left(\omega-\frac{2\pi}{M}\right)$的主瓣相加，得到加强、加宽的主瓣，主瓣宽度为$\frac{8\pi}{N}$。同时，$W_{Rg}(\omega)$的大旁瓣又被抵消，使能量更集中在主瓣内。汉宁窗的 3 种波形如图 7-2-7 所示，4 个参数为

$\alpha_n = -31\ \text{dB}, B_g = \dfrac{8\pi}{N}, \alpha_s = 44\ \text{dB}, \Delta\omega = 6.2\pi/N$。

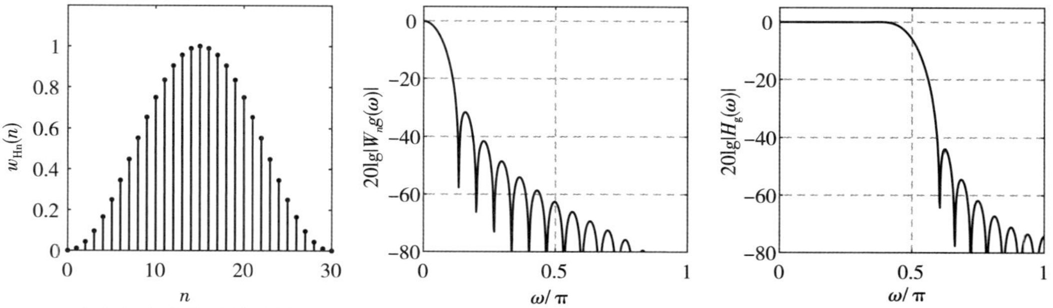

（a）汉宁窗的时域波形　（b）汉宁窗的幅度特性　（c）低通滤波器的幅度特性

图 7-2-7　汉宁窗的 3 种波形

4. 哈明窗（Hamming Window）

$$w_{Hm}(n) = \left[0.54 - 0.46\cos\left(\frac{2\pi n}{M}\right)\right]R_N(n) \qquad (7-2-14)$$

哈明窗是对汉宁窗的改进，其频谱函数为

$$W_{Hm}(e^{j\omega}) = 0.54\,W_R(e^{j\omega}) - 0.23\,W_R\left(e^{j\left(\omega-\frac{2\pi}{M}\right)}\right) - 0.23\,W_R\left(e^{j\left(\omega+\frac{2\pi}{M}\right)}\right)$$

其幅度函数为

$$W_{Hmg}(\omega) = 0.54\,W_{Rg}(\omega) + 0.23\,W_{Rg}\left(\omega - \frac{2\pi}{M}\right) + 0.23\,W_{Rg}\left(\omega + \frac{2\pi}{M}\right)$$

哈明窗的直流提升了，能量更加集中在主瓣内，主瓣能量约占 99.96%，但主瓣宽度和汉宁窗相同，仍为$\dfrac{8\pi}{N}$。可见哈明窗更加高效，MATLAB 窗函数法默认采用哈明窗。哈明窗的 3 种波形如图 7-2-8 所示，4 个参数为 $\alpha_n = -41\ \text{dB}$，$B_g = \dfrac{8\pi}{N}$，$\alpha_s = 53\ \text{dB}, \Delta\omega = 6.6\pi/N$。

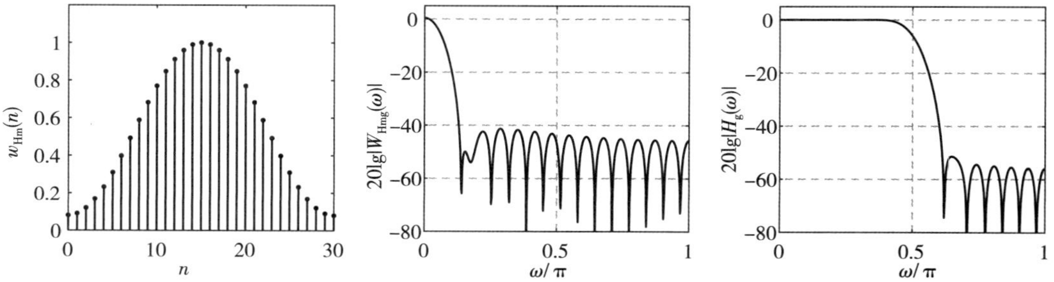

（a）哈明窗的时域波形　（b）哈明窗的幅度特性　（c）低通滤波器的幅度特性

图 7-2-8　哈明窗的 3 种波形

5. 布莱克曼窗(Blackman Window)

$$w_{\mathrm{Bl}}(n)=\left(0.42-0.5\cos\frac{2\pi n}{M}+0.08\cos\frac{4\pi n}{M}\right)R_N(n) \qquad (7-2-15)$$

其频谱函数为

$$W_{\mathrm{Bl}}(\mathrm{e}^{\mathrm{j}\omega})=0.42\,W_{\mathrm{R}}(\mathrm{e}^{\mathrm{j}\omega})-0.25\left[W_{\mathrm{R}}\left(\mathrm{e}^{\mathrm{j}\left(\omega-\frac{2\pi}{M}\right)}\right)+W_{\mathrm{R}}\left(\mathrm{e}^{\mathrm{j}\left(\omega+\frac{2\pi}{M}\right)}\right)\right]+$$
$$0.04\left[W_{\mathrm{R}}\left(\mathrm{e}^{\mathrm{j}\left(\omega-\frac{4\pi}{M}\right)}\right)+W_{\mathrm{R}}\left(\mathrm{e}^{\mathrm{j}\left(\omega+\frac{4\pi}{M}\right)}\right)\right]$$

其幅度函数为

$$W_{\mathrm{Blg}}(\omega)=0.42\,W_{\mathrm{Rg}}(\omega)+0.25\left[W_{\mathrm{Rg}}\left(\omega-\frac{2\pi}{M}\right)+W_{\mathrm{Rg}}\left(\omega+\frac{2\pi}{M}\right)\right]+$$
$$0.04\left[W_{\mathrm{Rg}}\left(\omega-\frac{4\pi}{M}\right)+W_{\mathrm{Rg}}\left(\omega+\frac{4\pi}{M}\right)\right] \qquad (7-2-16)$$

布莱克曼窗的幅度函数由5部分组成，它们都是移位不同、幅度不同的$W_{\mathrm{Rg}}(\omega)$函数，其主瓣再进一步加宽，达到$\frac{12\pi}{N}$，旁瓣进一步抵消。布莱克曼窗的3种波形如图7-2-9所示，4个参数为$\alpha_n=-57\ \mathrm{dB}$，$B_{\mathrm{g}}=\frac{12\pi}{N}$，$\alpha_{\mathrm{s}}=74\ \mathrm{dB}$，$\Delta\omega=11\pi/N$。

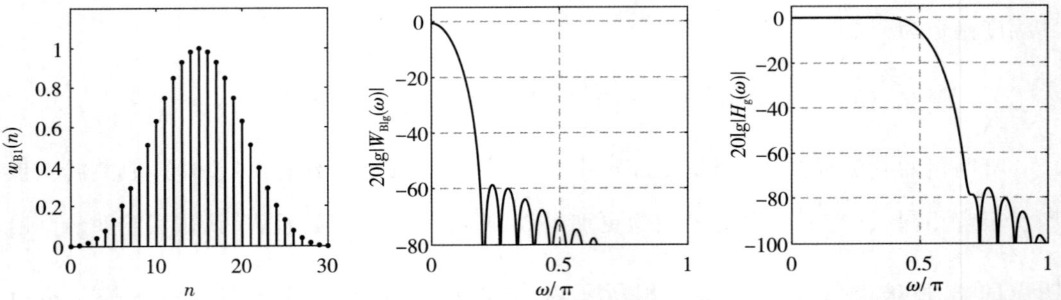

(a) 布莱克曼窗的时域波形　(b) 布莱克曼窗的幅度特性　(c) 低通滤波器的幅度特性

图7-2-9　布莱克曼窗的三种波形

6. 凯塞-贝塞尔窗(Kaiser - Basel Window)

以上5种窗函数都是参数固定的窗函数，而凯塞-贝塞尔窗的参数可调，其表达式为

$$w_k(n)=\frac{I_0\left(\beta\sqrt{1-\left(\frac{2n}{M}-1\right)^2}\right)}{I_0(\beta)},0\leqslant n\leqslant N-1 \qquad (7-2-17)$$

式(7-2-17)中，N为窗长，$M=N-1$。$I_0(x)$是零阶第一类修正贝塞尔函数，用级数计算：

$$I_0(x)=1+\sum_{k=1}^{+\infty}\left[\frac{1}{k!}\left(\frac{x}{2}\right)^k\right]^2$$

$I_0(x)$ 取前 20 项便可以满足精度要求。β 的不同取值控制了凯塞-贝塞尔窗的形状，从而决定了滤波器阻带最小衰减α_s。当 $\beta=0$ 时，凯塞-贝塞尔窗就是矩形窗；当 $\beta=5.44$ 时，窗函数接近哈明窗；当 $\beta=7.865$ 时，窗函数接近布莱克曼窗。估算 β 和滤波器阶数 M 的公式如下：

$$\beta=\begin{cases}0.1102(\alpha_s-8.7), & \alpha_s>50\\ 0.5842(\alpha_s-21)^{0.4}+0.07886(\alpha_s-21), & 21\leqslant\alpha_s<50\\ 0, & \alpha_s<21\end{cases} \tag{7-2-18}$$

$$M=\frac{\alpha_s-8}{2.285\Delta\omega} \tag{7-2-19}$$

$\Delta\omega$ 是滤波器过渡带宽度，$\alpha_s=-20\log\delta_2$。根据 β 就可以计算出$w_k(n)$。式(7-2-19)得到阶数的估算值，滤波器设计好以后要对幅度特性进行检验，若幅度特性达不到要求则要适当加大阶数 M。另外，凯塞-贝塞尔窗设计法没有独立控制通带波纹幅度δ_1，实际上δ_1 近似等于δ_2。

凯塞-贝塞尔窗的幅度函数为

$$W_{kg}(\omega)=w_k(0)+2\sum_{n=1}^{(N-1)/2}w_k(n)\cos(\omega n) \tag{7-2-20}$$

除上述 6 种窗函数外，还有很多窗函数，常用的有 Chebyshev 窗、Gaussian 窗等。6 种窗函数及对应滤波器的参数归纳在表 7-2-1 中，供设计时使用。

表 7-2-1　6 种窗函数及对应滤波器的参数

窗函数名称	窗函数 旁瓣峰值 /dB	窗函数 主瓣宽度B_g	滤波器 过渡带宽度 $\Delta\omega$	滤波器阻带 最小衰减 /dB
矩形窗	−13	$4\pi/N$	$1.8\pi/N$	21
三角窗	−25	$8\pi/N$	$6.1\pi/N$	25
汉宁窗	−31	$8\pi/N$	$6.2\pi/N$	44
哈明窗	−41	$8\pi/N$	$6.6\pi/N$	53
布莱克曼窗	−57	$12\pi/N$	$11\pi/N$	74
凯塞-贝塞尔窗 ($\beta=7.865$)	−57		$10\pi/N$	80

7.2.3　窗函数法设计步骤

用窗函数法设计 FIR 滤波器的步骤如下：

(1) 所选滤波器阻带衰减要大于待设计滤波器的阻带衰减，并尽量选择主瓣窄的窗。

(2) 所选滤波器过渡带宽度 $\Delta\omega$ 应小于待设计滤波器过渡带宽度B_t，由此确定 N。

(3) 构造待逼近的频率响应函数$H_d(e^{j\omega})=H_{dg}(\omega)e^{-j\omega\tau}$，$\tau=(N-1)/2$，并确定滤波器的边界频率。如果给定了通带和阻带的边界频率ω_p 和ω_s，一般取$\omega_c=(\omega_p+\omega_s)/2$。

(4) 对$H_d(e^{j\omega})$ 进行反变换得到$h_d(n)$。

(5) 对$h_d(n)$ 加窗，得到$h(n)=h_d(n)w(n)$。

按上述步骤得到的 $h(n)$ 是关于$(N-1)/2$ 偶对称的，此时 N 取奇数可以设计低通、带通、高通和带阻 FIR 滤波器，而 N 取偶数只能设计低通和带通滤波器。

下面列出 4 种滤波器设计的关键步骤。

1. 线性相位 FIR 低通滤波器

理想低通滤波器的频率响应满足：

$$H_d(e^{j\omega})=\begin{cases}e^{-j\omega\tau}, & |\omega|\leqslant\omega_c\\0, & \omega_c<|\omega|\leqslant\pi\end{cases} \tag{7-2-21}$$

其中，$\tau=(N-1)/2$。单位脉冲响应$h_d(n)$ 用下式求出：

$$h_d(n)=\frac{1}{2\pi}\int_{-\pi}^{\pi}H_d(e^{j\omega})e^{j\omega n}\,d\omega=\frac{\sin[\omega_c(n-\tau)]}{\pi(n-\tau)} \tag{7-2-22}$$

再对$h_d(n)$ 加窗得到 $h(n)=h_d(n)w(n)$。

2. 线性相位 FIR 高通滤波器

高通滤波器的频率响应满足：

$$H_d(e^{j\omega})=\begin{cases}e^{-j\omega\tau}, & \omega_c\leqslant|\omega|\leqslant\pi\\0, & 0\leqslant|\omega|<\omega_c\end{cases} \tag{7-2-23}$$

其中，$\tau=(N-1)/2$。其单位脉冲响应为

$$h_d(n)=\frac{\sin[\pi(n-\tau)]-\sin[\omega_c(n-\tau)]}{\pi(n-\tau)}=\delta(n-\tau)-\frac{\sin[\omega_c(n-\tau)]}{\pi(n-\tau)} \tag{7-2-24}$$

$\delta(n-\tau)$ 为全通滤波器，高通滤波器可以看作由全通滤波器减去低通滤波器得到的。

3. 线性相位 FIR 带通滤波器

理想带通滤波器的频率响应满足：

$$H_d(e^{j\omega})=\begin{cases}e^{-j\omega\tau}, & \omega_{c_1}\leqslant|\omega|\leqslant\omega_{c_2}\\0, & 其他\end{cases} \tag{7-2-25}$$

其中，$\tau=(N-1)/2$。其单位脉冲响应为

$$h_d(n)=\frac{\sin[\omega_{c_2}(n-\tau)]-\sin[\omega_{c_1}(n-\tau)]}{\pi(n-\tau)} \tag{7-2-26}$$

式(7-2-26)表明带通滤波器是两个低通滤波器之差。当$\omega_{c_1}=0$时，$h_d(n)$ 为理想低通滤波器；当$\omega_{c_2}=\pi$ 时，$h_d(n)$ 为理想高通滤波器。

4. 线性相位 FIR 带阻滤波器

带阻滤波器的频率响应满足：

$$H_d(e^{j\omega})=\begin{cases}e^{-j\omega\tau}, & 0\leqslant|\omega|\leqslant\omega_{c_1}, \omega_{c_2}\leqslant|\omega|\leqslant\pi\\0, & 其他\end{cases} \tag{7-2-27}$$

其中，$\tau=(N-1)/2$。其单位脉冲响应为

$$h_d(n)=\delta(n-\tau)-\frac{\sin[\omega_{c_2}(n-\tau)]}{\pi(n-\tau)}+\frac{\sin[\omega_{c_1}(n-\tau)]}{\pi(n-\tau)} \qquad (7-2-28)$$

带阻滤波器可以看作是高通滤波器加低通滤波器得到的，也可以是全通滤波器减去带通滤波器得到的。

【例 7-2-1】 用窗函数法设计线性相位高通 FIR 滤波器，要求通带截止频率$\omega_p=0.75\pi$ rad，阻带截止频率$\omega_s=0.65\pi$ rad，阻带最小衰减$\alpha_s=53$ dB。

解：(1) 选择窗函数 $w(n)$，计算窗函数长度 N。已知阻带最小衰减$\alpha_s=53$ dB，哈明窗满足要求，选择哈明窗。

过渡带宽度$B_t=\omega_p-\omega_s=0.1\pi$，哈明窗对应滤波器过渡带宽为$\frac{6.6\pi}{N}$，要求$\frac{6.6\pi}{N}\leqslant 0.1\pi$。解之得 $N>66$。对于高通滤波器，N 必须取奇数，取 $N=67$。由式(7-2-14)，有

$$w(n)=\left[0.54-0.46\cos\left(\frac{\pi n}{33}\right)\right]R_{67}(n)$$

(2) 构造$H_d(e^{j\omega})$。

$$H_d(e^{j\omega})=\begin{cases}e^{-j\omega\tau}, & \omega_c\leqslant|\omega|\leqslant\pi\\ 0, & 0\leqslant|\omega|<\omega_c\end{cases}$$

$$\tau=\frac{N-1}{2}=33,\omega_c=\frac{\omega_p+\omega_s}{2}=0.7\pi$$

(3) 求出$h_d(n)$。

$$\begin{aligned}h_d(n)&=\frac{1}{2\pi}\int_{-\pi}^{\pi}H_d(e^{j\omega})e^{j\omega n}d\omega\\&=\frac{1}{2\pi}\left(\int_{-\pi}^{-\omega_c}e^{-j\omega\tau}e^{j\omega n}d\omega+\int_{\omega_c}^{\pi}e^{-j\omega\tau}e^{j\omega n}d\omega\right)\\&=\frac{\sin\pi(n-\tau)}{\pi(n-\tau)}-\frac{\sin\omega_c(n-\tau)}{\pi(n-\tau)}\end{aligned}$$

将 $\tau=33$，$\omega_c=0.7\pi$ 代入上式得

$$h_d(n)=\delta(n-33)-\frac{\sin[0.7\pi(n-33)]}{\pi(n-33)}$$

$\delta(n-33)$表示全通滤波器，$\frac{\sin[0.7\pi(n-33)]}{\pi(n-33)}$表示低通滤波器，二者之差为高通滤波器。

(4) 加窗。

$$h(n)=\left[\delta(n-33)-\frac{\sin[0.7\pi(n-33)]}{\pi(n-33)}\right]\left[0.54-0.46\cos\left(\frac{\pi n}{33}\right)\right]R_{67}(n)$$

【例7-2-2】 设计一个线性相位FIR低通滤波器对模拟信号进行滤波，系统抽样频率$F_s=10$ kHz，要求滤波器通带截止频率$f_p=2.6$ kHz，阻带截止频率$f_s=3$ kHz，阻带衰减不小于53 dB。

解：(1) 计算数字滤波器指标。

$$\omega_p=2\pi f_p/F_s=0.52\pi,\omega_s=2\pi f_s/F_s=0.6\pi,\omega_c=(\omega_p+\omega_s)/2=0.56\pi,\alpha_s=53\text{ dB}$$

(2) 由阻带衰减α_s来确定窗函数类型，哈明窗阻带最小衰减53 dB，满足要求。由过渡带宽度确定N。数字滤波器的过渡带宽$B_t=\omega_s-\omega_p=0.08\pi$，哈明窗所设计滤波器过渡带宽度为$\frac{6.6\pi}{N}$，须满足$\frac{6.6\pi}{N}\leqslant B_t$，所以

$$N>\frac{6.6\pi}{B_t}=82.5,N\text{ 取 }83,\tau=\frac{N-1}{2}=41$$

(3) 构造线性相位理想低通滤波器的频率响应函数。

$$H_d(e^{j\omega})=\begin{cases}e^{-j\omega\tau}, & |\omega|\leqslant\omega_c\\0, & \omega_c<|\omega|\leqslant\pi\end{cases}$$

(4) 求出$h_d(n)$。

$$h_d(n)=\frac{1}{2\pi}\int_{-\pi}^{\pi}H_d(e^{j\omega})e^{j\omega n}d\omega=\frac{1}{2\pi}\int_{-\omega_c}^{\omega_c}e^{j\omega(n-\tau)}d\omega=\frac{\sin[\omega_c(n-\tau)]}{\pi(n-\tau)}$$

(5) 由哈明窗表达式$w_{Hm}(n)$确定FIR滤波器的$h(n)$。

$$h(n)=\frac{\sin[0.56\pi(n-41)]}{\pi(n-41)}\left[0.54-0.46\cos\left(\frac{\pi n}{41}\right)\right]R_{83}(n)$$

7.2.4 窗函数法的MATLAB函数简介

fir1函数采用窗函数法设计线性相位FIR数字滤波器。fir1的常用调用格式如下：

```
hn =fir1(M,wc,'ftype',window )
```

hn为滤波器系数；M为指定的滤波器阶数；wc为归一化的6 dB通带截止频率，$0\leqslant wc\leqslant 1$。wc=[wc1,wc2]表示是带通或者带阻滤波器的通带截止频率；ftype为high、stop分别表示高通和带阻滤波器；window指定窗函数，若缺省该参数，则fir1默认采用哈明窗。

注意：hn的长度和窗长都是M+1。在设计高通和带阻FIR滤波器时，阶数M只能取偶数，以保证hn长度为奇数。不过，当用户将M设置为奇数时，fir1会自动对M加1。

MATLAB信号处理工具箱提供了14种窗函数，下面是6种典型窗函数的产生函数：

wn=boxcar(N)，向量wn返回N点的矩形窗函数；

wn=bartlett(N)，向量wn返回N点的三角窗函数；

wn = hanning(N)，向量 wn 返回 N 点的汉宁窗函数；

wn = hamming(N)，向量 wn 返回 N 点的哈明窗函数；

wn = blackman(N)，向量 wn 返回 N 点的布莱克曼窗函数；

wn = kaiser(N,β)，向量 wn 返回 N 点的凯塞-贝塞尔窗函数。

【例 7-2-3】 用窗函数法设计线性相位高通 FIR 滤波器，参数同例 7-2-1。窗函数分别采用哈明窗和凯塞-贝塞尔窗。

解：先计算窗的长度，并确保长度为奇数，再调用 fir1 函数得到高通滤波器的单位脉冲响应。主要程序如下：

```
wp = 0.75;ws = 0.65;Bt = wp - ws;rs = 53;
wc = (wp + ws)/2;   % 计算通带截止频率
N1 = ceil(6.6/Bt);   % 按哈明窗计算 h(n) 长度，并上取整
N10 = N1 + mod(N1 + 1,2);   % 确保 h(n) 长度 N 是奇数
hn1 = fir1(N10 - 1,wc,'high',hamming(N10));   % 调用 fir1 函数，采用哈明窗
M = (rs - 8)/(2.285 * Bt * pi);   % 按凯塞窗计算滤波器阶数 M
N2 = ceil(M);
N20 = N2 + mod(N2 + 1,2);
beta = 0.1102 * (rs - 8.7);
hn2 = fir1(N20 - 1,wc,'high', kaiser(N20,beta));   % 调用 fir1 函数，采用凯塞窗
```

运行程序得到哈明窗长度为 67，凯塞窗长度为 63，滤波器的 $h(n)$ 波形及损耗函数曲线如图 7-2-10 所示。由图 7-2-10 可见，两个滤波器的阻带衰减都超过了 53 dB。

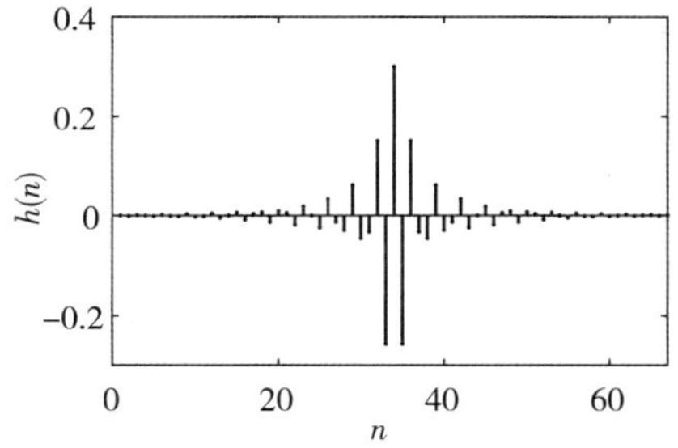

(a) FIR高通滤波器的单位脉冲响应（哈明窗）

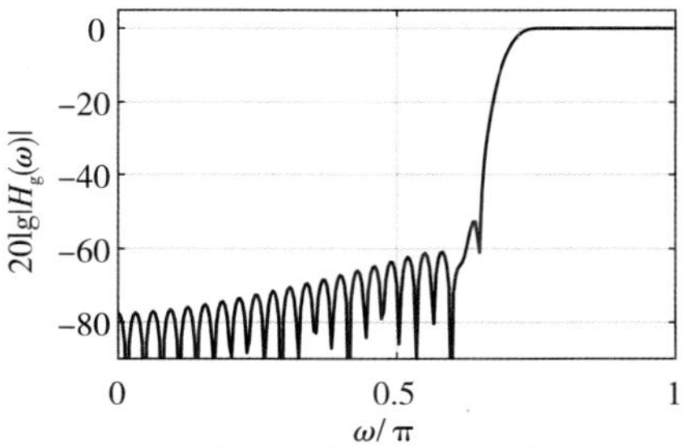

(b) FIR高通滤波器的损耗函数（哈明窗）

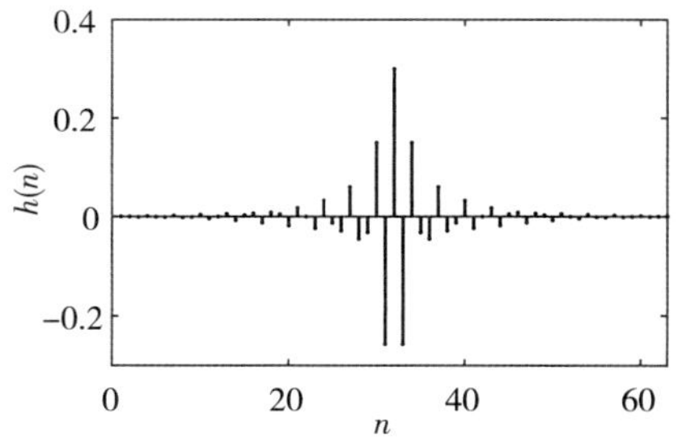

(c) FIR高通滤波器的单位脉冲响应（凯塞-贝塞尔窗）

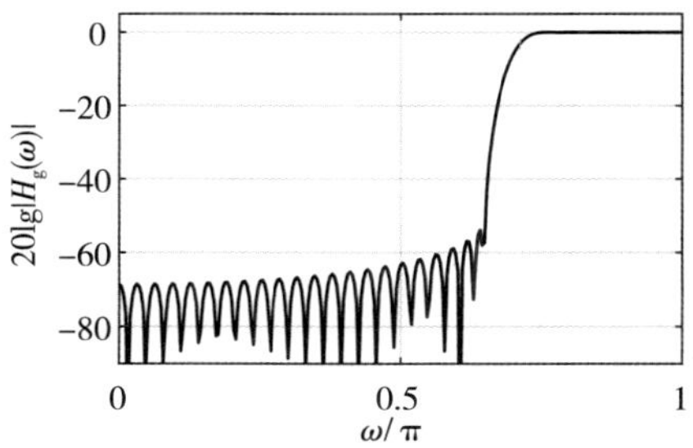

(d) FIR高通滤波器的幅度损耗函数（凯塞-贝塞尔窗）

图 7-2-10　高通 FIR 数字滤波器的 $h(n)$ 波形及损耗函数曲线

7.3 FIR 滤波器设计之频率采样法

7.3.1 频率采样法的设计思想

窗函数法是先对$H_d(e^{j\omega})$进行反变换得到$h_d(n)$，再进行时域加窗得到所设计滤波器的$h(n)$。而频率采样法是先在区间$[0,2\pi]$上对$H_d(e^{j\omega})$进行N点等间隔采样，得到$H_d(k)$：

$$H_d(k)=H_d(e^{j\omega})\big|_{\omega=\frac{2\pi}{N}k},k=0,1,2,\cdots,N-1 \qquad (7-3-1)$$

再对$H_d(k)$进行N点IDFT，得到$h(n)$：

$$h(n)=\frac{1}{N}\sum_{k=0}^{N-1}H_d(k)W_N^{-kn},n=0,1,2,\cdots,N-1 \qquad (7-3-2)$$

将$h(n)$作为所设计的FIR滤波器的单位脉冲响应，对$h(n)$做Z变换得到系统函数$H(z)$。

可见，频率采样法是一种频域直接设计方法。设计滤波器时，一般只给出滤波器在$[0,\pi]$上的边界频率和通带、阻带衰减，而频率采样法要在$[0,2\pi]$上采样N个点，因此要补充滤波器在$[\pi,2\pi]$上的幅度值。如何补充呢？

根据频率域采样定理，在频域$0\sim2\pi$上对$H_d(e^{j\omega})$进行等间隔N点采样得到$H_d(k)$，再对$H_d(k)$进行IDFT得到$h(n)$，$h(n)$是$h_d(n)$以N为周期的周期延拓的主值区序列，即

$$h(n)=\sum_{m=-\infty}^{+\infty}h_d(n+mN)R_N(n) \qquad (7-3-3)$$

如果$H_d(e^{j\omega})$有间断点，那么$h_d(n)$应是无限长的。由于时域混叠及截断，$h(n)$与$h_d(n)$有偏差，导致二者的频率响应肯定有误差。如何减小该误差呢？

7.3.2 线性相位滤波器的频域约束

一般将理想滤波器作为逼近对象，理想滤波器的$h_d(n)$关于其峰值点偶对称，因此只要考虑$h(n)$实偶对称、N分别取奇数和偶数这两种情况。根据7.1.3节的讨论可知：

(1) 当$h(n)$实偶对称、N为奇数时，$H_g(\omega)$关于$\omega=\pi$偶对称，可实现低通、高通、带通和带阻4种滤波器；

(2) 当$h(n)$实偶对称、N为偶数时，$H_g(\omega)$关于$\omega=\pi$奇对称，可实现低通和带通两种滤波器。

由此得到滤波器的频域约束条件如下：

$$H_d(e^{j\omega})=H_{dg}(\omega)e^{j\theta(\omega)} \qquad (7-3-4)$$

$$H_{dg}(\omega)=H_{dg}(2\pi-\omega),N=\text{奇数} \qquad (7-3-5)$$

$$H_{dg}(\omega)=-H_{dg}(2\pi-\omega),N=\text{偶数} \qquad (7-3-6)$$

$$\theta(\omega)=-\frac{N-1}{2}\omega \tag{7-3-7}$$

根据式(7-3-5)和式(7-3-6)可以把$H_{dg}(\omega)$在$[\pi,2\pi]$上的值补全，而$\theta(\omega)$在区间$[0,2\pi]$上都符合式(7-3-7)。将$\omega=\omega_k=\frac{2\pi}{N}k(k=0,1,2,\cdots,N-1)$代入式(7-3-5)～式(7-3-7)进行频域采样，得到

$$H_{dg}(k)=H_{dg}(N-k),N=\text{奇数} \tag{7-3-8}$$

$$H_{dg}(k)=-H_{dg}(N-k),N=\text{偶数} \tag{7-3-9}$$

$$\theta(k)=-\frac{N-1}{N}\pi k \tag{7-3-10}$$

N为奇数时，$H_{dg}(k)$关于$\frac{N}{2}$偶对称；N为偶数时，$H_{dg}(k)$关于$\frac{N}{2}$奇对称，且$H_{dg}\left(\frac{N}{2}\right)=0$。利用式(7-3-8)～式(7-3-10)得到满足频域约束的$H_d(k)$：

$$H_d(k)=H_{dg}(k)e^{j\theta(k)} \tag{7-3-11}$$

根据前文分析，$h(n)$实偶对称、N为奇数这种情况适应性最好，可以设计低通、高通、带通和带阻 4 种滤波器，因此一般用式(7-3-8)和式(7-3-10)来构造$H_d(k)$。

7.3.3　频域逼近误差及其改进措施

从频域重建角度来看，根据式(3-2-33)和式(3-2-34)，可由$H_d(k)$重建得到$H(e^{j\omega})$：

$$H(e^{j\omega})=\sum_{k=0}^{N-1}H_d(k)\varphi\left(\omega-\frac{2\pi}{N}k\right)$$

$$\varphi(\omega)=\frac{1}{N}\frac{\sin\left(\frac{\omega N}{2}\right)}{\sin\left(\frac{\omega}{2}\right)}e^{-j\omega\frac{N-1}{2}}$$

由于$H_d(k)$长度有限，而理想滤波器的$h_d(n)$无限长，对$H_d(k)$进行 IDFT 得到的序列与$h_d(n)$是有误差的，从而导致实际的$H(e^{j\omega})$与待逼近理想滤波器的$H_d(e^{j\omega})$有一定误差。

在采样频率点$\omega_k=\frac{2\pi k}{N}$，$\varphi\left(\omega_k-\frac{2\pi}{N}k\right)=1$，$H(e^{j\omega_k})=H_d(k)=H_d(e^{j\omega_k})$，无误差。而在采样点之间，$H(e^{j\omega})$由$N$项$H_d(k)\varphi\left(\omega-\frac{2\pi}{N}k\right)$之和形成，$H(e^{j\omega})$与$H_d(e^{j\omega})$有一定误差。

图 7-3-1 中，虚线表示理想滤波器的幅度函数$H_{dg}(\omega)$，黑点为采样值$H_{dg}(k)$，实线

是设计得到的幅度函数$H_g(\omega)$。在采样点上，$H_g(\omega)$与$H_{dg}(\omega)$相等，在采样点之间，二者存在一定误差。可以看到，$H_{dg}(\omega)$越平滑的区域，误差愈小；$H_{dg}(\omega)$曲线间断点处，误差最大。间断点处误差具体表现如下：

(1) 间断点变成一个过渡带，过渡带宽度近似为$\frac{2\pi}{N}$。

(2) 通带和阻带存在波纹，波纹使得阻带衰减减小，且间断点附近波纹最大。增大N可以减小过渡带，但是并不能减小通带和阻带的波纹。

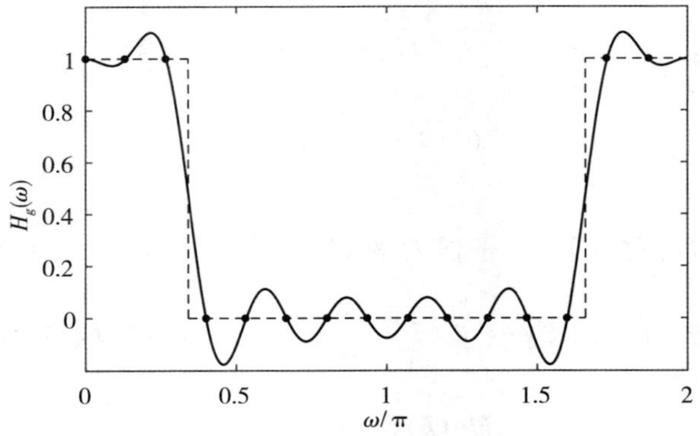

图 7-3-1　频域幅度采样序列及其内插波形

窗函数设计法通过在时域选择不同的窗函数来加大过渡带宽度，以换取阻带衰减的增加。频率采样法在频域直接增加过渡带宽，以换取阻带衰减的增加。具体来说，就是在理想滤波器的频率间断点插入若干过渡样值点，使频率间断点变成过渡带。该方法虽然加大了过渡带，但阻带中相邻内插函数的旁瓣正负对消，增大了阻带衰减。

需要根据阻带最小衰减α_s来设置过渡带采样点的个数和采样值的大小。表 7-3-1 列出了过渡采样点的个数m与α_s的对应关系。过渡采样点取值的原则是使过渡带尽量平滑，可以用累试法确定。

表 7-3-1　m与α_s的对应关系

α_s	44 ~ 54 dB	65 ~ 75 dB	85 ~ 95 dB
m	1	2	3

频率采样法的设计步骤如下：

(1) 根据阻带最小衰减α_s选择过渡带采样点的个数m。

(2) 根据待设计滤波器过渡带宽度B_t估算频域采样点数(即滤波器长度)N。增加m个过渡带采样点后，过渡带宽度近似为$\frac{(m+1)2\pi}{N}$。要求$\frac{(m+1)2\pi}{N} \leqslant B_t$，$N$须满足式(7-3-12)：

$$N \geqslant (m+1)\frac{2\pi}{B_t} \tag{7-3-12}$$

(3) 构造一个希望逼近的频率响应函数：

$$H_d(e^{j\omega}) = H_{dg}(\omega)e^{-j\omega(N-1)/2}$$

设计标准型片段常数特性的FIR数字滤波器时，一般构造幅度特性函数$H_{dg}(\omega)$为相应的理想频响特性，且满足式(7-3-8)或者式(7-3-9)要求的对称性。

(4) 按照式(7-3-1)进行频域采样：

$$H_d(k) = H_d(e^{j\omega})\big|_{\omega=\frac{2\pi}{N}k} = H_{dg}(e^{j\frac{2\pi}{N}k})e^{-j\frac{N-1}{N}\pi k}, k=0,1,2,\cdots,N-1 \quad (7-3-13)$$

将间断点处的 m 个$H_d(k)$用过渡采样点代替，可以根据经验设置过渡采样点的值。

(5) 对$H_d(k)$进行 N 点 IDFT，得到 FIR 数字滤波器的单位脉冲响应：

$$h(n) = \text{IDFT}[H_d(k)] = \frac{1}{N}\sum_{k=0}^{N-1} H_d(k)W_N^{-kn}, n=0,1,2,\cdots,N-1 \quad (7-3-14)$$

(6) 检验幅度函数$H_g(\omega)$是否符合要求。如果阻带最小衰减未达到指标要求，则要改变过渡带采样点个数或者样值，再重新设计。如果滤波器边界频率未达指标要求，则要微调$H_{dg}(\omega)$的边界频率，再重新设计。

上述设计过程中的计算较烦琐，可借助 MATLAB 函数完成。

7.3.4　频率采样法的 MATLAB 函数简介

MATLAB 函数 fir2 是一种频率采样法和窗函数法相结合的 FIR 数字滤波器设计函数。fir2 函数可以设计有任意频率响应的线性相位 FIR 滤波器。

fir2 的常用形式为 b=fir2(n,f,m,window)，向量 b 是得到的 FIR 滤波器的单位脉冲响应。n 指定 FIR 滤波器的阶数。向量 f 指定数字频率采样值，f 的第一个值是 0，f 的最后一个值是 1。向量 m 指定幅度响应样本值。f 和 m 的长度相同，且取值一一对应。window 表示窗函数，缺省采用哈明窗。当 window=boxcar 时，fir2 就是纯粹的频率采样设计法。

fir2 函数利用 m 和 f 两个向量来设定任意形状的幅频特性的，且可以在频率间断点设置过渡采样点来加大阻带衰减。另外，还可以选择合适的窗函数，进一步加大阻带衰减。

【例 7-3-1】 用 fir2 函数设计一个通带为 $0.3\pi \sim 0.5\pi$ 的带通滤波器，过渡带宽为 0.05π，使用一个过渡采样点，对比采用矩形窗和哈明窗设计的滤波器的效果。

解：程序如下：

```
Bt = 0.05;m = 1;  % 过渡点个数 m = 1
N = ceil((m + 1) * 2/Bt) + 1;  % 估算采样点数 N
f = [0,0.1,0.2,0.25,0.3,0.4,0.5,0.55,0.6,0.9,1];  % 频率采样值
m = [0,0,0,0,1,1,1,0,0,0,0];  % 各频点幅度值
hn1 = fir2(N - 1,f,m,boxcar(N));  % 选用矩形窗函数
hn2 = fir2(N - 1,f,m,);  % 缺省选择哈明窗
```

运行程序，得到 $N=81$，即滤波器是 80 阶的。矩形窗和哈明窗的设计结果如图 7-3-2 所示。由图 7-3-2 可知，利用哈明窗设计的滤波器的阻带衰减明显大于矩形窗。

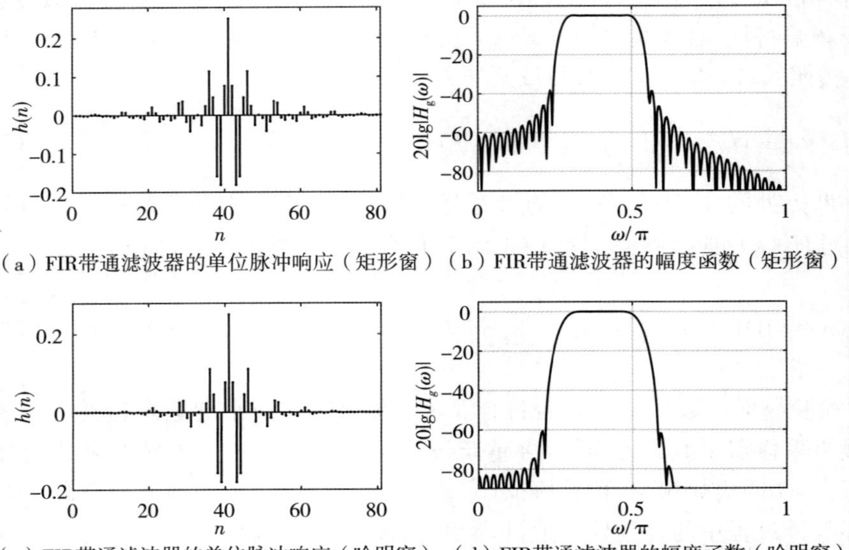

（a）FIR带通滤波器的单位脉冲响应（矩形窗）（b）FIR带通滤波器的幅度函数（矩形窗）

（c）FIR带通滤波器的单位脉冲响应（哈明窗）（d）FIR带通滤波器的幅度函数（哈明窗）

图 7-3-2 矩形窗和哈明窗的设计结果

7.4 FIR 滤波器设计之等波纹逼近法

窗函数设计法和频率采样法简单方便，易于实现，但是存在以下缺点：

(1) 滤波器边界频率不易精确控制，需要多次调整才能使边界频率符合要求。

(2) 窗函数法使得通带和阻带波纹幅度相等，频率采样法只能利用过渡带采样点控制阻带波纹幅度，二者都不能分别控制通带和阻带波纹幅度，而工程上希望能分别控制。

(3) 滤波器在阻带边界频率附近的衰减最小，距阻带边界频率越远，衰减越大。如果在边界频率处的衰减刚好达到指标要求，则阻带中其他频段的衰减就有很大富余量。

等波纹逼近法克服了上述缺点，等波纹逼近法通过加权误差波纹幅度最小化，使得通带和阻带都是等波纹的，可以分别控制通带和阻带波纹幅度，滤波器的性价比最高。阶数相同时，等波纹滤波器的通带最大衰减最小、阻带最小衰减最大；指标相同时，等波纹滤波器的阶数最低。本书只介绍其基本思想和基于 MATLAB 函数的实现方法。

7.4.1 等波纹逼近法思想

用 $H_d(\omega)$ 表示希望逼近的线性相位 FIR 滤波器幅度函数，用 $H_g(\omega)$ 表示实际设计的

滤波器幅度函数。定义误差函数 $E(\omega)$ 为

$$E(\omega)=W(\omega)[H_d(\omega)-H_g(\omega)] \tag{7-4-1}$$

式(7-4-1)中,$W(\omega)$ 称为误差加权函数,用来控制通带和阻带的逼近精度。

等波纹最佳逼近基于切比雪夫逼近,在通带和阻带以最小化 $|E(\omega)|$ 的最大值为准则,采用 Remez 多重交换迭代算法求解滤波器系数 $h(n)$。$W(\omega)$ 取值越大的频段,逼近精度越高,该频段波纹幅度就越小。

等波纹最佳逼近设计中,把频段分为“逼近区域”和“无关区域”。逼近区域指通带和阻带,无关区域指过渡带(过渡带宽不能为零)。设计中只考虑对逼近区域的最佳逼近。

可以用 MATLAB 工具箱函数 remezord 和 remez 来设计等波纹线性相位 FIR 数字滤波器。下面先介绍等波纹滤波器的指标参数。

图 7-4-1(a)用损耗函数描述:$\omega_p=0.4\pi$,$\alpha_p=2$ dB,$\omega_s=0.45\pi$,$\alpha_s=15$ dB。但是,等波纹逼近法在求滤波器阶数 N 和误差加权函数 $W(\omega)$ 时,需要通带和阻带的波纹幅度 δ_1 和 δ_2,图 7-4-1(b) 给出了 δ_1 和 δ_2。不难得到两种参数之间的换算关系如下:

$$\alpha_p=20\lg\left(\frac{1+\delta_1}{1-\delta_1}\right),\alpha_s=20\lg\left(\frac{1+\delta_1}{\delta_2}\right)\approx-20\lg\delta_2 \tag{7-4-2}$$

$$\delta_1=\frac{10^{\frac{\alpha_p}{20}}-1}{10^{\frac{\alpha_p}{20}}+1},\delta_2=10^{\frac{-\alpha_s}{20}} \tag{7-4-3}$$

按照式(7-4-3)计算得到:$\delta_1=0.115$,$\delta_2=0.178$。实际滤波器的 δ_1 和 δ_2 都很小,为了方便观察等波纹特性,这里特意取较大值。

下面说明误差加权函数 $W(\omega)$ 和滤波器阶数 N 对波纹幅度 δ_1 和 δ_2 的作用。设待逼近通带为[0.3π,0.5π],阻带为[0,0.25π]和[0.55π,π]。图 7-4-2 给出不同 $W(\omega)$ 得到的损耗函数曲线,$W=[\beta_1,\beta_2,\beta_3]$ 表示区间[0,0.25π]、[0.3π,0.5π]和[0.55π,π]上的误差权重分别为 β_1、β_2、β_3。

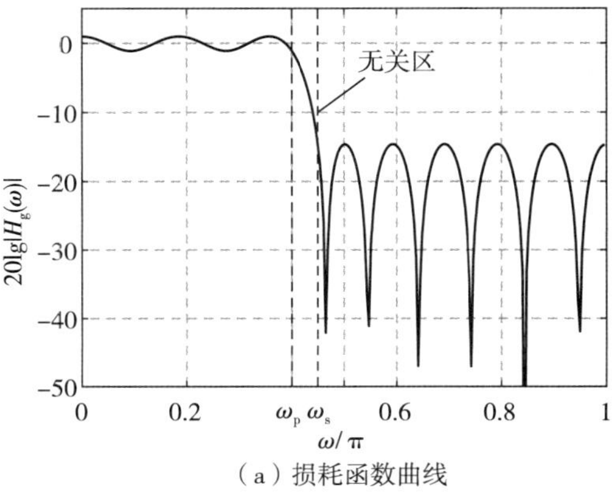

(a) 损耗函数曲线

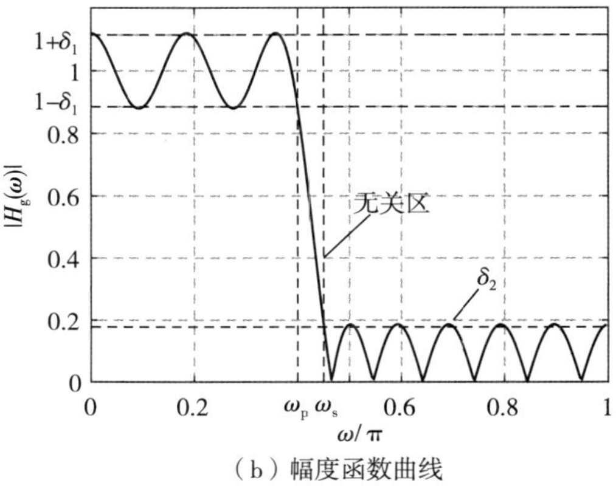

(b) 幅度函数曲线

图 7-4-1　等波纹滤波器的幅频特性及指标参数

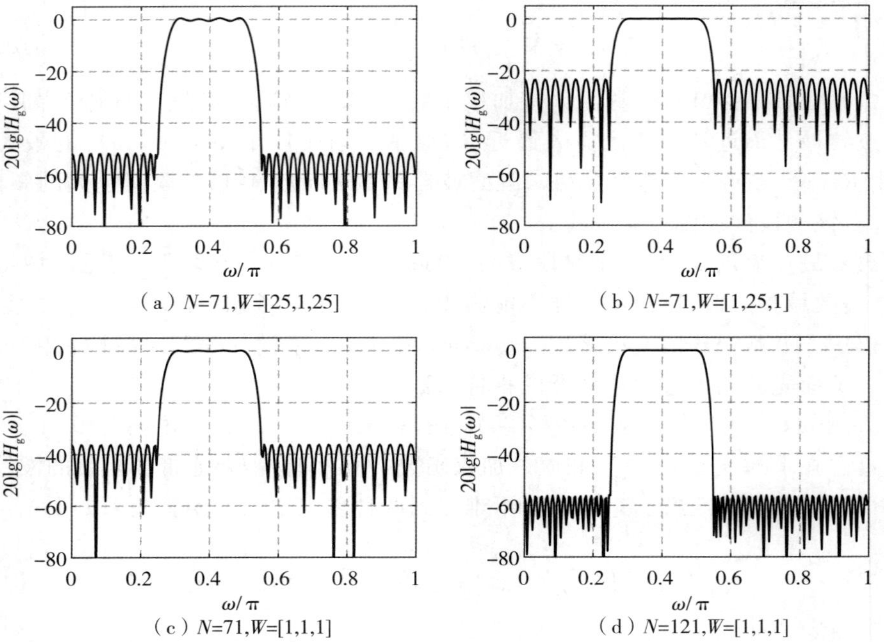

（a）N=71,W=[25,1,25]　（b）N=71,W=[1,25,1]

（c）N=71,W=[1,1,1]　（d）N=121,W=[1,1,1]

图 7-4-2　误差加权函数 $W(\omega)$ 和滤波器阶数 N 对逼近精度的影响

分析图 7-4-2 可知：当 N 一定时，$W(\omega)$ 较大的频带逼近精度较高，$W(\omega)$ 较小的频带逼近精度较低；如果改变 $W(\omega)$ 使通（阻）带逼近精度提高，则必然使阻（通）带逼近精度降低。滤波器阶数 N 增大才能使通带和阻带逼近精度同时提高。

7.4.2　等波纹逼近法的 MATLAB 函数简介

利用 MATLAB 函数设计等波纹最佳逼近 FIR 线性相位滤波器的步骤如下：

(1) 根据给定的指标，调用 remezord 函数计算滤波器阶数 N 和误差加权函数 $W(\omega)$；

(2) 调用 remez 函数得到滤波器的单位脉冲响应 $h(n)$。

remez 函数采用数值分析中的 remez 多重交换迭代算法求解等波纹最佳逼近问题，求得 FIR 滤波器的单位脉冲响应 $h(n)$。由于切比雪夫(Chebyshev)和雷米兹(Remez)对解决该问题做出了贡献，所以又称为切比雪夫逼近法或雷米兹逼近法。

1. remezord 函数

[M,fo,mo,wo] = remezord(f,m,rip,Fs)，返回参数[M,fo,mo,wo]可以作为 remez 函数的调用参数。

(1) 输入参数说明

f 为滤波器各频段的边界频率向量(注意：通带和阻带内的频率无须采样)，f 可以是模拟频率或归一化数字频率，从 0 开始，到 $\frac{Fs}{2}$(归一化频率 1) 结束，但是不含 0 和 $\frac{Fs}{2}$ 两个频点。Fs 为采样频率，缺省时默认 Fs 为归一化频率 2。

m 中每个元素是 f 所指定频段希望逼近的幅度值。比如一个带通滤波器，通带是

$0.3\pi \sim 0.5\pi$，两个阻带分别是 $0 \sim 0.25\pi$ 和 $0.55\pi \sim \pi$。向量 f 和 m 如下：

$$f=[0.25,0.3,0.5,0.55],m=[0,1,0]$$

rip 也是向量，表示 f 所指定频段允许的波纹幅度，可用式(7-4-3)计算。

(2) 输出参数说明

M 为设计出的 FIR 滤波器最低阶数。

fo 为归一化边界频率向量，与输入的向量 f 相比，补充了 0 和 1 两个频率参数。

mo 为给定 fo 所指定的各频点的幅度(m 中每个元素指定一个频段的幅度)。

wo 为误差加权向量，确定 fo 指定频段上的权重。

调用 remezord 函数设计 4 种滤波器的输入参数列举如下。

(1) 低通滤波器。

$$f=(\omega_p,\omega_s),m=[1,0],rip=[\delta_1,\delta_2]$$

ω_p 和 ω_s 分别为通带截止频率和阻带截止频率，δ_1 和 δ_2 分别为通带和阻带波纹幅度。

(2) 高通滤波器。

$$f=(\omega_s,\omega_p),m=[0,1],rip=[\delta_2,\delta_1]$$

(3) 带通滤波器。

$$f=(\omega_{sl},\omega_{pl},\omega_{pu},\omega_{su}),m=[0,1,0],rip=[\delta_2,\delta_1,\delta_2]$$

通带为 $[\omega_{pl},\omega_{pu}]$，阻带为 $[0,\omega_{sl}]$，$[\omega_{su},1]$。

(4) 带阻滤波器。

$$f=(\omega_{pl},\omega_{sl},\omega_{su},\omega_{pu}),m=[1,0,1],rip=[\delta_1,\delta_2,\delta_1]$$

阻带为 $[\omega_{sl},\omega_{su}]$，通带为 $[0,\omega_{pl}]$，$[\omega_{pu},1]$。

2. remez 函数

hn=remez(M,fo,mo,wo)，remez 函数计算单位脉冲响应向量 hn，其调用参数含义同 remezord 函数的返回参数。缺省 wo 时，默认 wo 为全 1。

除了设计选频 FIR 数字滤波器，remez 函数还可以设计两种特殊滤波器：希尔伯特变换器和数字微分器，调用格式分别为

hn=remez(M,f,m,w,'hilbert')

hn=remez(M,f,m,w,'defferentiator')

希尔伯特变换器和数字微分器设计和应用的详细内容请参考相关文献。

remez 函数可单独使用，也可调用 remezord 函数的返回参数。remezord 函数的作用是得到最低的滤波器阶数和最佳的误差加权系数。另外，要检查设计结果是否满足指标：

(1) 有时估算的阶数 M 偏小，滤波器达不到指标要求，这时阶数要加 1 或者 2，同时注意不同滤波器对长度 N 的奇偶要求。

(2) 如果过渡带太窄，或截止频率太接近零频率和$\frac{F_s}{2}$时，设计结果可能不正确。

【例 7-4-1】 用 remez 函数设计一个通带为 0.3π ～ 0.5π 的带通滤波器，过渡带宽为 0.05π，阻带最小衰减为 53 dB，通带最大衰减为 1 dB。

解：根据题意，该滤波器的通带是 0.3π ～ 0.5π，两个阻带分别是 0 ～ 0.25π 和 0.55π ～ π。调用 remez 函数设计带通滤波器的主要程序如下：

```
f = [0.25,0.3,0.5,0.55];
m = [0,1,0];rp = 1;rs = 53;
dat1 = (10^(rp/20) - 1)/(10^(rp/20) + 1);dat2 = 10^(- rs/20);
rip = [dat2,dat1,dat2];
[N,fo,mo,wo] = remezord(f,m,rip);
hn = remez(N,fo,mo,wo);
```

运行程序，得到 $N=71$，$w_o=[28.8,1,28.8]$。所设计的滤波器的单位脉冲响应和幅度函数如图 7-4-3 所示，可见该滤波器的通带和阻带都是等波纹的，并且边界频率控制准确。

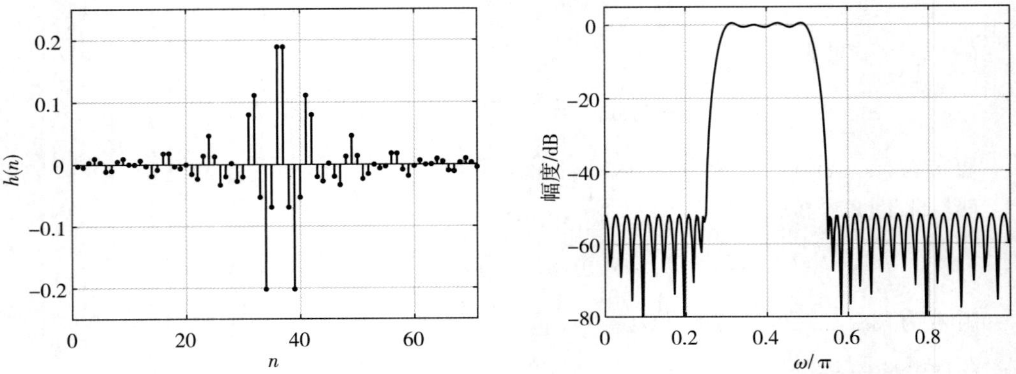

(a) FIR带通滤波器的单位脉冲响应　　(b) FIR带通滤波器的幅度函数

图 7-4-3　调用 remez 函数设计的带通滤波器

【例 7-4-2】 设计一个线性相位 FIR 低通滤波器对模拟信号进行滤波，要求滤波器通带截止频率 $f_p=2.6$ kHz，$\alpha_p=1$ dB，阻带截止频率 $f_s=3$ kHz，$\alpha_s=53$ dB，抽样频率 $F_s=10$ kHz。

解：将 $F_s=10000$ 作为输入参数调用 remezord 函数，主要程序如下：

```
Fs = 10000; % 对模拟信号采样的频率为 10 kHz
f = [2600,3000]; % 边界频率为模拟频率
m = [1,0];rp = 1;rs = 53;
dat1 = [(10^(rp/20) - 1)/(10^(rp/20) + 1)];dat2 = 10^(- rs/20);
rip = [dat1,dat2];
[M,fo,mo,wo] = remezord(f,m,rip,Fs);   % 将 Fs = 10000 作为输入参数
hn = remez(M,fo,mo,wo);
```

运行程序，得到滤波器阶数 $M=45$，$w_o=[1,25.68]$，$h(n)$ 及损耗函数曲线如图 7 - 4 - 4 所示。而例 7 - 2 - 2 中用窗函数设计的滤波器阶数为 83。

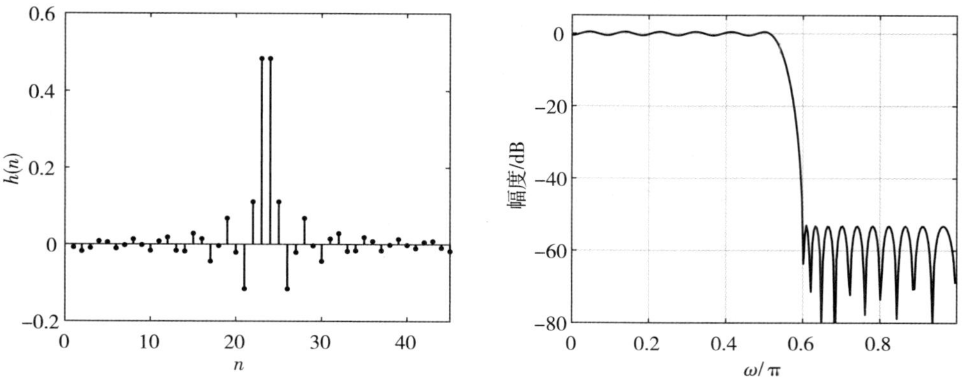

（a）FIR低通滤波器的单位脉冲响应　（b）FIR低通滤波器的幅度函数

图 7 - 4 - 4　调用 remez 函数设计的 FIR 低通滤波器

MATLAB 中使用帕克斯-麦克莱伦算法(Parks - McClellan algorithm) 实现等波纹逼近线性相位 FIR DF 设计。MATLAB R2006a 版将函数 remez 和 remezord 分别更名为 firpm 和 firpmord。MATLAB R2011a 版又引入广义 Remez - FIR 滤波器设计函数 firgr，仍属于帕克斯-麦克莱伦算法。firgr 的常用格式为 hn = firgr(n,fo,mo,wo)，参数定义同 firpm 函数。firgr 函数除了能实现 firpm 函数的功能外，还能设计其他特殊线性相位 FIR 滤波器。

本章讨论了线性相位 FIR 滤波器的 3 种常用设计方法，即窗函数法、频率采样法和等纹波逼近法。等纹波逼近法可以得到最低的滤波器阶数，因而得到了广泛应用。

7.5　IIR 滤波器和 FIR 滤波器的比较

本节对 IIR 滤波器和 FIR 滤波器的特点和设计方法简单总结如下：

(1) 结构方面，IIR 滤波器必须采用递归结构，极点位置必须在单位圆内，否则系统会不稳定。另外，在这种结构中，运算过程中的数值舍入，即有限字长效应有时会引起系统不稳定。FIR 滤波器采用非递归结构，不论在理论上还是在实际的有限精度运算中都不存在稳定性问题，运算误差引起的输出信号噪声功率也较小。此外，FIR 滤波器可以采用 FFT 算法实现，在高阶情况下，运算速度可以大大提高。而 IIR 滤波器不能用 FFT 算法实现，也没有必要用 FFT 来实现。

(2) 性能方面，IIR 滤波器系统利用零点和极点一起来控制幅频特性，可用较低的阶数获得较高的选择性，成本低，但是其相位一般是非线性的。FIR 滤波器可以得到严格的线性相位，然而由于 FIR 滤波器只能通过零点来调节幅频特性，因而需要较高的阶数才能达到较好的选择性；对于同样的滤波器幅频特性指标，FIR 滤波器的阶数一般比 IIR 滤波器高 5 ～ 10 倍，成本较高，系统延时也较大。

(3) 设计方法方面，IIR 滤波器可以借助经典模拟滤波器的设计成果，有封闭形式的设计公式，可以人工计算。FIR 滤波器无间接设计法，其设计一般要使用计算机来辅助。

IIR 滤波器与 FIR 滤波器各有所长，实际应用中应该适当选择。例如，在对相位要求不敏感的场合，如语音通信等，选用 IIR 滤波器较为合适，这样可以充分发挥其经济高效的特点；而对于图像信号处理和数据传输等以波形携带信息的系统，则对线性相位要求较高，采用 FIR 滤波器较好。IIR 滤波器受典型模拟滤波器的频响特性的约束，主要设计片段常数特性的选频型滤波器，如低通、高通、带通和带阻等。而 FIR 滤波器则要灵活得多，可以设计任意幅度特性的滤波器。

习　题

1. 设 FIR 滤波器的系统函数为

$$H(z)=0.1+0.2z^{-1}+0.4z^{-2}+0.2z^{-3}+0.1z^{-4}$$

(1) 求该滤波器的单位脉冲响应 $h(n)$，判断其是否具有线性相位；

(2) 求出其幅度响应函数和相位响应函数。

(3) 系统输入 $\delta(n-N)$，指出其输出的最大值及其出现的时刻。

2. 设 FIR 滤波器的系统函数为

$$H(z)=0.05+0.15z^{-1}+0.3z^{-2}+0.3z^{-2}+0.15z^{-3}+0.05z^{-4}$$

(1) 求该滤波器的单位脉冲响应 $h(n)$，判断其是否具有线性相位；

(2) 求出其幅度响应函数和相位响应函数；

(3) 系统输入 $\delta(n-N)$，指出其输出的最大值及其出现的时刻。

3. 设带通 FIR 滤波器的频率特性为

$$H(e^{j\omega})=e^{j\theta(\omega)},\omega_c-\omega_0\leqslant\omega\leqslant\omega_c+\omega_0$$

输入信号是一个载波抑制的单频正弦调幅信号：

$$x(n)=\cos\omega_0 n\cos\omega_c n$$

$\cos\omega_c n$ 是载波，$\cos\omega_0 n$ 是单频基带信号，$\omega_c\gg\omega_0$。FIR 系统的相延时和群延时分别记为$\tau_p(\omega)$和$\tau_g(\omega)$。载波 $\cos\omega_c n$ 通过系统的延时记为$\tau(\omega_c)$，$\cos\omega_0 n$ 通过系统的延时记为 $\tau(\omega_0)$，试证明：

$$\tau(\omega_c)=\tau_p(\omega_c)$$

$$\tau(\omega_0)=\tau_g(\omega_c)$$

4. 证明 Ⅱ 型线性相位 FIR 滤波器的频率响应函数为

$$H(e^{j\omega})=e^{-j\omega\tau}\sum_{n=0}^{N/2-1}2h(n)\cos[\omega(n-\tau)]$$

5. 某第一类线性相位 FIR 滤波器的单位脉冲响应长度为 15，其 15 个频域幅度采样

值中的前 8 个为

$$H_g(0)=10, H_g(1)=9.5, H_g(2)=8.6, H_g(3)\sim H_g(7)=0$$

根据第一类线性相位 FIR 滤波器幅度特性 $H_g(\omega)$ 的特点，求其余 7 个频域幅度采样值。

6. 已知线性相位 FIR 系统有零点 $z=1, z=e^{j\frac{2\pi}{3}}, z=0.5e^{-j\frac{3\pi}{4}}, z=-\frac{1}{4}$。

(1) 该系统还会有其他零点吗？如果有，请写出。

(2) 这个系统的极点在 z 平面的什么地方？它是稳定系统吗？

(3) 这个系统的单位脉冲响应 $h(n)$ 的长度最少是多少？

7. 用矩形窗设计一个线性相位 FIR 低通数字滤波器。已知：$\omega_c=0.5\pi, N=21$。求出单位脉冲响应 $h(n)$ 和群延时，并指出滤波器的过渡带宽为多少。

8. 用三角形窗设计一个线性相位 FIR 高通数字滤波器。已知：$\omega_c=0.5\pi, N=21$。求出单位脉冲响应 $h(n)$ 和群延时，并指出滤波器的过渡带宽为多少。

9. 用汉宁窗设计一个线性相位 FIR 高通数字滤波器，要求过渡带宽度不超过 $\frac{\pi}{10}$ rad。希望逼近的理想高通滤波器频率响应函数 $H_d(e^{j\omega})$ 为

$$H_d(e^{j\omega})=\begin{cases} e^{-j\omega\alpha}, & \omega_c \leqslant |\omega| \leqslant \pi \\ 0, & \text{其他} \end{cases}$$

求出单位脉冲响应 $h(n)$ 和群延时，并指出滤波器的阻带最小衰减为多少？

10. 用哈明窗设计一个线性相位 FIR 带通数字滤波器，通带区间是 $[0.2\pi, 0.5\pi]$，$N=51$。求出带通 FIR 滤波器的单位脉冲响应 $h(n)$ 表达式、系统的过渡带宽和群延时。

11. 用布莱克曼窗设计一个 FIR 线性相位带阻数字滤波器，阻带区间是 $[0.2\pi, 0.5\pi]$，$N=51$。求出带通 FIR 滤波器的单位脉冲响应 $h(n)$ 表达式、系统的过渡带宽和群延时。

12. 利用频率采样法设计线性相位 FIR 低通滤波器，给定 $N=21$，通带截止频率 $\omega_c=0.3\pi$ rad。求出其系统函数 $H(z)$。为了改善其频率响应(过渡带宽度、阻带最小衰减)，应采取什么措施？

13. 系统单位脉冲响应为 $h(n)$，试利用傅里叶变换的线性性质证明：

(1) $h(n)=\delta(n-\tau)-\dfrac{\sin[\omega_c(n-\tau)]}{\pi(n-\tau)}$ 表示高通系统，$0<\omega_c<\pi$。

(2) $h(n)=\dfrac{\sin[\omega_{c_2}(n-\tau)]}{\pi(n-\tau)}-\dfrac{\sin[\omega_{c_1}(n-\tau)]}{\pi(n-\tau)}$ 表示带通系统，$0<\omega_{c_1}<\omega_{c_2}<\pi$。

(3) $h(n)=\delta(n-\tau)-\dfrac{\sin[\omega_{c_2}(n-\tau)]}{\pi(n-\tau)}+\dfrac{\sin[\omega_{c_1}(n-\tau)]}{\pi(n-\tau)}$ 表示带阻系统，$0<\omega_{c_1}<\omega_{c_2}<\pi$。

14. 设低通滤波器的单位脉冲响应与频率响应函数分别为 $h(n)$ 和 $H(e^{j\omega})$，截止频率为 ω_c，试完成下面两题：

(1) $h_1(n)=(-1)^n h(n)$，证明滤波器$h_1(n)$是高通滤波器。

(2) $h_2(n)=2h(n)\cos\omega_0 n, \omega_c<\omega_0<\pi-\omega_c$，证明滤波器$h_2(n)$为带通滤波器。

15. 如果一个线性相位带通滤波器的频率响应为

$$H_{BP}(e^{j\omega})=H_{BP}(\omega)e^{j\theta(\omega)}$$

(1) 证明一个线性相位带阻滤波器可以表示为

$$H_{BS}(e^{j\omega})=[1-H_{BP}(\omega)]e^{j\theta(\omega)}, 0\leqslant\omega\leqslant\pi$$

(2) 用带通滤波器的单位脉冲响应$h_{BP}(n)$来表示带阻滤波器的单位脉冲响应$h_{BS}(n)$。

16. 已知 $h_1(n)=[1,2,3,4,4,3,2,1]$，$h_2(n)=[2,1,1,2,3,4,4,3]$，$H_1(k)=\mathrm{DFT}[h_1(n)]$，$H_2(k)=\mathrm{DFT}[h_2(n)]$，$k=0,1,\cdots,7$。完成以下题目：

(1) 给出$H_1(k)$与$H_2(k)$之间的关系。$|H_1(k)|=|H_2(k)|$是否成立？为什么？

(2) 用$h_1(n)$与$h_2(n)$分别构成的低通滤波器是否具有线性相位？群延时各为多少？

17. 设计一个线性相位 FIR 数字高通滤波器，给定抽样频率为 200 kHz，通带起始频率为 6 kHz，阻带截止频率为 4 kHz，阻带衰减不小于 45 dB。

(1) 请确定窗函数类型及窗长；

(2) 求出该滤波器的单位脉冲响应 $h(n)$。

18. 系统输入$x(t)=0.1\cos80\pi t+0.2\cos180\pi t+0.8\cos200\pi t+0.7\cos300\pi t$，系统抽样频率为1000 Hz，要通过数字滤波将 90 Hz 和 100 Hz 两个频率分量保留下来，且这两个分量通过系统后的延时相等，其他频率成分的幅度要衰减到 0.005 以下，滤波器的过渡带宽要小于 30 Hz。

(1) 请确定滤波器类型、通带截止频率；

(2) 求出系统的 $h(n)$ 和相位响应函数；

(3) 系统对 90 Hz、100 Hz 这两个分量的延时分别为多少？

19. 某一线性相位 FIR 滤波器的幅度响应如下图所示：

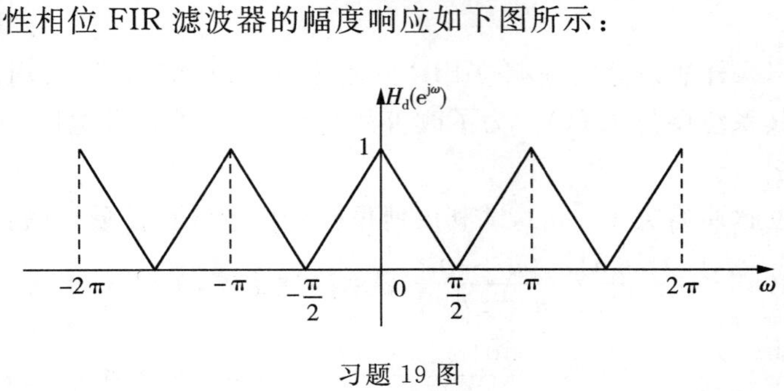

习题 19 图

(1) 用窗函数法(汉宁窗) 设计该滤波器，滤波器长度为 33；

(2) 用频率抽样法设计该滤波器，滤波器长度为 33，过渡点由读者自行设置。

(3) 用 MATLAB 编程得到两个滤波器的单位脉冲响应和幅频响应，并进行对比分析。

20. 试用等纹波逼近法设计一个多通带线性相位 FIR 滤波器。归一化频率：0.1 ～

0.15 及 0.3 ～ 0.36 为通带，其余为阻带，阻带边缘频率分别为 0.05、0.18、0.25、0.41。

（1）首先画出该理想滤波器幅频响应的图像 $|H_d(e^{j\omega})|$；

（2）令滤波器阶数为 55，请读者分别给定通带和阻带的加权值，研究在不同加权值下对滤波器性能的影响（3 组值），用 MATLAB 编程得到滤波器单位脉冲响应和幅频响应。

21. 用窗函数法设计一个线性相位 FIR 低通数字滤波器，要求通带截止频率为 0.4π rad，阻带截止频率为 0.5π rad，通带最大衰减为 1 dB，阻带最小衰减为 45 dB。请用 MATLAB 编程设计该滤波器，设计方法分别取窗函数法、频率采样法和等波纹逼近法。

（1）绘制出滤波器的幅度函数曲线和相位响应曲线；

（2）对比分析 3 种设计方法所得滤波器的参数和幅度响应的性能差异。

第8章 数字信号处理应用

数字信号处理在电子信息等相关领域应用广泛，本章结合信号的多采样率处理、语音信号中的基音检测及脉冲压缩雷达测距等案例介绍数字信号处理应用，通过这些典型应用培养读者运用数字信号处理理论方法分析问题并解决问题的能力。

8.1 多采样率数字信号处理

在数字通信、数字图像处理、音视频编码以及雷达信号的发射和接收中，常常要调整数据率，以匹配信道带宽或者系统处理速度。采样率转换是调整数据率的有效措施。采样率转换通常分为抽取(Decimation) 和插值(Interpolation)。抽取是降低采样率以减少数据，而插值则是提高采样率以增加数据。本节讨论几种基本的采样率转换方法。

8.1.1 序列的抽取和内插

1. 序列整数倍抽取

设 $x(n)$ 是连续信号 $x_a(t)$ 的采样序列，$x_a(t)$ 的最高截止角频率为 Ω_c，T_x 为采样间隔，采样频率为 $f_x=1/T_x$。如果要将采样频率降为 $f_y=f_x/D$，得到序列 $y(n)$，显然，可以从 $x(n)$ 中每隔 D 个点抽取一个样本得到 $y(n)$，即

$$y(n)=x(Dn) \tag{8-1-1}$$

D 为大于1的整数，用符号 $\boxed{\downarrow D}$ 表示采样率降低为原来的 $1/D$。$y(n)$ 对应的采样间隔为 $T_y=DT_x$。序列时域抽取过程如图 8-1-1 所示，$x(n)$ 和 $y(n)$ 分别如图 8-1-1(a) 和图 8-1-1(d) 所示。

下面分析时域抽取对序列频率特性的影响。为便于分析，令中间序列

$$x'(n)=x(n)\sum_{m=-\infty}^{+\infty}\delta(n-mD)=x(n)p(n) \tag{8-1-2}$$

式(8-1-2) 表明，在 $n=0,\pm D,\pm 2D,\cdots$ 处，$x'(n)$ 与 $x(n)$ 相等，$x'(n)$ 在其他点处为 0。$p(n)$ 和 $x'(n)$ 的波形分别如图 8-1-1(b) 和图 8-1-1(c) 所示。显然，$p(n)$ 是 $\delta(n)$ 以 D 为周期进行周期延拓得到的周期序列，其离散傅里叶级数表达式为

$$p(n)=\frac{1}{D}\sum_{k=0}^{D-1}\mathrm{e}^{\mathrm{j}2\pi nk/D} \tag{8-1-3}$$

设 $x(n)$、$x'(n)$、$y(n)$ 的 DTFT 分别为 $X(\mathrm{e}^{\mathrm{j}\omega})$、$X'(\mathrm{e}^{\mathrm{j}\omega})$、$Y(\mathrm{e}^{\mathrm{j}\omega})$，则有

$$Y(e^{j\omega})=\sum_{n=-\infty}^{+\infty}x(Dn)e^{-j\omega n}=\sum_{n=-\infty}^{+\infty}x'(Dn)e^{-j\omega n}$$

$$=\sum_{n=-\infty}^{+\infty}x'(n)e^{-j\omega n/D}=X'(e^{j\omega/D}) \qquad (8-1-4)$$

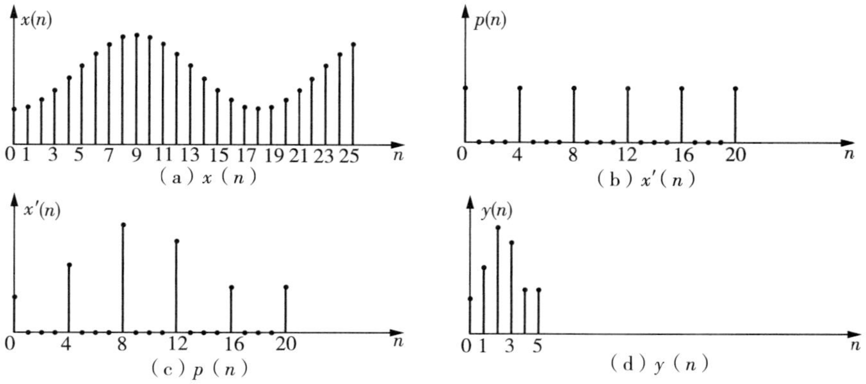

图 8-1-1　序列时域抽取过程

对式(8-1-2)进行傅里叶变换：

$$X'(e^{j\omega})=\sum_{n=-\infty}^{+\infty}x(n)p(n)e^{-j\omega n}=\frac{1}{D}\sum_{n=-\infty}^{+\infty}x(n)\sum_{k=0}^{D-1}e^{\frac{j2\pi nk}{D}}e^{-j\omega n}$$

$$=\frac{1}{D}\sum_{k=0}^{D-1}\sum_{n=-\infty}^{+\infty}x(n)e^{-j\left(\omega-\frac{2\pi k}{D}\right)n}=\frac{1}{D}\sum_{k=0}^{D-1}X\left(e^{j\left(\omega-\frac{2\pi k}{D}\right)}\right)$$

将$X'(e^{j\omega})$代入式(8-1-4)，得到抽样后序列的傅里叶变换为

$$Y(e^{j\omega})=X'(e^{j\omega/D})=\frac{1}{D}\sum_{k=0}^{D-1}X\left(e^{j\frac{\omega-2\pi k}{D}}\right) \qquad (8-1-5)$$

式(8-1-5)表明，$X(e^{j\omega})$先移位 $2\pi k/D, k=0\sim D-1$，相加 D 次得到$X'(e^{j\omega})$，再对$X'(e^{j\omega})$横向伸展 D 倍，得到 $Y(e^{j\omega})$。式(8-1-5)所示的频率转换与时域抽样定理非常相似。

设 $D=4$，$X(e^{j\omega})$的截止频率为ω_c。图 8-1-2 所示为$\omega_c<\pi/4$时频谱移位、相加及伸展情况，频谱移位间隔为$\frac{2\pi}{D}=\pi/2$，大于 $2\omega_c$，所以$X'(e^{j\omega})$无频谱混叠，$X'(e^{j\omega})$横向伸展 4 倍自然也无频谱混叠，不过 $Y(e^{j\omega})$的截止频率ω'_c也扩展为 $D\omega_c$。其实，直接以T_y为采样间隔，很容易得到 $Y(e^{j\omega})$的截止频率：$\omega'_c=\Omega_c\times T_y=\Omega_c\times DT_x=D\omega_c$。

图 8-1-3 所示为$\omega_c=\pi/2$时频谱移位、相加及伸展情况，频谱移位间隔为$\frac{2\pi}{D}=\pi/2$，正好等于ω_c，所以$X'(e^{j\omega})$存在严重频谱混叠，$X'(e^{j\omega})$横向伸展 4 倍自然也严重混叠，$Y(e^{j\omega})$的截止频率扩展为 $D\omega_c=2\pi$。相邻两个频带重叠一半，频谱混叠严重。

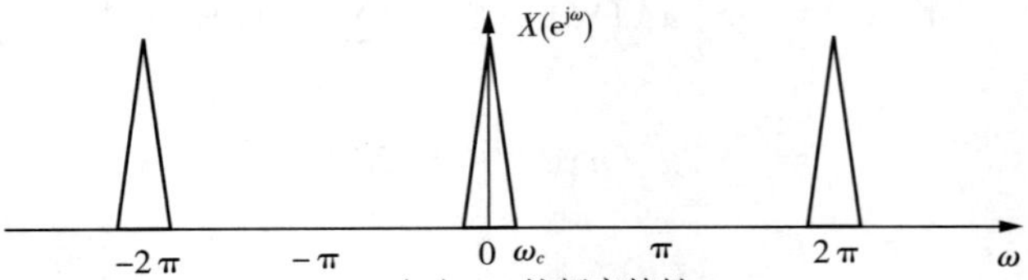

（a）$x(n)$的频率特性

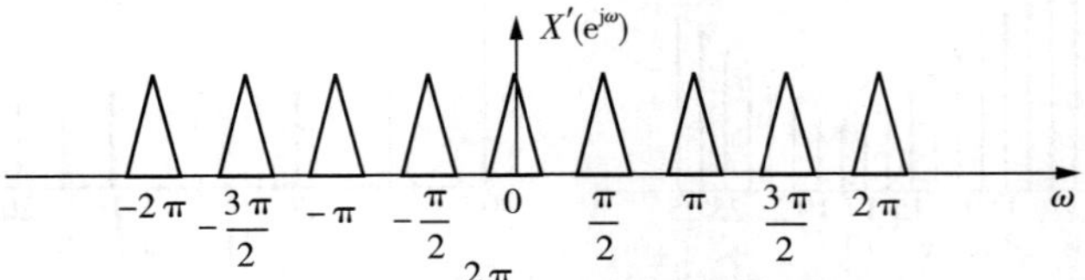

（b）以$\frac{2\pi}{D}$对$X(e^{j\omega})$进行周期延拓

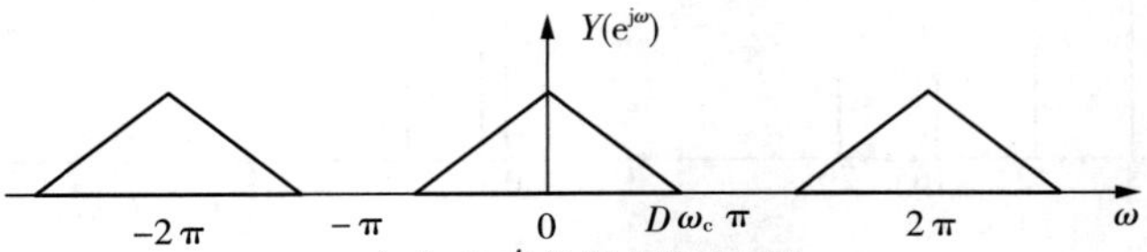

（c）对$X'(e^{j\omega})$横向拉升D倍

图 8-1-2　$\omega_c < \pi/4$ 时频谱移位、相加及伸展情况

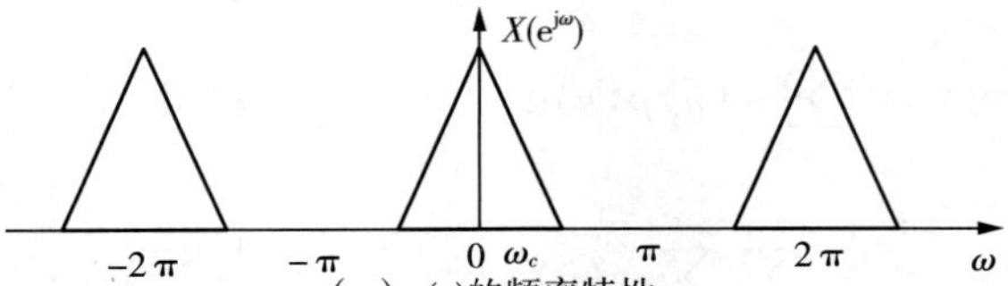

（a）$x(n)$的频率特性

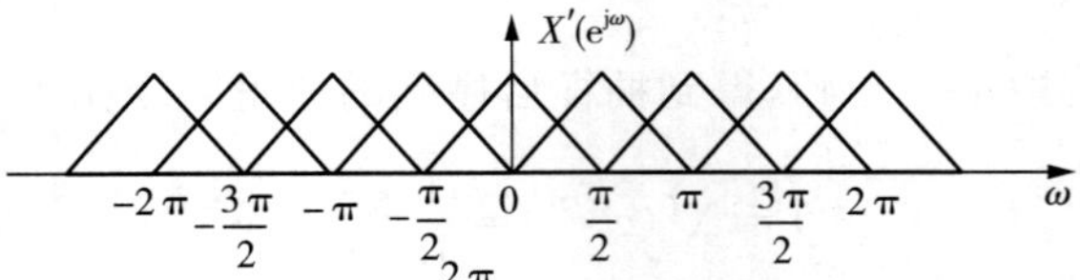

（b）以$\frac{2\pi}{D}$对$X(e^{j\omega})$进行周期延拓

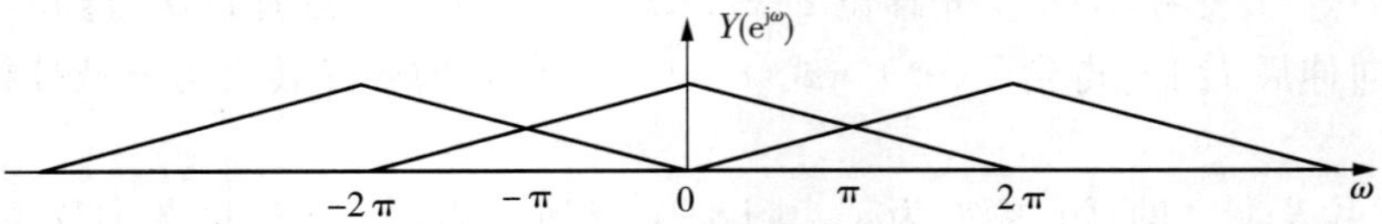

（c）对$X'(e^{j\omega})$横向拉升D倍

图 8-1-3　$\omega_c = \pi/2$ 时频谱移位、相加及伸展情况

分析图 8-1-2 和图 8-1-3 可见，频谱移位、相加可能导致频谱混叠，横向的频率伸展并不会导致频谱混叠。要想不发生频谱混叠，频谱移位的间隔$\frac{2\pi}{D}$应该大于等于$2\omega_c$，即

$$\omega_c \leqslant \frac{\pi}{D} \tag{8-1-6}$$

当 $D=4$ 时，要满足 $\omega_c\leqslant\frac{\pi}{4}$ 才能避免频谱混叠。在图 8-1-3 中，$\omega_c=\frac{\pi}{2}$，要想抽取后不产生频谱混叠，就必须在抽取前对 $x(n)$ 进行低通滤波，滤除高于 $\frac{\pi}{4}$ 的频率分量。整数倍抽取过程如图 8-1-4 所示。

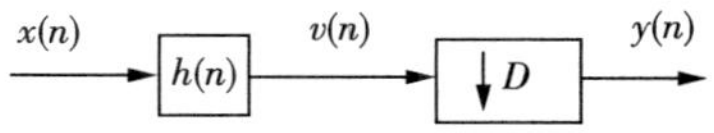

图 8-1-4　整数倍抽取过程

通过以上分析可知，抽取之前要判断式(8-1-6)是否满足，如果不满足则要先对序列进行低通滤波，否则会造成频谱混叠。该低通滤波器称为抗混叠滤波器，其频率特性为

$$H(e^{j\omega})=\begin{cases}1, & |\omega|<\dfrac{\pi}{D}\\[2ex] 0, & \dfrac{\pi}{D}\leqslant|\omega|\leqslant\pi\end{cases}$$

假设 $h(n)$ 长为 N，图 8-1-4 中的 $y(n)$ 推导如下：

$$v(n)=x(n)*h(n)=\sum_{m=0}^{N-1}h(m)x(n-m)$$

$$y(n)=v(Dn)=\sum_{m=0}^{N-1}h(m)x(Dn-m) \tag{8-1-7}$$

相关频谱变化情况如图 8-1-5 所示，图中，$V(e^{j\omega})$ 是低通滤波 $h(n)$ 的输出，$V'(e^{j\omega})$ 是 $V(e^{j\omega})$ 经过移位、相加得到的，未发生频谱混叠。$V'(e^{j\omega})$ 再横向伸展 4 倍得到 $Y(e^{j\omega})$，$Y(e^{j\omega})$ 未发生频谱混叠。

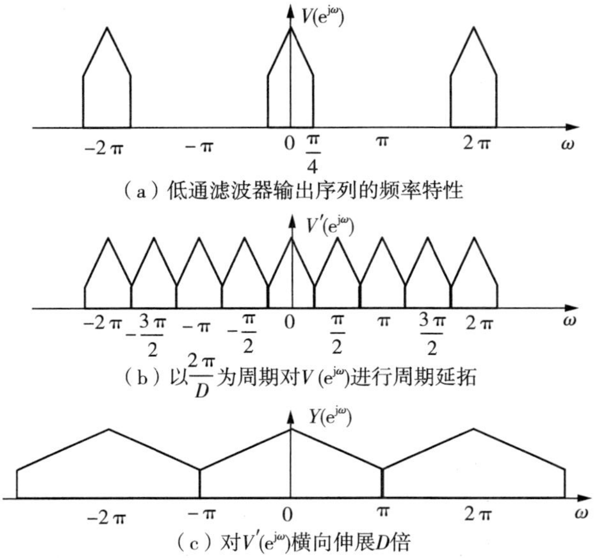

(a) 低通滤波器输出序列的频率特性

(b) 以 $\frac{2\pi}{D}$ 为周期对 $V(e^{j\omega})$ 进行周期延拓

(c) 对 $V'(e^{j\omega})$ 横向伸展 D 倍

图 8-1-5　相关频谱变化情况

2. 序列整数倍内插

理论上，可以对序列 $x(n)$ 进行 D/A 转换，得到模拟信号 $x_a(t)$，再用小的采样间隔 T_y 对 $x_a(t)$ 进行采样得到 $y(n)$，这里

$$T_y = T_x / I \tag{8-1-8}$$

式(8-1-8)中，I 为大于 1 的整数，称为内插因子。但这样的插入方法需要进行 D/A 和 A/D 转换，既增加成本，又会引入噪声。工程应用中常采用图 8-1-6 所示的零值内插方案。先在已知采样序列 $x(n)$ 的相邻两个样点之间等间隔插入 $I-1$ 个零值点得到 $v(n)$，再进行低通滤波，去掉零值，得到 $y(n)$。图 8-1-6 中，$\boxed{\uparrow I}$ 表示在 $x(n)$ 相邻样点之间插入 $I-1$ 个零值，称为零值内插器。图 8-1-7 为零值内插过程示意图。

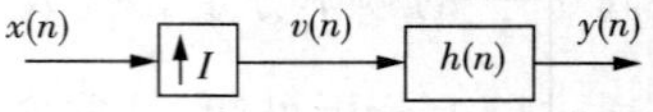

图 8-1-6 零值内插方案框图

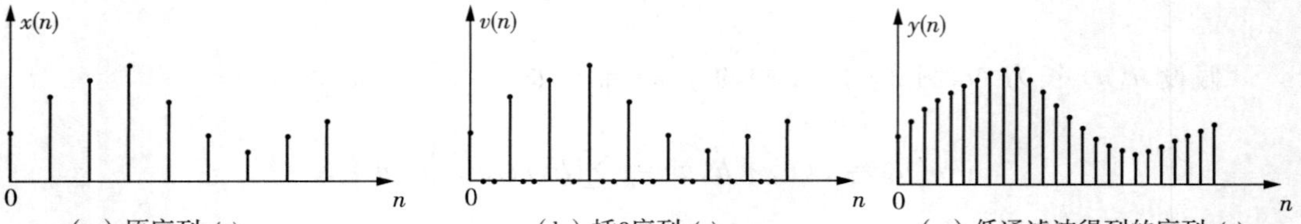

（a）原序列$x(n)$ （b）插0序列$v(n)$ （c）低通滤波得到的序列$y(n)$

图 8-1-7 零值内插过程示意图

下面分析零值内插过程的频谱变化。$v(n)$ 与 $x(n)$ 的关系如下：

$$v(n) = \begin{cases} x(n/I), & n = 0, \pm I, \pm 2I, \cdots \\ 0, & \text{其他} \end{cases} \tag{8-1-9}$$

式(8-1-9)表明，在 $n=0, \pm I, \pm 2I, \cdots$ 处，$v(n)$ 与 $x(n)$ 相等，$v(n)$ 在其他点为 0。输出序列为

$$y(n) = \sum_{k=-\infty}^{+\infty} h(n-k)v(k) = \sum_{k=-\infty}^{+\infty} h(n-kI)x(k) \tag{8-1-10}$$

设 $x(n)$、$v(n)$、$y(n)$ 的 DTFT 分别是 $X(e^{j\omega})$、$V(e^{j\omega})$、$Y(e^{j\omega})$，则有

$$V(e^{j\omega}) = \sum_{n=-\infty}^{+\infty} v(n)e^{-j\omega n} = \sum_{n=mI, m=-\infty}^{+\infty} x(n/I)e^{-j\omega n} = \sum_{m=-\infty}^{+\infty} x(m)e^{-j\omega mI}$$

$$V(e^{j\omega}) = X(e^{j\omega I})$$

上式表明，插零序列的频谱是原序列频谱经过横向 I 倍压缩得到的，$X(e^{j\omega})$ 的 $[0, 2I\pi]$ 区间被压缩到 $V(e^{j\omega})$ 的 $[0, 2\pi]$ 区间。$V(e^{j\omega})$ 的截止频率 $\omega'_c = \omega_c / I$，$V(e^{j\omega})$ 在 $[\omega'_c, 2\pi - \omega'_c]$ 上频谱成分称为镜像频率，显然镜像频率都是高频分量，是 $x(n)$ 所没有的，应该滤除，图 8-1-6 中低通滤波器 $h(n)$ 就是起这个作用。假设 $\omega_c < \pi$，则 $\omega'_c < \pi/I$，因此零值内插不会导致频谱混叠。低通滤波器的截止频率可取 π/I，即

$$H(e^{j\omega})=\begin{cases}C, & |\omega|<\pi/I\\ 0, & \pi/I\leqslant|\omega|\leqslant\pi\end{cases}\qquad(8-1-11)$$

式(8-1-11)中，C为定标系数，该滤波器也称为镜像滤波器。定标系数C的作用是，在 $m=0,\pm I,\pm 2I,\pm 3I,\cdots$ 时，确保 $y(n)=x(n/I)$。取 $n=0$ 来求 C 的值。

$$y(0)=\frac{1}{2\pi}\int_{-\pi}^{\pi}Y(e^{j\omega})d\omega=\frac{1}{2\pi}\int_{-\pi/I}^{\pi/I}C\cdot X(e^{j\omega I})d\omega$$

令 $\omega I=\omega'$，得到

$$y(0)=\frac{1}{2\pi}\int_{-\pi}^{\pi}C\cdot X(e^{j\omega'})d\left(\frac{\omega'}{I}\right)=\frac{C}{I}x(0)$$

要保证 $y(0)=x(0)$，则定标系数 $C=I$。

零值内插法频谱变化($I=4$)如图 8-1-8 所示。低通滤波器滤除了镜像频率，反映到时域就是内插的零都被有效数据替代了。经过零值内插和滤波，减小了序列的截止频率。

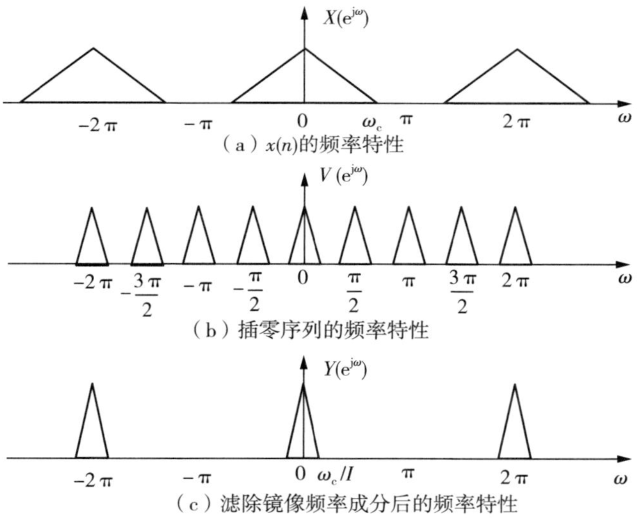

图 8-1-8　零值内插法频谱变化($I=4$)

3. 按有理数因子 I/D 的采样率转换

整数倍内插和抽取实现了数据率的整数倍转换，实际应用中常常要按有理数因子 I/D 来实现数据率的转换。图 8-1-9 所示方法能实现 I/D 采样率转换。首先对输入序列 $x(n)$ 按整数因子 I 内插，然后再对内插器的输出序列按整数因子 D 抽取。用$F_x=1/T_x$ 和$F_y=1/T_y$ 分别表示 $x(n)$ 和 $y(n)$ 的采样频率，则$F_y=(I/D)F_x$。

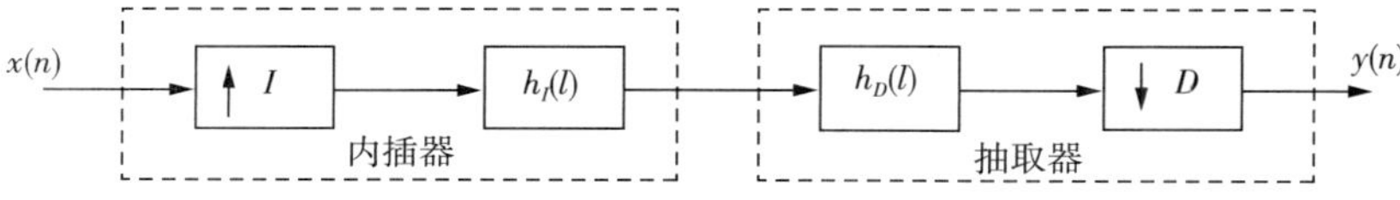

图 8-1-9　按有理数因子 I/D 采样率转换方法

为什么要先内插后抽取呢？抽取之前要对序列进行低通滤波，这样会损失一些高频信息。因此，先内插后抽取，以保留输入序列的频谱成分。另外，镜像滤波器$h_I(l)$和抗混叠滤波器$h_D(l)$级联，且工作在相同的采样频率IF_x，因此将它们合成为一个等效滤波器$h(l)$，得到实用的I/D采样率转换方案，如图 8-1-10 所示。

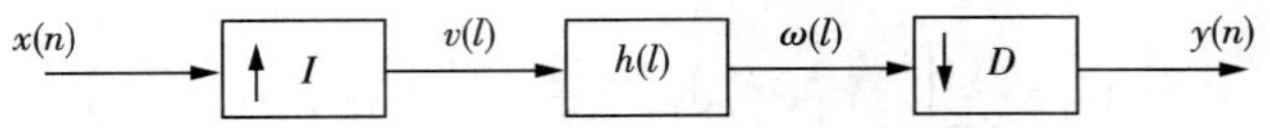

图 8-1-10　实用的I/D采样率转换方框图

假设$h_I(l)$和$h_D(l)$均为理想低通滤波器，所以二者级联的等效滤波器$h(l)$仍是理想低通滤波器，其带宽是$h_I(l)$和$h_D(l)$中最小的带宽。$h(l)$的频率响应为

$$H(e^{j\omega})=\begin{cases}\dfrac{I}{D},0\leqslant|\omega|<\min\left(\dfrac{\pi}{I},\dfrac{\pi}{D}\right)\\ 0,\ \min\left(\dfrac{\pi}{I},\dfrac{\pi}{D}\right)\leqslant|\omega|\leqslant\pi\end{cases}\qquad(8-1-12)$$

现在推导图 8-1-10 中输出序列$y(n)$的时域表达式。零值内插器的输出序列为

$$v(l)=\begin{cases}x\left(\dfrac{l}{I}\right),l=0,\pm I,\pm 2I,\cdots\\ 0,\qquad 其他\end{cases}\qquad(8-1-13)$$

线性滤波器输出序列为

$$\omega(l)=\sum_{k=-\infty}^{+\infty}h(l-k)v(k)=\sum_{k=-\infty}^{+\infty}h(l-kI)x(k)\qquad(8-1-14)$$

整数因子D抽取器最后输出序列为$y(n)$，其时域表达式为

$$y(n)=\omega(Dn)=\sum_{k=-\infty}^{+\infty}h(Dn-kI)x(k)\qquad(8-1-15)$$

如果线性滤波器用 FIR 滤波器实现，则可以根据式(8-1-15)计算输出序列$y(n)$。假设$x(n)$的截止频率为ω_x，不难得出$y(n)$的截止频率ω_y：

$$\omega_y=\frac{D}{I}\omega_x\qquad(8-1-16)$$

8.1.2　抽取和内插的应用

在电话系统中，一般要保证 4 kHz 的音频带宽，即取$f_h=4$ kHz，但送话器发出的信号$x_a(t)$的带宽比f_h大很多，因此，在 A/D 变换之前要对其进行模拟低通滤波，滤波器$h(t)$的截止频率为f_h。为了使信号采集数据量尽量小，取采样频率$F_s=2f_h=8$ kHz。要想尽量保留 4 kHz 以内的语音信号，就要求模拟滤波器的过渡带非常窄，对滤波电路要求较高。

为了降低对模拟预滤波器的要求，可以采用图 8-1-11 所示的 A/D 转换方案。先用较高的采样率进行采样，如采样率$F_x=16$ kHz，采样后再按因子 $D=2$ 抽取，采样率降至 8 kHz。

假设模拟滤波器 $g(t)$ 的过渡带为 4 ～ 12 kHz，过渡带较宽，该滤波器实现成本较低。16 kHz 采样后，$\omega(n)$ 的过渡带为$[\pi/2,\pi]$，过渡带已经发生混叠，而有用频带$[0,\pi/2]$上未发生混叠，可以用 $h(n)$ 滤除$[\pi/2,\pi]$的频率成分得到 $v(n)$，然后对 $v(n)$ 按 $D=2$ 抽取得到 $y(n)$。该采样过程中，信号的频谱变化见图 8-1-12，$Y(\mathrm{e}^{\mathrm{j}\omega})$未发生频谱混叠，它的最高频率为 π，对应 8 kHz 采样系统里面的 4 kHz。$h(n)$ 的截止频率是 $\pi/2$，数字滤波器 $h(n)$ 的过渡带越窄越好，而窄过渡带的数字滤波器是容易实现的。

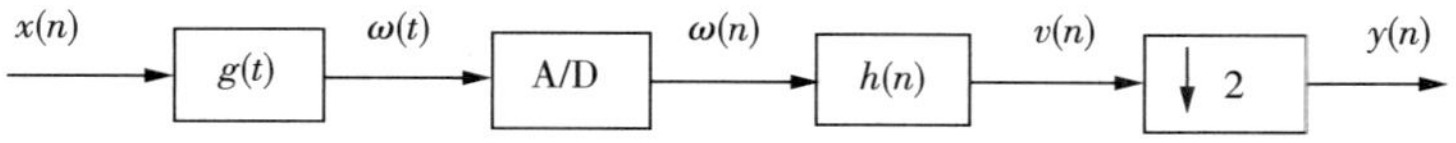

图 8-1-11　数字语音系统中改进的 A/D 转换方案

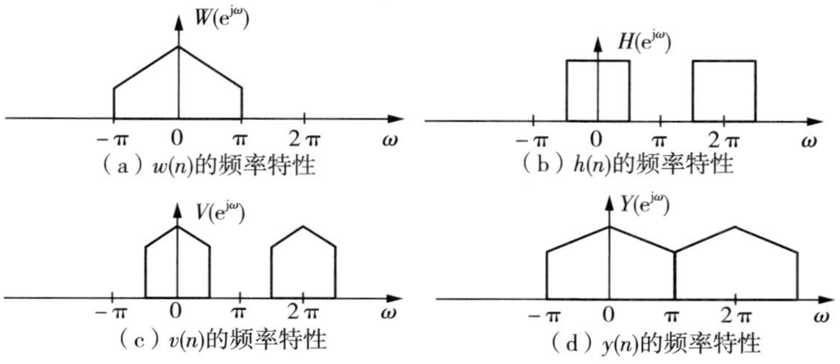

图 8-1-12　A/D 转换改进方案中频谱示意图

设 $y(n)$ 传送到接收端后变成 $\hat{y}(n)$，要将 $\hat{y}(n)$ 恢复为模拟信号 $\hat{x}(t)$。$\hat{y}(n)$ 的频谱特性与图 8-1-12(d) 相同，区间$[0,\pi]$是有效频带，如果直接对 $\hat{y}(n)$ 进行 D/A 转换（转换频率$F_s=8$ kHz），那么 $\hat{x}(t)$ 的有效频带是 0 ～ 4 kHz。工程上常使用零阶保持型 D/A 转换器，会引入高频噪声，噪声占据$F_s/2$ 附近频段。虽然可以用平滑滤波器滤除高频噪声，但是噪声和信号高频段邻近甚至混叠，需要高阶的模拟低通滤波器才能满足要求。

可采用如图 8-1-13 所示 D/A 转换器的改进方案，先对 $\hat{y}(n)$ 进行 I 倍零值内插及镜像滤波得到$\hat{v}(n)$，$\hat{v}(n)$ 带宽变为 π/I，镜像滤波器 $\hat{h}(n)$ 容易用数字滤波器实现。设 $I=2$，D/A 转换频率$F_s=16$ kHz，$\hat{x}(t)$ 的带宽$F_p=\dfrac{\Omega_p}{2\pi}=\left(F_s\times\dfrac{\pi}{I}\right)/(2\pi)=4$ kHz，而噪声则在 8 kHz 附近频带，二者之间有 4 kHz 的过渡带，这样就可以用一个低成本的模拟滤波器 $\hat{g}(t)$ 来实现低通滤波。$\hat{g}(t)$ 的通带截止频率为F_p。

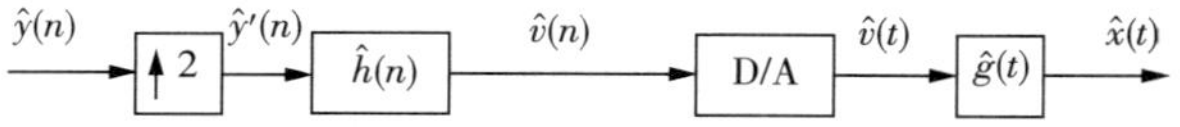

图 8-1-13　D/A 转换器的改进方案

D/A 转换器的改进方案中信号频谱的变化如图 8-1-14 所示。

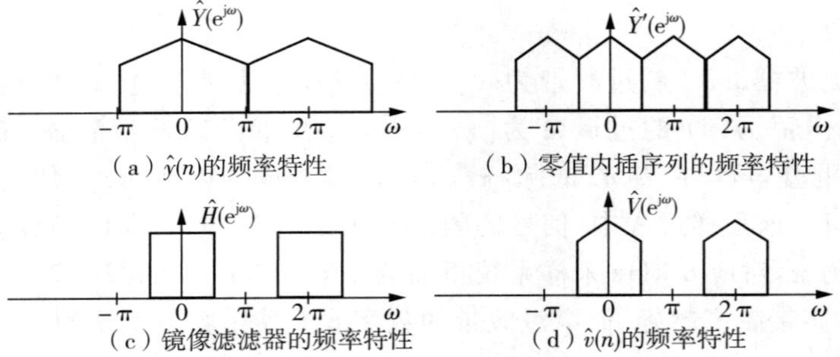

（a）$\hat{y}(n)$的频率特性　（b）零值内插序列的频率特性

（c）镜像滤滤器的频率特性　（d）$\hat{v}(n)$的频率特性

图 8-1-14　D/A 转换器的改进方案中信号频谱的变化

8.1.3　采样率转换器的高效实现

FIR 结构绝对稳定且很容易做成线性相位，特别是容易实现高效结构，所以在多采样率系统的实现中绝大多数采用 FIR 滤波器。在前面介绍的采样率转换方案中，滤波器的卷积运算均在采样率较高的一侧，运算成本高。有必要研究多采样率系统的网络结构，以便得到乘法次数最少的高效实现结构。本小节只介绍直接型 FIR 滤波器的结构。

1. 整数倍抽取器的 FIR 直接实现

根据图 8-1-4 所示的整数倍抽取器，设 $h(n)$ 长度为 N，实现该抽取器的 FIR 直接型结构如图 8-1-15(a) 所示。$x(n)$ 经滤波卷积运算得出 $v(n)$，$v(n)$ 降采样得到 $y(n)$，$v(n)$ 中有 $(D-1)/D$ 的样值被舍弃了，浪费了计算资源。

抽取器的时域输出重写如下：

$$y(n)=v(Dn)=\sum_{m=0}^{N-1}h(m)x(Dn-m) \tag{8-1-17}$$

根据式(8-1-17)，可将图 $\boxed{\downarrow D}$ 移到 N 条乘法支路中的乘法器之前，如图 8-1-15(b) 所示。

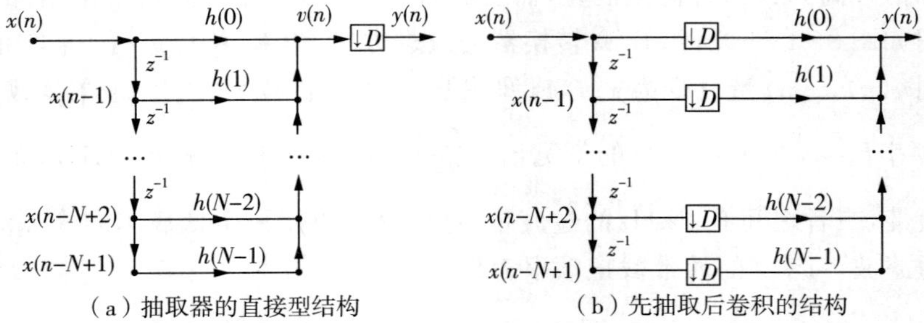

（a）抽取器的直接型结构　（b）先抽取后卷积的结构

图 8-1-15　按整数因子 D 抽取系统的直接型 FIR 滤波器的结构

假设 $D=3$，$N=4$，根据式(8-1-17)，求 $y(0)$ 要用到 $x(0)$，$x(-1)$，$x(-2)$，$x(-3)$，求 $y(1)$ 要用到 $x(3)$，$x(2)$，$x(1)$，$x(0)$，求 $y(2)$ 要用到 $x(6)$，$x(5)$，$x(4)$，$x(3)$，等等。

可见，各个支路的 $\boxed{\downarrow D}$ 只要在 nD 时刻开通获得输入数据，其余时刻关闭。乘法运算量降低到原来的 $1/D$，且只要在 DT_1 时间之内完成就可以了，降低了对计算能力的需求。T_1 为得到 $x(n)$ 的采样间隔。

图 8-1-15(b) 中将 $\boxed{\downarrow D}$ 放在乘法运算之前，减少了运算量，但这并不是把抗混叠滤波放到了抽取之后，而是与原来的滤波作用等效。

对于 FIR 线性相位结构，利用 $h(n)=h(N-1-n)$ 可以使乘法计算量减少一半。可画出抽取器 FIR 结构的线性相位形式（$N=11$）如图 8-1-16 所示。

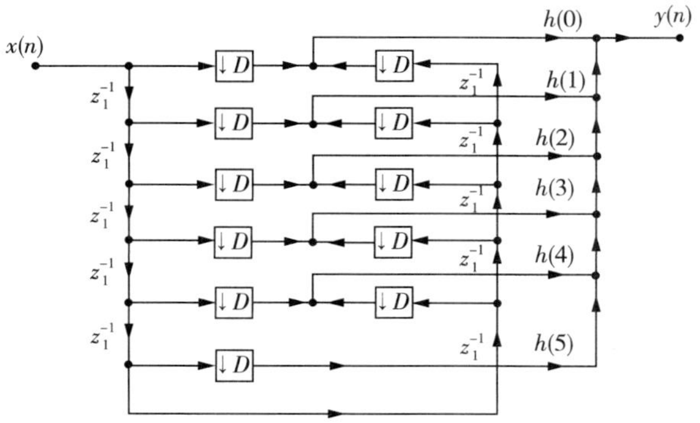

图 8-1-16　抽取器 FIR 结构的线性相位形式（$N=11$）

2. 整数倍内插器的 FIR 直接实现

镜像滤波器 $h(n)$ 采用 FIR 结构时，I 倍内插器的 FIR 直接实现结构如图 8-1-17 所示，乘法是在高采样率一侧进行的，不是高效结构，应设法将乘法运算移到低采样率一侧，以减少计算量。先将图 8-1-17 中的 FIR 滤波网络部分进行转置，得到图 8-1-18 所示的 FIR 转置型结构，再用其代替图 8-1-17 中的 FIR 滤波网络，得到图 8-1-19 所示的内插器转置的 FIR 系统直接实现结构。

与整数倍抽取系统类似，将图 8-1-19 中的 $\boxed{\uparrow I}$ 分别移到 FIR 网络的各支路的乘法器之后，得到图 8-1-20 所示的内插器 FIR 直接实现的高效结构。

当满足线性相位条件 $h(n)=h(N-1-n)$ 时，可用线性相位结构实现，将乘法次数再减少一半。取 $N=9$，画出内插器的线性相位 FIR 直接实现结构，如图 8-1-21 所示。

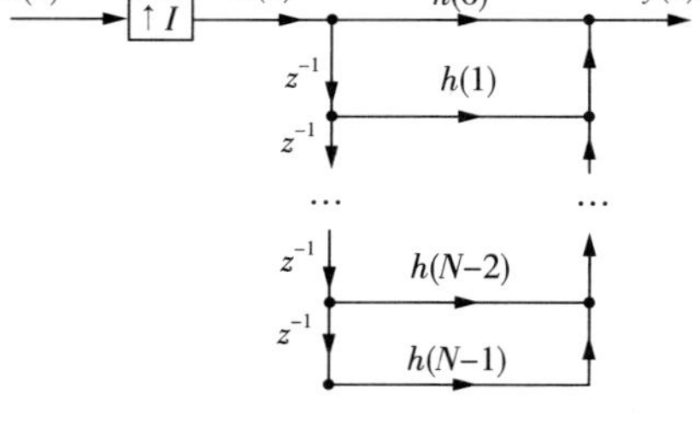

图 8-1-17　I 倍内插器的 FIR 直接实现结构

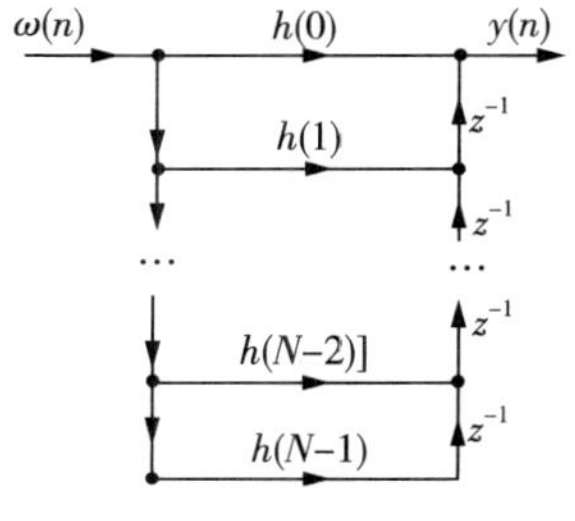

图 8-1-18　FIR 转置型结构

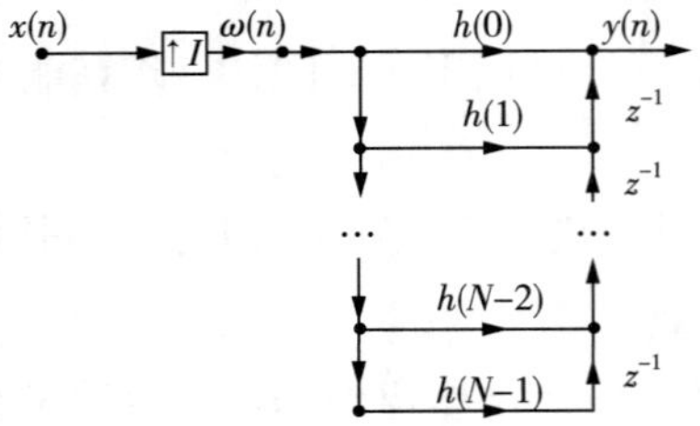

图 8-1-19 内插器转置的 FIR 直接实现结构

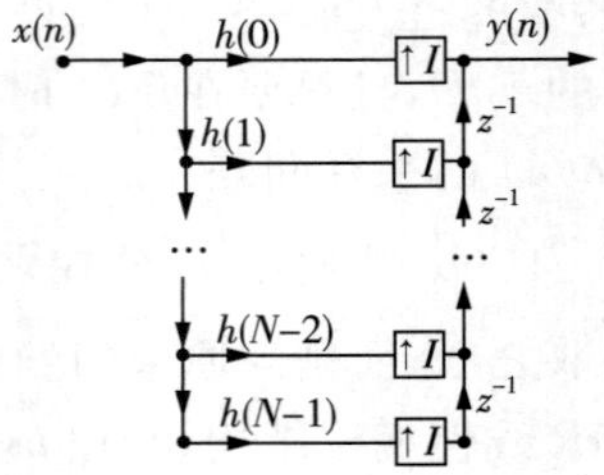

图 8-1-20 内插器 FIR 直接实现的高效结构

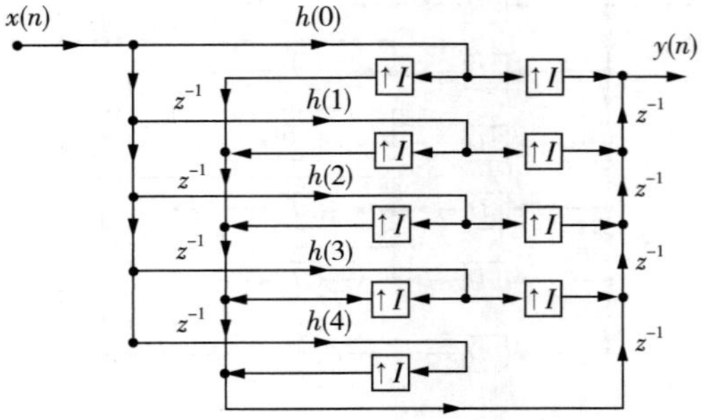

图 8-1-21 内插器的线性相位 FIR 直接实现结构

3. I/D 采样率转换系统的高效 FIR 滤波器结构

根据图 8-1-10 画出按 I/D 采样率转换系统的直接型 FIR 结构,如图 8-1-22 所示。

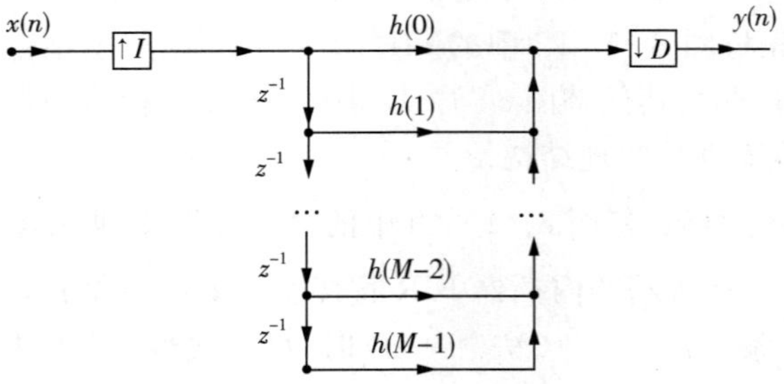

图 8-1-22 I/D 采样率转换系统的直接型 FIR 结构

设计思路是使 FIR 滤波器在最低采样速率下运行。设 $x(n)$、$y(n)$ 对应的采样频率分别为 F_x、F_y,显然有 $\frac{I}{D}F_x=F_y$,即 $\frac{I}{D}=\frac{F_y}{F_x}$,按以下两种情况来设计高效结构。

(1) 当 $I>D$ 时,$F_y>F_x$,F_x 是最低采样频率,将图 8-1-22 中的卷积运算及 $\boxed{\uparrow I}$ 用图 8-1-20 所示结构替代,而 $\boxed{\downarrow D}$ 的位置不变。

(2) 当 $I<D$ 时,$F_y<F_x$,F_y 是最低采样频率,将图 8-1-22 中的卷积运算及 $\boxed{\downarrow D}$ 用图 8-1-15(b) 所示结构替代,而 $\boxed{\uparrow I}$ 的位置不变。

如果是线性相位 FIR 滤波器，则可用相应的线性相位 FIR 滤波器的高效结构来实现。

此外，还可以采用多相滤波结构来实现 I/D 采样率转换器。多相滤波结构利用多个低阶分支滤波器来实现高阶滤波器，而且每个分支滤波器处理的数据速率仅为原数据速率的 I/D，这为工程上高速率实时信号处理提供了实现途径。

8.1.4 MATLAB 的采样率转换函数

MATLAB 提供的采样率转换函数有 upfirdn、interp、decimate、resample 等，它们的常用调用格式如下：

Y＝upfirdn(X,H,I,D)：先对输入信号 X 进行 I 倍零值内插，再用 H 表示的 FIR 滤波器对内插结果进行低通滤波，最后按因子 D 抽取得到输出信号 Y。

Y＝interp(X,I)：采用低通滤波插值法实现对序列 X 的 I 倍内插，是在 X 的两个相邻样值之间按照最小均方误差准则插入 I－1 个序列值，Y 的长度为 X 长度的 I 倍。

Y＝decimate(X,D,N)：先对序列 X 抗混叠滤波，再按整数因子 D 对滤波输出序列抽取，Y 的长度是 X 长度的 1/D。抗混叠滤波用 N 阶切比雪夫 Ⅰ 型低通滤波器，阻带截止频率为 $0.8F_s/(2D)$，如果省略 N，则默认用 8 阶切比雪夫 Ⅰ 型低通滤波器。

Y＝decimate(X,D,N,FIR)：用长度为 N 的 FIR 滤波器进行抗混叠滤波。FIR 滤波器是抽取函数 decimate 自动调用 fir1(N,1/D) 设计的。省略 N 时，默认用 30 点 FIR 滤波器。

[Y,B]＝resample(X,I,D)：按 I/D 进行采样率转换，Y 是输出信号，B 是抗混叠滤波器的单位脉冲响应。若 X 的采样频率为 F_x，长度为 L_x，则 Y 的采样频率 $F_y=I\cdot F_x/D$，长度为 $I\cdot L_x/D$ 的上取整。函数默认使用抗混叠滤波器，该滤波器是采用 Kaiser 窗口并按照最小均方误差调用函数 firls 来设计的。

Y＝resample(X,I,D,B)：B 是抗混叠滤波器的单位脉冲响应。

上述函数的使用方法简单，请读者自己编写程序。此外，MATLAB 还提供功能更为强大的内插函数 interp1 和 interp2，可实现线性内插和非线性内插。interp1 的主要功能如下：

Y＝interp1(X0,Y0,X,'method')：interp1 采用数学方法进行一维插值，精度高，但运算量大。X0、Y0 表示初始的插值点向量，X 表示要得到的插值点的横坐标向量，Y 是该插值点对应的纵坐标向量。method 指定插值方法：nearest——最邻近插值，linear——线性插值；spline——3 次样条插值；pchip——立方插值；缺省时采用线性插值。要求 X0 是单调的，并且 X 不超过 X0 的范围。interp2 函数功能类似，可用于二维图像的插值。

下面举例说明分段线性插值和非线性三次样条插值的使用方法。

【例 8-1-1】 在[－5，5]上对 $y=1/(1+x^2)$ 进行分段线性插值和三次样条插值插值，初始插值点 11 个，插值后有 21 点。

解：分段线性插值和 3 次样条插值程序如下：

```
n = 11, m = 21;  % 插值节点个数
x = -5:10/(m-1):5;  % 求得的插值节点的横坐标
y = 1./(1 + x.^2);  % 求得的插值节点的纵坐标
x0 = -5:10/(n-1):5;  % 已知的插值节点的横坐标
```

```
y0 = 1./(1 + x0.^2);   % 已知的插值节点的纵坐标
y1 = interp1(x0, y0, x);   % 分段线性插值得到的节点纵坐标
y2 = interp1(x0,y0,x,'spline');   % 三次样条插值得到的节点纵坐标
plot(x,y,'k--',x,y1,'-ob',x,y2,'-*g');
set(gca,'XTick',[-5:1:5]);legend('1/(1+x^2)','Piece.-linear.','Spline')
```

分段线性插值和3次样条插值对比如图8-1-23所示，可见，三次样条插值在函数值突变时更准确。

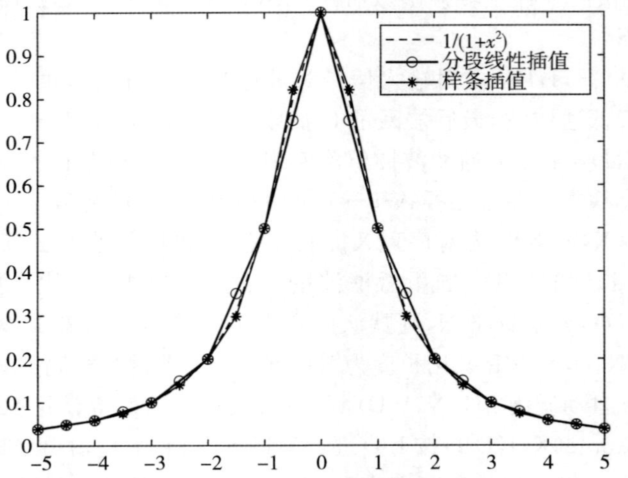

图8-1-23　分段线性插值和3次样条插值对比

8.2　语音信号的基音周期检测

声带的振动周期就是基音周期，它的倒数称为基音频率。基音周期是语音信号最重要的参数之一，它在语音识别、语音分析与合成、低码率语音编码、发音系统疾病诊断、听觉残障者的语言指导等领域有着广泛的应用。

人在发音时，声带振动产生浊音，没有声带振动产生清音。浊音的发声过程：来自肺部的气流冲击声门，造成声门的开合，形成一系列准周期的气流脉冲，经过口腔和鼻腔的谐振及唇齿的辐射最终形成语音信号，故浊音波形呈现出准周期性。基音周期就是指这个准周期，它反映声带振动时声门开合一次的时间。男性的基音频率较低，为50～250 Hz，女性的基音频率较高，为100～500 Hz。

由于人声道的易变性以及声道特征是因人而异的，而基音周期的范围又很宽，且同一个人在不同情感条件下发音的基音周期也不同，加之基音周期还受到单词发音音调的影响，因而基音周期的精确检测是比较困难的。汉语是一种有调语言，基音的变化模式称为声调，它携带着非常重要的具有辨义作用的信息，具有区别语义的功能，基音的提取和估算对汉语分析更是一个十分重要的课题。

尽管基音检测有很多困难，但因为它的重要性，基音的检测提取一直是一个重要

的研究课题，为此人们提出了各种各样的基音检测算法，如自相关函数（Auto - Correlation Function，ACF）法、平均幅度差函数（Average Magnitude Difference Function，AMDF）法、倒谱法、线性预测法、小波变换法等。本节仅介绍自相关函数法基音检测。

8.2.1　基音检测中的带通滤波器

采用自相关函数法进行基音检测之前常用到带通预滤波器，以减少语音中共振峰的干扰。滤波器通带可以设置为 60 ~ 500 Hz。高频截止频率选取 500 Hz，符合基音频率区间高端的限制；低频截止频率选取 60 Hz，以减少工频和低频噪声的干扰。

一般选择 IIR 滤波器中的椭圆滤波器。选用 IIR 滤波器是因为 IIR 滤波器的运算量比 FIR 滤波器少。当然 IIR 滤波器会带来相位失真，但语音信号对相位不敏感。选用椭圆滤波器是因为在相同过渡带宽条件下，椭圆滤波器需要的阶数最低。

【例 8 - 2 - 1】　设计椭圆带通滤波器，滤波器的要求为采样频率 8000 Hz，通带为 60 ~ 500 Hz，通带波纹为 1 dB，阻带分别为 30 Hz 和 2000 Hz，阻带衰减为 40 dB。

解：按上述要求设计椭圆形带滤波器程序如下：

```
fs = 8000;fs2 = fs/2;  % 采样频率
Wp = [60 500]/fs2;  % 滤波器通带
Ws = [30 2000]/fs2;  % 滤波器阻带
Rp = 1;Rs = 40;  % 通带的波纹和阻带的衰减
[n,Wn] = ellipord(Wp,Ws,Rp,Rs);  % 计算滤波器的阶数
[b,a] = ellip(n,Rp,Rs,Wn);  % 计算滤波器的系数
fprintf('b =  %5.6f  %5.6f  %5.6f  %5.6f  %5.6f  %5.6f  %5.6f\n',b)
fprintf('a =  %5.6f  %5.6f  %5.6f  %5.6f  %5.6f  %5.6f  %5.6f\n',a)
[db,mag,pha,grd,w] = freqz_m(b,a);  % 求取频率响应曲线
plot(w/pi*fs/2,db,'k');  % 作图
grid;ylim([- 90 10]);
xlabel('频率 /Hz');ylabel('幅值 /dB');
title('椭圆 6 阶带通滤波器频率响应曲线');
```

程序中调用了 freqz_m 计算数字滤波器的频率响应，该函数程序清单如下：

```
function [db, mag, pha, grd,w] = freqz_m(b,a);  %Modified version of freqz subroutine
[H,w] = freqz(b,a,1000,'whole');
H = (H(1:501))';w = (w(1:501))';
mag = abs(H);db = 20 * log10((mag + eps)/max(mag));
pha = angle(H);
grd = grpdelay(b,a,w);
```

计算出的滤波器系数：

b=[0.012280　−0.039508　0.042177　0.00000　−0.042177　0.039508　−0.012280]

a=[1.000000　−5.527146　12.854342　−16.110307　11.479789

$-4.410179 \quad 0.713507]$

该椭圆形带通滤波器系数在后面的基音检测中将会用到，滤波器对应的幅值响应曲线如图 8－2－1 所示。

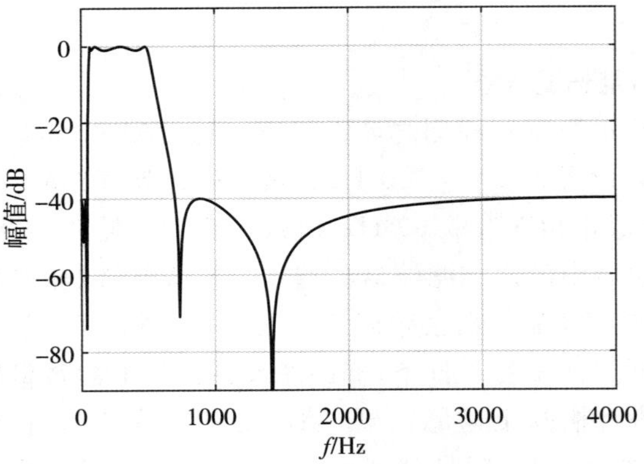

图 8－2－1　用于基音检测的带通滤波器的幅值响应曲线

8.2.2　短时自相关函数法基音检测

设语音序列为 $x(n)$，加窗分帧后得到的第 i 帧语音信号为 $x_i(m)$，帧长为 N，N 一般大于两倍基音周期长度。$x_i(m)$ 的短时自相关函数定义为

$$R_i(k) = \sum_{m=k}^{N-1} x_i(m) x_i(m-k) \tag{8-2-1}$$

式(8－2－1)中，k 是时间的延迟量，$-N \leqslant k \leqslant N-1$。实际上，只要 $R_i(k)$ 包含一个周期以上就可以求得其周期，因此一般取 $0 \leqslant k \leqslant K, K < N$。

短时自相关函数有以下重要性质：

(1) 如果 $x_i(m)$ 是周期信号，周期是 P，则 $R_i(k)$ 也是周期信号，且周期相同，即有

$$R_i(k) = R_i(k+P) \tag{8-2-2}$$

(2) 当 $k=0$ 时，短时自相关函数具有最大值，即在延迟量为 $0, \pm P, \pm 2P, \cdots$ 时，周期信号的自相关函数也达到最大值。

(3) 短时自相关函数是偶函数，即 $R_i(k) = R_i(-k)$。

短时自相关函数法基音检测的主要原理是利用短时自相关函数的性质，通过比较原始信号和它延迟后的信号之间的相关性来确定基音周期。或是直接找出短时自相关函数相邻两个最大值之间的距离，即作为基音周期的估计值。

在用自相关函数法进行基音检测时，常用归一化的自相关函数，表达式为

$$r_i(k) = R_i(k) / R_i(0) \tag{8-2-3}$$

性质(2) 指出，$k=0$ 时，$R_i(0)$ 为最大值，所以 $r_i(k)$ 的模值永远小于或等于 1。

图 8－2－2 给出了一帧语音信号和相对应的归一化自相关函数，从图中可看出，$k=0$

时，归一化自相关函数的最大幅度值是 1，其他延迟量时，幅度值都小于 1。归一化自相关函数延迟量的单位是样点数，当采样频率为 f_s 时，每个样点的延迟量为 $1/f_s$。

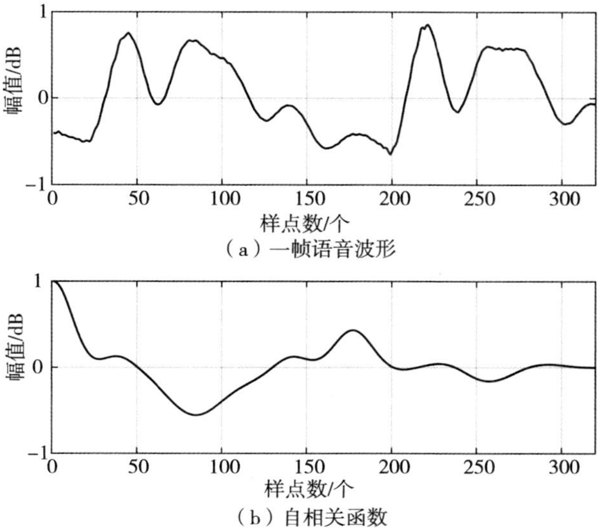

图 8-2-2　一帧语音信号和相对应的归一化自相关函数

【例 8-2-2】　利用自相关法提取基音周期。读入 test.wav 数据(内容是“妈妈，好吗，上马，骂人”)，程序清单如下：

```
% 参数设置
filedir = 'G:\ program\speech_signal\ ';filename = 'test.wav';
fle = [filedir filename]  % 构成路径和文件名的字符串
wlen = 320;inc = 80;  % 分帧的帧长和帧移
overlap = wlen - inc;  % 帧之间的重叠部分
T1 = 0.05;  % 设置基音端点检测的参数
% 读入文件，分帧和端点检测
[x,fs] = audioread(fle);  % 读入文件
x = x(:, 1);  x = x - mean(x);  % 消去直流分量
x = x/max(abs(x));  % 幅值归一化
y = enframe(x,wlen,inc)';  % 分帧
fn = size(y,2);  % 取得帧数
time = (0 : length(x) - 1)/fs;  % 计算时间坐标
frameTime = frame2time(fn, wlen, inc, fs);  % 计算各帧对应的时间
[voiceseg,vosl,SF,Ef] = pitch_vad1(y,fn, T1);  % 基音的端点检测。

% 利用计算出的椭圆滤波器系数进行滤波后，求取基音周期和基音频率
b = [0.012280   - 0.039508  0.042177  0.000000   - 0.042177  0.039508   - 0.012280];
a = [1.000000   - 5.527146  12.854342   - 16.110307  11.479789   - 4.410179  0.713507];
xx = filter(b,a,x);  % 带通数字滤波
```

```
yy = enframe(xx,wlen,inc)';  % 滤波后信号分帧
lmin = fix(fs/500);  lmax = fix(fs/60);  % 基音周期的最小值和最大值
F0 = zeros(1,fn);T0 = zeros(1,fn);  % 初始化 T0 和 F0
period = zeros(1,fn);  % 基音周期初始化
period = ACF_corr(yy,fn,voiceseg,vosl,lmax,lmin);  % 用自相关函数提取基音周期
T0 = pitfilterm1(period,voiceseg,vosl);  % 平滑处理
Tindex = find(T0 ~ = 0);F0(Tindex) = fs./T0(Tindex);  % 求出基音频率 F0
% 绘图部分
subplot 311, plot(time,x,'k');  title('语音信号')
axis([0 max(time) - 1 1]);grid;  ylabel('幅值');
subplot 312;line(frameTime,period,'color',[.6.6.6],'linewidth',3);
xlim([0 max(time)]);title('基音周期');hold on;ylim([0 150]);ylabel('样点数');grid;
for k = 1 : vosl
nx1 = voiceseg(k).begin;nx2 = voiceseg(k).end;  nx3 = voiceseg(k).duration;
fprintf(' %4d  %4d  %4d  %4d\n',k,nx1,nx2,nx3);
subplot 311
line([frameTime(nx1)frameTime(nx1)],[- 1 1],'color','k','linestyle','-');
line([frameTime(nx2)frameTime(nx2)],[- 1 1],'color','k','linestyle','--');
end
subplot 312;plot(frameTime,T0,'k');hold off
legend('平滑前','平滑后');
subplot 313;plot(frameTime,F0,'k');
grid;ylim([0 450]);
title('基音频率');xlabel('时间 /s');ylabel('频率 /Hz');
% 用自相关函数法检测基音周期的函数 ACF_corr 的程序如下:
function period = ACF_corr(y,fn,vseg,vsl,lmax,lmin)
pn = size(y,2);
if pn ~ = fn, y = y';end  % 把 y 转换为每列数据表示一帧语音信号
wlen = size(y,1);  % 帧长
period = zeros(1,fn);  % 初始化
for i = 1 : vsl  % 只对浊音段数据处理
ixb = vseg(i).begin;
ixe = vseg(i).end;
ixd = ixe - ixb + 1;  % 求取一段浊音段的帧数
for k = 1 : ixd  % 对该段浊音段数据处理
u = y(:,k + ixb - 1);  % 取来一帧数据
ru = xcorr(u,'coeff');  % 计算归一化自相关函数
ru = ru(wlen:end);  % 取延迟量为正值的部分
[tmax,tloc] = max(ru(lmin:lmax));  % 在 lmin ~ lmax 范围内寻找最大值
period(k + ixb - 1) = lmin + tloc - 1;  % 给出对应最大值的延迟量
end
end
```

运行程序后得到的结果如图 8-2-3 所示。程序相关说明如下：

① 略去基音端点检测 pitch_vad1 的程序，端点检测后的信息在 voiceseg 中，它是一个结构型数组。

② 通过滤波可减少共振峰对基音检测的影响，在带通滤波器输出后还需要再一次分帧。第一次分帧的目的是进行端点检测，而这里的第二次分帧是为了进行基音检测。

③ 调用 ACF_corr 函数后得到了基音周期，又通过平滑处理，得到平滑后的基音周期 T_0。ACF_corr 函数中 vseg 和 vsl 是端点检测后浊音段信息，输出序列 period 是基音周期。基音的提取只对浊音段的语音进行，取来第 i 个浊音段的开始帧和结束帧的位置，求出该浊音段的帧数 ixd，然后对其中每一帧求取基音周期。利用 xcorr 函数求自相关函数，它是偶函数，这里只取正延迟量的部分，并用参数 coeff 计算归一化的自相关函数。

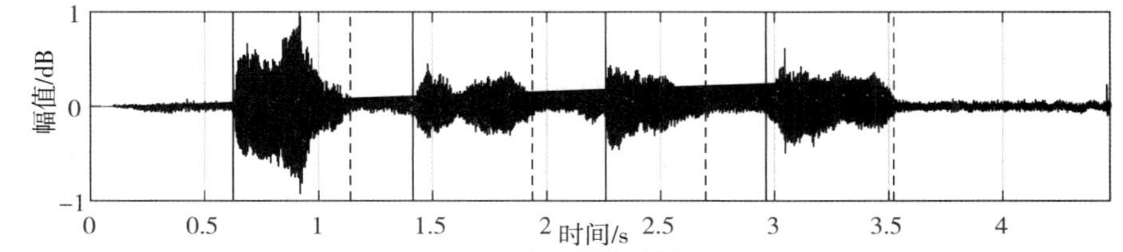

(a) 语音信号

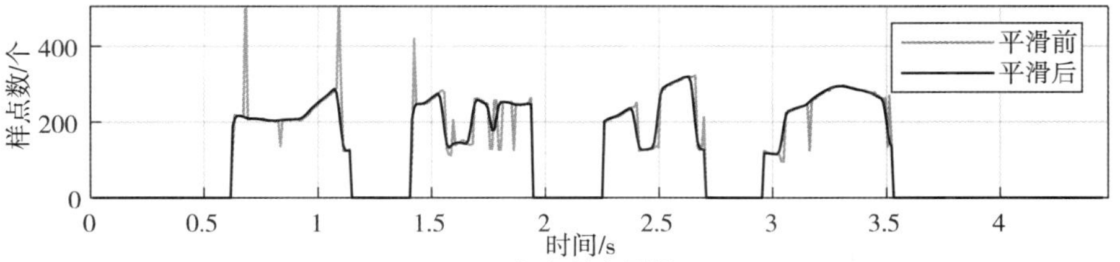

(b) 基音周期

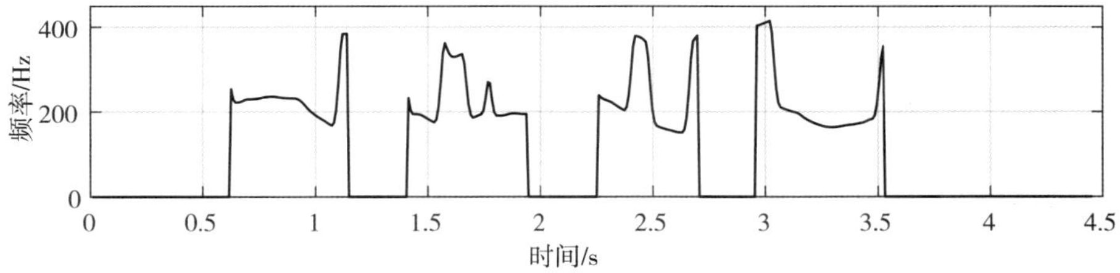

(c) 基音频率

图 8-2-3　自相关函数法计算基音周期

由图 8-2-2 可知，归一化自相关函数延迟量的单位是样点数，当采样频率为 f_s 时，样点数除以采样频率即可得到延迟时间，由此可以估计出基音周期，如图 8-2-3(b) 所示。由于基音周期的检测中可能产生检测错误，使求得的基音周期轨迹中有一个或几个基音周期的估算值偏离了正常轨迹（通常是偏离到正常值的 2 倍或 1/2），这些偏离点称为基音轨迹的“野点”，如图 8-2-3(b) 平滑前的曲线所示。为了去除这些“野点”，可以进行平滑处理（如中值平滑、线性平滑等），处理后的轨迹如图 8-2-3(b) 平滑后的曲线所示。再将基音周期取倒数可得到基音频率，如图 8-2-3(c) 所示。

8.3 脉冲压缩雷达测距

雷达通过发射信号并测量回波信号的到达时间，可以得到雷达与目标之间的距离。发射宽脉冲信号以提高脉冲的平均功率，保证足够大的作用距离；发射大时宽带宽积积的脉冲信号，接收时采用匹配滤波器获得窄脉冲，以提高距离分辨率。脉冲压缩匹配滤波较好解决了雷达作用距离与距离分辨率之间的矛盾。本节介绍线性调频(Linear Frequency Modulation，LFM)脉冲压缩雷达测距的基本原理及其 FFT 实现方法。

8.3.1 Chirp 信号的时域和频域表示

线性调频信号也称为 Chirp 信号，信号的表达式为

$$s(t)=\mathrm{rect}\left(\frac{t}{T}\right)\mathrm{e}^{\mathrm{j}2\pi\left(f_c t+\frac{K}{2}t^2\right)} \tag{8-3-1}$$

式(8-3-1)中，f_c 为载波频率，$K=B/T$ 是调频斜率，单位是 Hz/s，B 是信号带宽，T 为脉冲持续时间。$\mathrm{rect}\left(\frac{t}{T}\right)$ 是宽为 T 的矩形信号，定义如下：

$$\mathrm{rect}\left(\frac{t}{T}\right)=\begin{cases}1, |t|\leqslant \dfrac{T}{2}\\ 0, |t|> \dfrac{T}{2}\end{cases} \tag{8-3-2}$$

将式(8-3-1)改写为

$$s(t)=S(t)\mathrm{e}^{\mathrm{j}2\pi f_c t} \tag{8-3-3}$$

$$S(t)=\mathrm{rect}\left(\frac{t}{T}\right)\mathrm{e}^{\mathrm{j}\pi K t^2} \tag{8-3-4}$$

$s(t)$ 为已调 LFM 信号，$S(t)$ 为基带 LFM 信号，$S(t)$ 是 $s(t)$ 的复包络。二者具有相同的幅频特性，只是中心频率不同而已，即

$$s(\mathrm{e}^{\mathrm{j}\Omega})=S(\mathrm{e}^{\mathrm{j}(\Omega-\Omega_c)}) \tag{8-3-5}$$

$S(t)$ 的角度为 $\varphi(t)=\pi K t^2$，对时间求导后得到频率：

$$f=\frac{1}{2\pi}\frac{\mathrm{d}\varphi(t)}{\mathrm{d}t}=\frac{1}{2\pi}\frac{\mathrm{d}(\pi K t^2)}{\mathrm{d}t}=Kt$$

因此 $S(t)$ 的瞬时频率为

$$f=Kt, -T/2\leqslant t\leqslant T/2 \tag{8-3-6}$$

显然，$s(t)$ 的瞬时频率为

$$f=f_c+Kt, -T/2\leqslant t\leqslant T/2 \tag{8-3-7}$$

信号的带宽就是 LFM 信号的斜率和脉冲持续时间的乘积：

$$B = KT$$

后续分析可得，带宽决定了能够达到的时间分辨率，从而影响距离分辨率。基带 LFM 信号时域波形和幅频特性如图 8-3-1 所示。

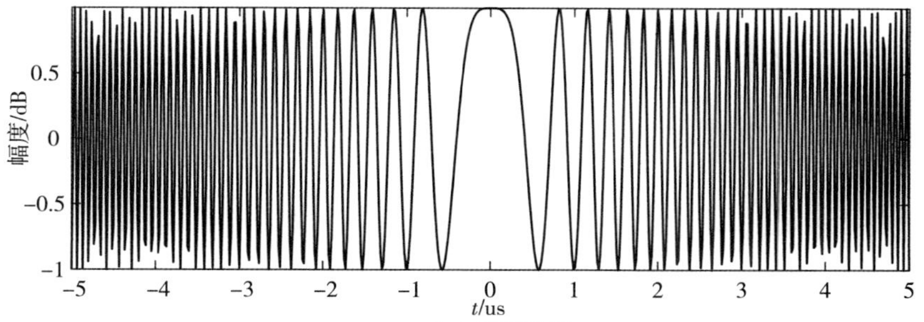

（a）调频信号

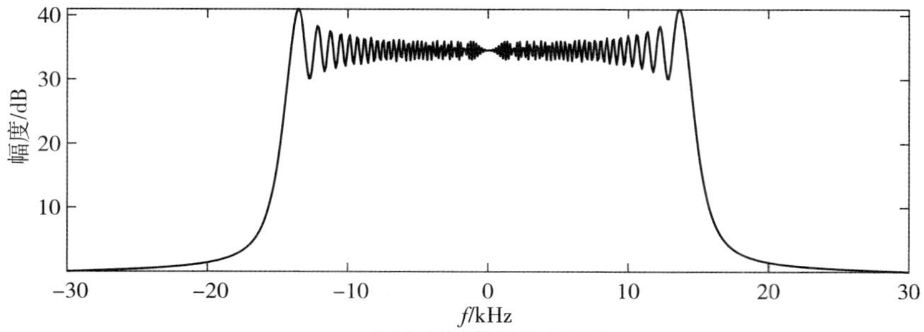

（b）调频信号的幅度谱

图 8-3-1　LFM 信号时域波形（实部）和幅度谱

8.3.2　匹配滤波脉冲压缩原理

设匹配滤波器的输入信号为

$$x(t) = s_r(t) + n(t) \tag{8-3-8}$$

$$s_r(t) = \lambda s(t - t_0) \tag{8-3-9}$$

$s(t)$ 为雷达发射的信号，$s_r(t)$ 为雷达接收到的目标回波信号，t_0 为回波延迟，λ 为回波衰减系数，$n(t)$ 为白噪声。滤波器的输出信号为

$$y(t) = s_o(t) + n_o(t) \tag{8-3-10}$$

根据例 1-1-6 的结论，匹配滤波器的单位冲击响应为

$$h(t) = s^*(-t) = \mathrm{rect}\left(\frac{t}{T}\right)\mathrm{e}^{\mathrm{j}2\pi f_c t}\mathrm{e}^{-\mathrm{j}\pi K t^2} \tag{8-3-11}$$

匹配滤波器的输出信号为

$$s_o(t)=s_r(t)*h(t)$$

为简化推导过程，令 $\lambda=1$，$t_0=0$，系统输出信号为

$$s_o(t)=s(t)*h(t)=\int_{-\infty}^{+\infty}h(u)s(t-u)\mathrm{d}u=\int_{-\infty}^{+\infty}s^*(-u)s(t-u)\mathrm{d}u$$

$$=\int_{-\infty}^{+\infty}\mathrm{e}^{-\mathrm{j}\pi Ku^2}\mathrm{rect}\left(\frac{u}{T}\right)\mathrm{e}^{\mathrm{j}2\pi f_c u}\times\mathrm{e}^{\mathrm{j}\pi K(t-u)^2}\mathrm{rect}\left(\frac{t-u}{T}\right)\mathrm{e}^{\mathrm{j}2\pi f_c(t-u)}\mathrm{d}u$$

当 $0\leqslant t\leqslant T$ 时，输出为

$$s_o(t)=\mathrm{e}^{\mathrm{j}2\pi f_c t}\mathrm{e}^{\mathrm{j}\pi Kt^2}\int_{t-\frac{T}{2}}^{\frac{T}{2}}\mathrm{e}^{-\mathrm{j}2\pi Ktu}\mathrm{d}u=\mathrm{e}^{\mathrm{j}\pi Kt^2}\left.\frac{\mathrm{e}^{-\mathrm{j}2\pi Ktu}}{-\mathrm{j}2\pi Kt}\right|_{t-\frac{T}{2}}^{\frac{T}{2}}\times\mathrm{e}^{\mathrm{j}2\pi f_c t}$$

$$=\frac{\mathrm{e}^{\mathrm{j}\pi Kt(t-T)}-\mathrm{e}^{-\mathrm{j}\pi Kt(t-T)}}{-\mathrm{j}2\pi Kt}\mathrm{e}^{\mathrm{j}2\pi f_c t}=\frac{\sin[\pi K(T-t)t]}{\pi Kt}\mathrm{e}^{\mathrm{j}2\pi f_c t}\qquad(8-3-12)$$

当 $-T\leqslant t\leqslant 0$ 时，输出为

$$s_o(t)=\mathrm{e}^{\mathrm{j}2\pi f_c t}\mathrm{e}^{\mathrm{j}\pi Kt^2}\int_{-\frac{T}{2}}^{t+\frac{T}{2}}\mathrm{e}^{-\mathrm{j}2\pi Ktu}\mathrm{d}u=\frac{\sin\pi K(T+t)t}{\pi Kt}\mathrm{e}^{\mathrm{j}2\pi f_c t}\qquad(8-3-13)$$

合并式(8-3-12)和式(8-3-13)，并利用 $B=KT$，得到

$$s_o(t)=T\frac{\sin\pi Bt\left(1-\frac{|t|}{T}\right)}{\pi Bt}\mathrm{rect}\left(\frac{t}{2T}\right)\mathrm{e}^{\mathrm{j}2\pi f_c t}\qquad(8-3-14)$$

$s_o(t)$ 为回波经匹配滤波器的输出，它是载频为 f_c 的复信号，其包络 $S_o(t)$ 近似为辛克函数：

$$S_o(t)\approx TSa(\pi Bt)\mathrm{rect}\left(\frac{t}{2T}\right)\qquad(8-3-15)$$

$S_o(t)$ 时域波形如图 8-3-2 所示，其峰值位于 $t=0$ 处。而对于实际回波 $\lambda s(t-t_0)$，$S_o(t)$ 的峰值位于 $t=t_0$ 处，幅度为 λT。$S_o\left(\frac{1}{B}\right)=S_o\left(-\frac{1}{B}\right)=0$，称 $\pm1/B$ 为 $S_o(t)$ 第一过零点坐标。$S_o\left(\frac{1}{2B}\right)$ 和 $S_o\left(-\frac{1}{2B}\right)$ 的幅度比峰值下降 4 dB，称 4 dB 脉冲宽度为压缩脉冲的宽度 τ：

$$\tau=\frac{1}{2B}\times2=\frac{1}{B}\qquad(8-3-16)$$

可见信号带宽 B 越大，压缩后的脉宽 τ 就越小，回波信号的延时 t_0 的测量就越准确，雷达测距的距离分辨率就越高。

定义脉冲宽度压缩比为

$$D = \frac{T}{\tau} = TB \tag{8-3-17}$$

压缩比就是 LFM 信号的时宽带宽积，$D > 1$。

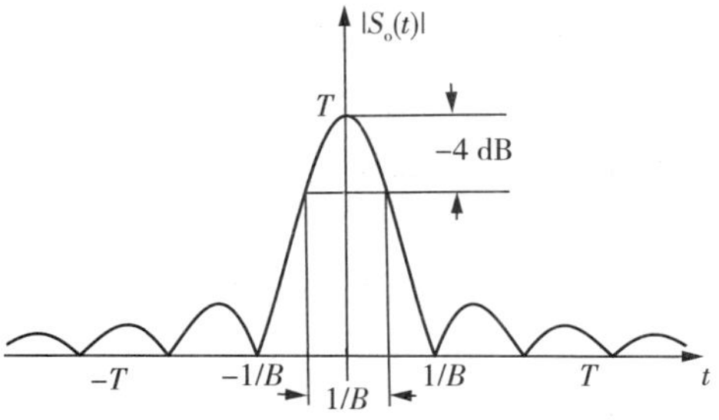

图 8-3-2　匹配滤波器输出信号的包络波形

8.3.3　利用 FFT 实现相关匹配滤波

在前文介绍了用 FFT 快速计算线性卷积的方法，该方法可以用来快速实现脉冲压缩匹配滤波。假设雷达接收机已经得到基带 LFM 信号 $x(n)=S_r(n)+v(n)$，长为 M 点，匹配滤波器单位脉冲响应 $h(n)=s^*(-n)$，长为 N 点，匹配滤波器输出为

$$S_o(n) = x(n) * h(n) \tag{8-3-18}$$

利用 FFT 计算线性卷积，对应到频域有

$$S_o(k) = X(k)H(k), 0 \leqslant k \leqslant L, L = M + N - 1 \tag{8-3-19}$$

式(8-3-19)成立的条件是循环卷积长度大于等于线性卷积长度，所以$S_o(k)$、$X(k)$和 $H(k)$ 分别是$S_o(n)$、$x(n)$ 和 $h(n)$ 的 L 点 DFT。

因为 $h(n)=s^*(-n)$，是非因果序列，不能按照 DFT 定义式直接求其 DFT。可以利用周期序列 DFS 与 DFT 之间的关系，用其周期延拓序列的主值序列的 DFT 来代替，即

$$H(k) = \mathrm{DFT}[h(n)] = \mathrm{DFT}[s^*((-n))_L R_L(n)] = \mathrm{DFT}[s^*(L-n)] \tag{8-3-20}$$

根据 DFT 的性质，有 $\mathrm{DFT}[s^*(L-n)] = s^*(k)$，因此

$$S_o(k) = X(k)s^*(k), 0 \leqslant k \leqslant L \tag{8-3-21}$$

再用 IFFT 算法求得$S_o(n)$：

$$S_o(n) = \mathrm{IFFT}[S_o(k)] \tag{8-3-22}$$

在$S_o(n)$ 中找到幅度最大值点，该点所处位置便为回波延时n_0。目标与雷达间的距离为

$$d=\frac{n_0}{2}\frac{1}{F_s}C=\frac{n_0}{2}\sigma_R \tag{8-3-23}$$

F_s 为采样频率，$\frac{n_0}{2F_s}$ 为雷达与目标间的单程时间，C 为光速，$C\approx 2.9979\times10^8$ m/s。σ_R 称为距离分辨率。要提高测距精度，除了要提高 n_0 的测量精度外，还要加大 F_s，以减小 σ_R。LFM 信号是带通信号，根据带通信号采样定理，$F_s=2B$，因此提高 F_s，信号调频范围 B 也可以随之提高，这样压缩后的脉宽 τ 也随之减小。因此，提高采样频率是提高测量精度的有效方法，当然也增加了硬件要求和计算负担。

【例 8-3-1】 利用相关匹配滤波对 10 km 到 15 km 之内的 6 个目标的距离进行测量。

解：采用匹配滤波器对 LFM 回波信号进行压缩并检测到回波延迟，根据延迟计算目标与雷达之间的距离。LFM 信号及滤波器相关参数设计，以及匹配滤波 MATLAB 程序如下：

```
T = 10e - 6;B = 30e6;  % 脉冲持续时间 10us,调频带宽 30MHz
Rmin = 10000;Rmax = 15000;  % 雷达探测范围
R = [11000 12000 12800 12840 13500 14000];  % 理想点目标的位置
RCS = [0.5 1 1 0.4 1 1];  % 雷达散射截面积
C = 3e8;  K = B/T;  % 电磁波传播速度和调频斜率
Rwid = Rmax - Rmin;  % 接收信号距离宽度
Twid = 2 * Rwid/C;  % 接收信号时间宽度
Fs = 2 * B;Ts = 1/Fs; % 采样频率和采样间隔
Nwid = ceil(Twid/Ts); % 最大采样点数
t = linspace(2 * Rmin/C,2 * Rmax/C,Nwid);  % 接收时窗 ,2 * Rmin/C ~ 2 * Rmax/C
M = length(R);  % 目标数
td = ones(M,1) * t - 2 * R'/C * ones(1,Nwid);  % 产生 st 信号的自变量 t - t0
Srt = RCS * (exp(1i * pi * K * td.^2). * (abs(td) < T/2));  % 点目标的雷达回波
Nchirp = ceil(T/Ts);  % 脉冲持续时间的数量
Nfft = 2^nextpow2(Nwid + Nwid - 1);  % 计算 FFT 长度
Srw = fft(Srt,Nfft);  % 雷达回波的 FFT
t0 = linspace(- T/2,T/2,Nchirp);
St = exp(1i * pi * K * t0.^2);  % 发射的 chirp 信号
Sw = fft(St,Nfft);  % chirp 信号的 FFT
Sot = fftshift(ifft(Srw. * conj(Sw)));  % 脉冲压缩后的信号
N0 = Nfft/2 - Nchirp/2;
Z = abs(Sot(N0:N0 + Nwid - 1));  Z = Z/max(Z);  Z = 20 * log10(Z + 1e - 6);
subplot(211);
plot(t * 1e6,real(Srt));axis tight;
xlabel('时间 /us');
ylabel('幅度 /dB');
title('未压缩的雷达回波');
```

```
subplot(212);
plot(t * C/2,Z);
xlabel('范围 /m');
ylabel('幅度 /dB');
title('压缩后的雷达回波');
```

雷达回波与匹配滤波后回波如图 8-3-3 所示。图 8-3-3(a) 是压缩前 LFM 信号的实部，图 8-3-3(b) 是回波压缩后信号的模。可见，压缩后脉冲宽度大大减小，尖峰所在位置就是目标与雷达之间的距离。雷达截面积也影响了尖峰的高度。另外，12.80 km 和 12.84 km 处的两个目标也能区分开来。读者可以加入随机噪声进行仿真。

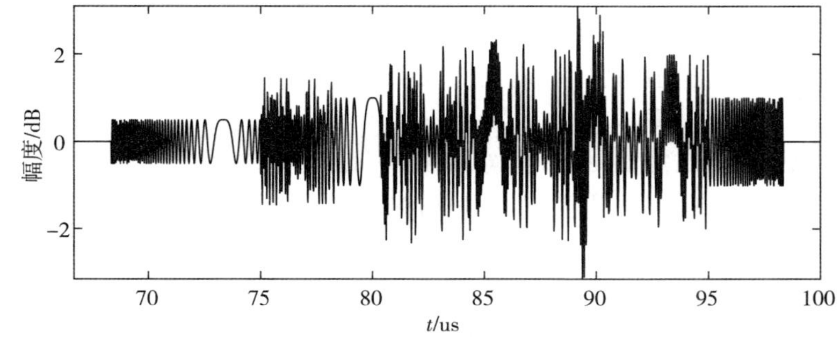

（a）未压缩的雷达回波

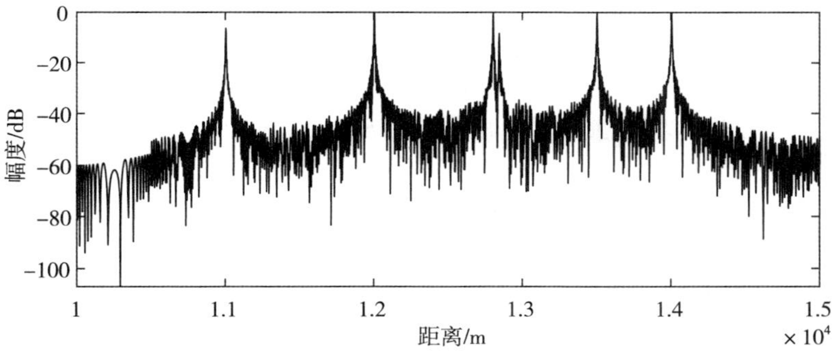

（b）压缩后的雷达回波

图 8-3-3　雷达回波与匹配滤波后回波

习　题

1. 证明抽取器 $y(n)=x(Dn)$ 是时变系统。

2. 已知信号 $x(n)=a^n u(n)$，$|a|<1$。

(1) 求信号 $x(n)$ 的频谱函数 $X(e^{j\omega})=\mathrm{FT}[x(n)]$；

(2) 试求 $y(n)=x(3n)$ 的频谱函数。

3. 按 $D=4$ 抽取的方框图如下图(a)所示，输入序列 $x(n)$ 的频谱如下图(b)所示。请画出理想低通滤波器 $h_D(n)$ 的幅度特性曲线和序列 $y(n)$ 的幅度特性曲线。

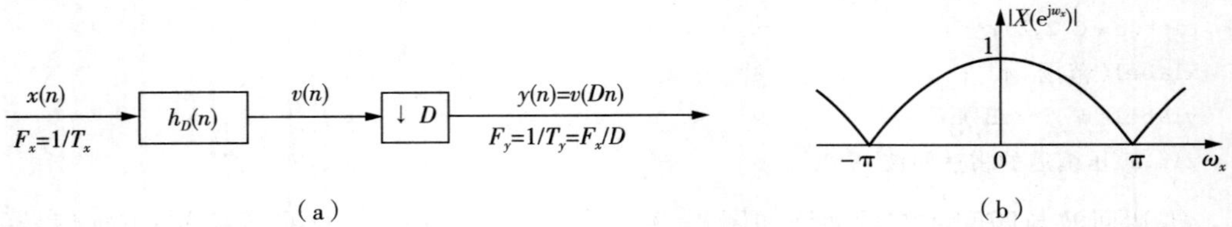

习题 3 图

4. 比较带宽约为 300 Hz(窗长约为 3 ms) 的宽带声谱图和带宽约为 45 Hz(窗长约为 20 ms) 的窄带声谱图的异同点。

5. 给定 $x(n)=\sin(2\pi fn/f_s)$，若 $f/f_s=1/16$，即每个周期内有 16 个点，用 MATLAB 编程实现如下采样率变换并图示结果：

(1) 作 $L=3$ 倍的插值，使每个周期变成 48 个点；

(2) 作 $M=4$ 倍的抽取，使每个周期变成 4 个点；

(3) 作 $L/M=3/4$ 倍的采样率变换，使每个周期变成 12 个点。

6. 设计一个因子 $I=5$ 的内插器，要求镜像滤波器通带最大衰减为 0.1 dB，阻带最小衰减为 30 dB，过渡带宽 $\pi/20$。请给出 FIR 滤波器系数 $h(n)$。

7. 编程产生长度为 41 的序列 $x(n)=\sin(0.1\pi n)+0.5\sin(0.5\pi n)$，再调用 resample 函数对 $x(n)$ 按因子 3/8 进行采样率变换，并绘制采样率变换器的输入序列 $x(n)$、输出序列 $y(n)$ 和采样率变换器中的 FIR 数字滤波器的单位脉冲响应 $h(n)$ 及其频率响应特性曲线。

8. 利用自相关函数法进行多组实验，观察男、女生基音周期的范围和差距。

9. LFM 回波信号经匹配滤波器输出的包络 $S_o(t)$ 近似为辛克函数：

$$S_o(t)=\text{rect}\left(\frac{t}{2T}\right)TSa(\pi Bt)$$

请证明该包络主瓣的 4 dB 脉冲宽度 $\tau=\frac{1}{B}$ 。

10. 通过 MATLAB 仿真实现相关匹配滤波对距离雷达 10 km、13 km、14 km、14.5 km 的 4 个目标的距离测量。回波信号中要加入随机噪声进行仿真，观察不同信噪比下的脉冲压缩效果。

第9章　实　验

9.1　实验一　信号的时域采样与重建

1. 实验目的

理解时域采样定理的核心内容——时域采样导致频域的周期延拓，能采用合适的采样频率对低通信号、带通信号进行采样和重建。

2. 实验原理和方法

设 $x_a(t)$ 为模拟信号，时域采样过程可以用式(9-1-1)表示：

$$\hat{x}_a(t)=x_a(t)\cdot p_\delta(t)=\sum_{n=-\infty}^{+\infty}x_a(t)\delta(t-nT)=x_a(nT) \quad (9-1-1)$$

T 为采样间隔，采样频率 $F_s=1/T$。根据采样定理，采样信号的频谱为

$$\hat{X}_a(\mathrm{j}\Omega)=\frac{1}{T}\sum_{k=-\infty}^{+\infty}X_a(\mathrm{j}\Omega-\mathrm{j}k\Omega_s) \quad (9-1-2)$$

式(9-1-2)就是采样定理的核心内容：时域采样导致频域的周期延拓，周期 $\Omega_s=2\pi/T$。

参考本书 1.3 节，对低通信号进行采样的采样频率范围为

$$f_s>2f_c=2B \quad (9-1-3)$$

对带通信号进行采样的采样频率范围为

$$\begin{cases}2f_H/(m+1)\leqslant f_s\leqslant 2f_L/m \\ f_{s\_min}=2B\end{cases}(0\leqslant m\leqslant M-1) \quad (9-1-4)$$

其中，B 为模拟信号的带宽。

信号的重建有频域重建和时域重建，这里介绍频域重建。频域重建就是利用理想低通或者带通滤波器对采样信号进行滤波得到原模拟信号的频谱。低通采样信号的重建滤波器为

$$H(\mathrm{e}^{\mathrm{j}\Omega})=\begin{cases}1, & |\Omega|\leqslant\Omega_s/2 \\ 0, & \text{其他}\end{cases} \quad (9-1-5)$$

带通采样信号的重建滤波器为

$$H(e^{j\Omega})=\begin{cases}1, \Omega_L \leqslant |\Omega| \leqslant \Omega_H \\ 0, 其他\end{cases} \tag{9-1-6}$$

重建信号的频谱为

$$Y(e^{j\Omega})=\hat{X}(e^{j\Omega})\cdot H(e^{j\Omega}) \tag{9-1-7}$$

再对 $Y(e^{j\Omega})$ 进行逆傅里叶变换，得到 $y(t)$。当采样频率符合采样定理的要求时，$y(t)$ 应该等于 $x_a(t)$。

本实验中使用 FFT 和 IFFT 函数进行傅里叶正变换和反变换。

3. 实验内容和步骤

(1) 正弦信号的采样与重建。设低通信号 $x_1(t)=\cos(1000\pi t)+\cos(1200\pi t)$，采样频率 f_s 分别取 1000 Hz、1200 Hz、1300 Hz 对之进行采样并进行理想重建，画出原信号、各采样信号以及各重建信号的时域波形和幅频特性曲线，并进行对比分析。

(2) 低通信号的采样与重建。sinc 信号是一种典型的低通信号，其时域表达式为

$$x(t)=\text{sinc}\,(t)=\frac{\sin(\pi t)}{\pi t} \tag{9-1-8}$$

该信号为非因果信号，其频率特性为

$$X(e^{j2\pi f})=\begin{cases}1, |f|<1/2 \\ 0, 其他\end{cases} \tag{9-1-9}$$

式(9-1-9)表明，sinc 信号是理想低通信号，其带宽是 1/2 Hz。

对于信号 $x_2(t)=\text{sinc}\,(200t)$，不难得到其带宽为 100 Hz。根据低通信号采样定理，采样频率分别取 150 Hz、200 Hz、201 Hz、400 Hz 对 $x_2(t)=\text{sinc}\,(200t)$ 进行采样并进行理想重建，画出原信号、各采样信号以及各重建信号的时域波形和幅频特性曲线，验证低通信号采样定理。

(3) 带通信号的采样与重建。利用傅里叶变换的频移性质，对 $x_2(t)=\text{sinc}\,(200t)$ 进行频谱搬移，得到如下信号：

$$x_3(t)=\text{sinc}\,(200t)\cdot\cos(2\pi f_o t) \tag{9-1-10}$$

显然 $x_3(t)$ 的频带为$[f_o-100, f_o+100]$，$[-f_o-100, -f_o+100]$。根据式(9-1-4)，可以确定采样频率的可能取值区间以及最低采样频率 f_{s_min}。设 f_o 为 1000 Hz，选择合适的采样频率对 $x_3(t)$ 进行采样，并进行理想重建，画出原信号、各采样信号以及各重建信号的时域波形和幅频特性曲线，并进行对比分析，验证带通信号采样定理的正确性。

4. 思考题

(1) 对于 $x_1(t)$，当 $f_s=1200$ Hz时，其采样信号的谱线为什么只有3根？如果 f_s 只能取整数，那么 f_s 最小为多少时，其采样信号才不会出现频谱混叠？

(2) 对于信号 $x_2(t)$,最低采样频率可以取多少?

(3) 对于信号 $x_3(t)$,最低采样频率可以取多少?

5. 实验报告要求

(1) 简述低通信号采样定理和带通信号采样定理。

(2) 简述带通信号采样原理,并讨论采样频率如何选择。

(3) 简述信号频域重建原理,确定重建滤波器参数。

(4) 利用 MATLAB 函数编程实现信号的采样和重建,得到实验结果。

(5) 对实验结果进行分析和解释,验证采样定理的正确性。

(6) 通过实验来回答思考题。

9.2　实验二　信号的频谱分析

1. 实验目的

掌握用 FFT 对连续信号和时域离散信号进行谱分析的方法,了解可能出现的分析误差及其原因,以便正确应用 FFT。

2. 实验原理和方法

(1) 对于有限长序列,直接调用 FFT 函数对其进行傅里叶变换,傅里叶变换的结果就代表了序列的频谱特性。

(2) 对于周期序列,若周期已知则取其一个周期或者整数个周期进行傅里叶变换,傅里叶变换的结果就代表了序列的频谱特性。若周期未知,则截取任一长度序列进行傅里叶变换,并将截取长度翻倍且继续进行傅里叶变换,比较两次傅里叶变换的结果,如果结果稳定,则认为截取长度已经是周期的整数倍,傅里叶变换结果可以作为该周期序列的频谱特性。否则继续将截取长度翻倍并进行傅里叶变换。

(3) 对于连续信号,需要根据信号带宽选择合适的采样频率对其进行采样得到序列,再采用傅里叶变换对其进行频谱分析。

(4) 对于频率变化的非平稳信号,可以采用短时傅里叶变换获得其声谱图,声谱图明确表示信号的频谱特性随时间的变化关系。需要注意,短时傅里叶变换的分段长度决定了时间分辨率和频率分辨率,需要选择合适的分段长度。另外,相邻分段的重叠率对计算量影响较大,一般选 50% 或 25% 的重叠率。

3. 实验内容及要求

(1) 对 $x_1(n)=R_8(n)$ 进行谱分析。选择 FFT 的变换区间 N 为 4、8 和 16 三种情况进行频谱分析。打印出时域波形和幅频特性曲线,并进行对比、分析,确定 N 取多少可以比较好地反映序列的频率特性。

(2) 对 $x_2(n)$、$x_3(n)$ 进行谱分析。

$$x_2(n)=\begin{cases} n, 0 \leqslant n \leqslant 15 \\ 0, 其他 \end{cases}$$

$$x_3(n)=\begin{cases}n+8,0\leqslant n\leqslant 7\\ n-8,8\leqslant n\leqslant 15\\ 0,\quad 其他\end{cases}$$

选择FFT的变换区间N为16和32两种情况进行频谱分析。分别打印其幅频特性曲线、相频特性曲线，进行对比、分析，回答以下问题：二者的16点DFT是否相等？二者的16点DFT的模是否相等？二者的32点DFT是否相等？二者的32点DFT的模是否相等？并用所学的DFT有关性质来解释实验结果。

(3) 对序列$x_4(n)=\cos(\pi n/4)+0.5\cos(\pi n/8)+0.2\cos(\pi n/12)$进行谱分析。

该序列的周期是多少？选择合适的变换区间长度N对其进行频谱分析。打印出时域波形和幅频特性曲线，指出幅频特性曲线中各谱线的幅度及对应的数字域频率。

选择$N/2$、$2N$再对该序列进行频谱分析，分别打印出幅频特性曲线。对3种长度情况下的幅频特性曲线进行分析、对比，得出结论。

(4) 对模拟周期信号$x_5(t)=\cos 8\pi t+0.5\cos 20\pi t$进行谱分析。

选择采样频率$F_s=64$ Hz对其进行抽样，得到序列$x_5(n)$，选择合适变换区间N进行谱分析，打印出时域波形和幅频特性曲线并进行分析，指出各谱线所对应的数字域频率和模拟域频率。

抽样频率最低可以取多少（以0.1 Hz为单位）？按此最低采样频率再进行频谱分析。

(5) 周期未知序列的谱分析。

假设$x_6(n)=\cos(\pi n/4)+0.5\cos(\pi n/8)$的周期、频率成分未知，请编写程序，自动求出两个频率分量的频率大小，并给出频率误差。打印出最后的幅频特性曲线以及中间的部分幅频特性曲线。

(6) 对含有噪声的序列做谱分析。

假设$x_7(n)=\cos(\pi n/4)+v(n)$，$v(n)$是函数randn产生的均值为0、方差为1的正态分布的随机序列。用FFT对$x_7(n)$及其自相关函数分别做傅里叶变换，并对二者进行分析对比。

(7) 采用FFT和STFT对信号进行频谱分析。设$x_8(t)$由4个余弦信号拼接而成，频率分别为10 kHz、15 kHz、20 kHz、25 kHz。设定采样频率为60 kHz，每段余弦信号采样1024点，STFT窗长512点，相邻段重叠半个窗长。打印出$x_8(t)$的幅频特性曲线和声谱图，并对二者进行对比分析。

4. 思考题

(1) 对于周期序列，如果周期未知，如何用FFT进行谱分析？

(2) 如何选择FFT的变换区间（包括非周期信号和周期信号）？

(3) 当$N=8$时，$x_2(n)$和$x_3(n)$的幅频特性会相同吗？为什么？$N=16$呢？

5. 实验报告要求

(1) 简述用FFT进行谱分析的原理。

(2) 简述用STFT进行谱分析的原理。

(3) 完成各个实验任务和要求,附上程序清单和有关曲线。

(4) 根据实验研究结果回答思考题。

9.3 实验三 系统的时域响应和频率特性

1. 实验目的

(1) 分析系统的幅频特性和相频特性。

(2) 掌握求系统响应的方法。

(3) 分析、观察系统的稳定性。

2. 实验原理与方法

(1) 系统的幅频特性和相频特性分析。

对系统的单位脉冲响应 $h(n)$ 做 FFT 得到系统的频率特性 $H(e^{j\omega})=|H(e^{j\omega})|e^{j\varphi(\omega)}$,根据频率特性可以得到系统的幅频特性 $|H(e^{j\omega})|$ 和相频特性 $\varphi(\omega)$。$|H(e^{j\omega})|$ 就是指系统对不同频率成分的幅度衰减程度,$\varphi(\omega)$ 表示系统对不同频率分量的相位滞后大小。

(2) 时域求系统响应的方法。

在时域中,描写系统特性的方法是差分方程和单位脉冲响应。已知输入信号,可以由差分方程或者单位脉冲响应求出系统对于该输入信号的响应。

对于 IIR 系统和 FIR 系统,都可以调用函数 y=filter(B,A,x) 来求系统的输出,B、A 是系统函数分子、分母多项式的系数向量。对于 FIR 系统,A=1。

另外,对于 FIR 系统,已知系统的单位脉冲响应,可以用 conv 函数求系统的输出。系数向量 B 其实就是 FIR 系统的单位脉冲响应。

(3) 系统稳定性分析。

时域方法:在系统输入端加入单位脉冲,如果系统的输出趋近于 0,可以断定系统是稳定的;也可以输入阶跃序列,如果系统输出趋于某个稳定值,也可判定系统是稳定的。

频域方法:可以用 MATLAB 的 zplane 函数来绘出系统的零点、极点图,如果极点都在单位圆以内,则系统就是因果稳定的,可以微调极点位置来改善系统的稳定性。

3. 实验内容及步骤

(1) 设计一个巴特沃斯 IIR 低通滤波器 $H(z)$,绘制其幅度响应曲线和相位响应曲线。

低通滤波器技术指标:通带截止频率 0.5π,阻带截止频率 0.8π,通带最大衰减 1 dB,阻带最小衰减 30 dB。采用 buttord 函数和 butter 函数设计该滤波器,得到系统函数分子、分母多项式系数向量 B、A。

调用 Hw = freqz(B,A,w) 函数得到系统的频率响应 Hw,w 的范围是$[0,\pi]$。abs (Hw) 得到幅度响应。angle(Hw) 得到相位响应,相位限制在区间$[-\pi,\pi]$内。unwrap(angle(Hw)) 得到的相位则不受此区间限制。对比 angle(Hw) 和 unwrap(angle(Hw)) 得到的相位响应曲线的区别。

(2) 求系统的时域响应。

调用函数 y＝filter(B,A,x) 来求系统的输出。输入分别为单位脉冲、单位阶跃序列以及方波序列。

可调用函数 ones、zeros 产生输入序列：

```
单位脉冲：x1 = [ones(1,1)  zeros(1,255)]
阶跃序列：x2 = ones(1,256)
方波序列：x3 = [ones(1,256)  zeros(1,256)  ones(1,256)  zeros(1,256)]
```

绘制出输入、输出波形，并根据系统输出波形分析系统的稳定性。

(3) 系统稳定性分析。

系统稳定性只受极点影响，可以通过修改、观察极点的位置来分析系统的稳定性。具体步骤如下：

① 调用 roots 函数得到系统的极点向量：Q＝roots(A)；

② 将 Q 乘以 k 得到向量 QQ，调整极点的位置；

③ 用 poly 函数将极点向量恢复为多项式系数向量：AA＝poly(QQ)；

④ 用 zplane 函数观察对比系统的零极点位置，zplane(B,A)、zplane(B,AA)；

⑤ 对比两个系统的幅度响应和相位响应；

⑥ 调用函数 y＝filter(B,AA,x) 来求系统的输出，从时域分析系统的稳定性。

可以修改上述第二步中的系数 k 的大小，使得极点移到单位圆上($k=1.4744$)，甚至移到圆外($k=1.5$)。

4. 思考题

(1) 根据实验结果，简述在时域、频域如何判定系统的稳定性。

(2) 令 $H(z)$ 的分母多项式系数 $A=1$，该系统就变为 FIR 系统，请用卷积函数 conv 求 FIR 系统输出，编写程序，绘制输入、输出波形。

(3) 设系统 $H(z)$ 的输入为 $x(n)=\cos(0.45\pi n)$，输出为 $y(n)$，在同一张图上绘制 $x(n)$、$y(n)$，估算出二者之间的延时，该延时与根据相位响应所计算的延时 $-\varphi(\omega)/\omega\mid_{\omega=0.45\pi}$ 是否一致？

5. 实验报告要求

(1) 阐述实验原理及主要函数的功能。

(2) 对实验结果进行分析和解释。

(3) 采用实验研究方法来回答思考题。

9.4 实验四 IIR 数字滤波器的设计及应用

1. 实验目的

(1) 掌握调用 MATLAB 函数设计 IIR 数字滤波器的方法，能根据滤波需求确定滤波器的类型和指标。

(2) 理解数字滤波指标的作用，理解 IIR 滤波器的零点、极点位置，数目与滤波器性能之间的关系。

2. 实验原理

设计 IIR 数字滤波器一般采用脉冲响应不变法和双线性变换法。MATLAB 中的各种 IIR 数字滤波器设计函数都是采用双线性变换法。本书第 6 章介绍的滤波器设计函数 butter、cheby1 、cheby1 和 ellip 可以分别被调用来直接设计巴特沃斯、切比雪夫Ⅰ型、切比雪夫Ⅱ型和椭圆滤波器。

本实验中，数字滤波器的应用是指调用 MATLAB 函数 filter 对给定的输入信号进行滤波，得到滤波后的输出信号。

巴特沃斯滤波器设计相关函数说明如下：

(1)[z p k] = buttap(N)。

计算 3 dB 截止频率为 1，阶数为 N 的归一化巴特沃斯低通滤波器，输出为零点、极点、系统增益。要想得到对应的传输函数，可用[b, a] =zp2tf(z, p, k)来实现，b 和 a 分别对应传输函数的分子和分母的系数向量。

(2)[num den] =butter(N, Wn,'s') 。

由 3 dB 截止频率和阶数 N，设计一个低通滤波器。若 Wn 是一个含有两个元素的向量[W1,W2]，那么设计的是阶数为 2N 的带通滤波器。s 表示设计模拟滤波器。

(3) [num den] =butter(N, Wn,'type','s') 。

type=high 时，设计的是阶数为 N 的高通滤波器，type =stop 时，设计的是阶数为 2N 的带阻滤波器。

(4) [N, Wn] =buttord(Wp, Ws, Rp, Rs,'s') 。

Wp—— 通带截止角频率；

Ws—— 阻带截止角频率；

Rp—— 单位为 dB 的最大通带衰减；

Rs—— 单位为 dB 的最小阻带衰减；

N—— 滤波器阶数；

Wn——3 dB 截止角频率。

椭圆滤波器设计相关函数说明如下：

(1) [N,wn]=ellipord(wp,ws,rp,rs) 。

wp 为通带截止频率，ws 为阻带截止频率，rp 为通带最大衰减，rs 为阻带最小衰减，N 为椭圆滤波器的阶数，wn 为通带截止频率。

(2) [B,A]=ellip(N,rp,rs,wn) 。

用椭圆滤波器的阶数 N、通带最大衰减 rp、阻带最小衰减 rs 和通带截止频率 wn 计算椭圆滤波器系统函数系数向量 B 和 A。

(3) [B,A]=ellip(N,rp,rs,wp,'high') 。

用 N、rp、rs 和 wp 计算高通滤波器的系统函数系数向量 B 和 A。

(4) [B,A]=ellip(N,rp,rs,wp,'stop') 。

用 N、rp、rs 和 wp 计算带阻滤波器的系统函数系数向量 B 和 A。

filter 函数说明：

filter(B,A,st),用滤波器系统函数系数向量 B 和 A 设计的滤波器对 st 进行滤波。

切比雪夫滤波器设计的相关函数的说明请读者自己查阅。

3. 实验内容及步骤

本实验要求滤波器的通带最大衰减为 0.5 dB,阻带最小衰减为 50 dB。

(1) 产生调幅信号。编程产生一个 3 路叠加的非载波抑制的调幅信号,载波频率分别是 50 kHz、80 kHz 和 100 kHz,对应的基带信号为正弦信号,频率分别为 100 Hz、200 Hz、300 Hz。各信号幅度相等。采用合适的抽样频率对该信号进行抽样,打印出该调幅信号的时域波形及幅频特性曲线,指出各谱线的模拟频率,并说明频率大小是如何计算得到的。

提示:非抑制载波单频调幅信号的数学表示式为

$$s(t)=\cos(2\pi f_c t)+\cos(2\pi f_0 t)\cos(2\pi f_c t)$$

$$=\cos(2\pi f_c t)+\frac{1}{2}[\cos(2\pi(f_c-f_0)t)+\cos(2\pi(f_c+f_0)t)]$$

其中,$\cos(2\pi f_c t)$ 为载波,f_c 为载波频率,$\cos(2\pi f_0 t)$ 为单频调制信号,f_0 为调制正弦波信号的频率,且满足 $f_c \gg f_0$。由上式可见,非抑制载波单频调幅信号包含和频 f_c+f_0、差频 f_c-f_0 以及载波频率 f_c。

在 MATLAB 中产生非抑制载波单频调幅信号,可以采用下式实现:

$$s(t)=\cos(2\pi f_c t)+\cos(2\pi f_0 t)\cos(2\pi f_c t)$$

(2) 分离三路调幅信号。调用 MATLAB 中的 IIR 滤波器设计函数设计合适的数字滤波器,并用该数字滤波器对调幅信号进行滤波,将三路调幅信号分开。请选择合适类型的滤波器,并确定合适的滤波器指标,包括通带衰减、阻带衰减、边界频率。给出所设计各滤波器的系数向量 B、A,打印出各滤波器的幅频特性曲线以及滤波后各路信号的时域波形和幅频特性曲线。根据实验结果,分析滤波器的截止频率和通带衰减、阻带衰减等参数对滤波效果的影响。

(3) 抑制载波分量。设计合适的数字滤波器,滤除各路调幅信号中的载波信号。自己确定滤波器的类型、截止频率、通带最大衰减和阻带最小衰减。打印出各滤波器的幅频特性曲线以及滤波后各路信号的时域波形和幅频特性曲线,并对幅频特性进行对比分析。

(4) 巴特沃斯滤波器和椭圆滤波器结构及性能对比。针对(1)中的载波为 50 kHz 的调幅信号分别采用巴特沃斯滤波器和椭圆滤波器进行分离。在滤波器指标相同条件下,对比分析两个滤波器的幅频特性、阶数以及零点、极点数目及位置分布,并得出结论。

4. 思考题

(1) 本实验的抽样频率如何确定?

(2) 对调幅信号进行频谱分析时,如何确定序列的截取长度?截取长度对谱分析有何影响?

(3) 对于同样的技术指标,椭圆滤波器和巴特沃斯滤波器的性能、参数上有什么区别?

5. 实验报告要求

(1) 简述实验原理和主要函数功能及参数。

(2) 完成实验内容,按要求给出实验结果并进行分析对比。

(3) 根据实验结果回答思考题。

9.5　实验五　FIR 数字滤波器的设计及应用

1. 实验目的

(1) 掌握利用 MATLAB 函数设计 FIR 滤波器的方法。

(2) 掌握用 FIR 滤波器对语音和音乐信号进行滤波的方法。

(3) 利用基音法判别男女声。

2. 实验原理

(1)MATLAB 中设计 FIR 滤波器的函数简介。

① fir1 函数。fir1 采用窗函数法实现线性相位 FIR 数字滤波器。在设计低通、高通、带通和带阻 FIR 滤波器时,$H_d(e^{j\omega})$ 分别表示相应的线性相位理想低通、高通、带通和带阻滤波器的频率响应函数,因而将所设计的滤波器的频率响应称为标准频率响应。

● hn=fir1(M,wc),返回 6 dB 截止频率为 wc 的 M 阶滤波器系数向量 hn,默认选用哈明窗。当 wc=[wcl,wcu] 时,得到的是带通滤波器,其 −6 dB 通带为 $w_{cl} \leqslant \omega \leqslant w_{cu}$。

● hn=fir1(M,wc,'ftype'),可设计高通和带阻 FIR 滤波器。当 ftype=high 时,设计高通 FIR 滤波器;当 ftype=stop,且 wc=[wcl,wcu] 时,设计带阻 FIR 滤波器。

注意,在设计高通和带阻 FIR 滤波器时,阶数 M 只能取偶数。如果将 M 设置为奇数时,fir1 会自动对 M 加 1。

● hn=fir1(M,wc,'ftype',window),通过选择 wc、ftype 和 window 参数(含义同上),可以设计各种加窗滤波器。如果缺省 window 参数,则 fir1 默认为哈明窗。

② fir2 函数。fir2 是一种频率采样法与窗函数法的综合设计函数。用 fir2 设计时,可以指定任意形状的 $H_d(e^{j\omega})$。

hn=fir2(M,F,A,window(M+1)) 设计一个 M 阶线性相位 FIR 数字滤波器,返回长度为 N=M+1 的单位脉冲响应序列向量 hn。window 表示窗函数名,缺省该项时默认选用哈明窗。幅度特性由边界频率向量 F 和相应的幅度向量 A 确定。

③ remezord 函数和 remez 函数可以设计线性相位 FIR 滤波器。

remezord 函数和 remez 函数的介绍见 7.4.2 节。等波纹最佳逼近法的设计过程如下:

a. 根据给定的指标,采用 remezord 函数计算滤波器阶数 N 和误差加权函数 $W(\omega)$;

b. 采用 remez 函数得到滤波器的单位脉冲响应 $h(n)$。

(2) 音频文件相关函数说明。

① [y,fs]=audioread('音频文件名'):将音频数据读取到矩阵 y 中,并获取音频信号采样频率 fs;

② sound(y,fs)：以采样频率 fs,播放音频信号 y。

(3) 基音法男女声判别。

人在发音时,声带振动产生浊音,没有声带振动时产生清音。浊音的发声过程：来自肺部的气流冲击声门,造成声门的一张一合,形成一系列准周期的气流脉冲,经过声道(含口腔、鼻腔)的谐振及唇齿的辐射最终形成语音信号,故浊音波形呈现一定的准周期性。所谓基音周期,就是对这种准周期而言的,它反映了声带振动时声门每开启和闭合一次的时间。男性的基音频率较低,为 50 ～ 250 Hz,女性的基音频率较高,为 100 ～ 500 Hz。本实验采用短时自相关法来检测基音频率,并根据基音频率大小来判别男女声。

在自相关函数法进行基音检测之前常用到带通预滤波器,目的是减少语音中共振峰的干扰。滤波器带宽可以设置为 60 ～ 500 Hz,即高频截止频率选取 500 Hz,符合基频区间高端的限制;低频截止频率选取 60 Hz,以减少工频和低频噪声的干扰。一般选择 IIR 滤波器中的椭圆滤波器。之所以选用 IIR 滤波器,是因为 IIR 滤波器的运算量比 FIR 滤波器少。当然 IIR 滤波器会带来相位失真,但语音信号对相位不敏感。之所以选用椭圆滤波器,因为在相同过渡带宽条件下,椭圆滤波器阶数较低。

短时自相关函数法基音检测的主要原理是利用短时自相关函数的这些性质,通过比较原始信号和延迟后的信号之间的相关性来确定基音周期。或是直接找出短时自相关函数相邻两个最大值之间的距离,即作为基音周期的估计值。用自相关函数法进行基音检测时,常用归一化的自相关函数。短时自相关函数法基音检测原理见 8.2 节。

3. 实验内容及要求

(1) 语音和音乐信号的采集。

可以采用 Windows 10 自带的录音工具进行录音,音频信号的采样频率为 44100 Hz,双声道、wav 格式。录音内容包含男声、女声、歌曲,每段录音时间 5 s 左右。

男声、女声内容：你好,我是某某专业大学二年级学生,我非常喜欢数字信号处理课程。男声、女声各采集 20 人,每人采集 4 次。此数据用于男声、女声判别。

歌曲录音应选择包含人声且乐器丰富的歌曲。

(2) 语音和音乐信号的滤波。

由于现场录音中混入了高、低频噪音,要求采用带通滤波器进行滤波。对于人声来说,滤波器通带可以设定为 60 Hz 到 2000 Hz,对于歌曲及音乐信号来说,滤波器通带可以设定为 50 Hz 到 12000 Hz。具体要求如下：

① 分别用 fir1 函数和 remez 函数设计线性相位滤波器,在相同阶数情况下对比滤波器的幅频特性。滤波器阶数可以自己通过实验选定(建议阶数不低于 20)。

② 分别用 fir1 函数和 remez 函数设计线性相位滤波器对人声、歌曲进行滤波,播放滤波以后的音频信号,对比滤波前后的听感。

③ 采用 FFT 对滤波前后的音频信号进行频谱分析,绘制出幅度谱图。

(3) 用基音周期法进行男女声判别。

实验步骤及要求如下：

① 对人声信号进行滤波,滤波器采用椭圆 IIR 滤波器,通带宽度设置为 60 ～

500 Hz。

② 将人声信号进行分帧，帧长要合适（通过实验结果调整），计算一帧信号的自相关函数，编程自动获得自相关函数的周期。该周期就是基音周期，其倒数就是基音频率。

③ 将求取的基音频率与设定的判别阈值进行比较，从而判定男女声。

上述判别方法比较简单，可以采取多种改进措施，例如：

① 对每段人声截取其中的多帧，计算各帧的基音频率并进行平均得到该说话人的基音频率，提高基音频率的准确度。

② 可以根据检测出来的基音频率区间与标准男、女声的基音频率区间的重合度，来计算该人声属于男声、女声的概率。

4. 思考题

(1) 对同样的技术指标为什么用等波纹最佳逼近法设计的滤波器阶数低？

(2) 采用自相关函数来求基音周期有什么优势？

(3) 男声和女声的基音频率区间有一定重叠，采用基音周期法进行男声、女声判别可能会误判，你有什么改进方法吗？

5. 实验报告要求

(1) 编写程序完成实验内容，绘图显示相关曲线。

(2) 分析总结实验结果。

(3) 回答思考题。

9.6　实验六　心电信号的滤波

1. 实验目的

分析心电信号的特点，采用合适的方法对心电信号(ECG) 中的肌电干扰、工频干扰和基线漂移进行抑制，培养读者运用数字信号处理理论和技术分析、解决实际信号处理问题的能力。

2. 心电信号简介

(1) 心电信号的基本知识。

正常心电信号在一个周期内的波形可以用图 9-6-1 表示，由 P 波、QRS 波群和 T 波组成。

P 波比较小，幅度约为 0.25 mV，持续时间为 0.08 ～ 0.11 s。

P-R 间期是指 P 波起点和 QRS 波群起点所跨越的时间，是窦房结产生的兴奋，经过右心房、左心房、房室交接区、房室束、左右束支之后，传到心室所需要的时间。P-R 间期的值为 0.12 ～ 0.2 s，P-R 间期也称为房室传导时间。

P-R 段是指 P 波终点和 QRS 波群起点之间所跨越的时间。P-R 段的心电信号电位值接近基线。

QRS 波群是左右心室肌细胞一次发生去极化所产生的膜外负电位在体表的反应。QRS 波群的持续时间为 0.06 ～0.1 s。QRS 波群中第一个向下的波为 Q 波，第一个向上的波为 R 波，R 波后面的为 S 波。

S－T 段是指 QRS 波群终点和 T 波起点之间所跨越的时间。S－T 段信号大约处于基线的水平。

T 波由心室肌细胞的复极化产生，其幅度为 0.1 ～ 0.8 mV，持续时间为 0.05 ～ 0.25 s。

Q－T 间期是指 QRS 波群起点和 T 波终点所跨越的时间段。

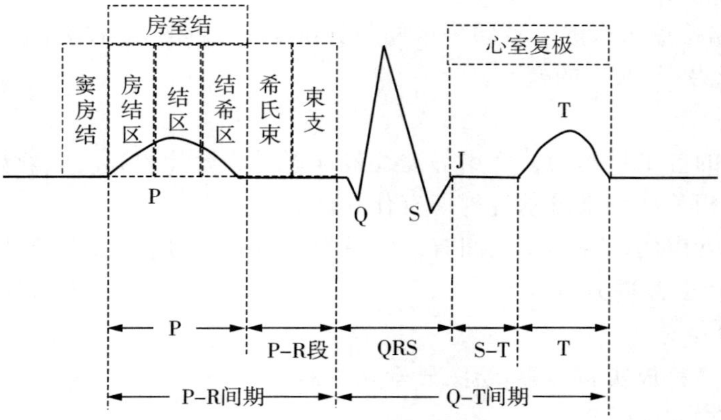

图 9－6－1　心电信号示意图

(2) 心电信号的特性。

① 信号微弱：幅度为 0.05 ～ 4 mV，典型值为 1 mV；频率范围为 0.05 ～ 100 Hz，主要集中在 5 ～ 20 Hz。

② 稳定性较差：人体内部各器官间的相互影响以及各人的心脏位置、呼吸、年龄、是否经常锻炼等，都会使心电信号发生相应变化。

③ 存在很多干扰噪声：心电信号非常微弱，易受到各种噪声的干扰。常见的干扰有肌电信号干扰(30 ～ 300 Hz)、50 Hz 工频干扰、呼吸引起的基线漂移和心电幅度变化等。

(3) 心电信号数据集。

MIT－BIH 是美国麻省理工大学提供的双通道心律失常数据库(http://www.physionet.org/physiobank/database/mitdb/)。每通道每秒采样 360 个样本，11 位的分辨率，量化单位约为 0.05 mV，心脏病专家对每条记录进行了注释。

一个心电记录由 3 个部分组成：

① 头文件[.hea]：记录文件名、导联数、采样率、数据点数。

② 数据文件[.dat]：原始数据，每 3 个字节存储两个数据，一个数据占用 12 bit。

③ 注释文件[.atr]：记录心电诊断专家对信号分析的结果，主要包括心跳、节律和信号质量等。

图 9－6－2 是 MIT－BIH 第 109 号数据库中的一个心电信号，由图 9－6－2 可见，它波形上存在“基线漂移”，部分波形收到的干扰比较严重，符合本实验的需要。

3. 实验任务

(1) 肌电干扰的滤除。通常来说,肌电信号的频率为 20 ～ 5000 Hz,其主要成分的频率与肌肉的类型有关,一般为 30 ～ 300 Hz,而心电信号的频率主要集中在 5 ～ 20 Hz,因此要选择低通滤波器来滤除肌电干扰。图 9－6－3 是滤除肌电干扰的心电信号对比。

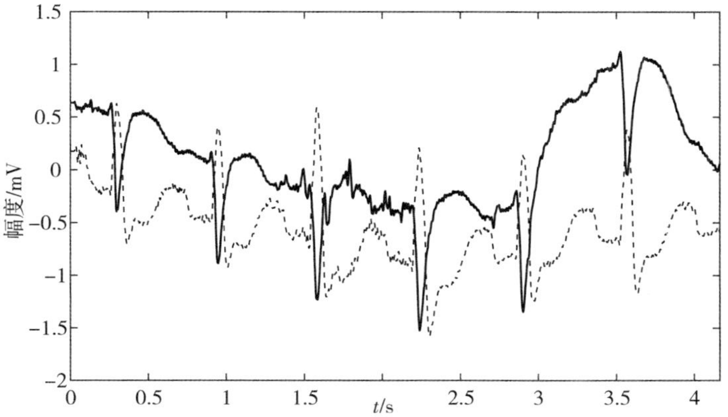

图 9－6－2　MIT－BIH 第 109 号数据库之心电信号(双通道)

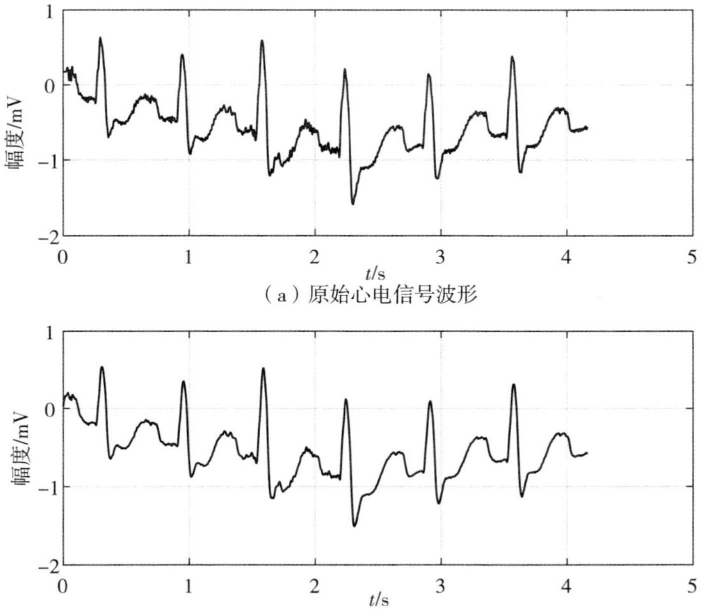

(a) 原始心电信号波形

(b) 低通滤波后的时域图形

图 9－6－3　滤除肌电干扰的心电信号对比

(2) 工频干扰的抑制。由于供电网络无所不在,因此 50 Hz 的工频干扰是最普遍的,也是心电信号的主要干扰来源。图 9－6－4 是滤除工频干扰的心电信号对比。

(3) 基线漂移的纠正。心电的基线漂移主要是由测量电极接触不良、呼吸引起的低频干扰。基线漂移的频率小于 5 Hz,表现为心电信号偏离正常基线位置。基线滤波技术层出不穷，从经典的 IIR 滤波和 FIR 滤波，到自适应滤波、形态学滤波、小波变换等，都取得了不错的效果。图 9－6－5 是滤除基线漂移的心电信号对比。

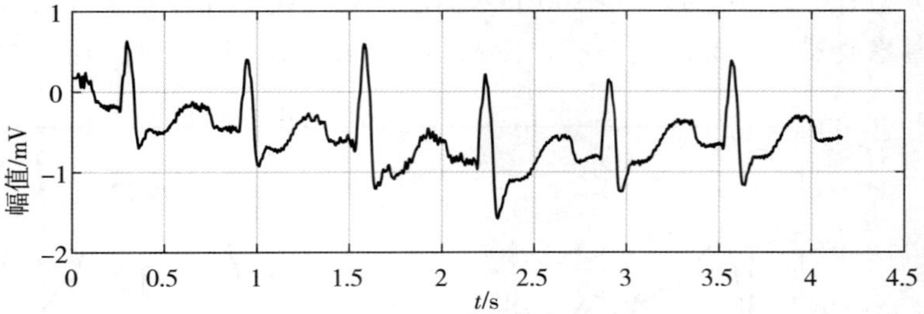

（a）原始信号

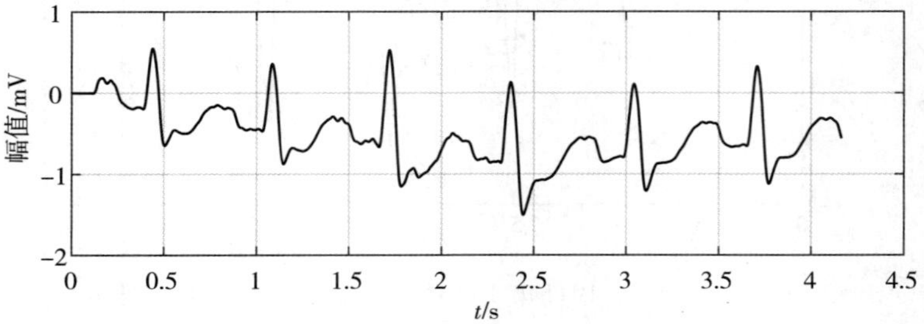

（b）带阻滤波后信号

图 9－6－4　滤除工频干扰的心电信号对比

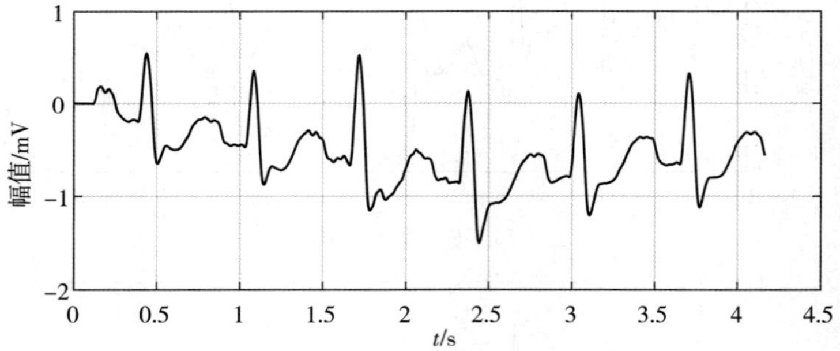

（a）原始信号

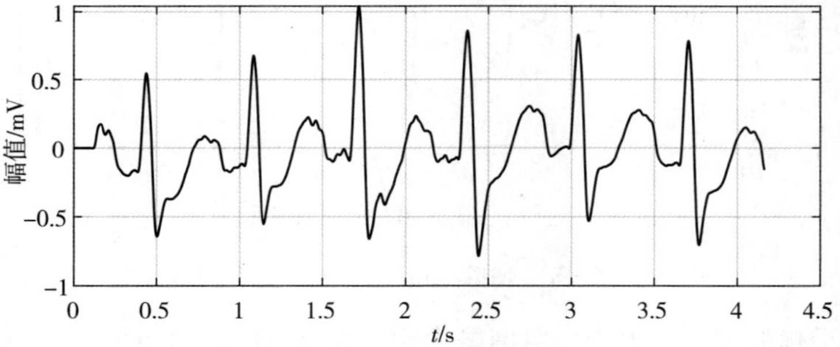

（b）线性滤波后信号

图 9－6－5　滤除基线漂移的心电信号对比

4. 实验步骤及要求

（1）读取心电信号。

可用 readdata. m 文件读取心电信号。在 m 文件中要设定数据库文件的路径和待读取数据的文件名。

（2）滤除肌电干扰。

显然需要选择低通滤波器。可以采用 MATLAB 的 FDATool 来设计低通滤波器，也可以调用滤波器设计函数来设计滤波器。原则上，IIR 滤波器和 FIR 滤波器都可以采用，可以根据实验结果来确定滤波器的种类和指标。

（3）抑制工频干扰。

50 Hz陷波器的设计方法多种多样。使用IIR滤波器，可使阶数降低，运算量减少，但会引入相位特性失真。而 FIR 滤波器可以具有线性相位特性。滤波器的具体指标可以根据实验结果来调整。

（4）纠正基线漂移。

基线漂移表现为低频噪声，可以用高通滤波器直接滤除漂移，也可以用低通滤波器提取出基线，再用原信号减去基线噪声。一般的滤波器都有延时，可以通过 MATLAB 的 filtfilt 函数实现零相位滤波，以消除滤波延时。可以根据实验结果来确定滤波器种类和指标。

5. 思考题

（1）心电信号滤波中，线性相位 FIR 滤波器并没有体现出线性相位的优势，为什么？

（2）filtfilt 函数消除延时的原理是什么？

6. 实验报告要求

（1）理解心电信号基本特性。

（2）编写程序完成实验内容，绘制相关曲线。

（3）分析总结实验结果。

（4）回答思考题。

附录　MATLAB 数字信号处理函数或命令索引表

MATLAB 功能强大,其作为仿真工具在信号处理、自动控制、通信等诸多领域得到了广泛应用。现将 MATLAB 信号处理工具箱函数进行分组并简单说明其功能,各函数的具体返回参数和调用参数请查阅 MATLAB 在线帮助文档或者相关参考文献。

1. 波形产生

chirp：产生扫频余弦函数；

diric：产生 Dirichlet 或周期 sinc 函数；

gauspuls：产生高斯调制的正弦曲线脉冲；

pulstran：产生一个脉冲序列；

rectpuls：产生一个非周期的矩形脉冲；

sawtooth:产生锯齿波或三角波；

sinc：产生 sinc 函数,即 sin(πt)/πt；

square：产生方波；

tripuls：产生一个非周期的采样三角波；

vco：压控振荡器；

sin:正弦函数；

asin：反正弦函数；

cos:余弦函数；

acos：反余弦函数；

sinh：双曲正弦函数；

asinh:反双曲正弦函数；

exp：指数函数；

ones :产生全 1 向量或者矩阵；

zeros :产生全 0 向量或者矩阵；

sign：符号函数；

fliplr:数组操作函数,将数组中的所有元素逆排；

rand:产生在[0,1]上均匀分布的随机序列；

randn:产生均值为 0、方差为 1 的高斯随机序列；

normrnd：产生均值和方差指定的高斯随机序列。

2. 滤波器分析

abs：求绝对值；

angle：求相角；

freqs：模拟滤波器的频率响应；

freqspace：频率响应中的频率间隔；
freqz：计算数字滤波器的频率响应；
grpdelay：计算平均滤波器延迟（群延迟）；
impz：计算数字滤波器的冲激响应；
phasedelay：计算数字滤波器的相位延迟响应；
phasez：计算数字滤波器的相位响应；
stepz：计算滤波器的阶跃响应；
unwrap：展开相角；
zerophase：计算数字滤波器的零相位响应；
root:计算系统的零极点；
zpalne：绘制离散时间系统的零极点图。

3. 滤波实现

conv：求卷积和多项式乘法；
conv2：二维卷积；
convmtx：生成卷积矩阵；
deconv：反卷积和多项式除法；
fftfilt：采用重叠相加法基于 FFT 的 FIR 滤波器实现；
filter：直接滤波器实现；
filter2：二维数字滤波；
filtfilt：零相位数字滤波；
filtic：直接Ⅱ型滤波器的初始条件选择；
medfilt1：一维中值滤波；
medfilt2：二维中值滤波；
sgolayfilt：Savitzky - Golay 滤波；
sosfilt：二阶 IIR 数字滤波；
upfirdn：通过插零上采样并用 FIR 滤波器滤波；
gaussfilt:用高斯滤波器做平滑滤波。

4. 线性系统转换

polystab：稳定多项式；
polyscale：比例调整多项式的根；
residuez：Z 变换部分分式展开或留数计算；
sos2ss：变系统二阶分割形式为状态空间形式；
sos2tf：变系统二阶分割形式为传递函数形式；
sos2zp：变系统二阶分割形式为零极点增益形式；
ss2sos：变系统状态空间形式为二阶分割形式；
ss2tf：变系统状态空间形式为传递函数形式；
ss2zp：变系统状态空间形式为零极点增益形式；
tf2sos：变传递参数形式为系统二阶分割形式；

tf2ss：变传递参数形式为系统状态空间形式；
tf2zp：变模拟滤波器传递函数为零极点增益形式；
tf2zpk：变离散时间传递函数为零极点增益形式；
zp2sos：变零极点增益形式为二阶分割形式；
zp2ss：变零极点增益形式为状态空间形式；
zp2tf：变零极点增益形式为传递函数形式。

5. FIR 滤波器设计

fir1：窗函数法 FIR 滤波器设计；
fir2：频率取样法 FIR 滤波器设计；
fircls：约束最小二乘 FIR 多波段滤波器设计；
fircls1：约束最小二乘线性相位 FIR 低通和高通滤波器设计；
gaussdesign：高斯 FIR 脉冲成形滤波器设计；
firls：最小二乘线性相位 FIR 滤波器设计；
firpm：Parks－McClellan 最优化 FIR 滤波器设计；
firpmord：Parks－McClellan 最优化 FIR 滤波器阶估计；
firrcos：升余弦 FIR 滤波器设计；
intfilt：内插 FIR 滤波器设计；
kaiserord：用 Kaiser 窗进行 FIR 滤波器的参数设计；
sgolay：Savitzky－Golay 滤波器设计。

6. IIR 滤波器设计

buttord：计算 Butterworth 滤波器的阶和截止频率；
cheb1ord：计算 Chebyshev Ⅰ型滤波器的阶；
cheb2ord：计算 Chebyshev Ⅱ型滤波器的阶；
ellipord：计算椭圆滤波器的最小阶。
butter：Butterworth 模拟和数字滤波器设计；
cheby1：Chebyshev Ⅰ型滤波器设计；
cheby2：Chebyshev Ⅱ型滤波器设计；
ellip：椭圆滤波器设计；
maxflat：归一化数字 Butterworth 滤波器设计；
yulewalk：递归数字滤波器设计。

7. 常用变换和时频分析

czt：线性调频 Z 变换；
dct：离散余弦变换；
dftmtx：离散傅里叶变换矩阵；
digitrevorder：将输入序列按数字反向变换；
fft：一维快速傅里叶变换；
fft2：二维快速傅里叶变换；
fftshift：重新编排 FFT 函数的输出；

goertzel：用二阶 Goertzel 算法计算离散傅里叶变换；
hillbert：希尔伯特变换；
idct：逆离散余弦变换；
ifft：一维逆快速傅里叶变换；
ifft2：二维逆快速傅里叶变换；
spectrogram：短时傅里叶变换；
tfrstft：短时傅里叶变换；
tfrwv：计算序列的 Wigner - Ville 时频分布；
tfrpwv：计算序列的伪 Wigner - Ville 时频分布。

8. 统计信号处理和谱分析

corrcoef：计算相关系数矩阵；
corrmtx：计算自相关矩阵的数据矩阵；
cov：计算协方差矩阵；
cpsd：两个信号的互谱密度估计；
mscohere：两个信号之间的幅度相关函数估计；
pburg：基于 Burg 方法的自回归功率谱密度估计；
pcov：基于协方差方法的自回归功率谱密度估计；
peig：基于特征向量方法的伪谱；
periodogram：基于周期图的功率谱密度估计；
pmcov：基于修正协方差方法的功率谱密度估计；
pmtm：基于 MTM 方法的功率谱密度估计；
pmusic：基于 MUSIC 算法的功率谱密度估计；
pwelch：基于 Welch 方法的功率谱密度估计；
pyulear：基于 Yule - Walker 方法的功率谱密度估计；
rooteig：基于特征向量方法的频率和功率分析；
rootmusic：基于 root MUSIC 算法的频率分析；
spectrum：输出频谱——功率谱；
tfestimate：从输入和输出估计传递函数；
xcorr：互相关函数估计；
xcorr2：二维互相关函数估计；
xcov：互协方差函数估计。

9. 窗函数

barthannwin：修正的 Bartlett - Hann 窗；
bartlett：Bartlett 窗；
blackman：Blackman 窗；
blackmanharris：最小化 4 阶 Blackman - Harris 窗；
bohmanwin：Bohman 窗；
chebwin：Chebyshev 窗；

flattopwin：平坦顶部窗；
gausswin：Gaussian 窗；
hamming：Hamming 窗；
hann：hann 窗；
kaiser：Kaiser 窗；
nuttallwin：Nuttall 定义的最小化 4 阶 Blackman - Harris 窗；
parzenwin：Parzen 窗；
rectwin：矩形窗；
triang：三角窗；
tukeywin：Tukey 窗。

10. 参数化建模

arburg：基于 Burg 方法的 AR 模型参数估算；
arcov：基于协方差方法的 AR 模型参数估算；
armcov：基于修正协方差方法的 AR 模型参数估算；
aryule：基于 Yule - Walker 方法的 AR 模型参数估计；
invfreqs：从频率响应数据设计连续时间滤波器参数；
invfreqz：从频率响应数据设计离散时间滤波器参数；
prony：利用 Prony 法根据单位脉冲响应设计离散滤波器参数；
stmcb：使用 Steiglitz - McBride 迭代计算线性模型。

11. 特殊操作

buffer：将信号向量缓存在数据帧矩阵中；
cell2sos：将单元序列转换为二阶分区矩阵；
sos2cell:将二阶分区矩阵转换为单元序列；
cplxpair：将复数排序为复共轭对组；
demod：通信仿真中的解调；
dpss:产生离散椭球体序列(Slepian 序列)
dpssclear：清除数据库中的 Slepian 序列；
dpssload：从数据库加载 Slepian 序列；
dpsssave：保存 Slepian 序列；
eqtflength：使传输函数分子和分母等长；
modulate：通信仿真中的调制；
uencode：将浮点数解码为整型数；
udecode:将整型数解码为浮点数；
seqperiod:寻找向量中长度最小的重复序列；
print:打印图片或写入文件。

12. 模拟低通滤波器原型

besselap：Bessl 模拟低通滤波器原型；
buttap：Butterworth 模拟低通滤波器原型；

cheb1ap：Chebyshev Ⅰ型模拟低通滤波器原型；
cheb2ap：Chebyshev Ⅱ型模拟低通滤波器原型；
ellipap：椭圆模拟低通滤波器原型。

13. 模拟滤波器设计

besself：Bessel 模拟滤波器设计；
butter：Butterworth 模拟数字滤波器设计；
cheby1：Chebyshev Ⅰ型滤波器设计；
cheby2：Chebyshev Ⅱ型滤波器设计；
ellip：椭圆滤波器设计。

14. 模拟滤波器转换

lp2bp:将低通模拟滤波器转换为带通滤波器；
lp2bs：将低通模拟滤波器转换为带阻滤波器；
lp2hp：将低通模拟滤波器转换为带高滤波器；
lp2lp：改变模拟低通滤波器的截止频率。

15. 滤波器离散化

bilinear：双线性变换法实现模拟到数字的滤波器转换；
impinvar：脉冲响应不变法实现模拟到数字的滤波器转换。

16. 倒谱分析

cceps：倒谱分析；
icceps：逆倒谱分析；
rceps：实倒谱和最小相位重构。

17. 线性预测

ac2poly：将自相关序列转换为预测多项式；
ac2rc：将自相关序列转换为反射系数；
is2rc：将反正弦参数转换为反射系数；
lar2rc：将对数面积比参数转换为反射系数；
levinson：Levinson－Durbin 递归算法；
lpc：计算线性预测滤波器系数；
lsf2poly：将线谱频率转换为预测系数；
poly2ac：将预测多项式转换为自相关序列；
poly2lsf：将预测系数转换为线谱频率；
poly2rc：将预测多项式转换为反射系数；
rc2ac：将反射系数转换为自相关序列；
rc2is：将反射系数转换为反正弦参数；
rc2lar：将反射系数转换为对数面积比参数；
rc2poly：将反射系数参数转化为预测多项式；
rlevinson：逆 Levinson－Durbin 递归；
schurrc：利用自相关序列计算反射系数。

18. 多速信号处理

decimate：降低序列的采样速率；

downsample：采样速率整数倍下降；

interp：提高采样速率；

interp1：一维数据插值；

resample：按有理数因数改变采样率；

spline：三次样条函数内插；

upfirdn：通过插零上采样并用 FIR 滤波器滤波；

upsample：采样速率整数倍提高。

19. 图形用户接口命令

fdatool：打开滤波器设计和分析工具；

fvtool：打开滤波器可视化工具；

sptool：交互式数字信号处理工具；

wintool：打开窗函数设计和分析工具；

wvtool：打开窗口可视化工具。

20. 绘图函数和命令

plot:基本绘图函数；

stem:离散数据序列作图；

strips:条状图；

figure:打开不同的图形窗口,以便绘制不同的图形；

grid on:在所画出的图形坐标中加入栅格；

grid off:除去图形坐标中的栅格；

hold on:把当前图形保持在屏幕上不变,同时允许在这个坐标内绘制另外一个图形；

hold off:使新图覆盖旧的图形；

axis:设定坐标轴的范围；

text:在图形的指定坐标位置(x,y)处,标示单引号括起来的字符串；

gtext:利用鼠标在图形的某一位置标示字符串；

title:在所画图形的最上端显示说明该图形标题的字符串；

xlabel:设置 x 坐标轴的名称；

ylabel:设置 y 坐标轴的名称；

legend:开启小视窗,然后依据绘图命令的先后次序,用对应的字符串区分图形上的线；

subplot:分割图形显示窗口；

semilogx:绘制以 x 轴为对数坐标(以 10 为底),y 轴为线性坐标的半对数坐标图形；

semilogy:绘制以 y 轴为对数坐标(以 10 为底),x 轴为线性坐标的半对数坐标图形；

pzmap(p,z):根据系统零极点 p 和 z 绘制出系统的零极点图。

21. 音频文件的读、写和播放

wavread:读 WAVE 格式音频文件(.wav)；

wavwrite:写 WAVE 格式音频文件(.wav);
wavrecord:录制语音和音频信号;
wavplay:播放语音和音频;
audioread:读音频文件(支持 wav、flac 和 mp3 格式);
audiowrite:写音频文件(支持 wav、flac 和 mp3 格式);
audiorecorder:录制语音和音频信号;
sound:播放语音和音频;
fopen:打开文件;
save:将音频保存到.mat 文件;
load:加载.mat 文件;
fread:读取文件的内容;
fclose:关闭指定的文件。
22. 图像文件的读写和显示
imread:读取一幅图像;
whos:查看变量的大小、字节数、类型等信息;
imwrite:将读入的文件写成其他类型的文件;
imfinfo:读取图像文件的某些属性的信息,修改日期、大小、格式等信息;
imshow:显示图像,并控制其一些效果;
subimage:在子窗口中显示图像。

参考文献

[1] 宗孔德．多抽样率信号处理[M]. 北京:清华大学出版社,1996.

[2] 丁玉美,高西全．数字信号处理[M].2 版．西安:西安电子科技大学出版社,2001.

[3] [美]Sanjit K Mitra. 数字信号处理——基于计算机的方法[M].3 版．孙洪,等,译．北京:电子工业出版社,2006.

[4] [美]Alan V. Oppenheim,[美]Ronald W. Schafer. 离散时间信号处理(英文版)[M].3 版．北京:电子工业出版社,2011.

[5] 陈伯孝．现代雷达系统分析与设计[M]. 西安:西安电子科技大学出版社,2012.

[6] 胡广书．数字信号处理理论、算法与实现[M].3 版．北京:清华大学出版社,2012.

[7] 胡广书．数字信号处理导论[M].2 版．北京:清华大学出版社,2013.

[8] 张旭东,崔晓伟,王希勤．数字信号分析和处理[M]. 北京:清华大学出版社,2014.

[9] 高西全,丁玉美．数字信号处理[M].4 版．西安:西安电子科技大学出版社,2016.

[10] 程佩青．数字信号处理教程[M].5 版．北京:清华大学出版社,2017.

[11] 姚天任．数字信号处理教程[M].2 版．北京:清华大学出版社,2018.

[12] Digital Signal Processing Committee of the IEEE Acoustics, Speech, and Signal Processing Society. Programs for Digital Signal Processing[M]. New York: IEEE Press, 1979.

[13] 曹凯,陆佩忠,邹艳,等．基于频率位置多项式的稀疏混叠频谱快速恢复算法[J]. 电子与信息学报,2018,40(09):2105-2111.

[14] Selesnick, Ivan W, C Sidney Burrus. Generalized Digital Butterworth Filter Design[J]. IEEE Transactions on Signal Processing ,1998,46(6): 1688-94.

[15] Shpak D J, A Antoniou. A generalized Remez method for the design of FIR digital filters[J]. IEEE Trans. Circuits and Systems, 1990:161-174.

[16] J H McClellan, T W Parks. A personal history of the Parks-McClellan algorithm[J]. IEEE Signal Processing Magazine, 2005,22(2):82-86.

[17] H Hassanieh, L Shi, O Abari, et al. GHz-wide sensing and decoding using the sparse Fourier transform[J]. IEEE INFOCOM 2014 - IEEE Conference on Computer Communications,2014: 2256-2264.